# 高等数学（二）

主　编　魏悦姿　张兴发
副主编　刘　洋　阳范文　袁　伟　王　倩
参　编　傅洪波　周洪建　黄琼宇　田秀梅
　　　　赵箭光　李结松　毕志升

科学出版社
北　京

## 内容简介

高等数学是大学中重要的基础课之一，为了适应新形势下高等院校通识教育类课程改革的需要，本书按照高层次工科专业人才的能力与素质要求编写，为后续课程的学习和今后从事科技工作提供了必要的数学工具，重视数学思维方法与实际问题联系，并介绍了一些数学应用与 MATLAB 语言的简单使用，拓展了学生的数学视野，在大学生的素质和能力的培养方面发挥更大的作用. 全书内容包括向量代数与空间解析几何、多元函数微分学、重积分、曲线积分与曲面积分、数项级数、函数项级数，书末附有部分习题答案.

书中的内容与方法可广泛适用于生物、医学、心理学、医疗卫生保健、经济学等自然科学与社会科学的各专业、各层次的需要. 本书可作为高等院校理工科及医科院校等非数学专业的高等数学教材及学习参考书.

**图书在版编目（CIP）数据**

高等数学.二 / 魏悦姿，张兴发主编. —北京：科学出版社，2020.4
ISBN 978-7-03-063753-6

Ⅰ. ①高… Ⅱ. ①魏… ②张… Ⅲ. ①高等数学-高等学校-教材
Ⅳ. ①O13

中国版本图书馆 CIP 数据核字（2019）第 280475 号

责任编辑：胡云志 李 萍 / 责任校对：杨聪敏
责任印制：张 伟 / 封面设计：华路天然工作室

科学出版社 出版
北京东黄城根北街 16 号
邮政编码：100717
http://www.sciencep.com

北京九州迅驰传媒文化有限公司印刷
科学出版社发行 各地新华书店经销

*

2020 年 4 月第 一 版 开本：787×1092 1/16
2025 年 1 月第三次印刷 印张：18 1/4
字数：436 000

**定价：54.00 元**

# 前　言

高等数学的主要内容是微积分. 微积分的建立是人类智慧的一项伟大成就, 极大地影响了数学以及整个科学的发展, 蕴含着丰富的理性思维和处理连续量的重要方法, 对科学素质的形成和分析问题能力的提高产生着深远的影响.

如今微积分在物理、化学、生物、医学、人工智能、经济、金融、大数据、管理、等领域里得到了广泛的应用, 其最大功能就是建模, 通过建模把实际问题理论化, 然后用数学工具进行分析, 从而为一些实际现象提供模型以预测未来的变化趋势, 避免了反复试验的麻烦和困难. 由此可见, 高等数学是大学教育, 特别是理工类教育不可或缺的知识环节. 对理工科学生而言, 学好高等数学既是后续学习的坚实起点, 又是制高点.

本书是编者们在多年教学的基础上, 按照突出数学概念、数学思想和数学方法、淡化运算技巧、强调应用实例的原则, 在经典教材的理论框架下编写而成的. 同时, 从对学生的"知识贡献、能力贡献、素质贡献"出发, 精心设计和安排了教材的内容体系和框架, 以突出"培养创新精神和实践应用能力为核心"的指导思想. 在编写过程中突出以下特色:

1. 注重概念的理解和数学思想的建立, 注重逻辑的渐进性与思想的宏观性有机结合, 逐步帮助学生建立对概念微观认知和数学思想的整体理解, 实现既见"树"又见"林"的学习效果.

2. 注重基础知识和解题能力训练相结合, 例题和习题贴近实际, 实用性、针对性强; 方便学生学练结合, 及时检验学习效果, 增强学习的适应能力和信心.

3. 注重内容讲解的平易性和连贯性, 但又不失逻辑严密性, 在经典例题的深度解析和细致叙述中, 培养学生深入理解和综合运用知识的能力.

4. 章后增加了数学应用与 MATLAB 语言的简单介绍, 既把高等数学和实际应用相结合, 体现高等数学从实践中来到实践中去的发展脉络, 也让学习者体验到高等数学强大的应用价值, 提升学习兴趣, 为参加数学建模竞赛等课外科技活动的学生拓宽了知识面. 本书部分内容标了"*", 可供学生自主学习或作为课外拓展阅读资料.

由于编写时间较仓促和编者的能力所限, 书中难免存在不足之处, 恳请读者批评指正.

在此, 特别感谢为本书编写辛勤付出、支持和指导撰写工作的全体教师! 同时也感谢 2015～2017 级生物医学工程专业毛广娟等同学的支持和帮助!

编　者

2019 年 5 月于广州

# 目　　录

前言
第八章　向量代数与空间解析几何……1
　第一节　向量的线性运算……1
　第二节　空间直角坐标系与向量……6
　第三节　数量积与向量积……14
　第四节　平面及其方程……22
　第五节　空间直线及其方程……26
　第六节　旋转曲面和二次曲面……34
　*第七节　MATLAB 软件应用……47
第九章　多元函数微分学……51
　第一节　多元函数的基本概念……51
　第二节　偏导数……59
　第三节　全微分……64
　第四节　多元复合函数微分法……69
　第五节　方向导数和梯度……75
　第六节　隐函数微分法……81
　第七节　微分法的几何应用……86
　第八节　多元函数的极值……92
　*第九节　数学应用……97
　*第十节　MATLAB 软件应用……101
第十章　重积分……106
　第一节　二重积分的概念与性质……106
　第二节　二重积分的计算(一)……111
　第三节　二重积分的计算(二)……122
　第四节　三重积分……128
　*第五节　数学应用……141
　*第六节　MATLAB 软件应用……147
第十一章　曲线积分与曲面积分……151
　第一节　第一类曲线积分……151
　第二节　第二类曲线积分……156
　第三节　格林公式……162

第四节　第一类曲面积分……172
第五节　第二类曲面积分……177
第六节　高斯公式　斯托克斯公式……184
*第七节　数学应用……192
*第八节　MATLAB 软件应用……200
**第十二章　数项级数……203**
第一节　数项级数的概念与性质……203
第二节　正项级数……209
第三节　一般项级数……217
**第十三章　函数项级数……225**
第一节　幂级数……225
第二节　函数展开成幂级数……234
第三节　傅里叶级数……245
*第四节　MATLAB 软件应用……258
**部分习题答案……263**
**参考文献……286**

# 第八章　向量代数与空间解析几何

在平面解析几何中使用一对有次序的数来描述平面中点的具体位置，利用方程描述平面中的图形，从而将几何问题转化为代数形式，并运用代数方法进行研究. 我们将类似的方法运用到空间中，建立空间解析几何的知识体系. 一元函数微积分是平面解析几何知识体系中不可或缺的内容，同样，多元函数微积分也是空间解析几何知识体系的重要基石.

本章从向量的概念出发，以向量为基础建立空间直角坐标系，并介绍向量在空间的线性运算，进一步探讨空间解析几何的相关知识.

## 第一节　向量的线性运算

### 一、向量概念

在客观世界中，既有大小又有方向的量称为**向量**(或**矢量**)，如位移、速度、力、力矩等. 只有大小没有方向的量称为**数量**(或**标量**)，如体重、温度、距离等.

在数学领域，向量往往是用一段有方向的线段(即有向线段)来表示. 有向线段的长度对应向量的大小，有向线段的方向对应向量的方向. 如图 8-1-1 所示，向量 $\overrightarrow{AB}$ 表示的是以 $A$ 点为起点，$B$ 点为终点的有向线段. 除上述向量表示外，向量也可通过单一黑体字母或字母上方添加箭头进行表示，如 $\boldsymbol{a}, \boldsymbol{b}, \boldsymbol{c}$ 或 $\vec{a}, \vec{b}, \vec{c}$ 等.

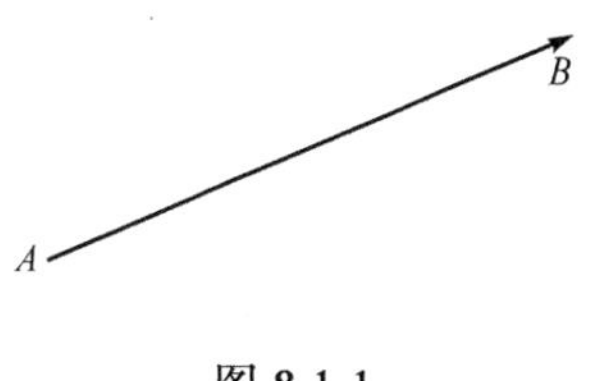

图 8-1-1

在现实问题中，有些向量的描述包括其起点信息(如物体运动状态的改变与其受力位置有关，物理领域中力的三要素)，而有些向量的描述不包括其起点信息. 由于大小和方向是所有向量的共有特性，所以数学领域中普遍研究不含起点信息的向量，并将其统称为**自由向量**，即只研究向量的方向以及大小. 当需要研究包含起点信息的向量时，我们通常作以下处理:

如果两个向量 $\boldsymbol{a}$ 和 $\boldsymbol{b}$ 的大小相等，方向相同，即认为**二者相等**，记为 $\boldsymbol{a}=\boldsymbol{b}$ . 也就是说在两个相等的向量中，其中一个向量经过平移后可以与另一个向量完全重合.

数学领域中，通常使用**向量的模**对向量的大小进行描述，$|\overrightarrow{AB}|$，$|\boldsymbol{a}|$ (或 $|\vec{a}|$ )分别表示向量 $\overrightarrow{AB}$ , $\boldsymbol{a}$(或 $\vec{a}$ )的模. 同时规定，单位向量的模为 1. 零向量记为 $\mathbf{0}$ 或 $\vec{0}$，其模为 0. 零向量的起点和终点重合且无特定方向.

如果两个非零向量的方向完全相同或者完全相反，则认为这两个**向量平行**. 由于零向量无特定方向, 所以**零向量与所有向量平行**.

当两个平行向量以同一点作为起点时, 二者终点将与公共起点处于同一直线上. 因此两向量平行也可称为**两向量共线**.

以向量共线的概念为基础可以延伸出向量共面的概念: 假设有 $k(k \geqslant 3)$ 个向量, 当它们共用一个起点且这些向量的终点和公共起点都在一个平面上时, 则称这 $k$ 个**向量共面**.

如把空间中的一切单位向量归结到共同的始点, 它们的终点构成**单位球面**.

## 二、向量的线性运算

### 1. 向量的加法

**向量的加法运算规则** 设有向量 $\boldsymbol{a}$ 与 $\boldsymbol{b}$, 取两点 $A, B$ 作为向量 $\boldsymbol{a}$ 的起点和终点, 记为 $\overrightarrow{AB}=\boldsymbol{a}$; 再以 $B, C$ 作向量 $\boldsymbol{b}$ 的起点和终点, 记为 $\overrightarrow{BC}=\boldsymbol{b}$; 连接 $AC$, 记为 $\overrightarrow{AC}=\boldsymbol{c}$, 如图 8-1-2 所示. 那么向量 $\boldsymbol{c}$ 称为向量 $\boldsymbol{a}$ 与向量 $\boldsymbol{b}$ 的**和**, 记作

$$\boldsymbol{c}=\boldsymbol{a}+\boldsymbol{b},$$

上述运算规则我们称为向量相加的**三角形法则**.

此外, 根据物理学中求合力的平行四边形法则, 也可以推导出向量相加的**平行四边形法则**(图 8-1-3): 设 $\overrightarrow{AB}=\boldsymbol{a}$, $\overrightarrow{AD}=\boldsymbol{b}$, 以 $AB, AD$ 为边作平行四边形 $ABCD$, 对角向量 $\overrightarrow{AC}$ 为向量 $\boldsymbol{a}$ 与向量 $\boldsymbol{b}$ 的和.

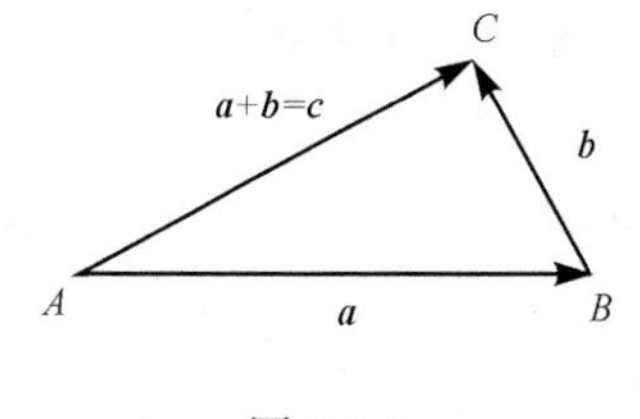


图 8-1-2

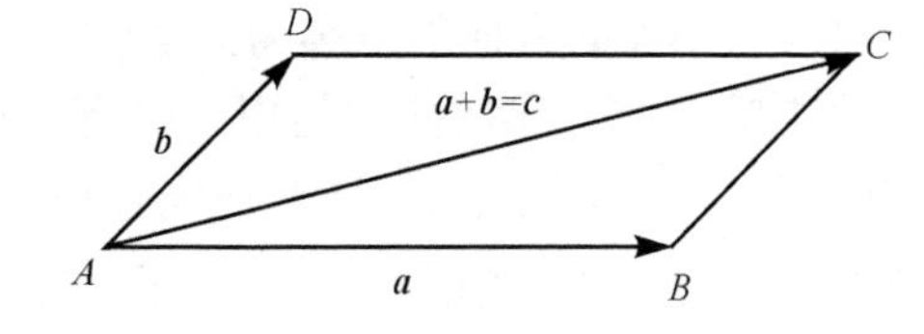


图 8-1-3

向量加法的运算规律:

(1) **交换律** $\boldsymbol{a}+\boldsymbol{b}=\boldsymbol{b}+\boldsymbol{a}$.

依照向量加法的三角形法则(图 8-1-3)可得如下关系:

$$\boldsymbol{a}+\boldsymbol{b}=\overrightarrow{AB}+\overrightarrow{BC}=\overrightarrow{AC}=\boldsymbol{c},$$

$$\boldsymbol{b}+\boldsymbol{a}=\overrightarrow{AD}+\overrightarrow{DC}=\overrightarrow{AC}=\boldsymbol{c}.$$

以上两式可推出交换律.

(2) **结合律** $(\boldsymbol{a}+\boldsymbol{b})+\boldsymbol{c}=\boldsymbol{a}+(\boldsymbol{b}+\boldsymbol{c})$.

如图 8-1-4 所示, 向量 $\boldsymbol{a}$ 与向量 $\boldsymbol{b}$ 相加后再与向量 $\boldsymbol{c}$ 相加的结果与向量 $\boldsymbol{a}$ 与向量 $\boldsymbol{b}+\boldsymbol{c}$ 的和一致, 推出结合律.

**推广** 任意有限个向量 $\boldsymbol{s}_1, \boldsymbol{s}_2, \cdots, \boldsymbol{s}_k$ 的和可记为

$$\boldsymbol{s}_1+\boldsymbol{s}_2+\cdots+\boldsymbol{s}_k.$$

根据向量加法的三角形法则, 可推出 $k$ 个向量的加法法则: 若以第 $n$ 个 $(n \in \{1,$

$2,\cdots,k-1\}$) 向量的终点作为第 $n+1$ 个向量的起点作向量 $\boldsymbol{s}_1,\boldsymbol{s}_2,\cdots,\boldsymbol{s}_k$, 然后再以第一个向量的起点及第 $k$ 个向量的终点作向量 $\boldsymbol{s}$ (图 8-1-5), 则有以下等式:

$$\boldsymbol{s}=\boldsymbol{s}_1+\boldsymbol{s}_2+\cdots+\boldsymbol{s}_k,$$

该式称为多向量加法的**多边形法则**.

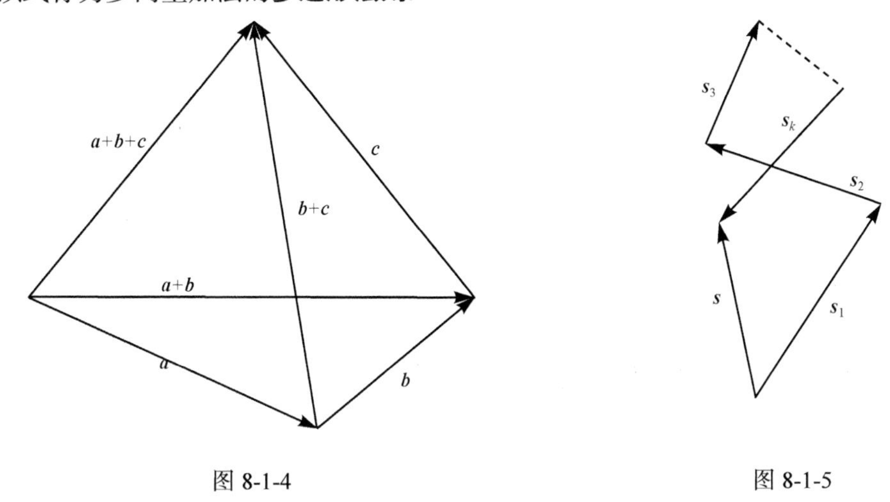


图 8-1-4　　　　图 8-1-5

2. 向量的减法

设存在一向量与向量 $\boldsymbol{a}$ 的大小相同且方向相反, 该向量称为 $\boldsymbol{a}$ 的负向量, 记为 $-\boldsymbol{a}$. 所以两个向量 $\boldsymbol{a}$ 与 $\boldsymbol{b}$ 的差可以表示为

$$\boldsymbol{b}-\boldsymbol{a}=\boldsymbol{b}+(-\boldsymbol{a}),$$

上式表示将向量 $-\boldsymbol{a}$ 与 $\boldsymbol{b}$ 相加, 可得到 $\boldsymbol{b}$ 与 $\boldsymbol{a}$ 的差 $\boldsymbol{b}-\boldsymbol{a}$ (图 8-1-6). 特别地, 当 $\boldsymbol{a}=\boldsymbol{b}$ 时, 可得以下式子:

$$\boldsymbol{a}-\boldsymbol{a}=\boldsymbol{a}+(-\boldsymbol{a})=\boldsymbol{0},$$

从图 8-1-7 可见, 对于任意向量 $\overrightarrow{AB}$ 及点 $O$, 存在

$$\overrightarrow{AB}=\overrightarrow{AO}+\overrightarrow{OB}=-\overrightarrow{OA}+\overrightarrow{OB}=\overrightarrow{OB}-\overrightarrow{OA},$$

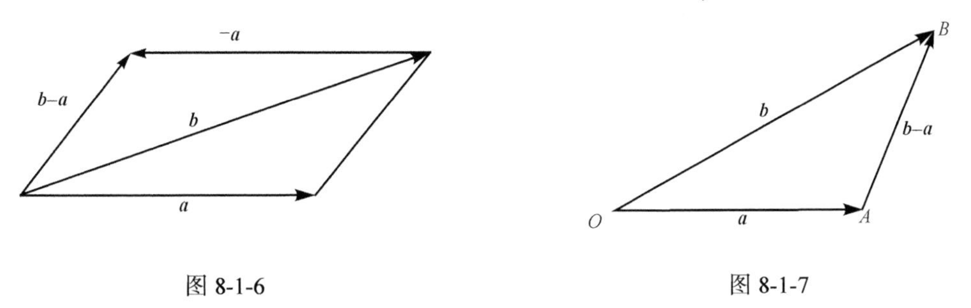


图 8-1-6　　　　图 8-1-7

由上式可知, 当向量 $\boldsymbol{a}$ 与 $\boldsymbol{b}$ 共用同一起点 $O$ 时, 以 $\boldsymbol{a}$ 的终点为起点, 以 $\boldsymbol{b}$ 的终点为终点的向量 $\overrightarrow{AB}$ 为向量 $\boldsymbol{b}$ 与 $\boldsymbol{a}$ 的差 $\boldsymbol{b}-\boldsymbol{a}$ (图 8-1-7).

根据三角形三边关系可得以下关系

$$|\boldsymbol{a}+\boldsymbol{b}| \leqslant |\boldsymbol{a}|+|\boldsymbol{b}|, \quad 或者 |\boldsymbol{a}-\boldsymbol{b}| \leqslant |\boldsymbol{a}|+|\boldsymbol{b}|,$$

当向量 $\boldsymbol{a}$ 与 $\boldsymbol{b}$ 同向或者反向时, 式中等号成立.

### 3. 向量与数的乘法

向量 $\boldsymbol{a}$ 与实数 $\lambda$ 的**乘积**记作 $\lambda\boldsymbol{a}$, 并规定 $\lambda\boldsymbol{a}$ 是一个向量, 该向量的模为

$$|\lambda\boldsymbol{a}| = |\lambda||\boldsymbol{a}|,$$

当 $\lambda>0$ 时, 向量 $\lambda\boldsymbol{a}$ 与 $\boldsymbol{a}$ 的方向相同; 当 $\lambda<0$ 时, 向量 $\lambda\boldsymbol{a}$ 与 $\boldsymbol{a}$ 的方向相反.

向量与数的乘积运算规律如下:

(1) **结合律**　$\lambda(\gamma\boldsymbol{a}) = \gamma(\lambda\boldsymbol{a}) = (\lambda\gamma)\boldsymbol{a}$.

**证**　由向量与数的乘积规定可知, 向量 $\lambda(\gamma\boldsymbol{a})$, $\gamma(\lambda\boldsymbol{a})$, $(\lambda\gamma)\boldsymbol{a}$ 之间相互平行且指向一致, 即方向相同. 另外, 这些向量的模存在以下关系

$$|\lambda(\gamma\boldsymbol{a})| = |\gamma(\lambda\boldsymbol{a})| = |(\lambda\gamma)\boldsymbol{a}| = |\lambda\gamma||\boldsymbol{a}|,$$

即大小相等. 所以

$$\lambda(\gamma\boldsymbol{a}) = \gamma(\lambda\boldsymbol{a}) = (\lambda\gamma)\boldsymbol{a}.$$

(2) **分配律**　$(\lambda+\gamma)\boldsymbol{a} = \lambda\boldsymbol{a}+\gamma\boldsymbol{a}$,

$$\lambda(\boldsymbol{a}+\boldsymbol{b}) = \lambda\boldsymbol{a}+\lambda\boldsymbol{b}.$$

分配律的证明可以通过向量与数的乘积规定进行证明, 该处省略.

在高等数学中, 向量的加减与数乘统称为向量的**线性运算**.

**例 8.1.1**　在平行四边形 $ABCD$ 中(图 8-1-8), 对角线 $AC$ 和 $BD$ 交于点 $M$, 设 $\overrightarrow{AB}=\boldsymbol{a}$, $\overrightarrow{AD}=\boldsymbol{b}$. 请用 $\boldsymbol{a}$ 和 $\boldsymbol{b}$ 分别表示向量 $\overrightarrow{AM}$, $\overrightarrow{BM}$, $\overrightarrow{CM}$ 和 $\overrightarrow{DM}$.

**解**　根据平行四边形特征, $M$ 点为线段 $AC$, $BD$ 的中点, 所以

$$\boldsymbol{a}+\boldsymbol{b} = \overrightarrow{AC} = 2\overrightarrow{AM},$$

所以

$$\overrightarrow{AM} = \frac{1}{2}(\boldsymbol{a}+\boldsymbol{b}).$$

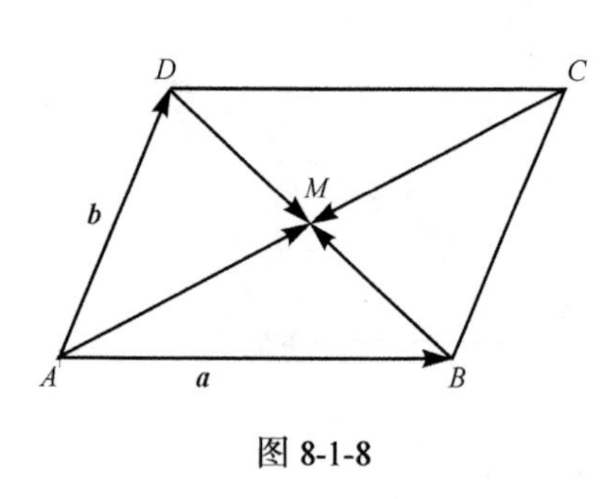


图 8-1-8

因为 $\overrightarrow{AM} = -\overrightarrow{CM}$, 所以

$$\overrightarrow{CM} = -\frac{1}{2}(\boldsymbol{a}+\boldsymbol{b}).$$

因为 $\boldsymbol{a}-\boldsymbol{b} = \overrightarrow{DB} = 2\overrightarrow{DM}$, 所以

$$\overrightarrow{DM} = \frac{1}{2}(\boldsymbol{a}-\boldsymbol{b}).$$

因为 $\overrightarrow{BM} = -\overrightarrow{DM}$, 所以 $\overrightarrow{BM} = -\frac{1}{2}(\boldsymbol{a}-\boldsymbol{b})$.

### 4. 两向量平行的充分必要条件

从向量数乘法则可知, $\mu\boldsymbol{a}$ 与 $\boldsymbol{a}$ 平行, 所以数学中常用向量数乘关系说明两者的平行

关系. 该关系可由以下定理表述.

**定理 8.1.1**　设向量 $\boldsymbol{a}\neq\boldsymbol{0}$, 那么, 向量 $\boldsymbol{b}$ 平行于 $\boldsymbol{a}$ 的充要条件是: 存在唯一的实数 $\mu$, 满足 $\boldsymbol{b}=\mu\boldsymbol{a}$.

**证**　由向量的数乘法则可知定理充分性成立. 下证必要性.

假设 $\boldsymbol{b}/\!/\boldsymbol{a}$. 令 $|\mu|=\dfrac{|\boldsymbol{b}|}{|\boldsymbol{a}|}$, $\mu$ 的正负取决于向量 $\boldsymbol{b}$ 与 $\boldsymbol{a}$ 是否同向, 同向为正, 反向为负, 即 $\boldsymbol{b}=\mu\boldsymbol{a}$. 同时

$$|\mu\boldsymbol{a}|=|\mu||\boldsymbol{a}|=\frac{|\boldsymbol{b}|}{|\boldsymbol{a}|}|\boldsymbol{a}|=|\boldsymbol{b}|.$$

实数 $\mu$ 的唯一性证明. 设 $\boldsymbol{b}=\mu\boldsymbol{a}$, $\boldsymbol{b}=\nu\boldsymbol{a}$, 两式相减可得

$$(\mu-\nu)\boldsymbol{a}=\boldsymbol{0},\ 即\ |\mu-\nu||\boldsymbol{a}|=0,$$

因为 $|\boldsymbol{a}|\neq 0$, 故 $|\mu-\nu|=0$, 即 $\mu=\nu$. 证毕.

定理 8.1.1 是建立数轴和空间坐标系的理论依据. 以数轴为例, 数轴的确定需要确定起点、方向及单位长度. 单位向量包含了方向和单位长度. 因此确定起点的单位向量就代表一条数轴. 假设数轴 $Ox$ 由点 $O$ 以及单位向量 $\boldsymbol{i}$ 确定(图 8-1-9). 数轴上任意一点 $Q$ 可以确定向量 $\overrightarrow{OQ}$, 且 $\overrightarrow{OQ}/\!/\boldsymbol{i}$. 根据定理 8.1.1, 必存在唯一实数 $\mu$, 令 $\overrightarrow{OQ}=\mu\boldsymbol{i}$, 实数 $\mu$ 代表向量 $\overrightarrow{OQ}$ 在数轴上的值并且一一对应, 存在以下关系

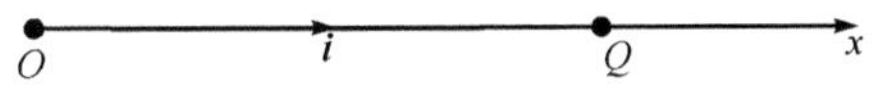

O　i　Q　x

图 8-1-9

$$数轴上任意一点Q\leftrightarrow 向量\overrightarrow{OQ}=\mu\boldsymbol{i}\leftrightarrow 实数\mu,$$

上式说明数轴上的每一点 $Q$ 都与实数 $\mu$ 一一对应. 所以实数 $\mu$ 可以定义为点 $Q$ 在数轴上的坐标.

### 5. 向量 $\boldsymbol{a}$ 的单位向量 $\boldsymbol{e}_{\boldsymbol{a}}$

根据前面的定义, 模等于 1 的向量叫做单位向量. 现假设存在单位向量 $\boldsymbol{e}_{\boldsymbol{a}}$ 与非零向量 $\boldsymbol{a}$ 同向. 根据向量数乘规则, 向量 $|\boldsymbol{a}|\boldsymbol{e}_{\boldsymbol{a}}$ 与 $\boldsymbol{e}_{\boldsymbol{a}}$ 同向, 且 $|\boldsymbol{a}|\boldsymbol{e}_{\boldsymbol{a}}$ 的模为

$$|\boldsymbol{a}||\boldsymbol{e}_{\boldsymbol{a}}|=|\boldsymbol{a}|\cdot 1=|\boldsymbol{a}|,$$

所以 $|\boldsymbol{a}|\boldsymbol{e}_{\boldsymbol{a}}$ 与 $\boldsymbol{a}$ 的模相等, 即

$$\boldsymbol{a}=|\boldsymbol{a}|\boldsymbol{e}_{\boldsymbol{a}},$$

因为当 $\mu\neq 0$ 时, $\dfrac{\boldsymbol{a}}{\mu}=\dfrac{1}{\mu}\boldsymbol{a}$, 即

$$\frac{\boldsymbol{a}}{|\boldsymbol{a}|}=\boldsymbol{e}_{\boldsymbol{a}},$$

该式表达的含义是一个非零向量除以本身的模可以得到一个与原向量同向的单位向量.

**例 8.1.2**　化简 $\boldsymbol{a}-\boldsymbol{b}+7\left(-\frac{1}{3}\boldsymbol{b}+\frac{\boldsymbol{b}-5\boldsymbol{a}}{7}\right)$.

**解**　$\boldsymbol{a}-\boldsymbol{b}+7\left(-\frac{1}{3}\boldsymbol{b}+\frac{\boldsymbol{b}-5\boldsymbol{a}}{7}\right)=(1-5)\boldsymbol{a}+\left(-1-\frac{7}{3}+\frac{1}{7}\cdot 7\right)\boldsymbol{b}=-4\boldsymbol{a}-\frac{7}{3}\boldsymbol{b}.$

**例 8.1.3**　如图 8-1-10 所示，已知菱形 $ABCD$ 的对角线上的向量 $\overrightarrow{AC}$，$\overrightarrow{BD}$，试用向量 $\overrightarrow{AC}$，$\overrightarrow{BD}$ 表示 $\overrightarrow{AB},\overrightarrow{BC},\overrightarrow{CD},\overrightarrow{DA}$.

**解**　根据三角形法则，$\overrightarrow{AB}+\overrightarrow{BC}=\overrightarrow{AC},\overrightarrow{AD}-\overrightarrow{AB}=\overrightarrow{BD}$，又 $ABCD$ 为菱形，因为

$$\overrightarrow{AD}=\overrightarrow{BC}\ (自由向量),$$

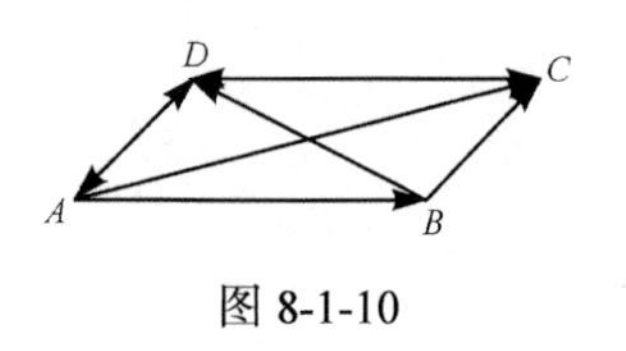


图 8-1-10

所以

$$2\overrightarrow{AB}=\overrightarrow{AC}-\overrightarrow{BD}\Rightarrow\overrightarrow{AB}=\frac{\overrightarrow{AC}-\overrightarrow{BD}}{2}$$

$$\Rightarrow\overrightarrow{CD}=-\overrightarrow{DC}=-\overrightarrow{AB}=\frac{\overrightarrow{BD}-\overrightarrow{AC}}{2},$$

因此

$$\overrightarrow{AD}=\overrightarrow{BC}=\frac{\overrightarrow{AC}+\overrightarrow{BD}}{2},\overrightarrow{DA}=\frac{\overrightarrow{AC}+\overrightarrow{BD}}{2}.$$

## 习题 8-1

1. 设 $\boldsymbol{u}=\boldsymbol{a}+\boldsymbol{b}-2\boldsymbol{c},\boldsymbol{v}=-\boldsymbol{a}+3\boldsymbol{b}+\boldsymbol{c}$，试用 $\boldsymbol{a},\boldsymbol{b},\boldsymbol{c}$ 表示向量 $3\boldsymbol{u}-2\boldsymbol{v}$.

2. 把 $\triangle ABC$ 的 $BC$ 边五等分，设分点依次为 $D_1,D_2,D_3,D_4$，再把各分点与点 $A$ 连接，试以 $\overrightarrow{AB}=\boldsymbol{c},\overrightarrow{BC}=\boldsymbol{a}$ 表示向量 $\overrightarrow{AD_1}$，$\overrightarrow{D_2A}$，$\overrightarrow{AD_3}$ 和 $\overrightarrow{D_4A}$.

3. 设三角形的三边 $\overrightarrow{BC}=\boldsymbol{a},\overrightarrow{CA}=\boldsymbol{b},\overrightarrow{AB}=\boldsymbol{c}$，三边中点依次为 $D,E,F$，试证明 $\overrightarrow{AD}+\overrightarrow{BE}+\overrightarrow{CF}=\boldsymbol{0}$.

# 第二节　空间直角坐标系与向量

## 一、空间直角坐标系

1. 空间直角坐标系定义

第一节通过点 $O$ 和一单位向量 $\boldsymbol{i}$ 确定数轴，我们在此基础上定义**空间直角坐标系**：确定空间中一点 $O$ 和三个单位向量 $\boldsymbol{i},\boldsymbol{j},\boldsymbol{k}$，同时三个单位向量之间两两垂直，依次将其定义为横轴($x$ 轴)、纵轴($y$ 轴)、竖轴($z$ 轴)，三者统称为坐标轴，我们称其为空间直角坐标系或 $Oxyz$ 坐标系(图 8-2-1). 一般情况下，$x$ 轴、$y$ 轴处于水平面，$z$ 轴垂直于水平面，同时三轴符合右手规则，即右手大拇指指向 $z$ 轴正向，四指从 $x$ 轴正向握手转向 $y$ 轴，如图 8-2-2 所示.

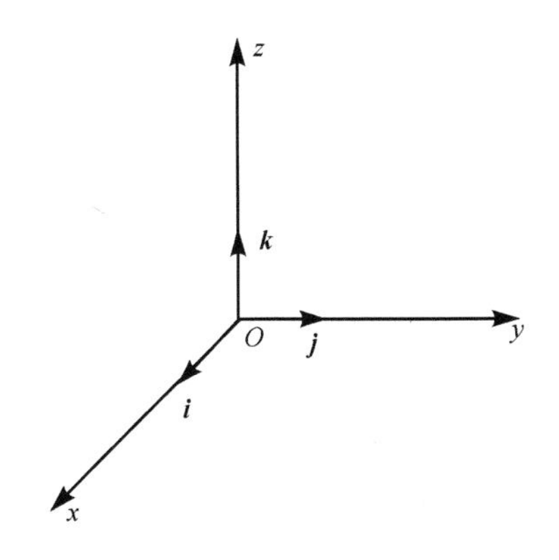


图 8-2-1

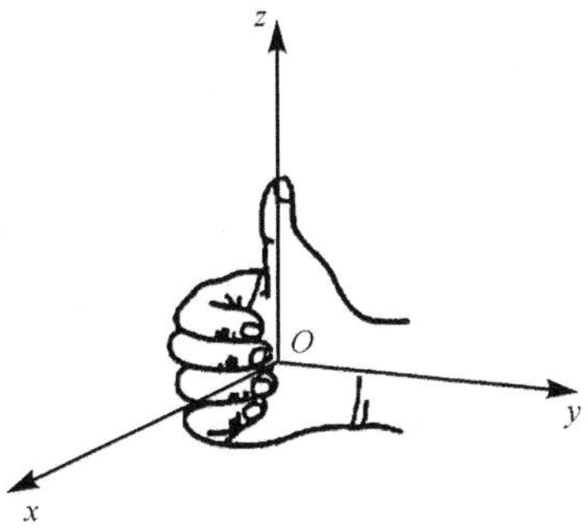

图 8-2-2

空间直角坐标系中，任意两坐标轴可以确定一个平面，由此可以确定三个平面，我们称之为坐标面．$x$ 轴和 $y$ 轴确定的坐标面称为 $xOy$ 面，$y$ 轴和 $z$ 轴确定的坐标面称为 $yOz$ 面，$x$ 轴和 $z$ 轴确定的坐标面称为 $xOz$ 面．同时，三个坐标面将空间分割成八个部分，单一部分我们称为卦限．由 $x$ 轴、$y$ 轴和 $z$ 轴正向所围成的部分称为**第一卦限**，同一层次按照逆时针方向分别为**第二**、**第三**、**第四卦限**；第一卦限下方为**第五卦限**，与第五卦限同一层次按照逆时针方向分别为**第六**、**第七**、**第八卦限**(图 8-2-3)．每一卦限内点坐标的正负性见表 8-2-1．这 8 个卦限分别用罗马数字Ⅰ，Ⅱ，Ⅲ，Ⅳ，Ⅴ，Ⅵ，Ⅶ，Ⅷ表示．

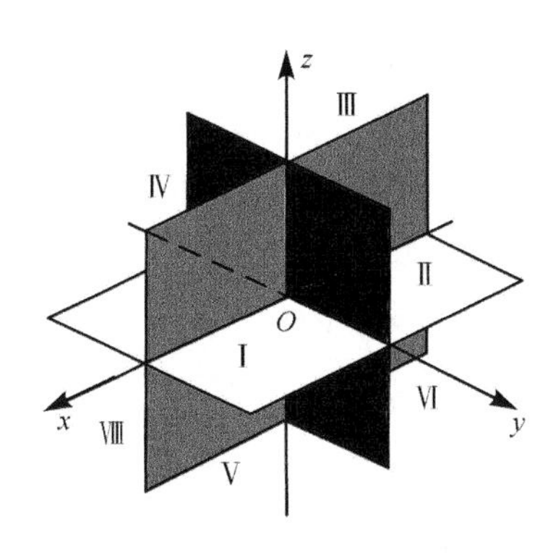


图 8-2-3

**表 8-2-1**

| 坐标 | 卦限 | | | | | | | |
|---|---|---|---|---|---|---|---|---|
| | Ⅰ | Ⅱ | Ⅲ | Ⅳ | Ⅴ | Ⅵ | Ⅶ | Ⅷ |
| $x$ | + | − | − | + | + | − | − | + |
| $y$ | + | + | − | − | + | + | − | − |
| $z$ | + | + | + | + | − | − | − | − |

2. 空间直角坐标系中向量的坐标分解式

对于空间直角坐标系中任一点 $Q$，都可以找到对应的向量 $\overrightarrow{OQ}$．此时，以 $OQ$ 为对角线，$x$ 轴、$y$ 轴和 $z$ 轴为棱边作长方体 $ABQC\text{-}ODEF$，如图 8-2-4 所示，可得

$$\overrightarrow{OQ}=\overrightarrow{OD}+\overrightarrow{DE}+\overrightarrow{EQ}=\overrightarrow{OD}+\overrightarrow{OF}+\overrightarrow{OA}.$$

根据向量与单位向量的数乘关系可得

$$\overrightarrow{OD}=x\boldsymbol{i},\quad \overrightarrow{OF}=y\boldsymbol{j},\quad \overrightarrow{OA}=z\boldsymbol{k},$$

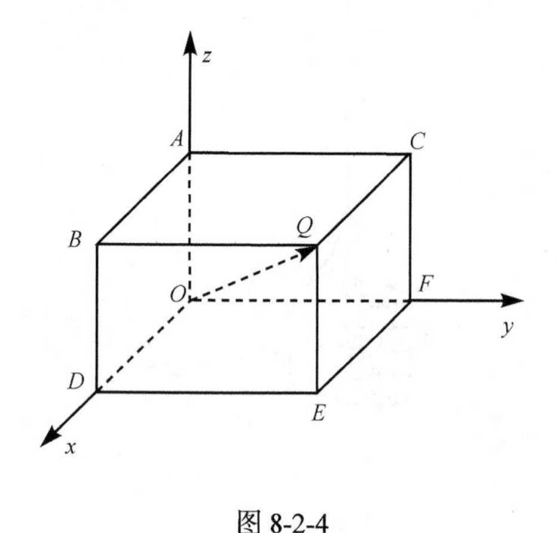

图 8-2-4

所以

$$\overrightarrow{OQ}=x\boldsymbol{i}+y\boldsymbol{j}+z\boldsymbol{k}.$$

上式为向量$\overrightarrow{OQ}$的坐标分解式，$x\boldsymbol{i}$，$y\boldsymbol{j}$，$z\boldsymbol{k}$分别代表向量$\overrightarrow{OQ}$在$x$轴、$y$轴和$z$轴上的分向量.

上述内容表明，通过给定的向量$\overrightarrow{OQ}$可以确定点$Q$及$\overrightarrow{OD}$，$\overrightarrow{OF}$，$\overrightarrow{OA}$三个分向量，从而进一步确定一组有序实数$(x,y,z)$. 同样，通过一组确定的有序实数$(x,y,z)$，可以确定点$Q$，进而确定向量$\overrightarrow{OQ}$. 所以向量$\overrightarrow{OQ}$、点$Q$及有序实数$(x,y,z)$之间有唯一确定的对应关系：

$$点\ Q\leftrightarrow\overrightarrow{OQ}=x\boldsymbol{i}+y\boldsymbol{j}+z\boldsymbol{k}\leftrightarrow(x,y,z).$$

根据上式，我们一般使用向量$\boldsymbol{r}$代替$\overrightarrow{OQ}$并作如下定义：有序实数$(x,y,z)$为向量$\boldsymbol{r}$在$Oxyz$坐标系的坐标，记为$\boldsymbol{r}=(x,y,z)$；有序实数$(x,y,z)$为点$Q$在$Oxyz$坐标系的坐标，记为$Q(x,y,z)$.

此外，向量$\overrightarrow{OQ}$称为点$Q$关于原点$O$的**向径**. 可以发现空间中一点与该点的向径具备同一组有序实数. 所以有序实数$(x,y,z)$既可以表示点$Q$，也可以表示向量$\overrightarrow{OQ}$.

特别地，有序实数$(x,y,z)$在描述空间中特定位置的点时(如坐标面或坐标轴上的点)，该组实数的特征见表 8-2-2.

**表 8-2-2**

| 位置 | $x$轴 | $y$轴 | $z$轴 | $xOy$面 | $yOz$面 | $xOz$面 | 原点 |
|---|---|---|---|---|---|---|---|
| 坐标 | $(x,0,0)$ | $(0,y,0)$ | $(0,0,z)$ | $(x,y,0)$ | $(0,y,z)$ | $(x,0,z)$ | $(0,0,0)$ |

## 二、利用坐标作向量的运算

我们把坐标的概念与向量的加减、数乘等运算进行结合. 设$\boldsymbol{n}=(x_n,y_n,z_n)$，$\boldsymbol{m}=(x_m,y_m,z_m)$，有

$$\boldsymbol{n}=x_n\boldsymbol{i}+y_n\boldsymbol{j}+z_n\boldsymbol{k},\quad \boldsymbol{m}=x_m\boldsymbol{i}+y_m\boldsymbol{j}+z_m\boldsymbol{k},$$

则有

$$\boldsymbol{n}+\boldsymbol{m}=(x_n+x_m)\boldsymbol{i}+(y_n+y_m)\boldsymbol{j}+(z_n+z_m)\boldsymbol{k},$$

$$\boldsymbol{n}-\boldsymbol{m}=(x_n-x_m)\boldsymbol{i}+(y_n-y_m)\boldsymbol{j}+(z_n-z_m)\boldsymbol{k},$$

$$\mu\boldsymbol{n}=\mu x_n\boldsymbol{i}+\mu y_n\boldsymbol{j}+\mu z_n\boldsymbol{k}\quad(\mu\ 为实数).$$

又可表示为

$$\boldsymbol{n}+\boldsymbol{m}=(x_n+x_m,y_n+y_m,z_n+z_m),$$

$$\boldsymbol{n}-\boldsymbol{m}=(x_n-x_m,y_n-y_m,z_n-z_m),$$

$$\mu \boldsymbol{n} = (\mu x_n, \mu y_n, \mu z_n) \quad (\mu \text{ 为实数}).$$

由上述公式可知，空间直角坐标系中的向量运算只需对向量中对应的坐标分别进行相应运算即可.

由定理 8.1.1 可知，对于非零向量 $\boldsymbol{a}$，$\boldsymbol{a} /\!/ \boldsymbol{b}$ 的充要条件是 $\boldsymbol{b} = \mu \boldsymbol{a}$，坐标表达式为

$$(x_{\boldsymbol{b}}, y_{\boldsymbol{b}}, z_{\boldsymbol{b}}) = \mu(x_{\boldsymbol{a}}, y_{\boldsymbol{a}}, z_{\boldsymbol{a}}),$$

即

$$\frac{x_{\boldsymbol{b}}}{x_{\boldsymbol{a}}} = \frac{y_{\boldsymbol{b}}}{y_{\boldsymbol{a}}} = \frac{z_{\boldsymbol{b}}}{z_{\boldsymbol{a}}}.$$

**例 8.2.1**　求解下列以向量为未知元的方程组:

$$\begin{cases} 8\boldsymbol{x} - 5\boldsymbol{y} = \boldsymbol{m}, \\ 5\boldsymbol{x} - 3\boldsymbol{y} = \boldsymbol{n}, \end{cases}$$

其中 $\boldsymbol{m} = (1,1,2)$，$\boldsymbol{n} = (2,-1,2)$.

**解**　根据方程组求解法则，可得

$$\boldsymbol{x} = 5\boldsymbol{n} - 3\boldsymbol{m}, \quad \boldsymbol{y} = 8\boldsymbol{n} - 5\boldsymbol{m},$$

将向量 $\boldsymbol{m} = (1,1,2)$，$\boldsymbol{n} = (2,-1,2)$ 代入上式可得

$$\boldsymbol{x} = 5\boldsymbol{n} - 3\boldsymbol{m} = 5(2,-1,2) - 3(1,1,2) = (7,-8,4),$$
$$\boldsymbol{y} = 8\boldsymbol{n} - 5\boldsymbol{m} = 8(2,-1,2) - 5(1,1,2) = (11,-13,6).$$

## 三、向量的模、两点间的距离

### 1. 向量的模

如图 8-2-4 所示，对于向量 $\overrightarrow{OQ}$ 有

$$\overrightarrow{OQ} = \overrightarrow{OD} + \overrightarrow{DE} + \overrightarrow{EQ} = \overrightarrow{OD} + \overrightarrow{OF} + \overrightarrow{OA},$$

根据勾股定理可得

$$\left|\overrightarrow{OQ}\right| = \sqrt{\left|\overrightarrow{OD}\right|^2 + \left|\overrightarrow{OF}\right|^2 + \left|\overrightarrow{OA}\right|^2},$$

根据向量与单位向量的关系可得

$$\overrightarrow{OD} = x\boldsymbol{i}, \quad \overrightarrow{OF} = y\boldsymbol{j}, \quad \overrightarrow{OA} = z\boldsymbol{k},$$

从而 $\left|\overrightarrow{OD}\right| = |x|$，$\left|\overrightarrow{OF}\right| = |y|$，$\left|\overrightarrow{OA}\right| = |z|$，所以**向量 $\overrightarrow{OQ}$ 的模**的坐标表达式为

$$\left|\overrightarrow{OQ}\right| = \sqrt{x^2 + y^2 + z^2}.$$

### 2. 两点间的距离公式

设空间坐标系中存在两点 $A(x_A, y_A, z_A)$，$B(x_B, y_B, z_B)$，$AB$ 两点之间的距离可以用向量 $\overrightarrow{AB}$ 的模来表示. 因为

$$\overrightarrow{AB}=\overrightarrow{OB}-\overrightarrow{OA}=(x_B,y_B,z_B)-(x_A,y_A,z_A)$$
$$=(x_B-x_A,y_B-y_A,z_B-z_A),$$

所以 $A, B$ 两点间的距离为

$$|AB|=|\overrightarrow{AB}|=\sqrt{(x_B-x_A)^2+(y_B-y_A)^2+(z_B-z_A)^2}.$$

**例 8.2.2**　证明以 $A_1(7,6,4)$，$A_2(10,4,5)$，$A_3(8,5,6)$ 三点为顶点的三角形为等腰三角形.

**证**　因为

$$|A_1A_2|=\sqrt{(10-7)^2+(4-6)^2+(5-4)^2}=\sqrt{14},$$
$$|A_2A_3|=\sqrt{(8-10)^2+(5-4)^2+(6-5)^2}=\sqrt{6},$$
$$|A_1A_3|=\sqrt{(7-8)^2+(6-5)^2+(4-6)^2}=\sqrt{6},$$

所以

$$|A_2A_3|=|A_1A_3|,$$

所以三角形 $\triangle A_1A_2A_3$ 为等腰三角形.

**例 8.2.3**　求 $y$ 轴上与两点 $A_1(4,-1,7)$，$A_2(3,4,-1)$ 等距离的点.

**解**　因为所求点在 $y$ 轴上，所以设该点为 $A(0,y,0)$．根据题意可得

$$|AA_1|=|AA_2|,$$

所以

$$\sqrt{(0-4)^2+(y+1)^2+(0-7)^2}=\sqrt{(0-3)^2+(y-4)^2+(0+1)^2},$$

求解得

$$y=-4,$$

所以，该点为 $A(0,-4,0)$.

**例 8.2.4**　空间中存在两点 $A(4,0,7)$，$B(3,4,0)$，求与 $\overrightarrow{AB}$ 反向的单位向量.

**解**　因为

$$\overrightarrow{AB}=\overrightarrow{OB}-\overrightarrow{OA}=(3-4,4-0,0-7)=(-1,4,-7),$$
$$|\overrightarrow{AB}|=\sqrt{(-1)^2+4^2+(-7)^2}=\sqrt{66},$$

所以与 $\overrightarrow{AB}$ 反向的单位向量为

$$\boldsymbol{e}=-\frac{\overrightarrow{AB}}{|\overrightarrow{AB}|}=-\frac{1}{\sqrt{66}}(-1,4,-7).$$

## 四、定比分点

如果在有向线段 $\overrightarrow{P_1P_2}(P_1\neq P_2)$ 上存在点 $P$，令 $\overrightarrow{P_1P}=\mu\overrightarrow{PP_2}(\mu\neq-1)$，我们就称**点 $P$ 为有向线段 $\overrightarrow{P_1P_2}$ 的分点**.

说明:

(1) 当 $\mu \neq -1$ 时, 可以保证 $P_1 \neq P_2$;

(2) 当 $\mu > 0$ 时, $\overrightarrow{P_1P}$ 与 $\overrightarrow{PP_2}$ 同向, $P$ 为有向线段 $\overrightarrow{P_1P_2}$ 内部的点;

(3) 当 $\mu < 0$ 时, $\overrightarrow{P_1P}$ 与 $\overrightarrow{PP_2}$ 异向, $P$ 为有向线段 $\overrightarrow{P_1P_2}$ 外部的点;

(4) 当 $\mu < -1$ 时, 则点 $P$ 在有向线段 $\overrightarrow{P_1P_2}$ 的延长线上;

(5) 当 $-1 < \mu < 0$ 时, 则点 $P$ 在有向线段 $\overrightarrow{P_1P_2}$ 的反向延长线上.

**例 8.2.5**　已知点 $A(x_A, y_A, z_A)$, $B(x_B, y_B, z_B)$ 和实数 $\mu \neq -1$, 在直线 $AB$ 上求点 $K$, 使 $AK = \mu KB$.

**解**　如图 8-2-5 所示, 由于

$$\overrightarrow{AK} = \overrightarrow{OK} - \overrightarrow{OA}, \quad \overrightarrow{KB} = \overrightarrow{OB} - \overrightarrow{OK},$$

所以

$$\overrightarrow{OK} - \overrightarrow{OA} = \mu(\overrightarrow{OB} - \overrightarrow{OK}),$$

即

$$\overrightarrow{OK} = \frac{1}{1+\mu}(\overrightarrow{OA} + \mu\overrightarrow{OB}) = \left(\frac{x_A + \mu x_B}{1+\mu}, \frac{y_A + \mu y_B}{1+\mu}, \frac{z_A + \mu z_B}{1+\mu}\right),$$

所以点 $K$ 的坐标为

$$\left(\frac{x_A + \mu x_B}{1+\mu}, \frac{y_A + \mu y_B}{1+\mu}, \frac{z_A + \mu z_B}{1+\mu}\right).$$

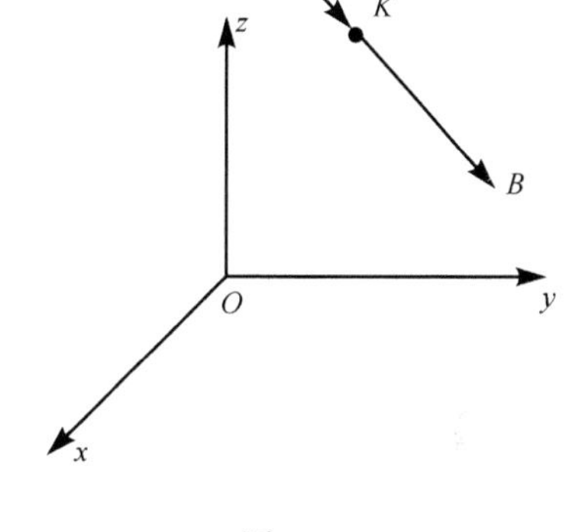

图 8-2-5

上述例子中, $K$ 的坐标表达式称为定比分点公式. 当 $\mu = 1$ 时为中点公式. 特别地, 我们可以发现点 $K$ 和 $\overrightarrow{OK}$ 坐标相同, 该坐标既可以表示向量 $\overrightarrow{OK}$ 也可以表示点 $K$ 的坐标, 但在几何领域, 点和向量是两个概念, 要根据题意准确把握是点的坐标还是向量坐标.

## 五、向量的方向余弦及投影

### 1. 两向量的夹角

假设有非零向量 $\boldsymbol{a},\boldsymbol{b}$, 取空间中一点 $O$, 令 $\overrightarrow{OA} = \boldsymbol{a}$ , $\overrightarrow{OB} = \boldsymbol{b}$ , 假设 $\varphi = \angle AOB (0 \leqslant \alpha \leqslant \pi)$ (图 8-2-6), 则 $\varphi$ 称为向量 $\boldsymbol{a}$ 与 $\boldsymbol{b}$ 的夹角, 记为 $(\widehat{\boldsymbol{a},\boldsymbol{b}})$ 或 $(\widehat{\boldsymbol{b},\boldsymbol{a}})$, 即 $(\widehat{\boldsymbol{a},\boldsymbol{b}}) = \varphi$ . 如果两个向量中存在零向量, 则规定它们的夹角取 0 到 $\pi$ 之间的任意值.

### 2. 空间向量的方向角

在空间直角坐标系中, 我们规定非零向量 $\boldsymbol{r}$ 与三条坐标轴的夹角分别为 $\alpha, \beta, \gamma$, (图 8-2-7), 并将其称为**向量 $\boldsymbol{r}$ 的方向角**.

### 3. 空间向量的方向余弦

从图 8-2-7 可知, 假设 $\overrightarrow{OQ} = \boldsymbol{r} = (x, y, z)$ , 过点 $Q$ 作垂直于 $x$ 轴的有向线段 $OP$, 垂足为 $P$, 则有

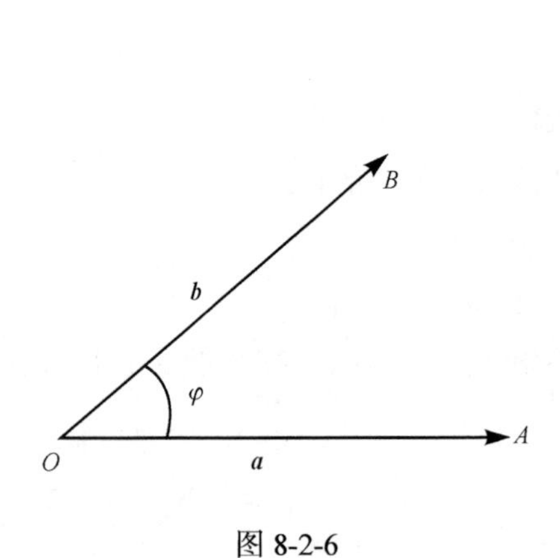


图 8-2-6

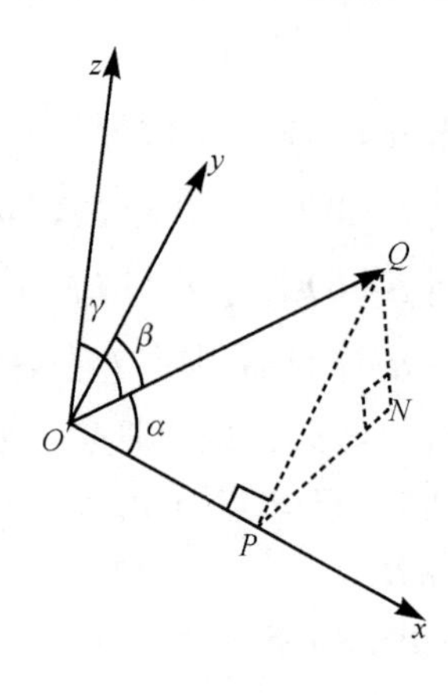


图 8-2-7

$$\cos\alpha=\frac{x}{|\overrightarrow{OQ}|}=\frac{x}{|\boldsymbol{r}|}.$$

同理可得

$$\cos\beta=\frac{y}{|\boldsymbol{r}|},\quad \cos\gamma=\frac{z}{|\boldsymbol{r}|}.$$

从而

$$(\cos\alpha,\cos\beta,\cos\gamma)=\left(\frac{x}{|\boldsymbol{r}|},\frac{y}{|\boldsymbol{r}|},\frac{z}{|\boldsymbol{r}|}\right)=\frac{1}{|\boldsymbol{r}|}(x,y,z)=\frac{\boldsymbol{r}}{|\boldsymbol{r}|}=\boldsymbol{e}_{\boldsymbol{r}},$$

上式中的 $\cos\alpha,\cos\beta,\cos\gamma$ 叫做**向量 $\boldsymbol{r}$ 的方向余弦**. 从上述式子可以推出

$$\cos^2\alpha+\cos^2\beta+\cos^2\gamma=1.$$

根据向量的模的定义, 可以推出

$$|\boldsymbol{r}|=\sqrt{x^2+y^2+z^2},$$

$$\cos\alpha=\frac{x}{\sqrt{x^2+y^2+z^2}},\quad \cos\beta=\frac{y}{\sqrt{x^2+y^2+z^2}},\quad \cos\gamma=\frac{z}{\sqrt{x^2+y^2+z^2}}.$$

**例 8.2.6** 已知两点 $A(2,2,\sqrt{2})$, $B(1,3,0)$, 求向量 $\overrightarrow{AB}$ 的模、方向余弦和方向角.

**解**

$$\overrightarrow{AB}=(1-2,3-2,0-\sqrt{2})=(-1,1,-\sqrt{2}),$$

$$\left|\overrightarrow{AB}\right|=\sqrt{(-1)^2+1^2+(-\sqrt{2})^2}=2,$$

$$\cos\alpha=-\frac{1}{2},\quad \cos\beta=\frac{1}{2},\quad \cos\gamma=-\frac{1}{\sqrt{2}},$$

$$\alpha=\frac{2}{3}\pi,\quad \beta=\frac{\pi}{3},\quad \gamma=\frac{3\pi}{4}.$$

**例 8.2.7** 设点 $A$ 位于第一卦限, 向量 $\overrightarrow{OA}$ 与 $x$ 轴、$y$ 轴的夹角依次为 $\frac{\pi}{3}$ 和 $\frac{\pi}{4}$, 且 $\left|\overrightarrow{OA}\right|=6$, 求点 $A$ 的坐标.

**解**　根据题意得$\alpha=\dfrac{\pi}{3}$，$\beta=\dfrac{\pi}{4}$，根据向量角的关系式

$$\cos^2\alpha+\cos^2\beta+\cos^2\gamma=1,$$

可得

$$\cos^2\gamma=\frac{1}{4},$$

又点$A$在第一卦限，所以$\cos\gamma>0$，即$\cos\gamma=\dfrac{1}{2}$，

$$\overrightarrow{OA}=\left|\overrightarrow{OA}\right|\boldsymbol{e}_{\overrightarrow{OA}}=(3,3\sqrt{2},3),$$

此为点$A$的坐标.

## 六、向量在轴上的投影

假设点$O$及单位向量$\boldsymbol{e}$确定轴$u$(相当于坐标轴). 在空间中取一点$Q$，作向量$\overrightarrow{OQ}$，并过$Q$点作直线$QQ'$，令$QQ'\perp OQ'$，垂足为$Q'$. 此时，我们称向量$\overrightarrow{OQ'}$为向量$\overrightarrow{OQ}$在$u$轴上的投影，或者称$\overrightarrow{OQ'}$为向量$\overrightarrow{OQ}$在$u$轴上的分向量，记为$\mathrm{Prj}_u\overrightarrow{OQ}$.

以此为基础，将该定义推广到空间直角坐标系中，向量$\overrightarrow{OQ}$在坐标系中的坐标$(x,y,z)$即代表其在三坐标轴上的投影，即

$$x=\mathrm{Prj}_x\overrightarrow{OQ},\quad y=\mathrm{Prj}_y\overrightarrow{OQ},\quad z=\mathrm{Prj}_z\overrightarrow{OQ}.$$

从上式可知，向量的投影和坐标具备相同的性质.

**性质 8.2.1**　$\mathrm{Prj}_u\overrightarrow{OQ}=\left|\overrightarrow{OQ}\right|\cos\varphi$，其中角$\varphi$为向量$\overrightarrow{OQ}$与$u$轴的夹角(图 8-2-8).

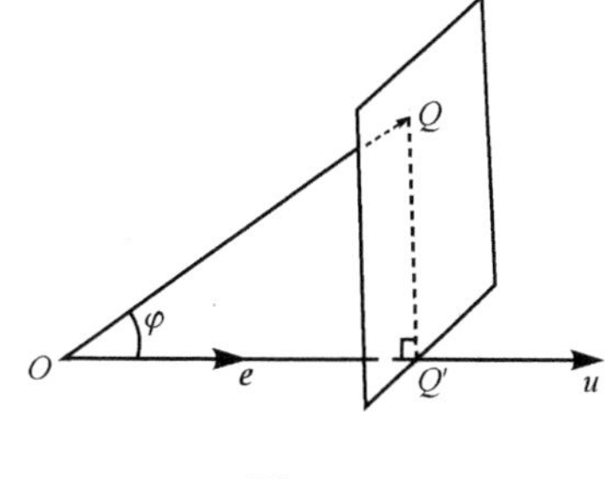


图 8-2-8

**性质 8.2.2**　$\mathrm{Prj}_u(\boldsymbol{a}+\boldsymbol{b})=\mathrm{Prj}_u\boldsymbol{a}+\mathrm{Prj}_u\boldsymbol{b}$，可扩展为

$$\mathrm{Prj}_u(\boldsymbol{a}_1+\boldsymbol{a}_2+\cdots+\boldsymbol{a}_n)=\mathrm{Prj}_u\boldsymbol{a}_1+\mathrm{Prj}_u\boldsymbol{a}_2+\cdots+\mathrm{Prj}_u\boldsymbol{a}_n.$$

**性质 8.2.3**　$\mathrm{Prj}_u(\mu\boldsymbol{a})=\mu\mathrm{Prj}_u\boldsymbol{a}$.

**例 8.2.8**　设向量$\boldsymbol{a}=(4,-3,2)$，轴$u$的正向与三条坐标轴的正向构成相等锐角，试求：(1) 向量$\boldsymbol{a}$在$u$轴上的投影；(2) 向量$\boldsymbol{a}$与$u$轴的夹角$\theta$.

**解**　设$\boldsymbol{e}_u$的方向余弦为$\cos\alpha$，$\cos\beta$，$\cos\gamma$，则由题意有

$$0<\alpha=\beta=\gamma<\pi/2.$$

由$\cos^2\alpha+\cos^2\beta+\cos^2\gamma=1$，得

$$\cos\alpha=\cos\beta=\cos\gamma=\frac{\sqrt{3}}{3},$$

$$\boldsymbol{e}_u=\frac{\sqrt{3}}{3}\boldsymbol{i}+\frac{\sqrt{3}}{3}\boldsymbol{j}+\frac{\sqrt{3}}{3}\boldsymbol{k},$$

$$\boldsymbol{a}=4\boldsymbol{i}-3\boldsymbol{j}+2\boldsymbol{k},$$

$$\mathrm{Prj}_u\boldsymbol{a}=\mathrm{Prj}_u(4\boldsymbol{i})+\mathrm{Prj}_u(-3\boldsymbol{j})+\mathrm{Prj}_u(2\boldsymbol{k})=4\mathrm{Prj}_u\boldsymbol{i}-3\mathrm{Prj}_u\boldsymbol{j}+2\mathrm{Prj}_u\boldsymbol{k}$$
$$=4\times\frac{\sqrt{3}}{3}-3\times\frac{\sqrt{3}}{3}+2\times\frac{\sqrt{3}}{3}=\sqrt{3},$$

由于

$$\mathrm{Prj}_u\boldsymbol{a}=|\boldsymbol{a}|\cos\theta=\sqrt{29}\cos\theta=\sqrt{3},$$

所以

$$\theta=\arccos\frac{\sqrt{3}}{\sqrt{29}}.$$

## 习题 8-2

1. 填空:

(1) 当向量 $\boldsymbol{a},\boldsymbol{b}$ 满足___________时, 能使 $|\boldsymbol{a}+\boldsymbol{b}|=|\boldsymbol{a}-\boldsymbol{b}|$ 成立.

(2) 当向量 $\boldsymbol{a},\boldsymbol{b}$ 同向且满足___________时, 能使 $|\boldsymbol{a}+\boldsymbol{b}|=|\boldsymbol{a}|+|\boldsymbol{b}|$ 成立.

2. 设 $P,Q$ 两点的向径分别为 $\boldsymbol{r}_1$ , $\boldsymbol{r}_2$, 点 $R$ 在线段 $PQ$ 上, 且 $\dfrac{|PR|}{|RQ|}=\dfrac{m}{n}$, 求点 $R$ 的向径.

3. 在空间直角坐标系中, 指出下列各点在哪个卦限?

$A(3,-1,6)$; $B(2,1,-1)$; $C(4,-3,-1)$; $D(-2,-3,4)$.

4. 在 $xOy$ 面上, 求与三点 $A(3,2,2)$ , $B(2,-1,-1)$ , $C(0,2,1)$ 等距离的点.

5. 已知两点 $A(1,3,2),B(0,-1,3)$, 试用坐标表示式表示向量 $\overrightarrow{AB}$, $-3\overrightarrow{AB}$ .

6. 已知两点 $A(1,0,4),B(2,\sqrt{2},3)$, 计算向量 $\overrightarrow{AB}$ 的模、方向余弦、方向角.

7. 求与向量 $\boldsymbol{a}=(7,-6,6)$ 方向相反的单位向量.

8. 已知向量 $\boldsymbol{a}$ 的方向角 $\alpha=\gamma=30°$, $\beta=45°$, 模为 3, 求该向量.

9. 设向量 $\boldsymbol{a}$ 的方向余弦分别满足

(1) $\cos\alpha=0$; (2) $\cos\beta=1$; (3) $\cos\alpha=\cos\beta=0$.

这些向量和坐标轴或坐标面的关系如何?

10. 已知 $|\boldsymbol{r}|=3,\boldsymbol{r}$ 与轴 $u$ 的夹角是 $45°$, 求 $\mathrm{Prj}_u\boldsymbol{r}$ .

11. 一向量的终点为 $B(3,-2,5)$ , 它在 $x$ 轴、$y$ 轴和 $z$ 轴上的投影依次为 $2,-3,4$ , 求该向量的起点 $A$ 的坐标.

12. 求与向量 $\boldsymbol{a}=(8,-5,3)$ 平行、方向相同, 且长度为 7 的向量 $\boldsymbol{b}$ .

# 第三节　数量积与向量积

### 一、两向量的数量积

物理力学中, 假设一物体在恒力 $\boldsymbol{F}$ 的作用下沿直线从点 $s_1$ 移动到点 $s_2$ , 以向量 $\boldsymbol{s}$ 表示位移$\overrightarrow{s_1s_2}$. 根据物理力学原理可知, 力$\boldsymbol{F}$所做的功$W$为

$$W=|\boldsymbol{F}||\boldsymbol{s}|\cos\varphi,$$

其中$\varphi$为$\boldsymbol{F}$和$\boldsymbol{s}$的夹角(图 8-3-1).

可以看出, 当两个向量进行运算的结果等于两个向量的模及它们夹角余弦值的乘积时, 将这种运算称为向量$\boldsymbol{a}$和$\boldsymbol{b}$的**数量积**(图 8-3-2), 记为

$$\boldsymbol{a}\cdot\boldsymbol{b}=|\boldsymbol{a}||\boldsymbol{b}|\cos\varphi .$$

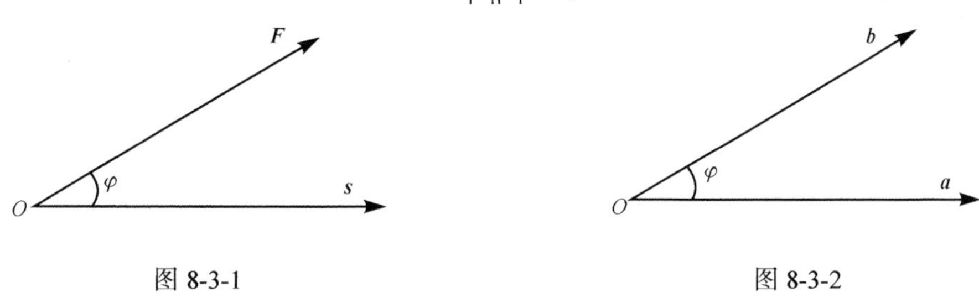


图 8-3-1　　　图 8-3-2

所以上述物理问题中的力所做的功$W$是力$\boldsymbol{F}$和位移$\boldsymbol{s}$的数量积, 可表示为

$$W=\boldsymbol{F}\cdot\boldsymbol{s}.$$

当$\boldsymbol{a}\neq\boldsymbol{0}$时, $|\boldsymbol{b}|\cos\varphi=|\boldsymbol{b}|\cos(\widehat{\boldsymbol{a},\boldsymbol{b}})$表示向量$\boldsymbol{b}$在向量$\boldsymbol{a}$上的投影, 可用$\mathrm{Prj}_{\boldsymbol{a}}\boldsymbol{b}$进行表示, 从而

$$\boldsymbol{a}\cdot\boldsymbol{b}=|\boldsymbol{a}|\mathrm{Prj}_{\boldsymbol{a}}\boldsymbol{b}.$$

同样有

$$\boldsymbol{a}\cdot\boldsymbol{b}=|\boldsymbol{b}|\mathrm{Prj}_{\boldsymbol{b}}\boldsymbol{a} .$$

即两向量的数量积等于其中一个向量的模和另一向量在该向量方向上的投影的乘积.

根据数量积的定义可得到

(1) $\boldsymbol{a}\cdot\boldsymbol{a}=|\boldsymbol{a}|^2$.

(2) 如果$\boldsymbol{a}\cdot\boldsymbol{b}=0$, 如果$\boldsymbol{a},\boldsymbol{b}$均不为 $\boldsymbol{0}$, 若有$\boldsymbol{a}\cdot\boldsymbol{b}=0$, 则$\boldsymbol{a}\perp\boldsymbol{b}$; 反之, 如果$\boldsymbol{a},\boldsymbol{b}$均不为$\boldsymbol{0}$, 若有$\boldsymbol{a}\perp\boldsymbol{b}$, 则$\boldsymbol{a}\cdot\boldsymbol{b}=0$(即$\boldsymbol{a}\perp\boldsymbol{b}$的充要条件为$\boldsymbol{a}\cdot\boldsymbol{b}=0,|\boldsymbol{a}|,|\boldsymbol{b}|$均不为 0).

1. 数量积的运算规律

(1) **交换律**　$\boldsymbol{a}\cdot\boldsymbol{b}=\boldsymbol{b}\cdot\boldsymbol{a}$.

**证**　根据定义有

$$\boldsymbol{a}\cdot\boldsymbol{b}=|\boldsymbol{a}||\boldsymbol{b}|\cos\varphi,\quad \boldsymbol{b}\cdot\boldsymbol{a}=|\boldsymbol{b}||\boldsymbol{a}|\cos\varphi,$$

因为

$$|\boldsymbol{a}||\boldsymbol{b}|=|\boldsymbol{b}||\boldsymbol{a}|\quad 且\quad \cos\varphi=\cos\varphi ,$$

所以$\boldsymbol{a}\cdot\boldsymbol{b}=\boldsymbol{b}\cdot\boldsymbol{a}$.

(2) **分配律**　$(\boldsymbol{a}+\boldsymbol{b})\cdot\boldsymbol{c}=\boldsymbol{a}\cdot\boldsymbol{c}+\boldsymbol{b}\cdot\boldsymbol{c}$.

**证**　当$\boldsymbol{c}\neq\boldsymbol{0}$时,

$$(\boldsymbol{a}+\boldsymbol{b})\cdot\boldsymbol{c}=|\boldsymbol{c}|\mathrm{Prj}_{\boldsymbol{c}}(\boldsymbol{a}+\boldsymbol{b}),$$

且

$$\mathrm{Prj}_{\boldsymbol{c}}(\boldsymbol{a}+\boldsymbol{b})=\mathrm{Prj}_{\boldsymbol{c}}\boldsymbol{a}+\mathrm{Prj}_{\boldsymbol{c}}\boldsymbol{b},$$

所以

$$\begin{aligned}(\boldsymbol{a}+\boldsymbol{b})\cdot\boldsymbol{c}&=|\boldsymbol{c}|\mathrm{Prj}_{\boldsymbol{c}}(\boldsymbol{a}+\boldsymbol{b})\\&=|\boldsymbol{c}|\mathrm{Prj}_{\boldsymbol{c}}\boldsymbol{a}+|\boldsymbol{c}|\mathrm{Prj}_{\boldsymbol{c}}\boldsymbol{b}\\&=\boldsymbol{a}\cdot\boldsymbol{c}+\boldsymbol{b}\cdot\boldsymbol{c}.\end{aligned}$$

当$\boldsymbol{c}=\boldsymbol{0}$时, 等式显然成立.

(3) **结合律**　$(\mu\boldsymbol{a})\cdot\boldsymbol{b}=\mu(\boldsymbol{a}\cdot\boldsymbol{b})$.

当$\boldsymbol{b}\neq\boldsymbol{0}$时, 有

$$(\mu\boldsymbol{a})\cdot\boldsymbol{b}=|\boldsymbol{b}|\mathrm{Prj}_{\boldsymbol{b}}\mu\boldsymbol{a}=\mu|\boldsymbol{b}|\mathrm{Prj}_{\boldsymbol{b}}\boldsymbol{a}=\mu(\boldsymbol{a}\cdot\boldsymbol{b}),$$

当$\boldsymbol{b}=\boldsymbol{0}$, 等式显然成立.

根据结合律还可推出

$$\boldsymbol{a}\cdot(\mu\boldsymbol{b})=\mu(\boldsymbol{a}\cdot\boldsymbol{b}),$$
$$(\lambda\boldsymbol{a})\cdot(\mu\boldsymbol{b})=\lambda\mu(\boldsymbol{a}\cdot\boldsymbol{b}).$$

**例 8.3.1**　试用向量证明三角形的余弦定理.

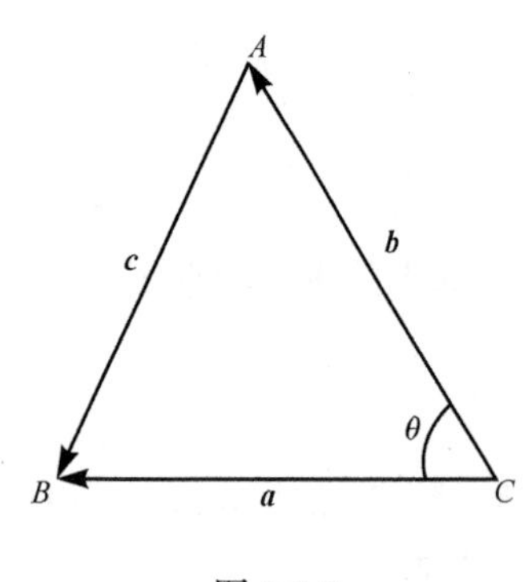


图 8-3-3

**证**　设在$\triangle ABC$中(图 8-3-3), $\angle BCA=\theta$, $|BC|=a$, $|CA|=b$, $|AB|=c$, 要证$c^2=a^2+b^2-2ab\cos\theta$.

设$\overrightarrow{CB}=\boldsymbol{a}$, $\overrightarrow{CA}=\boldsymbol{b}$, $\overrightarrow{AB}=\boldsymbol{c}$, 有$\boldsymbol{c}=\boldsymbol{a}-\boldsymbol{b}$, 因为向量$\boldsymbol{a}$和$\boldsymbol{b}$的夹角为$\theta$, 所以

$$\begin{aligned}|\boldsymbol{c}|^2&=\boldsymbol{c}\cdot\boldsymbol{c}=(\boldsymbol{a}-\boldsymbol{b})\cdot(\boldsymbol{a}-\boldsymbol{b})\\&=\boldsymbol{a}\cdot\boldsymbol{a}+\boldsymbol{b}\cdot\boldsymbol{b}-2\boldsymbol{ab}\\&=|\boldsymbol{a}|\cdot|\boldsymbol{a}|+|\boldsymbol{b}|\cdot|\boldsymbol{b}|-2|\boldsymbol{a}||\boldsymbol{b}|\cos\theta,\end{aligned}$$

又因为$|\boldsymbol{a}|=a$, $|\boldsymbol{b}|=b$, $|\boldsymbol{c}|=c$, 所以

$$c^2=a^2+b^2-2ab\cos\theta.$$

2. 数量积的坐标表达式

设$\boldsymbol{a}=a_x\boldsymbol{i}+a_y\boldsymbol{j}+a_z\boldsymbol{k}$, $\boldsymbol{b}=b_x\boldsymbol{i}+b_y\boldsymbol{j}+b_z\boldsymbol{k}$, 根据数量积定义可得

$$\boldsymbol{a}\cdot\boldsymbol{b}=(a_x\boldsymbol{i}+a_y\boldsymbol{j}+a_z\boldsymbol{k})\cdot(b_x\boldsymbol{i}+b_y\boldsymbol{j}+b_z\boldsymbol{k}),$$

由于$\boldsymbol{i},\boldsymbol{j},\boldsymbol{k}$两两垂直, 所以三向量中任意两向量的数量积为 0; 另$\boldsymbol{i},\boldsymbol{j},\boldsymbol{k}$的模为 1, 所以$\boldsymbol{i}\cdot\boldsymbol{i}=\boldsymbol{j}\cdot\boldsymbol{j}=\boldsymbol{k}\cdot\boldsymbol{k}=1$. 所以上式展开后可得**两向量数量积的坐标表达式**

$$\boldsymbol{a}\cdot\boldsymbol{b}=a_xb_x+a_yb_y+a_zb_z.$$

因为$\boldsymbol{a}\cdot\boldsymbol{b}=|\boldsymbol{a}||\boldsymbol{b}|\cos\varphi$, 当向量$\boldsymbol{a}$, $\boldsymbol{b}$均不为零向量时, 有

$$\cos\varphi=\frac{\boldsymbol{a}\cdot\boldsymbol{b}}{|\boldsymbol{a}||\boldsymbol{b}|}.$$

将坐标表达式代入可得**两向量夹角的余弦的坐标表达式**

$$\cos\varphi=\frac{a_xb_x+a_yb_y+a_zb_z}{\sqrt{(a_x^2+a_y^2+a_z^2)(b_x^2+b_y^2+b_z^2)}}.$$

**例 8.3.2**　已知三点 $K(1,1,1)$，$A(2,2,1)$，$B(2,1,2)$，求 $\angle AKB$.

**解**　作向量 $\overrightarrow{KA}=(1,1,0)$，$\overrightarrow{KB}=(1,0,1)$；$\angle AKB$ 为 $\overrightarrow{KA}$，$\overrightarrow{KB}$ 的夹角.

$$\overrightarrow{KA}\cdot\overrightarrow{KB}=1,\quad \left|\overrightarrow{KA}\right|=\sqrt{2},\quad \left|\overrightarrow{KB}\right|=\sqrt{2},$$

将上式代入两向量余弦夹角的坐标表达式中可得

$$\cos\angle AKB=\frac{\overrightarrow{KA}\cdot\overrightarrow{KB}}{\left|\overrightarrow{KA}\right|\cdot\left|\overrightarrow{KB}\right|}=\frac{1}{2},$$

所以 $\angle AKB=60°$.

**例 8.3.3**　已知向量 $\boldsymbol{a},\boldsymbol{b},\boldsymbol{c}$ 两两垂直，且 $|\boldsymbol{a}|=1$, $|\boldsymbol{b}|=2$, $|\boldsymbol{c}|=3$，求 $\boldsymbol{s}=\boldsymbol{a}+\boldsymbol{b}+\boldsymbol{c}$ 的长度与它和 $\boldsymbol{a},\boldsymbol{b},\boldsymbol{c}$ 的夹角.

**解**　$|\boldsymbol{s}|^2=\boldsymbol{s}\cdot\boldsymbol{s}=(\boldsymbol{a}+\boldsymbol{b}+\boldsymbol{c})\cdot(\boldsymbol{a}+\boldsymbol{b}+\boldsymbol{c})=\boldsymbol{a}\cdot\boldsymbol{a}+\boldsymbol{b}\cdot\boldsymbol{b}+\boldsymbol{c}\cdot\boldsymbol{c}+2\boldsymbol{a}\cdot\boldsymbol{b}+2\boldsymbol{b}\cdot\boldsymbol{c}+2\boldsymbol{a}\cdot\boldsymbol{c}.$

由于

$$\boldsymbol{a}\cdot\boldsymbol{a}=|\boldsymbol{a}|^2=1,\quad \boldsymbol{b}\cdot\boldsymbol{b}=|\boldsymbol{b}|^2=4,\quad \boldsymbol{c}\cdot\boldsymbol{c}=|\boldsymbol{c}|^2=9,$$
$$\boldsymbol{a}\cdot\boldsymbol{b}=\boldsymbol{b}\cdot\boldsymbol{c}=\boldsymbol{a}\cdot\boldsymbol{c}=0,$$

所以

$$|\boldsymbol{s}|^2=14,$$

因此

$$|\boldsymbol{s}|=\sqrt{14},$$

于是

$$\cos(\widehat{\boldsymbol{s},\boldsymbol{a}})=\frac{\boldsymbol{s}\cdot\boldsymbol{a}}{|\boldsymbol{s}||\boldsymbol{a}|}=\frac{(\boldsymbol{a}+\boldsymbol{b}+\boldsymbol{c})\cdot\boldsymbol{a}}{\sqrt{14}}=\frac{\boldsymbol{a}\cdot\boldsymbol{a}}{\sqrt{14}}=\frac{1}{\sqrt{14}}.$$

故

$$(\widehat{\boldsymbol{s},\boldsymbol{a}})=\arccos\left(\frac{1}{\sqrt{14}}\right),$$

同理 $(\widehat{\boldsymbol{s},\boldsymbol{b}})=(\widehat{\boldsymbol{s},\boldsymbol{c}})=\arccos\left(\dfrac{1}{\sqrt{14}}\right)$.

**例 8.3.4**　设 $\boldsymbol{a},\boldsymbol{b},\boldsymbol{c}$ 为单位向量，且满足 $\boldsymbol{a}+\boldsymbol{b}+\boldsymbol{c}=\boldsymbol{0}$，求 $\boldsymbol{a}\cdot\boldsymbol{b}+\boldsymbol{b}\cdot\boldsymbol{c}+\boldsymbol{c}\cdot\boldsymbol{a}$.

**解**

$$(\boldsymbol{a}+\boldsymbol{b}+\boldsymbol{c})\cdot\boldsymbol{a}=\boldsymbol{a}^2+\boldsymbol{b}\cdot\boldsymbol{a}+\boldsymbol{c}\cdot\boldsymbol{a}=1+\boldsymbol{a}\cdot\boldsymbol{b}+\boldsymbol{c}\cdot\boldsymbol{a},$$
$$(\boldsymbol{a}+\boldsymbol{b}+\boldsymbol{c})\cdot\boldsymbol{b}=\boldsymbol{a}\cdot\boldsymbol{b}+\boldsymbol{b}^2+\boldsymbol{c}\cdot\boldsymbol{b}=1+\boldsymbol{a}\cdot\boldsymbol{b}+\boldsymbol{b}\cdot\boldsymbol{c},$$
$$(\boldsymbol{a}+\boldsymbol{b}+\boldsymbol{c})\cdot\boldsymbol{c}=\boldsymbol{a}\cdot\boldsymbol{c}+\boldsymbol{b}\cdot\boldsymbol{c}+\boldsymbol{c}^2=1+\boldsymbol{c}\cdot\boldsymbol{a}+\boldsymbol{b}\cdot\boldsymbol{c}.$$

三式相加:

$$3+2[\boldsymbol{a}\cdot\boldsymbol{b}+\boldsymbol{b}\cdot\boldsymbol{c}+\boldsymbol{c}\cdot\boldsymbol{a}]=(\boldsymbol{a}+\boldsymbol{b}+\boldsymbol{c})\cdot(\boldsymbol{a}+\boldsymbol{b}+\boldsymbol{c})=0,$$

因此,

$$\boldsymbol{a}\cdot\boldsymbol{b}+\boldsymbol{b}\cdot\boldsymbol{c}+\boldsymbol{c}\cdot\boldsymbol{a}=-\frac{3}{2}.$$

**例 8.3.5** 试讨论 $\sqrt{a_1^2+a_2^2+a_3^2}\cdot\sqrt{b_1^2+b_2^2+b_3^2}$ 与 $|a_1b_1+a_2b_2+a_3b_3|$ 的关系，其中 $a_1,a_2,a_3,b_1,b_2,b_3$ 为任意常数，并指出等号成立的条件.

**解** 设 $\boldsymbol{a}=(a_1,a_2,a_3)$，$\boldsymbol{b}=(b_1,b_2,b_3)$，则

$$|\boldsymbol{a}|=\sqrt{a_1^2+a_2^2+a_3^2},\quad |\boldsymbol{b}|=\sqrt{b_1^2+b_2^2+b_3^2},$$

$$\boldsymbol{a}\cdot\boldsymbol{b}=|\boldsymbol{a}||\boldsymbol{b}|\cos(\widehat{\boldsymbol{a},\boldsymbol{b}})\Rightarrow|\boldsymbol{a}||\boldsymbol{b}|\geqslant|\boldsymbol{a}\cdot\boldsymbol{b}|,$$

即 $\sqrt{a_1^2+a_2^2+a_3^2}\cdot\sqrt{b_1^2+b_2^2+b_3^2}\geqslant|a_1b_1+a_2b_2+a_3b_3|$.

当且仅当 $\boldsymbol{a}/\!/\boldsymbol{b}$ 时等号“=”成立.

**例 8.3.6** 有一个△$ABC$ 和一个圆(图 8-3-4)，三角形边长 $BC=a$, $CA=b$, $AB=c$, 圆的中心为 $A$, 半径为 $r$. 引圆的直径 $PQ$, 试求当 $\overrightarrow{BP}\cdot\overrightarrow{CQ}$ 取得最大值、最小值时 $\overrightarrow{PQ}$ 的方向，并用 $a, b, c, r$ 表示 $\overrightarrow{BP}\cdot\overrightarrow{CQ}$ 的最大值、最小值.

**解** 因为

$$\overrightarrow{AQ}=-\overrightarrow{AP},\quad |\overrightarrow{AP}|=|\overrightarrow{AQ}|=r,$$

$$\overrightarrow{AB}\cdot\overrightarrow{AC}=|\overrightarrow{AB}||\overrightarrow{AC}|\cos\angle BAC=bc[(b^2+c^2-a^2)/2bc]=(b^2+c^2-a^2)/2,$$

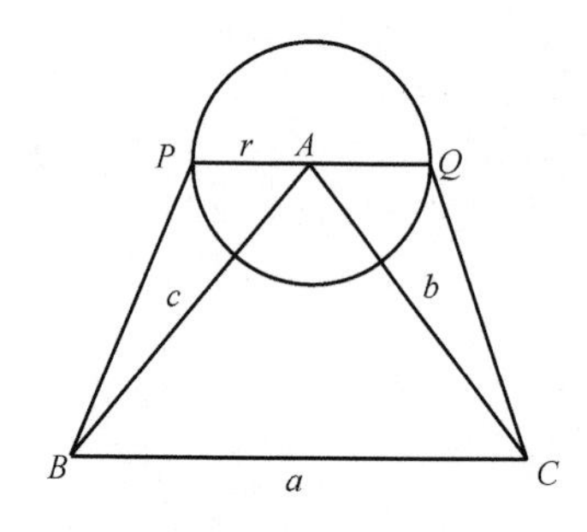

图 8-3-4

所以

$$\begin{aligned}\overrightarrow{BP}\cdot\overrightarrow{CQ}&=(\overrightarrow{AP}-\overrightarrow{AB})\cdot(\overrightarrow{AQ}-\overrightarrow{AC})\\&=(\overrightarrow{AP}-\overrightarrow{AB})\cdot(-\overrightarrow{AP}-\overrightarrow{AC})\\&=-|\overrightarrow{AP}|^2+(\overrightarrow{AB}-\overrightarrow{AC})\cdot\overrightarrow{AP}+\overrightarrow{AB}\cdot\overrightarrow{AC}\\&=(b^2+c^2-a^2)/2-r^2+\overrightarrow{CB}\cdot\overrightarrow{AP}\\&=(b^2+c^2-a^2)/2-r^2+\overrightarrow{BC}\cdot\overrightarrow{PA},\end{aligned}$$

故当 $\overrightarrow{BC}\cdot\overrightarrow{PA}$ 最大(小)时, $\overrightarrow{BP}\cdot\overrightarrow{CQ}$ 最大(小).

也就是,

当 $\overrightarrow{BC}\cdot\overrightarrow{PA}$ 同向即 $\overrightarrow{PQ}$ 与 $\overrightarrow{BC}$ 同向时，$\overrightarrow{BC}\cdot\overrightarrow{PA}$ 最大，其最大值是 $ar$.

当 $\overrightarrow{BC}\cdot\overrightarrow{PA}$ 反向即 $\overrightarrow{PQ}$ 与 $\overrightarrow{BC}$ 反向时，$\overrightarrow{BC}\cdot\overrightarrow{PA}$ 最小，其最小值是 $-ar$.

综上，$\overrightarrow{PQ}$ 与 $\overrightarrow{BC}$ 同向时，$\max\{\overrightarrow{BP}\cdot\overrightarrow{CQ}\}=(b^2+c^2-a^2)/2-r^2+ar$;

$\overrightarrow{PQ}$ 与 $\overrightarrow{BC}$ 反向时，$\min\{\overrightarrow{BP}\cdot\overrightarrow{CQ}\}=(b^2+c^2-a^2)/2-r^2-ar$.

## 二、两向量的向量积

在物理领域中研究物体转动问题时，不但要考虑物体所受的力，还要分析所受力产生的力矩．下面讨论力矩的表示方法．

设$O$点为杠杆$L$的支点．此时存在一个力$\boldsymbol{F}$作用于杠杆上的$P$点处．$\boldsymbol{F}$和向量$\overrightarrow{OP}$的夹角为$\theta$(图 8-3-5)．根据力学知识可知，力$\boldsymbol{F}$对支点$O$的力矩是向量$\boldsymbol{M}$，向量$\boldsymbol{M}$的模为

$$|\boldsymbol{M}|=|OQ||\boldsymbol{F}|=|\overrightarrow{OP}||\boldsymbol{F}|\sin\theta .$$

同时，向量$\boldsymbol{M}$的方向垂直于向量$\overrightarrow{OP}$和力$\boldsymbol{F}$所处的平面，向量$\boldsymbol{M}$的具体指向由右手规则确定：当右手四指从$\overrightarrow{OP}$开始旋转不超过π的角度指向力$\boldsymbol{F}$握拳时，大拇指方向为向量$\boldsymbol{M}$的指向(图 8-3-6)．

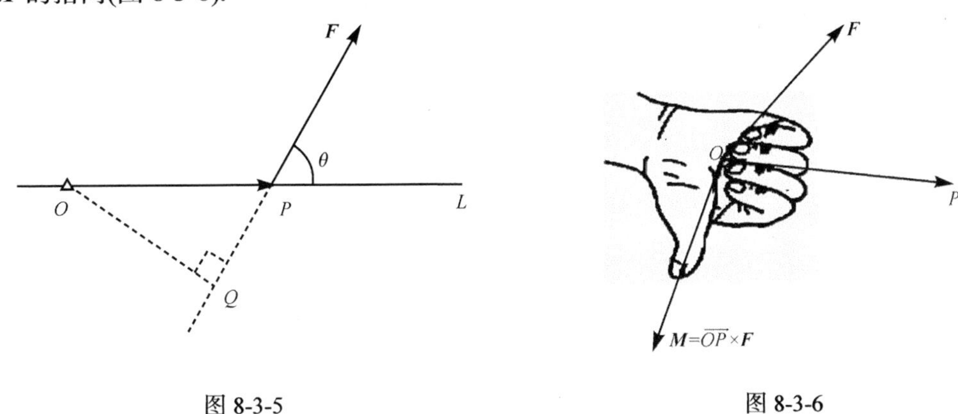


图 8-3-5　　　　图 8-3-6

从上述问题中可抽象出向量积的概念如下．

空间中存在向量$\boldsymbol{a}$, $\boldsymbol{b}$和$\boldsymbol{c}$，且三者满足以下条件:

(1) $|\boldsymbol{c}|=|\boldsymbol{a}||\boldsymbol{b}|\sin\theta,\theta=(\widehat{\boldsymbol{a},\boldsymbol{b}})$；

(2) $\boldsymbol{c}$的方向垂直于$\boldsymbol{a}$, $\boldsymbol{b}$所决定的平面，其指向按右手规则从$\boldsymbol{a}$转向$\boldsymbol{b}$确定(图 8-3-7)．

我们称向量$\boldsymbol{c}$为$\boldsymbol{a}$与$\boldsymbol{b}$的**向量积**，记为

$$\boldsymbol{c}=\boldsymbol{a}\times\boldsymbol{b}.$$

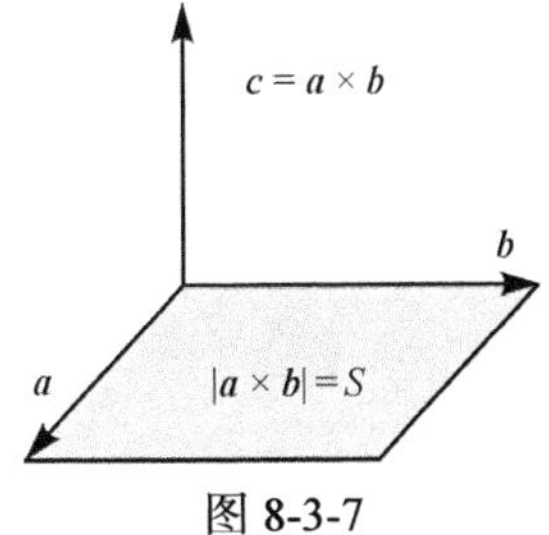


图 8-3-7

根据向量积的定义可以得出以下性质:

(1) $\boldsymbol{a}\times\boldsymbol{a}=\boldsymbol{0}$.

当夹角为零时, $\boldsymbol{a}\times\boldsymbol{b}=|\boldsymbol{a}||\boldsymbol{b}|\sin\theta=0$.

(2) $\boldsymbol{a}//\boldsymbol{b}\Leftrightarrow\boldsymbol{a}\times\boldsymbol{b}=\boldsymbol{0}$.

当$|\boldsymbol{a}|$, $|\boldsymbol{b}|$均不为零时，若$\boldsymbol{a}\times\boldsymbol{b}=0$，则必有$\sin\theta=0$，可得$\theta=0$或π，即$\boldsymbol{a}//\boldsymbol{b}$；反之，当$\boldsymbol{a}//\boldsymbol{b}$时，得$\theta=0$或π，必有$\sin\theta=0$，则$\boldsymbol{a}\times\boldsymbol{b}=\boldsymbol{0}$.

又因为零向量可以与任意向量平行，上述性质当$|\boldsymbol{a}|$, $|\boldsymbol{b}|$中存在零向量时也同样适用.

向量积的运算规律:

(1) $\boldsymbol{a}\times\boldsymbol{b}=-\boldsymbol{b}\times\boldsymbol{a}$.

根据右手规则可知, 从向量 $\boldsymbol{a}$ 转向 $\boldsymbol{b}$ 得出的方向与从向量 $\boldsymbol{b}$ 转向 $\boldsymbol{a}$ 得出的方向相反. 所以向量积满足以上规律.

(2) **分配律** $(\boldsymbol{a}+\boldsymbol{b})\times\boldsymbol{c}=\boldsymbol{a}\times\boldsymbol{c}+\boldsymbol{b}\times\boldsymbol{c}$.

(3) **结合律** $(\lambda\boldsymbol{a})\times\boldsymbol{b}=\boldsymbol{a}\times(\lambda\boldsymbol{b})=\lambda(\boldsymbol{a}\times\boldsymbol{b})$.

向量积的坐标表达式

设 $\boldsymbol{a}=a_x\boldsymbol{i}+a_y\boldsymbol{j}+a_z\boldsymbol{k}$, $\boldsymbol{b}=b_x\boldsymbol{i}+b_y\boldsymbol{j}+b_z\boldsymbol{k}$, 则

$$\boldsymbol{a}\times\boldsymbol{b}=(a_x\boldsymbol{i}+a_y\boldsymbol{j}+a_z\boldsymbol{k})\times(b_x\boldsymbol{i}+b_y\boldsymbol{j}+b_z\boldsymbol{k}).$$

由于向量 $\boldsymbol{i}, \boldsymbol{j}, \boldsymbol{k}$ 相互垂直, 所以 $\boldsymbol{i}\times\boldsymbol{i}=\boldsymbol{j}\times\boldsymbol{j}=\boldsymbol{k}\times\boldsymbol{k}=\boldsymbol{0}$, 且 $\boldsymbol{i}\times\boldsymbol{j}=\boldsymbol{k},\boldsymbol{j}\times\boldsymbol{k}=\boldsymbol{i},\boldsymbol{k}\times\boldsymbol{i}=\boldsymbol{j}$, $\boldsymbol{j}\times\boldsymbol{i}=-\boldsymbol{k}$, $\boldsymbol{k}\times\boldsymbol{j}=-\boldsymbol{i},\boldsymbol{i}\times\boldsymbol{k}=-\boldsymbol{j}$, 故

$$\boldsymbol{a}\times\boldsymbol{b}=(a_yb_z-a_zb_y)\boldsymbol{i}+(a_zb_x-a_xb_z)\boldsymbol{j}+(a_xb_y-a_yb_x)\boldsymbol{k},$$

即

$$\boldsymbol{a}\times\boldsymbol{b}=\begin{vmatrix}a_y & a_z\\ b_y & b_z\end{vmatrix}\boldsymbol{i}-\begin{vmatrix}a_x & a_z\\ b_x & b_z\end{vmatrix}\boldsymbol{j}+\begin{vmatrix}a_x & a_y\\ b_x & b_y\end{vmatrix}\boldsymbol{k}=\begin{vmatrix}\boldsymbol{i} & \boldsymbol{j} & \boldsymbol{k}\\ a_x & a_y & a_z\\ b_x & b_y & b_z\end{vmatrix}.$$

**例 8.3.7** 设 $\boldsymbol{a}=(2,1,-1)$, $\boldsymbol{b}=(1,-1,2)$, 计算 $\boldsymbol{a}\times\boldsymbol{b}$.

**解**

$$\boldsymbol{a}\times\boldsymbol{b}=\begin{vmatrix}\boldsymbol{i} & \boldsymbol{j} & \boldsymbol{k}\\ 2 & 1 & -1\\ 1 & -1 & 2\end{vmatrix}=\begin{vmatrix}1 & -1\\ -1 & 2\end{vmatrix}\boldsymbol{i}-\begin{vmatrix}2 & -1\\ 1 & 2\end{vmatrix}\boldsymbol{j}+\begin{vmatrix}2 & 1\\ 1 & -1\end{vmatrix}\boldsymbol{k}=\boldsymbol{i}-5\boldsymbol{j}-3\boldsymbol{k}.$$

**例 8.3.8** 已知$\triangle ABC$ 的顶点分别是 $A(1,2,3)$, $B(3,4,5)$和 $C(2,4,7)$, 求$\triangle ABC$ 的面积.

**解**

$$S_{\triangle ABC}=\frac{1}{2}\left|\overrightarrow{AB}\right|\left|\overrightarrow{AC}\right|\sin\angle A=\frac{1}{2}|\overrightarrow{AB}\times\overrightarrow{AC}|,$$

$$\overrightarrow{AB}=(3,4,5)-(1,2,3)=(2,2,2),\quad \overrightarrow{AC}=(2,4,7)-(1,2,3)=(1,2,4),$$

$$S_{\triangle ABC}=\frac{1}{2}|\overrightarrow{AB}\times\overrightarrow{AC}|=\begin{vmatrix}\boldsymbol{i} & \boldsymbol{j} & \boldsymbol{k}\\ 2 & 2 & 2\\ 1 & 2 & 4\end{vmatrix}=\begin{vmatrix}2 & 2\\ 2 & 4\end{vmatrix}\boldsymbol{i}-\begin{vmatrix}2 & 2\\ 1 & 4\end{vmatrix}\boldsymbol{j}+\begin{vmatrix}1 & 2\\ 1 & 4\end{vmatrix}\boldsymbol{k}=4\boldsymbol{i}-6\boldsymbol{j}+2\boldsymbol{k},$$

即 $S_{\triangle ABC}=\dfrac{1}{2}|\overrightarrow{AB}\times\overrightarrow{AC}|=\dfrac{1}{2}|4\boldsymbol{i}-6\boldsymbol{j}+2\boldsymbol{k}|=\dfrac{\sqrt{56}}{2}$.

**例 8.3.9** 利用向量积证明三角形的正弦定理.

**证** 如图 8-3-8 所示:

$$S_{\triangle ABC}=\frac{1}{2}|\boldsymbol{a}\times\boldsymbol{b}|=\frac{1}{2}|\boldsymbol{b}\times\boldsymbol{c}|=\frac{1}{2}|\boldsymbol{c}\times\boldsymbol{a}|,$$

因此

$$|\boldsymbol{a}||\boldsymbol{b}|\sin C=|\boldsymbol{b}||\boldsymbol{c}|\sin A=|\boldsymbol{c}||\boldsymbol{a}|\sin B.$$

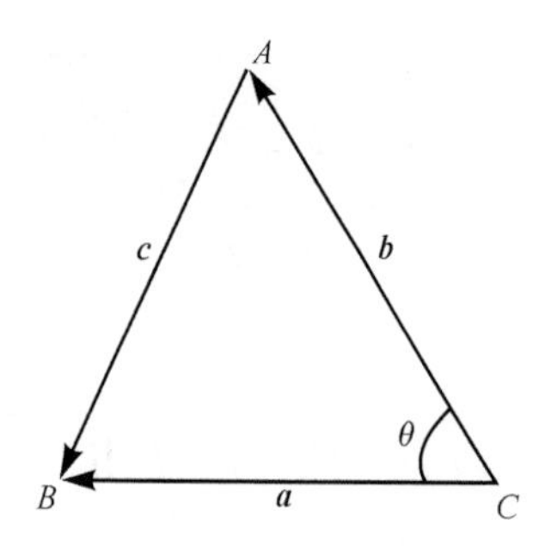

图 8-3-8

**例 8.3.10** 已知 $M_1(1,-1,2)$, $M_2(3,3,1)$, $M_3(3,1,3)$, 求

与$\overrightarrow{M_1M_2},\overrightarrow{M_2M_3}$同时垂直的单位向量.

**解**　$\overrightarrow{M_1M_2}=(3,\ 3,1)-(1,-1,2)=(2,4,-1)$，

$\overrightarrow{M_2M_3}=(3,1,3)-(3,3,1)=(0,-2,2)$.

与$\overrightarrow{M_1M_2},\overrightarrow{M_2M_3}$同时垂直的一个向量为

$$\boldsymbol{a}=\overrightarrow{M_1M_2}\times\overrightarrow{M_2M_3}=\begin{vmatrix}\boldsymbol{i}&\boldsymbol{j}&\boldsymbol{k}\\2&4&-1\\0&-2&2\end{vmatrix}$$

$$=\begin{vmatrix}4&-1\\-2&2\end{vmatrix}\boldsymbol{i}-\begin{vmatrix}2&-1\\0&2\end{vmatrix}\boldsymbol{j}+\begin{vmatrix}2&4\\0&-2\end{vmatrix}\boldsymbol{k}=6\boldsymbol{i}-4\boldsymbol{j}-4\boldsymbol{k},$$

$$|\boldsymbol{a}|=\sqrt{6^2+(-4)^2+(-4)^2}=2\sqrt{17},$$

因此

$$\boldsymbol{e_a}=\pm\frac{1}{\sqrt{17}}(3\boldsymbol{i}-2\boldsymbol{j}-2\boldsymbol{k}).$$

## 习题 8-3

1. 设$|\boldsymbol{a}|=2$，$|\boldsymbol{b}|=3$，且两向量的夹角$\theta=\dfrac{\pi}{6}$，试求$(\boldsymbol{a}-\boldsymbol{b})\cdot(2\boldsymbol{a}+3\boldsymbol{b})$.

2. 求向量$\boldsymbol{a}=(2,-3,5)$在向量$\boldsymbol{b}=(1,2,1)$上的投影.

3. 设力$\boldsymbol{f}=3\boldsymbol{i}-4\boldsymbol{j}+5\boldsymbol{k}$作用在一质点上，质点由$A(1,1,2)$沿直线移动到$B(2,3,5)$，求此力所做的功(设力的单位为N，位移的单位为m).

4. 已知$A(1,-3,\ 4)$，$B(3,1,3)$，$C(3,-1,5)$，求同时与$\overrightarrow{AB}$，$\overrightarrow{BC}$垂直的单位向量.

5. 求一组数$\lambda$与$\mu$，能使$\lambda\boldsymbol{a}+\mu\boldsymbol{b}$与$y$轴垂直，其中$\boldsymbol{a}=(3,3,-2)$，$\boldsymbol{b}=(1,2,5)$.

6. 在杠杆上支点$O$的一侧与点$O$的距离为$x_1$的点$P_1$处，有一与$\overrightarrow{OP_1}$成角$\theta_1$的力$\boldsymbol{F}_1$作用着，在$O$的另一侧与点$O$的距离为$x_2$的点$P_2$处，有一与$\overrightarrow{OP_2}$成角$\theta_2$的力$\boldsymbol{F}_2$作用着，如图8-3-9所示，问$\theta_1$，$\theta_2$，$x_1$，$x_2$，$|\boldsymbol{F}_1|$，$|\boldsymbol{F}_2|$符合怎样的条件才能使杠杆保持平衡？

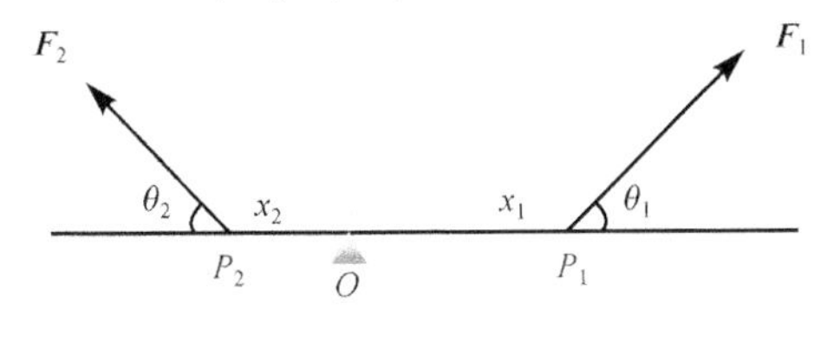


图 8-3-9

7. 设$\boldsymbol{a}=(2,-3,1)$，$\boldsymbol{b}=(1,-1,3)$，$\boldsymbol{c}=(1,-2,0)$，求

(1) $(\boldsymbol{b}\cdot\boldsymbol{c})\boldsymbol{a}+(\boldsymbol{a}\cdot\boldsymbol{c})\boldsymbol{b}$；　(2) $(\boldsymbol{a}+\boldsymbol{b})\times(\boldsymbol{b}+\boldsymbol{c})$；　(3) $(\boldsymbol{a}\times\boldsymbol{b})\cdot\boldsymbol{c}$.

8. 有一直线$L$通过点$A(1,4,6)$和$B(3,2,5)$，求点$C(13,8,13)$与直线$L$的距离.

9. 设$\boldsymbol{a},\boldsymbol{b},\boldsymbol{c}$均为非零向量, 其中任意两个向量不共线, 但$\boldsymbol{a}+\boldsymbol{b}$与$\boldsymbol{c}$共线, $\boldsymbol{c}+\boldsymbol{b}$与$\boldsymbol{a}$共线, 求$\boldsymbol{a}+\boldsymbol{b}+\boldsymbol{c}$.

10. 设$\boldsymbol{m}=2\boldsymbol{a}+\boldsymbol{b}$, $\boldsymbol{n}=\mu\boldsymbol{a}+\boldsymbol{b}$, 其中$|\boldsymbol{a}|=2$, $|\boldsymbol{b}|=3$, 且$\boldsymbol{a}\perp\boldsymbol{b}$.

(1) 当$\boldsymbol{m}\perp\boldsymbol{n}$时, 求$\mu$值.

(2) 当以$\boldsymbol{m}$与$\boldsymbol{n}$为邻边的平行四边形面积为 8 时, 求$\mu$的值.

11. 有三点$A,B,C$的向径分别为

$$\boldsymbol{r}_1=2\boldsymbol{i}+4\boldsymbol{j}+\boldsymbol{k},\quad \boldsymbol{r}_2=3\boldsymbol{i}+6\boldsymbol{j}+4\boldsymbol{k},\quad \boldsymbol{r}_3=5\boldsymbol{i}+10\boldsymbol{j}+10\boldsymbol{k},$$

试证明$A,B,C$三点在同一直线上.

12. 试证向量$\boldsymbol{a}=(-1,3,2)$, $\boldsymbol{b}=(2,-3,-4)$, $\boldsymbol{c}=(-3,12,6)$在同一平面上, 并沿$\boldsymbol{a}$和$\boldsymbol{b}$分解$\boldsymbol{c}$.

# 第四节　平面及其方程

本节将以向量为工具, 在空间直角坐标系中研究空间的平面方程.

## 一、平面的点法式方程

假设空间中存在一非零向量和平面, 当该向量垂直于该平面时, 我们称该向量为该平面的**法线向量**(简称**法向量**). 由此可以推出, 平面内所有向量都与该平面的法向量垂直.

过空间中一点有且只有一个平面垂直于已知向量, 所以当空间中确定平面$\Pi$上一点$M_0(x_0,y_0,z_0)$以及其法向量$\boldsymbol{n}=(A,B,C)$时, 即可在空间中确定平面$\Pi$的具体位置, 并由此建立平面方程.

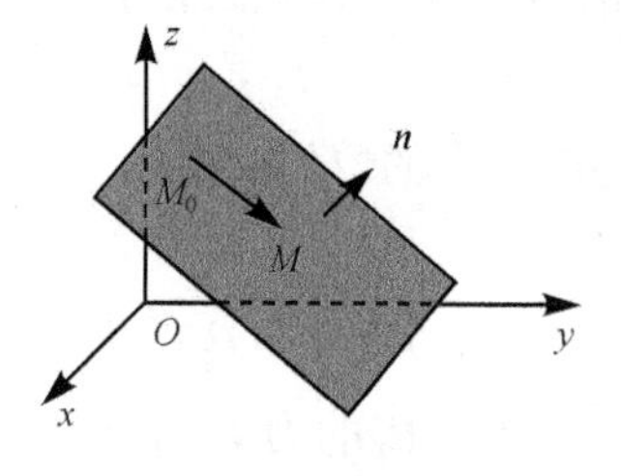

图 8-4-1

假设$M(x,y,z)$是平面$\Pi$上的任意一点(图 8-4-1). 那么向量$\overrightarrow{M_0M}$必在平面$\Pi$且必与平面$\Pi$的法向量垂直, 则有

$$\boldsymbol{n}\cdot\overrightarrow{M_0M}=0.$$

由于$\boldsymbol{n}=(A,B,C)$, $\overrightarrow{M_0M}=(x-x_0,y-y_0,z-z_0)$, 所以,

$$A(x-x_0)+B(y-y_0)+C(z-z_0)=0, \qquad (8.4.1)$$

从式(8.4.1)出发可知, 平面$\Pi$中任意一点的坐标都应该满足上述方程; 不在平面$\Pi$中的点不满足上述方程, 这样上述方程即可表示平面$\Pi$的方程. 因为方程(8.4.1)是由平面$\Pi$中一点以及平面$\Pi$的一个法向量确定的, 所以称为**平面的点法式方程**.

**例 8.4.1**　求过点$(2,-3,0)$且以$\boldsymbol{n}=(1,-2,3)$为法线向量的平面方程.

**解**　代入平面的点法式方程得

$$(x-2)-2(y+3)+3(z-0)=0, \text{ 即 } x-2y+3z-8=0.$$

**例 8.4.2**　求过三点$M_1(2,-1,4)$, $M_2(-1,3,-2)$, $M_3(0,2,3)$的平面方程.

**解**　由于$M_1$, $M_2$, $M_3$三点均在平面上, 所以向量$\overrightarrow{M_1M_2}$, $\overrightarrow{M_1M_3}$均在平面内. 根

据向量积的定义以及平面法向量 $\boldsymbol{n}$ 的定义可知

$$\boldsymbol{n} // \overrightarrow{M_1M_2} \times \overrightarrow{M_1M_3},$$

且

$$\overrightarrow{M_1M_2} \times \overrightarrow{M_1M_3} = \begin{vmatrix} \boldsymbol{i} & \boldsymbol{j} & \boldsymbol{k} \\ -3 & 4 & -6 \\ -2 & 3 & -1 \end{vmatrix} = 14\boldsymbol{i} + 9\boldsymbol{j} - \boldsymbol{k},$$

所求平面方程为

$$14(x-2)+9(y+1)-(z-4)=0, \text{ 即 } 14x+9y-z-15=0.$$

## 二、平面的一般方程

观察平面的点法式方程可知，该方程为三元一次方程，所以我们可以用三元一次方程的一般形式将平面表示为

$$Ax+By+Cz+D=0, \tag{8.4.2}$$

其中 $\boldsymbol{n}=(A,B,C)$ 为法向量.

**证**　取任意满足该方程的一组数 $x_0, y_0, z_0$，则有

$$Ax_0+By_0+Cz_0+D=0. \tag{8.4.3}$$

方程(8.4.2)减方程(8.4.3)可得

$$A(x-x_0)+B(y-y_0)+C(z-z_0)=0. \tag{8.4.4}$$

式(8.4.4)为平面的点法式方程，其表示的平面在空间中经过点 $M_0(x_0,y_0,z_0)$ 且以向量 $\boldsymbol{n}=(A,B,C)$ 为法向量. 所以称方程(8.4.2)为**平面的一般方程**，其表示的平面的法向量坐标为 $x, y, z$ 的系数.

如平面方程

$$4x+3y-2z+3=0$$

表示该平面的法向量为 $\boldsymbol{n}=(4,3,-2)$.

对平面的一般方程中的系数进行舍去，可以得到一些特殊的平面，如

(1) $D=0$，平面 $Ax+By+Cz=0$ 经过原点；

(2) $A=0$，平面 $By+Cz+D=0$ 平行于 $x$ 轴；

(3) $B=0$，平面 $Ax+Cz+D=0$ 平行于 $y$ 轴；

(4) $C=0$，平面 $Ax+By+D=0$ 平行于 $z$ 轴；

(5) $A=B=0$，平面 $Cz+D=0$ 平行于 $xOy$ 平面；

(6) $A=C=0$，平面 $By+D=0$ 平行于 $xOz$ 平面；

(7) $B=C=0$，平面 $Ax+D=0$ 平行于 $yOz$ 平面.

**例 8.4.3**　求通过 $x$ 轴和点 $(4,-3,-1)$ 的平面方程.

**解**　平面经过 $x$ 轴，所以平面与 $x$ 轴平行，根据上述特殊平面可得 $A=0$；平面经过 $x$ 轴，所以平面经过原点，根据上述特殊平面可得 $D=0$. 故设平面方程为：$By+Cz=0$.

又平面经过点 $(4,-3,-1)$，代入方程可得

$$C=-3B.$$

将上式代入平面方程并消除系数可得

$$y-3z=0.$$

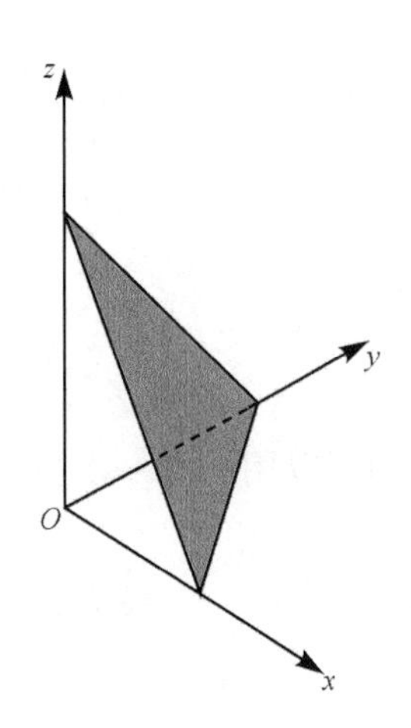

图 8-4-2

**例 8.4.4** 设一平面与 $x, y, z$ 轴的交点依次为 $P(a,0,0)$, $Q(0,b,0)$ 和 $R(0,0,c)$ 三点，其中 $a\neq 0$，$b\neq 0$，$c\neq 0$，求此平面的方程(图 8-4-2).

**解** 设平面方程为

$$Ax+By+Cz+D=0,$$

代入 $P(a,0,0)$，$Q(0,b,0)$ 和 $R(0,0,c)$ 三点可得

$$A=\frac{-D}{a},\quad B=\frac{-D}{b},\quad C=\frac{-D}{c},$$

代入方程并消去 $D$ 得平面方程

$$\frac{x}{a}+\frac{y}{b}+\frac{z}{c}=1. \tag{8.4.5}$$

此方程称为**平面的截距式方程**. $a$, $b$, $c$ 依次称为平面在 $x$, $y$, $z$ 轴上的**截距**.

## 三、两平面的夹角

在空间解析几何中，通常选择两平面法向量的夹角(锐角)作为**两平面的夹角**.

设平面 $\Pi_1$ 和 $\Pi_2$ 的法线向量分别为

$$\boldsymbol{n}_1=(A_1,B_1,C_1),\quad \boldsymbol{n}_2=(A_2,B_2,C_2),$$

则平面 $\Pi_1$ 和 $\Pi_2$ 的夹角 $\theta$(图 8-4-3)为 $(\widehat{\boldsymbol{n}_1,\boldsymbol{n}_2})$ 和 $\pi-(\widehat{\boldsymbol{n}_1,\boldsymbol{n}_2})$ 中的锐角，如图 8-4-3 所示，根据余弦函数的特性可得

$$\cos\theta=\left|\cos(\widehat{\boldsymbol{n}_1,\boldsymbol{n}_2})\right|,$$

即

$$\cos\theta=\frac{|A_1A_2+B_1B_2+C_1C_2|}{\sqrt{A_1^2+B_1^2+C_1^2}\cdot\sqrt{A_2^2+B_2^2+C_2^2}}, \tag{8.4.6}$$

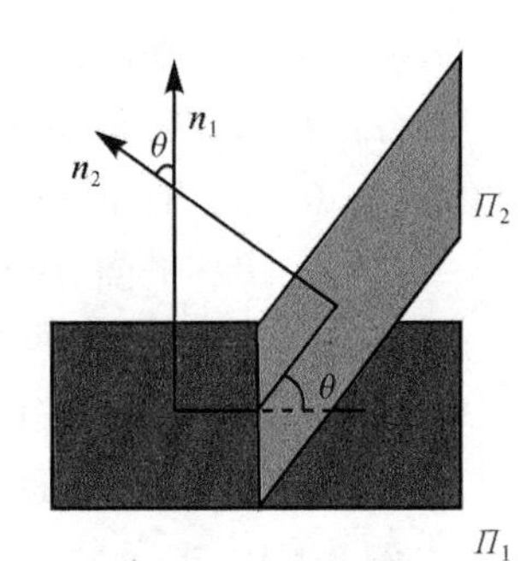

图 8-4-3

根据向量垂直、平行时的规律可得出以下结论:

**平面 $\Pi_1$ 和 $\Pi_2$ 垂直的充要条件为** $A_1A_2+B_1B_2+C_1C_2=0$.

**平面 $\Pi_1$ 和 $\Pi_2$ 平行或者重合的充要条件为** $\dfrac{A_1}{A_2}=\dfrac{B_1}{B_2}=\dfrac{C_1}{C_2}$.

**例 8.4.5** 求两平面 $x-y+2z-6=0$ 和 $2x+y+z-5=0$ 的夹角.

**解** 根据平面的一般方程可以得出两平面的法向量分别是

$$\boldsymbol{n}_1=(1,-1,2),\qquad \boldsymbol{n}_2=(2,1,1),$$

由式(8.4.6)可得

$$\cos\theta=\frac{|1\times 2+(-1)\times 1+2\times 1|}{\sqrt{1^2+(-1)^2+2^2}\cdot\sqrt{2^2+1^2+1^2}}=\frac{1}{2},$$

可得夹角 $\theta=\dfrac{\pi}{3}$.

**例 8.4.6** 一平面通过两点 $M_1(1,1,1)$ 和 $M_2(0,1,-1)$ 且垂直于平面 $x+y+z=0$，求它的方程.

**解** 设所求平面的一个法向量为 $\boldsymbol{n}=(A,B,C)$.

由 $\boldsymbol{n}\perp\overrightarrow{M_1M_2}$ 可得 $-A-2C=0$. 由 $\boldsymbol{n}\perp(1,1,1)$ 可得 $A+B+C=0$. 由上述两式可得

$$A=-2C,\quad B=C.$$

代入点法式方程得

$$A(x-1)+B(y-1)+C(z-1)=0.$$

消去 $C$ 得所求方程为

$$2x-y-z=0.$$

## 四、点到平面的距离

**例 8.4.7** 设 $P_0(x_0,y_0,z_0)$ 是平面 $Ax+By+Cz+D=0$ 外一点，求 $P_0$ 到该平面的距离.

**解** 如图 8-4-4 所示，在平面上任取一点 $P_1(x_1,y_1,z_1)$，并作一法向量 $\boldsymbol{n}=(A,B,C)$. 则所求距离为

$$d=\left|\mathrm{Prj}_{\boldsymbol{n}}\boldsymbol{P_1P_0}\right|.$$

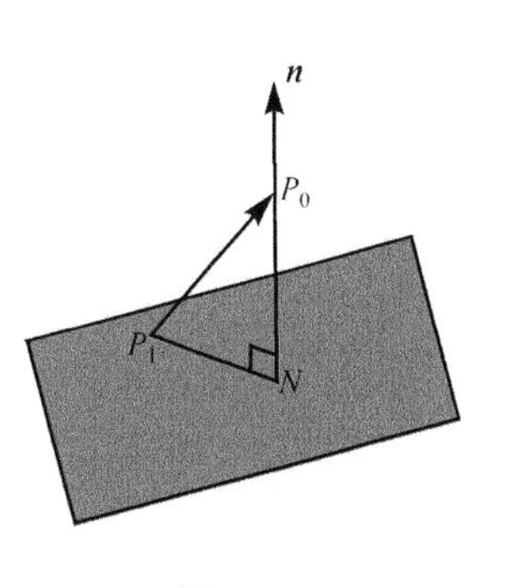

图 8-4-4

又设 $\boldsymbol{e_n}$ 为与 $\boldsymbol{n}$ 方向一致的单位向量，则有

$$\mathrm{Prj}_{\boldsymbol{n}}\boldsymbol{P_1P_0}=\boldsymbol{P_1P_0}\cdot\boldsymbol{e_n},$$

而

$$\boldsymbol{e_n}=\left(\frac{A}{\sqrt{A^2+B^2+C^2}},\frac{B}{\sqrt{A^2+B^2+C^2}},\frac{C}{\sqrt{A^2+B^2+C^2}}\right),$$

$$\boldsymbol{P_1P_0}=(x_0-x_1,y_0-y_1,z_0-z_1),$$

由于

$$Ax_1+By_1+Cz_1+D=0,$$

所以

$$\mathrm{Prj}_{\boldsymbol{n}}\boldsymbol{P_1P_0}=\frac{Ax_0+By_0+Cz_0+D}{\sqrt{A^2+B^2+C^2}},$$

即

$$d=\frac{|Ax_0+By_0+Cz_0+D|}{\sqrt{A^2+B^2+C^2}}. \tag{8.4.7}$$

方程(8.4.7)为空间中**点** $P_0(x_0,y_0,z_0)$ **到平面** $Ax+By+Cz+D=0$ **的距离公式**.

**例 8.4.8**　求点(2, 1, 1)到平面 $x+y-z+1=0$ 的距离.

**解**　根据点到平面距离公式可得

$$d=\frac{|1\times2+1\times1-1\times1+1|}{\sqrt{1^2+1^2+(-1)^2}}=\sqrt{3}.$$

## 习题 8-4

1. 求以向量 $\overrightarrow{OM_0}=(3,7,-5)$ 为法向量且过点 $M_0$ 的平面方程.

2. 求与平面 $2x+2y-5z=5$ 平行且通过点 $(1,2,-3)$ 的平面方程.

3. 求过点 $M_1(3,1,2), M_2(5,2,3), M_3(4,0,3)$ 的平面方程.

4. 已知平面过原点且垂直于平面 $\Pi_1: x+2y+3z-6=0$, $\Pi_2: 6x-y+5z+3=0$, 求该平面方程.

5. 有一平面平行于 $\triangle ABC$ 所在的平面且与它的距离等于 2, 且已知 $A(-7,-13,1)$, $B(5,8,-8)$ 和 $C(-1,-5,-4)$, 求该平面方程.

6. 求平面 $4x-4y+2z+15=0$ 和各坐标轴的夹角余弦.

7. 指出下列各平面的特殊位置:

(1) $y=1$;　(2) $5x-2=0$;　(3) $2x-3z-6=0$;

(4) $x-\sqrt{3}y=0$;　(5) $y+x=2$;　(6) $x-2z=0$;

(7) $6x+5y-z=0$.

8. 求平面 $2x-4y+4z+14=0$ 与 $3x+4z-7=0$ 的夹角的平分面的方程.

9. 求点 $(2,1,3)$ 到平面 $x+2y-2z-9=0$ 的距离.

10. 求平行于平面 $x+y+z=10$ 且与球面 $x^2+y^2+z^2=9$ 相切的平面方程.

11. 试确定 $k$ 的值, 使平面 $2x+ky-3z=4$ 满足下列条件之一:

(1) 经过点 $(2,-3,1)$;　(2) 与原点的距离等于 1;

(3) 在 $y$ 轴上的截距为 2;　(4) 与 $2x+4y+3z=3$ 垂直;

(5) 与 $-2x-7y+3z-5=0$ 平行;　(6) 与 $2x-3y+z=0$ 成 $\frac{\pi}{4}$ 角.

# 第五节　空间直线及其方程

## 一、空间直线的一般方程

在空间解析几何中, 空间中的直线可以看作平面 $\Pi_1$ 和 $\Pi_2$ 的交线(图 8-5-1). 空间中直

线上的点坐标均满足平面$\Pi_1$和$\Pi_2$的一般方程，所以直线上的点均满足方程组

$$\begin{cases} A_1x + B_1y + C_1z + D = 0, \\ A_2x + B_2y + C_2z + D = 0. \end{cases} \tag{8.5.1}$$

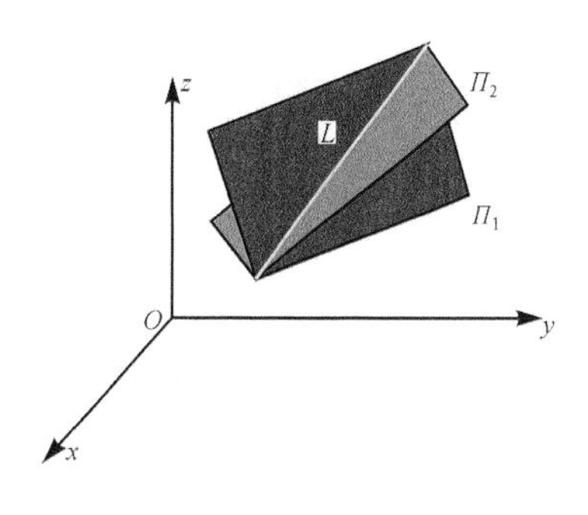


图 8-5-1

同样地，空间中的点不在直线上，则该点不可能同时满足方程组(8.5.1). 所以该方程组也叫做**空间直线的一般方程**.

由于通过空间中一直线的平面有无限个，因此只需要将其中两个经过该直线的平面方程进行联立，即可获得该直线的一般方程.

## 二、空间直线的对称式方程

假设空间中存在一个非零向量与已知直线平行，则称该向量为这条直线的**方向向量**.

在空间解析几何中，过空间中一点有且只有一条直线与已知直线平行，所以空间中的直线可以通过已知点$M_0(x_0, y_0, z_0)$及该直线的方向向量$\boldsymbol{s} = (m, n, p)$唯一确定.

假设直线$L$上存在一点$M(x, y, z)$，根据空间直线的定义可知向量$\overrightarrow{M_0M}$与直线的方向向量平行(图 8-5-2)，根据两平行向量的坐标对应成比例的性质，可得

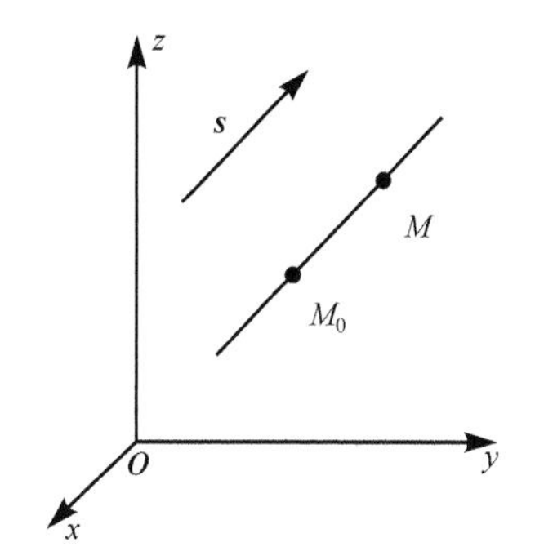


图 8-5-2

$$\frac{x - x_0}{m} = \frac{y - y_0}{n} = \frac{z - z_0}{p}. \tag{8.5.2}$$

如果点$M(x, y, z)$不在直线上，则向量$\overrightarrow{M_0M}$与该直线的方向向量之间不存在平行关系，进而推出两向量的坐标不存在对应比例关系，即不满足方程(8.5.2)，所以方程(8.5.2)也称为**直线的对称式方程**或者**点向式方程**.

直线$L$的任一方向向量$\boldsymbol{s}$的坐标$m, n, p$称为直线的一组**方向数**，而向量$\boldsymbol{s}$的方向余弦叫做该**直线的方向余弦**.

注：当$m, n, p$中有一个为零，如$m = 0$，而$n, p \neq 0$时，则方程组为

$$\begin{cases} x - x_0 = 0, \\ \dfrac{y - y_0}{n} = \dfrac{z - z_0}{p}; \end{cases}$$

当$m, n, p$中有两个为零，如$m = n = 0$，而$p \neq 0$时，则方程组为

$$\begin{cases} x - x_0 = 0, \\ y - y_0 = 0. \end{cases}$$

根据直线的对称式方程还可以推出直线的参数方程，如当存在$\dfrac{x - x_0}{m} = \dfrac{y - y_0}{n} =$

$\dfrac{z-z_0}{p}=t$ 时，可得

$$\begin{cases} x=x_0+mt, \\ y=y_0+nt, \\ z=z_0+pt, \end{cases} \tag{8.5.3}$$

此方程组称为**直线的参数方程**.

**例 8.5.1**　用对称式方程及参数方程表示直线 $\begin{cases} x+y+z+1=0, \\ 2x-y+3z+4=0. \end{cases}$

**解**　根据两平面的一般方程可以得出两平面的法向量分别为 $\boldsymbol{n}_1=(1,1,1)$ 和 $\boldsymbol{n}_2=(2,-1,3)$，因为两平面相交的直线的方向向量垂直于两平面的方向向量，所以有

$$\boldsymbol{s}=\boldsymbol{n}_1\times\boldsymbol{n}_2=\begin{vmatrix} \boldsymbol{i} & \boldsymbol{j} & \boldsymbol{k} \\ 1 & 1 & 1 \\ 2 & -1 & 3 \end{vmatrix}=4\boldsymbol{i}-\boldsymbol{j}-3\boldsymbol{k},$$

令 $x=1$，代入直线方程可得直线上一点 $(1,0,-2)$，所以直线的对称式方程为

$$\frac{x-1}{4}=\frac{y}{-1}=\frac{z+2}{-3},$$

假设 $\dfrac{x-1}{4}=\dfrac{y}{-1}=\dfrac{z+2}{-3}=t$，可得直线的参数式方程为

$$\begin{cases} x=1+4t, \\ y=-t, \\ z=-2-3t. \end{cases}$$

## 三、两直线的夹角

**空间中两直线的夹角通常指两直线的方向向量的夹角(锐角).**

设直线 $L_1$ 和 $L_2$ 的方向向量分别为 $\boldsymbol{s}_1=(m_1,n_1,p_1)$，$\boldsymbol{s}_2=(m_2,n_2,p_2)$，那么直线 $L_1$ 和 $L_2$ 的夹角 $\varphi$ 为 $(\widehat{\boldsymbol{s}_1,\boldsymbol{s}_2})$ 和 $\pi-(\widehat{\boldsymbol{s}_1,\boldsymbol{s}_2})$ 中的锐角，根据余弦函数特性，可得

$$\cos\varphi=\left|\cos(\widehat{\boldsymbol{s}_1,\boldsymbol{s}_2})\right|,$$

即有

$$\cos\varphi=\frac{|m_1m_2+n_1n_2+p_1p_2|}{\sqrt{m_1^2+n_1^2+p_1^2}\cdot\sqrt{m_2^2+n_2^2+p_2^2}}. \tag{8.5.4}$$

根据向量垂直、平行时的规律可得出以下结论：

两直线 $L_1\perp L_2$ 的充要条件为 $m_1m_2+n_1n_2+p_1p_2=0$.

两直线 $L_1/\!/L_2$ 或重合的充要条件为 $\dfrac{m_1}{m_2}=\dfrac{n_1}{n_2}=\dfrac{p_1}{p_2}$.

**例 8.5.2**　求直线 $L_1$: $\dfrac{x-1}{1}=\dfrac{y}{-4}=\dfrac{z+3}{1}$ 和 $L_2$: $\dfrac{x}{2}=\dfrac{y+2}{-2}=\dfrac{z}{-1}$ 的夹角.

**解**　直线 $L_1, L_2$ 的方向向量分别为：$\boldsymbol{s}_1=(1,-4,1)$，$\boldsymbol{s}_2=(2,-2,-1)$，根据式(8.5.4)可得

$$\cos\varphi=\frac{|1\times 2+(-4)\times(-2)+1\times(-1)|}{\sqrt{1^2+(-4)^2+1^2}\cdot\sqrt{2^2+(-2)^2+(-1)^2}}=\frac{1}{\sqrt{2}}，即 \varphi=\frac{\pi}{4}.$$

## 四、直线与平面的夹角

1. 线与平面的夹角

当直线与平面不垂直时，直线与平面的夹角是指直线和它在平面上的投影直线的夹角 $\varphi\left(0\leqslant\varphi<\dfrac{\pi}{2}\right)$(图 8-5-3).

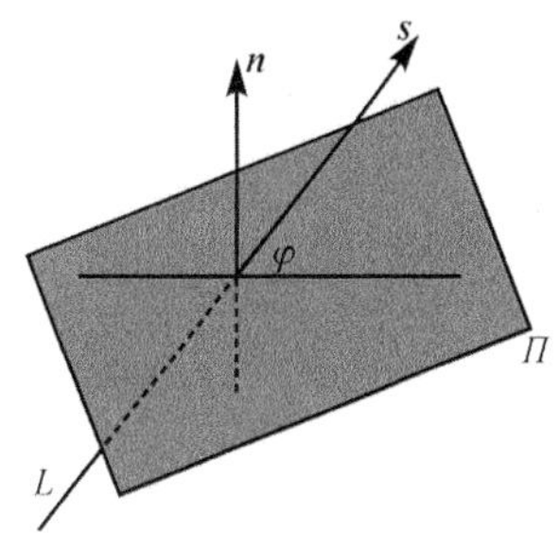

图 8-5-3

当直线与平面垂直时，则规定直线与平面的夹角为 $\dfrac{\pi}{2}$.

假设直线 $L$ 的方向向量为 $\boldsymbol{s}=(m,n,p)$，平面 $\Pi$ 的法向量为 $\boldsymbol{n}=(A,B,C)$，直线 $L$ 与平面 $\Pi$ 的夹角为 $\varphi$，则 $\varphi=\left|\dfrac{\pi}{2}-(\widehat{\boldsymbol{n},\boldsymbol{s}})\right|$，即 $\sin\varphi=\left|\cos(\widehat{\boldsymbol{n},\boldsymbol{s}})\right|$，根据向量夹角余弦公式可得

$$\sin\varphi=\frac{|Am+Bn+Cp|}{\sqrt{A^2+B^2+C^2}\sqrt{m^2+n^2+p^2}}.$$

2. 直线与平面相互垂直和平行的充分必要条件

空间解析几何中，直线与平面垂直可以推出直线与平面的法向量平行，所以**直线 $L$ 与平面 $\Pi$ 相互垂直的充要条件为**

$$\frac{A}{m}=\frac{B}{n}=\frac{C}{p}.$$

另外，通过直线与平面相互平行或直线在平面上可以推出直线与平面的法向量垂直，所以**直线 $L$ 与平面 $\Pi$ 相互平行或直线在平面上的充要条件为**

$$Am+Bn+Cp=0.$$

**例 8.5.3**　求过点 $(1,-2,4)$ 且与平面 $2x-3y+z-4=0$ 垂直的直线的方程.

**解**　因为所求直线与平面垂直，所以平面的法向量 $\boldsymbol{s}=(2,-3,1)$ 即为所求直线的方向向量. 又因为直线过点 $(1,-2,4)$，故直线方程为

$$\frac{x-1}{2}=\frac{y+2}{-3}=\frac{z-4}{1}.$$

## 五、平面束

空间解析几何中，**平面束**是指通过定直线的所有平面.

设直线 $L$ 的一般方程为

$$\begin{cases} A_1x + B_1y + C_1z + D_1 = 0, \\ A_2x + B_2y + C_2z + D_2 = 0, \end{cases}$$

其中系数 $A_1, B_1, C_1$ 和 $A_2, B_2, C_2$ 不成比例, 所以对于任意实数 $\lambda$, 可以建立以下方程:

$$(A_1x + B_1y + C_1z + D_1) + \lambda(A_2x + B_2y + C_2z + D_2) = 0 . \tag{8.5.5}$$

因为系数 $A_1, B_1, C_1$ 和 $A_2, B_2, C_2$ 不成比例, 所以方程(8.5.5)中的系数 $A_1 + \lambda A_2$, $B_1 + \lambda B_2$, $C_1 + \lambda C_2$ 不全为零, 所以方程(8.5.5)表示一个平面, 同时可以发现直线 $L$ 上的点也满足方程(8.5.5). 故根据 $\lambda$ 的取值不同, 方程(8.5.5)表示经过直线 $L$ 的所有平面束方程, 该方程称为通过直线 $L$ 的平面束方程.

**例 8.5.4** 求直线 $\begin{cases} x + y - z - 1 = 0, \\ x - y + z + 1 = 0 \end{cases}$ 在平面 $x + y + z = 0$ 上的投影直线方程.

**解** 设经过直线 $L$: $\begin{cases} x + y - z - 1 = 0, \\ x - y + z + 1 = 0 \end{cases}$ 的平面束方程为

$$(x + y - z - 1) + \lambda(x - y + z + 1) = 0 ,$$

即

$$(1+\lambda)x + (1-\lambda)y + (-1+\lambda)z + (-1+\lambda) = 0 ,$$

由于此平面与已知平面垂直, 所以

$$(1+\lambda) + (1-\lambda) + (-1+\lambda) = 0 ,$$

即有

$$\lambda = -1 ,$$

代入平面束方程得投影平面的方程为

$$y - z - 1 = 0,$$

从而投影直线的方程为

$$\begin{cases} y - z - 1 = 0, \\ x + y + z = 0. \end{cases}$$

**例 8.5.5** 求与平面 $x - 4z = 3$ 和 $2x - y - 5z = 1$ 的交线平行且过点 $(-3, 2, 5)$ 的直线方程.

**解** 因为

$$\boldsymbol{s} = \boldsymbol{n}_1 \times \boldsymbol{n}_2 = \begin{vmatrix} \boldsymbol{i} & \boldsymbol{j} & \boldsymbol{k} \\ 1 & 0 & -4 \\ 2 & -1 & -5 \end{vmatrix} = -(4\boldsymbol{i} + 3\boldsymbol{j} + \boldsymbol{k}),$$

故所求直线方程为

$$\frac{x+3}{4} = \frac{y-2}{3} = \frac{z-5}{1} .$$

**例 8.5.6** 求直线 $\dfrac{x-2}{1} = \dfrac{y-3}{1} = \dfrac{z-4}{2}$ 与平面 $2x + y + z - 6 = 0$ 的交点.

**解** 直线的参数方程为

$$x=2+t,\quad y=3+t,\quad z=4+2t,$$

将其代入平面方程

$$2(2+t)+(3+t)+(4+2t)-6=0,$$

解得 $t=-1$，将其代入参数方程可得交点坐标为 $(1,2,2)$.

**例 8.5.7**　求过点 $(2,1,3)$ 且与直线 $\frac{x+1}{3}=\frac{y-1}{2}=\frac{z}{-1}$ 垂直相交的直线方程.

**解**　过点 $(2,1,3)$ 作一平面，令该平面垂直于已知直线，则此平面的方程为

$$3(x-2)+2(y-1)-(z-3)=0,$$

求得已知直线的参数方程为

$$x=-1+3t,\quad y=1+2t,\quad z=-t,$$

代入平面方程可得 $t=\frac{3}{7}$，所以交点坐标为 $\left(\frac{2}{7},\frac{13}{7},-\frac{3}{7}\right)$，于是所求直线的方向向量为

$$\boldsymbol{s}=\left(\frac{2}{7}-2,\frac{13}{7}-1,-\frac{3}{7}-3\right)=-\frac{6}{7}(2,-1,4),$$

故所求直线的方程为

$$\frac{x-2}{2}=\frac{y-1}{-1}=\frac{z-3}{4}.$$

**例 8.5.8**　求与已知直线 $L_1$: $\frac{x+3}{2}=\frac{y-5}{3}=\frac{z-1}{1}$ 及 $L_2$: $\frac{x-10}{5}=\frac{y+7}{4}=\frac{z}{1}$ 相交且和直线 $L_3$: $\frac{x+2}{8}=\frac{y-1}{7}=\frac{z-3}{1}$ 平行的直线 $L$.

**解**　将 $L_1$ 与 $L_2$ 都化为参数方程

$$L_1:\ \begin{cases}x=2t_1-3,\\ y=3t_1+5,\\ z=t_1,\end{cases}\qquad L_2:\ \begin{cases}x=5t_2+10,\\ y=4t_2-7,\\ z=t_2.\end{cases}$$

由于 $L$ 与 $L_1$ 和 $L_2$ 都相交且与 $L_3$ 平行，则两交点对应坐标的差应与 $L_3$ 的方向数成比例，从而有

$$\frac{(2t_1-3)-(5t_2+10)}{8}=\frac{(3t_1+5)-(4t_2-7)}{7}=\frac{t_1-t_2}{1},$$

即

$$\begin{cases}6t_1-3t_2=-13,\\ 4t_1-3t_2=12,\end{cases}$$

解得

$$t_1=-\frac{25}{2}.$$

由此得 $L$ 和 $L_1$ 的交点为

$$x_1=-28,\ y_1=-\frac{65}{2},\ z_1=-\frac{25}{2},$$

故所求直线的方程为

$$\frac{x+28}{8}=\frac{y+\frac{65}{2}}{7}=\frac{z+\frac{25}{2}}{1}.$$

**例 8.5.9** 求过直线 $\begin{cases}3x-2y+2=0,\\ x-2y-z+6=0\end{cases}$ 且与点 $(1,2,1)$ 的距离为 1 的平面方程.

**解** 设过此直线的平面束方程为

$$(3x-2y+2)+\lambda(x-2y-z+6)=0,$$

即

$$(3+\lambda)x-(2+2\lambda)y-\lambda z+(2+6\lambda)=0,$$

根据点到平面的距离公式

$$d=\frac{|(3+\lambda)\cdot 1-(2+2\lambda)\cdot 2-\lambda\cdot 1+(2+6\lambda)|}{\sqrt{(3+\lambda)^2+(2+2\lambda)^2+\lambda^2}}=1,$$

解得

$$\lambda_1=-2,\quad \lambda_2=-3,$$

故所求平面的方程为

$$x+2y+2z-10=0 \quad \text{或} \quad 4y+3z-16=0.$$

**例 8.5.10** 求两直线 $L_1$: $\frac{x-1}{0}=\frac{y}{1}=\frac{z}{1}$ 和 $L_2$: $\frac{x}{2}=\frac{y}{-1}=\frac{z+2}{0}$ 的公垂线 $L$ 的方程.

**解** 公垂线的方向向量为

$$\boldsymbol{s}=\boldsymbol{s}_1\times\boldsymbol{s}_2=(0,1,1)\times(2,-1,0)=(1,2,-2),$$

过直线 $L$ 与 $L_1$ 的平面法向量为

$$\boldsymbol{n}_1=\boldsymbol{s}\times\boldsymbol{s}_1=(1,2,-2)\times(0,1,1)=(4,-1,1),$$

在直线 $L_1$ 上取点 $(1,0,0)$，则过 $L$ 与 $L_1$ 的平面方程为

$$4x-y+z-4=0,$$

过 $L$ 与 $L_2$ 的平面法向量为

$$\boldsymbol{n}_2=\boldsymbol{s}\times\boldsymbol{s}_2=(1,2,-2)\times(2,-1,0)=(-2,4,-5),$$

在直线 $L_2$ 上取点 $(0,0,-2)$，则过 $L$ 与 $L_2$ 的平面方程为

$$2x-4y+5z-10=0,$$

于是公垂线的方程为

$$\begin{cases}4x-y+z-4=0,\\ 2x+4y+5z+10=0.\end{cases}$$

## 习题 8-5

1. 求过点 $(2,-3,1)$ 且平行于直线 $\dfrac{x-2}{5}=y=\dfrac{z-1}{3}$ 的直线方程.

2. 求过两点 $A(3,0,6)$ 和 $B(0,1,7)$ 的直线方程.

3. 证明直线 $\begin{cases}2x+4y-2z-3=0,\\ -x+\dfrac{1}{2}y+\dfrac{1}{2}z+4=0\end{cases}$ 与直线 $\begin{cases}x+2y-z-4=0,\\ 6x-3y-3z=0\end{cases}$ 平行.

4. 试把直线 $\begin{cases}4x-2y-6z+3=0,\\ \dfrac{x}{2}+y-\dfrac{z}{2}-5=0\end{cases}$ 表示成对称式方程及参数方程.

5. 求与两直线 $\begin{cases}3x+6y-3z=5,\\ x-y+z=2\end{cases}$ 和 $\begin{cases}2x-y+z=0,\\ x-y+z=0\end{cases}$ 都平行且过点 $(3,-2,1)$ 的平面方程.

6. 求与两平面 $3x+6z=1$ 和 $2y-6z=3$ 平行且过点 $(-2,0,4)$ 的直线方程.

7. 求通过直线 $\dfrac{x-5}{5}=\dfrac{y+2}{2}=\dfrac{z}{1}$ 且过点 $(2,1,-1)$ 的平面方程.

8. 求点 $(1,3,2)$ 在平面 $2x+2y-z+1=0$ 上的投影.

9. 试确定下列平面与直线间的关系:

(1) $x-\dfrac{2}{3}y+\dfrac{7}{3}z=4$ 和 $\dfrac{x}{-3}=\dfrac{y}{2}=\dfrac{z}{-7}$;

(2) $-8x+4y+4z=3$ 和 $\dfrac{x+3}{2}=\dfrac{y+4}{7}=\dfrac{z}{-3}$;

(3) $x+y+z=7$ 和 $\dfrac{x-2}{-3}=\dfrac{y-2}{-1}=\dfrac{z-3}{4}$.

10. 求平面 $-x+y+z+6=0$ 与直线 $\begin{cases}x+y+3z-1=0,\\ x-y-z+2=0\end{cases}$ 的夹角.

11. 设 $A$ 是直线 $L$ 上任意一点, 点 $B$ 不在直线 $L$ 上, 且直线的方向向量为 $\boldsymbol{s}$, 试证明点 $B$ 到直线 $L$ 的距离 $d=\dfrac{|\overrightarrow{AB}\times\boldsymbol{s}|}{|\boldsymbol{s}|}$.

12. 求直线 $L:\begin{cases}x+y-z=3,\\ x-y+z=-5\end{cases}$ 在平面 $\Pi: x+y+z=0$ 上的投影直线方程.

13. 已知直线 $L:\begin{cases}x+2y+3z-5=0,\\ x-2y-z+7=0,\end{cases}$ 求:

(1) 直线在 $yOz$ 平面上的投影方程;

(2) 直线在 $xOy$ 平面上的投影方程;

(3) 直线在平面 $\Pi: x-y+3z+6=0$ 上的投影直线方程.

# 第六节　旋转曲面和二次曲面

前面两节介绍了空间解析几何中最简单的平面以及直线，本节讨论空间曲面.

## 一、曲面方程的概念

曲面存在于生活各处，如球面、锥面等. 与平面解析几何相似，在空间解析几何中，任意曲面都可以看作空间中点的运动轨迹，可以定义曲面的方程如下

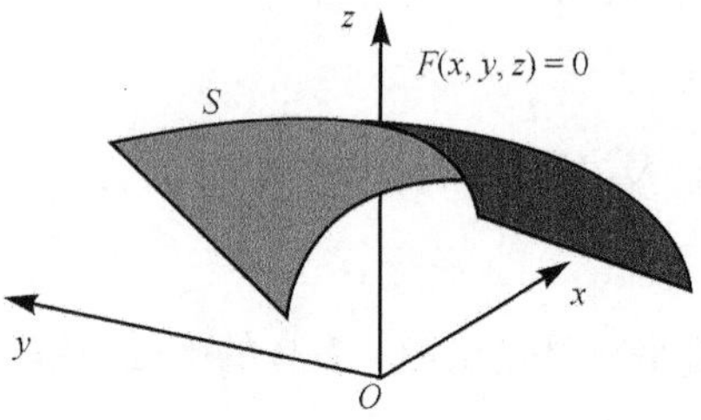

$$F(x, y, z)=0 . \qquad (8.6.1)$$

曲面$S$上任一点的坐标都满足方程(8.6.1)；不在曲面$S$上的点的坐标都不满足方程(8.6.1). 所以，方程(8.6.1)也叫做**曲面 $S$ 的方程**；而曲面 $S$ 叫做**方程(8.6.1)的图形**(图 8-6-1).

图 8-6-1

**例 8.6.1**　建立球心在点 $M_0(x_0, y_0, z_0)$ 且半径为 $R$ 的球面方程(图 8-6-2).

**解**　设点 $M(x, y, z)$ 是球面上的任意一点，因为球面上一点到球心的距离不变，则有$|M_0M|=R$，即

$$(x-x_0)^2+(y-y_0)^2+(z-z_0)^2=R^2. \qquad (8.6.2)$$

从方程(8.6.2)可以看出，在球面上的点坐标将满足方程；不在球面上的点不满足方程，所以方程(8.6.2)是以点 $M_0(x_0, y_0, z_0)$ 为球心且半径为 $R$ 的球面方程.

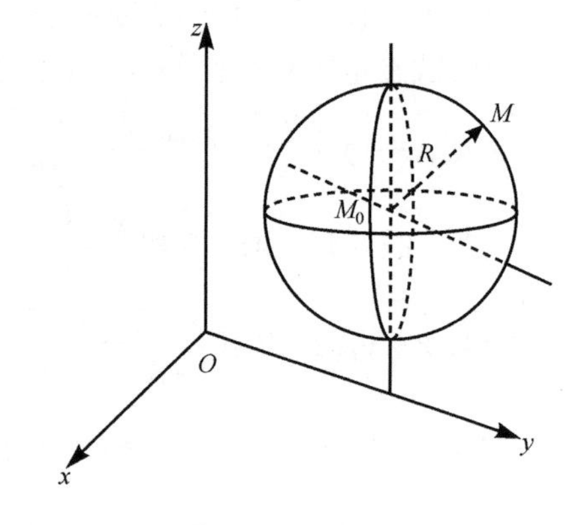


图 8-6-2

特殊地，方程

$$x^2+y^2+z^2=R^2$$

表示以原点为球心、半径为 $R$ 的球面方程.

**例 8.6.2**　设有点 $A(1, 2, 3)$ 和 $B(2, -1, 4)$，求线段 $AB$ 的垂直平分面的方程.

**解**　由题意可知，假设点 $M(x, y, z)$ 在平分面上，且有$|AM|=|BM|$，即

$$(x-1)^2+(y-2)^2+(z-3)^2=(x-2)^2+(y+1)^2+(z-4)^2,$$

所以

$$x-6y+2z-7=0 .$$

通过上述例子可以看出，在描述曲面上的点的几何轨迹时，可以通过点的坐标方程进行描述. 因此，在空间解析几何曲面领域中普遍研究两个基本问题：一是利用曲面的方程描述曲面上的点的几何轨迹；二是通过曲面的方程研究该方程所表述的曲面形状.

**例 8.6.3**　方程 $x^2+y^2+z^2-2x+4y=0$ 表示怎样的曲面.

**解**　将方程配方得

$$(x-1)^2+(y+2)^2+z^2=5,$$

可知该方程为球面方程, 表示球心在$(1,-2,0)$、半径为$\sqrt{5}$的球面.

## 二、旋转曲面

在空间解析几何中, 将一条平面曲线绕其平面上的一条直线旋转一周所成的曲面称为**旋转曲面**, 该平面曲线称为**母线**, 旋转中心的直线称为**轴**.

设在空间直角坐标系中, 平面 $yOz$ 上有一已知曲线 $C$, 其方程为$f(y,z)=0$, 将其绕 $z$ 轴旋转一周, 得到一曲面(图 8-6-3), 其方程求法如下.

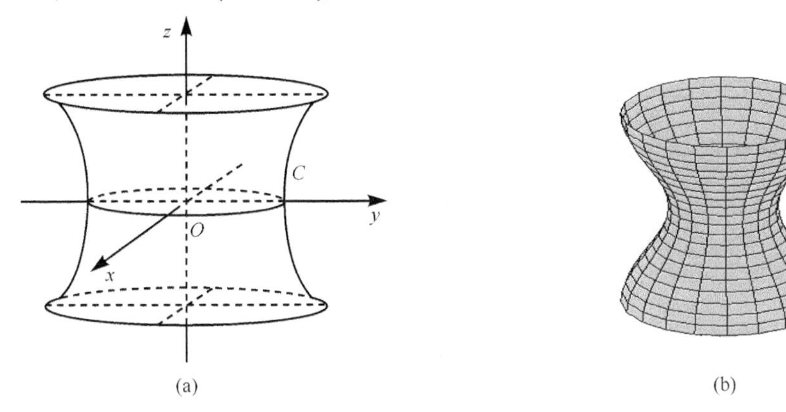


图 8-6-3

设$M_1(0,y_1,z_1)$为曲线 $C$ 上的任一点, 则有

$$f(y_1,z_1)=0, \tag{8.6.3}$$

当曲线 $C$ 绕 $z$ 轴旋转时, 点 $M_1$ 也绕 $z$ 轴旋转到另一点$M(x,y,z)$. 此时$z=z_1$保持不变, 且点 $M$ 到旋转轴的距离为

$$d=\sqrt{x^2+y^2}=|y_1|.$$

将$z=z_1$, $y_1=\pm\sqrt{x^2+y^2}$代入方程(8.6.3)中可得

$$f(\pm\sqrt{x^2+y^2},z)=0, \tag{8.6.4}$$

方程(8.6.4)所代表的曲面就是所求曲面.

所以, 要得到曲线 $C$: $f(y,z)=0$ 绕 $z$ 轴旋转所成的旋转曲面方程, 只需令方程$f(y,z)=0$中的$y=\pm\sqrt{x^2+y^2}$. 同理, 曲线 $C$ 绕 $y$ 轴旋转的旋转曲面方程为

$$f(y,\pm\sqrt{x^2+z^2})=0.$$

类似地, 有曲线 $C$: $f(x,y)=0$,

绕 $x$ 轴旋转的旋转曲面方程为: $f(x,\pm\sqrt{y^2+z^2})=0$;

绕 $y$ 轴旋转的旋转曲面方程为: $f(\pm\sqrt{x^2+z^2},y)=0$.

曲线 $C$: $f(x,z)=0$,

绕 $x$ 轴旋转的旋转曲面方程为: $f(x,\pm\sqrt{y^2+z^2})=0$;

绕 $z$ 轴旋转的旋转曲面方程为: $f(\pm\sqrt{x^2+y^2},z)=0$.

**例 8.6.4** 直线 $L$ 绕另一条与 $L$ 相交的直线旋转一周, 所得旋转曲面叫做圆锥面. 两直线的交点称为圆锥面的顶点, 两直线的夹角 $\left(0<\alpha<\dfrac{\pi}{2}\right)$ 叫做圆锥面的半顶角. 试建立顶点在坐标原点 $O$、旋转轴为 $z$ 轴、半顶角为 $\alpha$ 的圆锥面的方程(图 8-6-4).

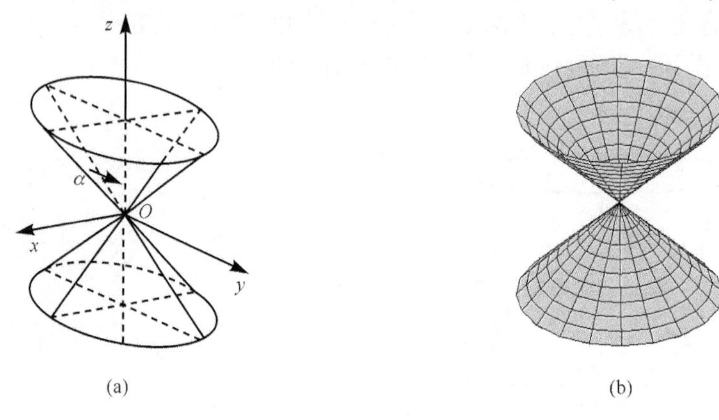


图 8-6-4

**解** 在 $yOz$ 平面上, 直线 $L$ 的方程为: $z=y\cot\alpha$, 因为旋转轴为 $z$ 轴, 所以旋转曲面的方程为

$$z=\pm\sqrt{x^2+y^2}\cot\alpha \quad 或 \quad z^2=a^2(x^2+y^2), 其中 a=\cot\alpha.$$

**例 8.6.5** 将 $xOz$ 坐标面上的双曲线 $\dfrac{x^2}{a^2}-\dfrac{z^2}{c^2}=1$ 分别绕 $x$ 轴和 $z$ 轴旋转一周, 求所生成的旋转曲面的方程.

**解** 绕 $x$ 轴旋转生成的旋转曲面称为**旋转双叶双曲面**(图 8-6-5), 其方程为

$$\frac{x^2}{a^2}-\frac{y^2+z^2}{c^2}=1.$$

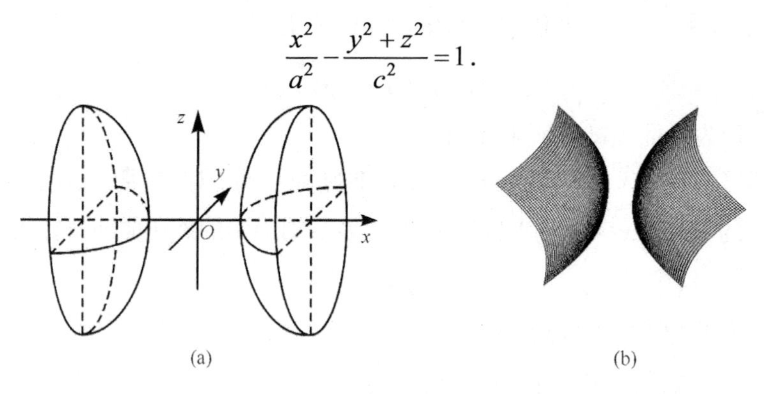


图 8-6-5

绕 $z$ 轴旋转生成的旋转曲面称为**旋转单叶双曲面**(图 8-6-6)，其方程为

$$\frac{x^2+y^2}{a^2}-\frac{z^2}{c^2}=1.$$

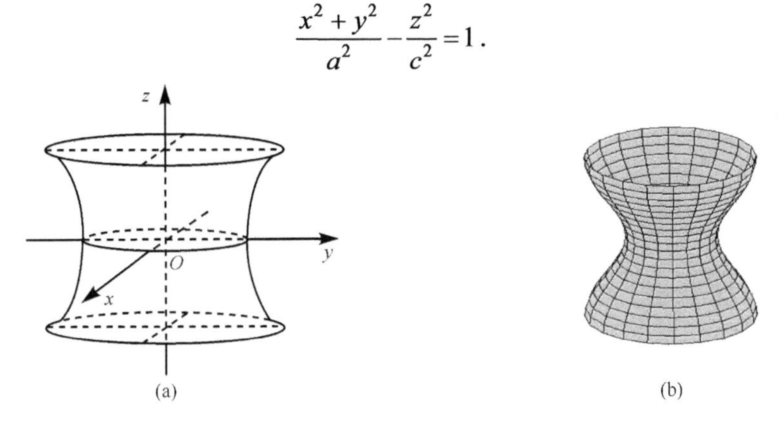


图 8-6-6

## 三、柱面

空间解析几何中，存在一已知直线 $L$ 和一已知定曲线 $C$，直线 $L$ 沿着定曲线 $C$ 平行移动所形成的轨迹，称为**柱面**，其中定曲线 $C$ 称为柱面的**准线**，动直线 $L$ 称为柱面的**母线**.

1. 方程 $x^2+y^2=R^2$ 表示的曲面叫做圆柱面

根据柱面的定义可知，准线是 $xOy$ 平面上的圆 $x^2+y^2=R^2$，母线是平行于 $z$ 轴的直线(图 8-6-7).

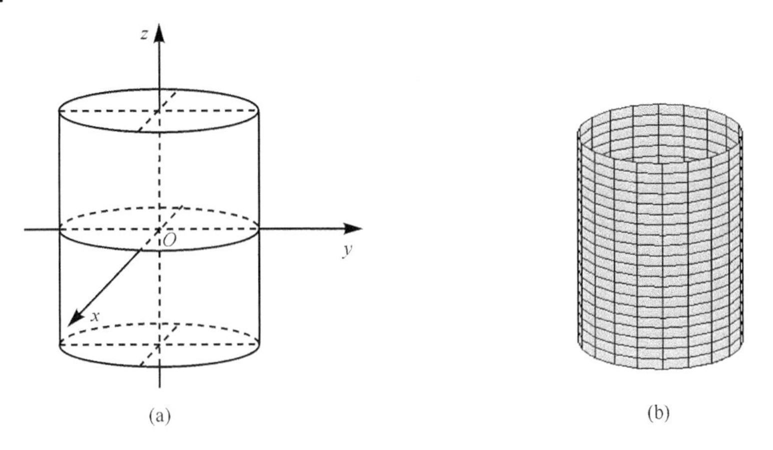


图 8-6-7

2. 方程 $y^2=2x$ 表示的曲面叫做抛物柱面

准线是 $xOy$ 平面上的抛物线 $y^2=2x$，母线是平行于 $z$ 轴的直线(图 8-6-8).

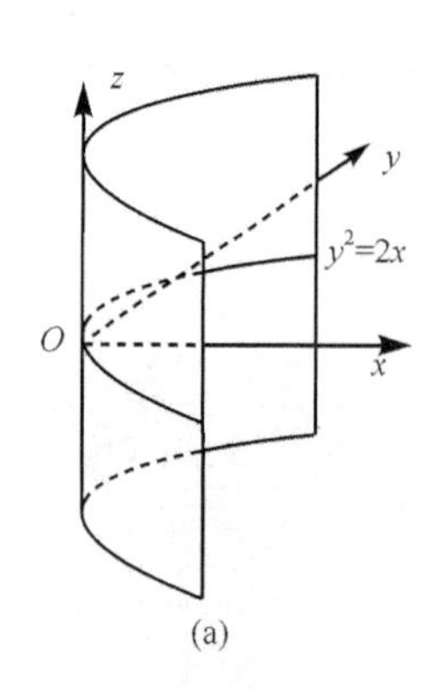

(a)

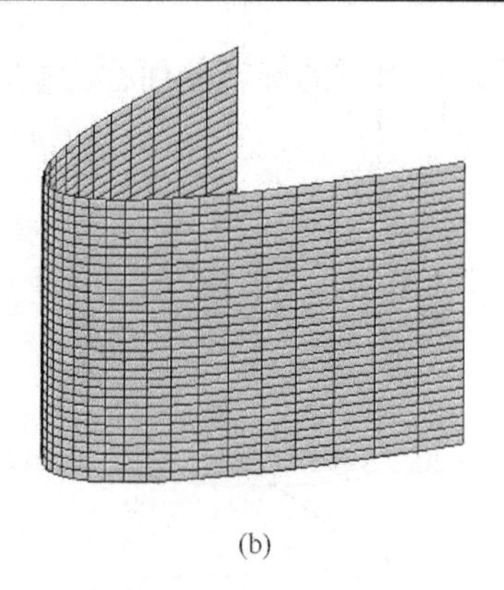
(b)

图 8-6-8

一般地，在空间直角坐标系下，

$F(x, y)=0$ 表示母线平行于 $z$ 轴的柱面，其准线是 $xOy$ 面上的曲线 $C$：$F(x, y)=0$.

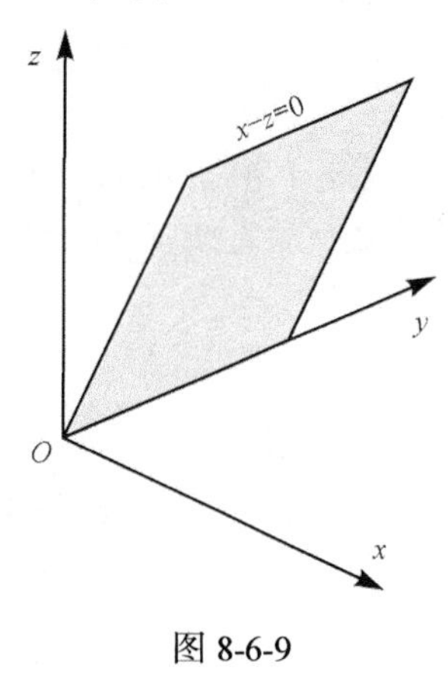

图 8-6-9

$F(x, z)=0$ 表示母线平行于 $y$ 轴的柱面，其准线是 $xOz$ 面上的曲线 $C$：$F(x, z)=0$.

$F(y, z)=0$ 表示母线平行于 $x$ 轴的柱面，其准线是 $yOz$ 面上的曲线 $C$：$F(y, z)=0$.

**平面也是一种柱面**. 例如：平面 $x-z=0$ 表示母线平行于 $y$ 轴，准线为 $xOz$ 平面上的直线 $x-z=0$ (图 8-6-9).

## 四、二次曲面

参考平面解析几何的规定，将三元二次方程 $F(x, y, z)=0$ 所表示的曲面称为**二次曲面**. 三元一次方程 $F(x, y, z)=0$ 表示的平面称为**一次曲面**.

二次曲面共有九种.

1. 椭圆锥面：$\dfrac{x^2}{a^2}+\dfrac{y^2}{b^2}=z^2$

在空间直角坐标系中，以垂直于 $z$ 轴的平面 $z=t$ 横截该曲面，当 $t=0$ 时，可得原点；当 $t\neq 0$ 时，可在平面 $z=t$ 上获得椭圆图形，该椭圆方程为

$$\frac{x^2}{(at)^2}+\frac{y^2}{(bt)^2}=1.$$

当 $t$ 改变时，可以得到一系列长短轴比例不变的椭圆图形. 而且椭圆图形的大小与 $t$ 的取值相关(图 8-6-10).

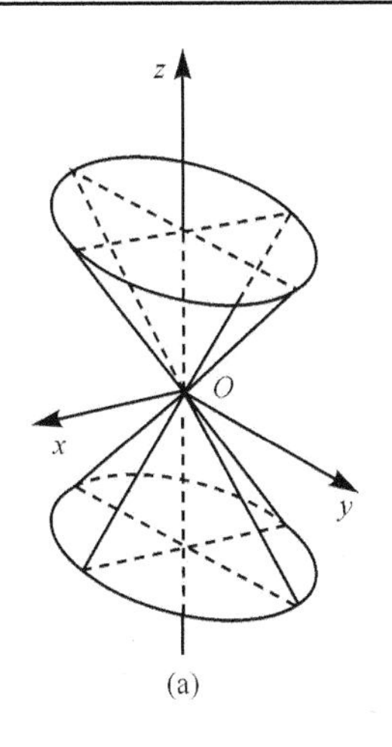

(a)

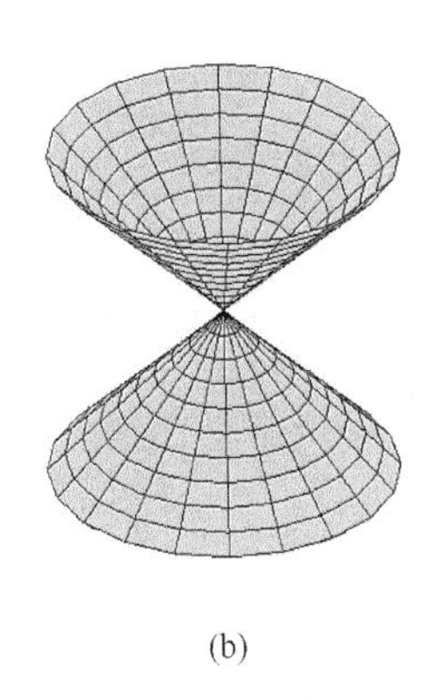
(b)

图 8-6-10

平面 $z=t$ 与曲面 $F(x,y,z)=0$ 的交线称为**截痕**. 通过截痕的变化了解曲面形状的方法称为**截痕法**.

另外, 空间解析几何中还可以通过**伸缩变形法**来获取椭圆锥面的曲面. 我们先回顾一下平面解析几何中的图形伸缩变形法. 平面 $xOy$ 平面上存在一点 $M(x,y)$, 将其变为点 $M'(x,\lambda y)$, 此时点 $M(x,y)$ 的轨迹 $C$ 变为点 $M'(x,\lambda y)$ 的轨迹 $C'$, 我们称将图形 $C$ 沿 $y$ 轴方向伸缩 $\lambda$ 倍变成图形 $C'$.

**证** 设 $C$ 的方程为 $F(x,y)=0$, 点 $M(x_1,y_1)\in C$. 将点 $M(x_1,y_1)$ 变为 $M'(x_2,y_2)$, 根据伸缩变形法可得

$$x_2=x_1,\quad y_2=\lambda y_1,$$

即

$$x_2=x_1,\quad y_1=\frac{1}{\lambda}y_2.$$

由 $M(x_1,y_1)\in C$ 可得 $F(x_1,y_1)=0$, 即

$$F\left(x_2,\frac{1}{\lambda}y_2\right)=0.$$

因此 $M'(x_2,y_2)$ 的轨迹方程为: $F\left(x,\frac{1}{\lambda}y\right)=0$.

例如, 我们将平面圆 $x^2+y^2=1$ 沿 $y$ 轴方向伸缩 $\frac{b}{a}$ 倍, 则可得到椭圆方程: $\frac{x^2}{a^2}+\frac{y^2}{b^2}=1$ (图 8-6-11). 同样地, 我们可以将空间图形沿 $y$ 轴伸缩 $\frac{b}{a}$ 倍, 圆锥面 $\frac{x^2+y^2}{a^2}=z^2$ 将变为椭圆锥面 $\frac{x^2}{a^2}+\frac{y^2}{b^2}=z^2$.

2. 椭球面: $\frac{x^2}{a^2}+\frac{y^2}{b^2}+\frac{z^2}{c^2}=1$

将 $xOz$ 平面上的椭圆 $\frac{x^2}{a^2}+\frac{z^2}{c^2}=1$ 绕 $z$ 轴旋转可以获得旋转椭球面

$$\frac{x^2+y^2}{a^2}+\frac{z^2}{c^2}=1,$$

再通过图形伸缩变形法, 将旋转椭球面沿 $y$ 轴方向伸缩 $\frac{b}{a}$ 倍, 可得椭球面(图 8-6-12):

$$\frac{x^2}{a^2}+\frac{y^2}{b^2}+\frac{z^2}{c^2}=1.$$

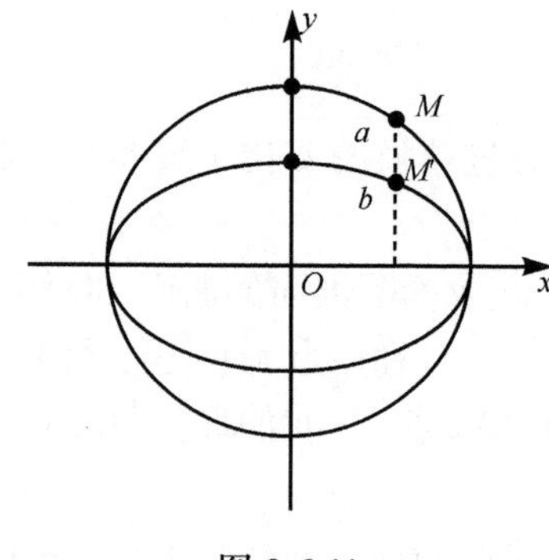

图 8-6-11

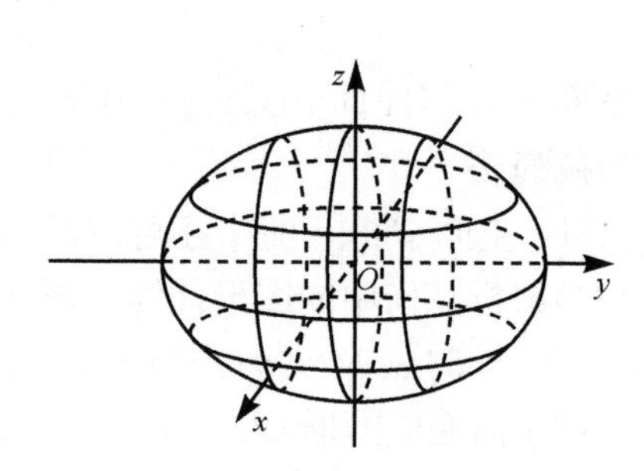

图 8-6-12

特殊地, 当 $a=b=c$ 时, 椭球面为**球面**: $x^2+y^2+z^2=R^2$.

3. 单叶双曲面: $\frac{x^2}{a^2}+\frac{y^2}{b^2}-\frac{z^2}{c^2}=1$

将 $xOz$ 平面上的双曲线 $\frac{x^2}{a^2}-\frac{z^2}{c^2}=1$ 绕 $z$ 轴旋转获得**旋转单叶双曲面**: $\frac{x^2+y^2}{a^2}-\frac{z^2}{c^2}=1$. 然后通过伸缩变形法将旋转单叶双曲面沿 $y$ 轴方向伸缩 $\frac{b}{a}$ 倍获得**单叶双曲面**: $\frac{x^2}{a^2}+\frac{y^2}{b^2}-\frac{z^2}{c^2}=1$.

4. 双叶双曲面: $\frac{x^2}{a^2}-\frac{y^2}{b^2}-\frac{z^2}{c^2}=1$

将 $xOz$ 平面上的双曲线 $\frac{x^2}{a^2}-\frac{z^2}{c^2}=1$ 绕 $x$ 轴旋转获得**旋转双叶双曲面**: $\frac{x^2}{a^2}-\frac{y^2+z^2}{c^2}=1$. 然后通过伸缩变形法将旋转双叶双曲面沿 $y$ 轴方向伸缩 $\frac{b}{c}$ 倍获得**双叶双曲面**: $\frac{x^2}{a^2}-\frac{y^2}{b^2}-\frac{z^2}{c^2}=1$.

5. 椭圆抛物面: $\dfrac{x^2}{a^2}+\dfrac{y^2}{b^2}=z$

将 $xOz$ 平面上的抛物线 $\dfrac{x^2}{a^2}=z$ 绕 $z$ 轴旋转获得**旋转抛物面**(图 8-6-13): $\dfrac{x^2+y^2}{a^2}=1$. 然后通过伸缩变形法将旋转抛物面沿 $y$ 轴方向伸缩 $\dfrac{b}{a}$ 倍获得**椭圆抛物面**: $\dfrac{x^2}{a^2}+\dfrac{y^2}{b^2}=z$.

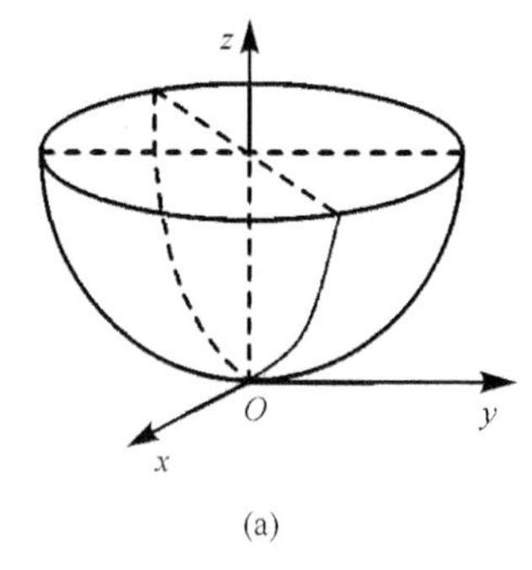


(a)

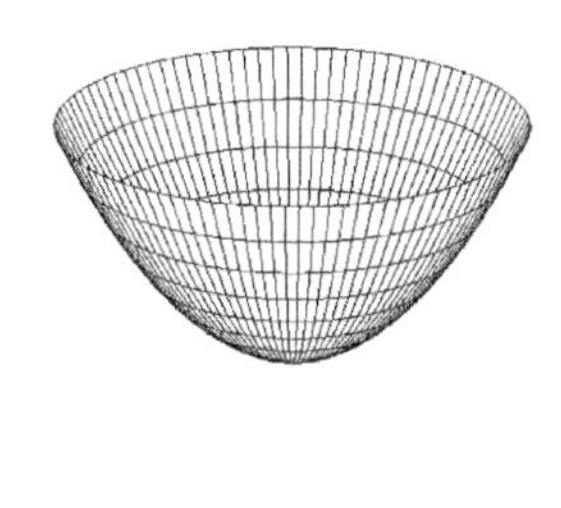

(b)

图 8-6-13

6. 双曲抛物面(马鞍面): $\dfrac{x^2}{a^2}-\dfrac{y^2}{b^2}=z$

为了方便起见, 我们使用截痕法分析双曲抛物线的形状. 用平面 $x=t$ 横截该曲面, 观察截痕 $l$ 可以发现, 截痕 $l$ 在平面 $x=t$ 抛物线方程为

$$-\frac{y^2}{b^2}=z-\frac{t^2}{a^2},$$

此抛物线开口朝下, 顶点坐标为

$$x=t, \quad y=0, \quad z=\frac{t^2}{a^2}.$$

当 $t$ 变化时, 图形 $l$ 的形状不变, 但位置平移, 而且其顶点的轨迹为平面 $y=0$ 上的抛物线 $L$:

$$z=\frac{t^2}{a^2}.$$

因此, 双曲抛物面为以 $l$ 为母线, 以 $L$ 为准线, 母线的顶点在准线 $L$ 上做平行移动得到的曲面(图 8-6-14).

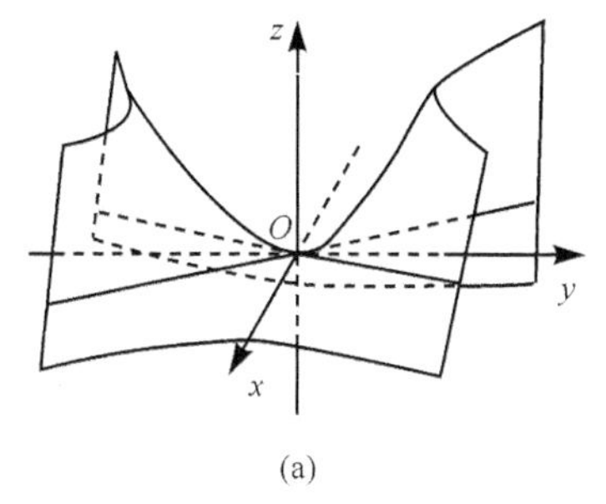


(a)

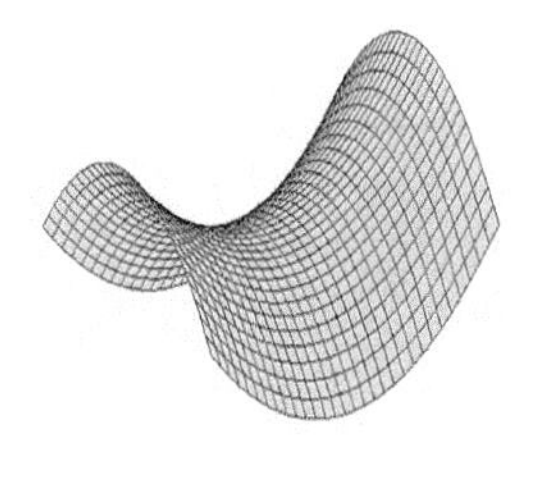

(b)

图 8-6-14

另外，**椭圆柱面**：$\dfrac{x^2}{a^2}+\dfrac{y^2}{b^2}=1$，**双曲柱面**：$\dfrac{x^2}{a^2}-\dfrac{y^2}{b^2}=1$，**抛物柱面**：$x^2=ay$ 这三种二次曲面是以二次曲线为准线的柱面(图 8-6-15).

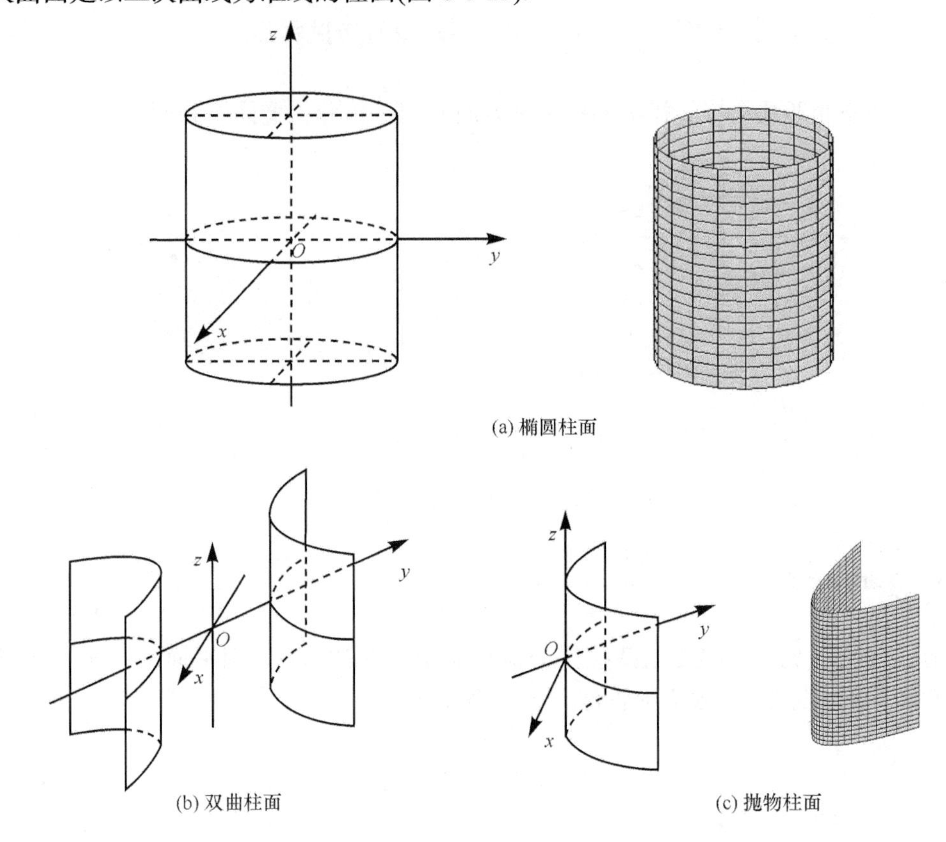


(a) 椭圆柱面

(b) 双曲柱面

(c) 抛物柱面

图 8-6-15

## 五、空间曲线及空间区域简图

1. 空间曲线的一般方程

空间解析几何中，将空间直线看作两个平面的交线. 同样地，空间曲线也可以看作空间中两个曲面的交线. 所以我们设空间中存在两个曲面 $F(x,y,z)=0$ 以及 $G(x,y,z)=0$，它们的交线为 $C$，所以交线 $C$ 上的点应同时满足两个曲面方程，即满足方程组

$$\begin{cases}F(x,y,z)=0,\\G(x,y,z)=0.\end{cases}\tag{8.6.5}$$

当点 $M$ 不在曲线 $C$ 上时，则 $M$ 的坐标不满足方程组(8.6.5). 所以，方程组(8.6.5)称为空间曲线 $C$ 的一般方程.

**例 8.6.6** 讨论方程组 $\begin{cases}x^2+y^2=1,\\2x+3z=6\end{cases}$ 表示的曲线.

**解** 观察方程组第一个方程可知其描述的母线平行于 $z$ 轴的圆柱面，准线为 $xOy$ 平面上以原点为圆心、半径为 1 的圆. 第二个方程表示空间中一个平面. 所以该方程组描述的空间曲线为圆柱面与平面的交线(图 8-6-16).

**例 8.6.7**　讨论方程组$\begin{cases} z=\sqrt{a^2-x^2-y^2}, \\ \left(x-\dfrac{a^2}{2}\right)+y^2=\left(\dfrac{a}{2}\right)^2 \end{cases}$表示的曲线.

**解**　方程组中第一个方程表示一个球心在原点、半径为 $a$ 的半球面, 位于 $xOy$ 平面上方. 第二个方程表示一个圆柱面, 其母线与 $z$ 轴平行, 准线是在 $xOy$ 平面上以$\left(\dfrac{a}{2},0\right)$为圆心、$\dfrac{a}{2}$为半径的圆. 该方程组描述的空间曲线为半球面与圆柱面的交线(图 8-6-17).

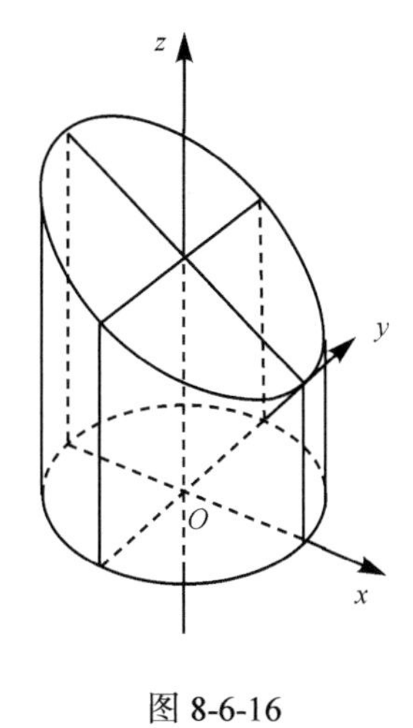


图 8-6-16

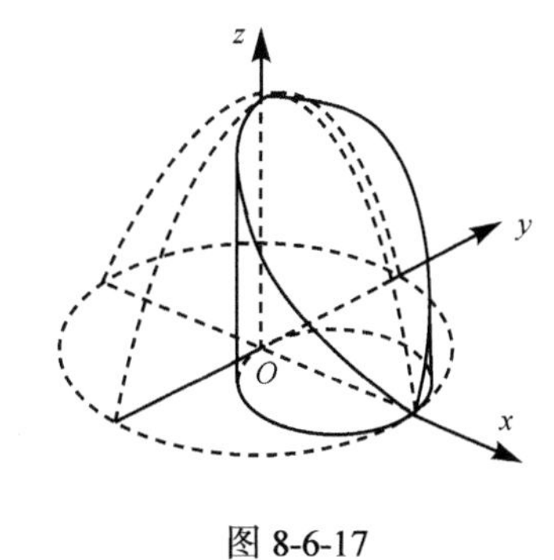


图 8-6-17

2. 空间曲线的参数方程

空间曲线除了用一般方程表示外, 还可以用参数形式进行表达, 该方法需要将空间曲线上的动点坐标 $(x, y, z)$ 通过参数 $t$ 进行表示:

$$\begin{cases} x=x(t), \\ y=y(t), \\ z=z(t). \end{cases}$$

该方程组为空间曲线的参数方程. 当参数 $t$ 取任意一值时, 即可得到一组坐标 $(x, y, z)$, 且该点必在空间曲线 $C$ 上.

**例 8.6.8**　如果空间一点 $M$ 在圆柱面 $x^2+y^2=a^2$ 上以角速度 $\omega$ 绕 $z$ 轴旋转, 同时又以线速度 $v$ 沿平行于 $z$ 轴的正方向上升($\omega$, $v$ 都是参数), 那么点 $M$ 构成的图形叫做螺旋线(图 8-6-18). 试建立其参数方程.

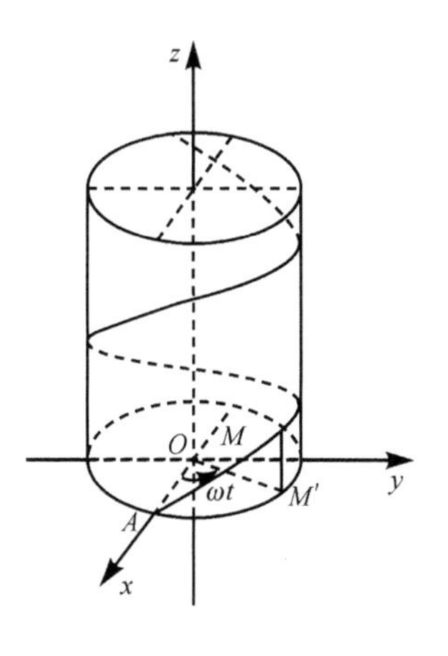


图 8-6-18

**解** 取时间 $t$ 为参数. 设当 $t=0$ 时, 动点位于 $x$ 轴上的一点 $A(a, 0, 0)$. 经过时间 $t$, 动点运动到 $M(x, y, z)$, 记 $M$ 在 $xOy$ 面上的投影为 $M'$, $M'$ 的坐标为 $(x, y, 0)$. 由于动点 $M$ 在圆柱面上以角速度 $\omega$ 绕 $z$ 轴旋转, 所以

$$\angle AOM' = \omega t.$$

从而 $x$ 轴和 $y$ 轴上的坐标变化为

$$x = |OM'|\cos\angle AOM' = a\cos\omega t,$$

$$y = |OM'|\sin\angle AOM' = a\sin\omega t.$$

又因为动点以线速度 $v$ 沿平行于 $z$ 轴的正方向上升, 所以 $z$ 轴方向的坐标

$$z = M'M = vt.$$

故所求螺旋线的参数方程为 $\begin{cases} x = a\cos\omega t, \\ y = a\sin\omega t, \\ z = vt. \end{cases}$

螺旋线具备一个重要性质: 当 $\theta$ 从 $\theta_0$ 变到 $\theta_0+\alpha$ 时, $z$ 坐标由 $b\theta_0$ 变到 $b\theta_0+b\alpha$, 即当 $OM'$ 转过角 $\alpha$ 时, $M$ 上升了高度 $b\alpha$. 该性质表示 $OM'$ 转过角度与上升的高度成正比. 特别地, 当 $OM'$ 转过 $2\pi$ 时, $M$ 点上升的高度固定, 此高度称为**螺距**.

3. 空间曲线在坐标面上的投影

根据空间曲线的定义我们知道, 空间曲线 $C$ 的一般方程为

$$\begin{cases} F(x, y, z) = 0, \\ G(x, y, z) = 0, \end{cases} \tag{8.6.6}$$

当消去 $z$ 后得方程

$$H(x, y) = 0. \tag{8.6.7}$$

因为方程(8.6.7)是通过消去方程(8.6.6)中的变量 $z$ 后获得的, 所以空间中某点的坐标 $(x, y, z)$ 满足方程(8.6.6)时, 该点的 $x, y$ 必定满足方程(8.6.7), 即空间曲线 $C$ 上的点均可投影在方程(8.6.7)所表示的曲面上.

观察方程(8.6.7)可以发现其表示一个母线平行于 $z$ 轴的柱面, 且该柱面包含曲线 $C$. 我们规定以曲线 $C$ 为准线, 母线平行于 $z$ 轴的柱面为曲线 $C$ 关于 $xOy$ 面的投影柱面, 投影柱面与 $xOy$ 面的交线为投影曲线, 即空间曲线 $C$ 在 $xOy$ 面上的投影曲线方程为

$$\begin{cases} H(x, y) = 0, \\ z = 0. \end{cases}$$

同理, 空间曲线 $C$ 在 $yOz$ 面与 $xOz$ 面上的投影曲线方程分别为

$$\begin{cases} R(y, z) = 0, \\ x = 0 \end{cases} \text{及} \begin{cases} T(x, z) = 0, \\ y = 0. \end{cases}$$

**例 8.6.9** 已知两球面的方程为 $x^2+y^2+z^2=1$ 和 $x^2+(y-1)^2+(z-1)^2=1$, 求它们的交线 $C$ 在 $xOy$ 面上的投影方程.

**解**　消去 $z$ 后可得母线平行于 $z$ 轴的柱面方程 $x^2+2y^2-2y=0$，于是两球面的交线在 $xOy$ 面上的投影方程是

$$\begin{cases}x^2+2y^2-2y=0,\\ z=0.\end{cases}$$

**例 8.6.10**　设立体由上半球面 $z=\sqrt{4-x^2-y^2}$ 和锥面 $z=\sqrt{3(x^2+y^2)}$ 所围成，求它在 $xOy$ 面上的投影.

**解**　上半球面和锥面的交线 $C$ 的一般方程为

$$\begin{cases}z=\sqrt{4-x^2-y^2},\\ z=\sqrt{3(x^2+y^2)},\end{cases}$$

消去 $z$ 后，得投影曲线的方程为

$$\begin{cases}x^2+y^2=1,\\ z=0,\end{cases}$$

从而所求立体在 $xOy$ 面上的投影为 $x^2+y^2\leqslant 1$（图 8-6-19).

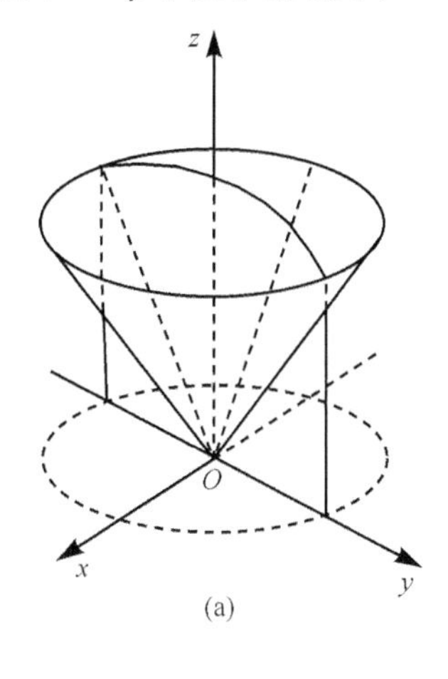

(a)

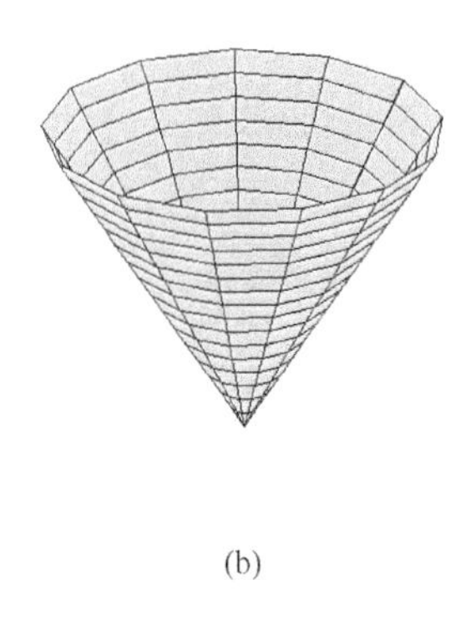
(b)

图 8-6-19

# 习题 8-6

1. 求通过坐标原点且以点 $O(2,-2,-3)$ 为球心的球面方程.

2. 空间中一动点与定点 $A(1,-1,-3)$ 的距离是与另一定点 $B(2,3,4)$ 距离的 2 倍，求该动点的轨迹方程.

3. 方程 $x^2+y^2+z^2-4x+6y-4z-5=0$ 表示什么曲面?

4. 指出下列方程在平面解析几何中和空间解析几何中分别表示什么图形?

(1)　$y=0$；　　(2)　$y=z+1$；

(3) $x^2+z^2=16$;　　(4) $x^2-y^2=1$;

(5) 方程组$\begin{cases} y=2x+3, \\ y=5x-4. \end{cases}$

5. 说明旋转曲面$\dfrac{x^2}{5}+\dfrac{y^2}{3}+\dfrac{z^2}{3}=1$是怎样形成的.

6. 求满足下列条件的旋转曲面方程:

(1) 将 $xOz$ 坐标面上的抛物线$x^2+z^2=4$绕 $z$ 轴旋转一周所生成的曲面;

(2) 将 $xOz$ 坐标面上的抛物线$z^2=3x$绕 $x$ 轴旋转一周所生成的曲面.

7. 求曲面$3x^2+5y^2=6z$与 $xOz$ 平面的交线.

8. 已知空间中曲线方程为曲线$\begin{cases} 2x^2+2y^2+z^2=5, \\ 2x^2+3z^2-y^2=3, \end{cases}$分别求母线平行于 $x$ 轴及 $y$ 轴的柱面方程.

9. 求曲线$\begin{cases} x+z=2, \\ x^2+y^2+z^2=5 \end{cases}$在 $yOz$ 面上的投影方程.

10. 求曲线$\begin{cases} y-z+1=0, \\ x^2+z^2+3yz-4x+3z+3=0 \end{cases}$在 $xOz$ 面上的投影方程.

11. 将下列曲线的一般方程化为参数方程:

(1) $\begin{cases} x^2+y^2+z^2=25, \\ y=-x; \end{cases}$　　(2) $\begin{cases} (x+1)^2+y^2+(z-1)^2=10, \\ z=0. \end{cases}$

12. 求旋转抛物面$z=x^2+y^2(0\leqslant z\leqslant 9)$在三坐标面上的投影.

13. 假定直线 $L$ 在 $yOz$ 平面上的投影方程为$\begin{cases} 3y-2z=1, \\ x=0, \end{cases}$而在 $zOx$ 平面上的投影方程为$\begin{cases} x+z=3, \\ y=0, \end{cases}$求直线 $L$ 在 $xOy$ 平面上的投影方程.

14. 画出下列方程所表示的曲面:

(1) $4x^2+y^2-z^2=9$;　　(2) $x^2-y^2-4z^2=16$;　　(3) $\dfrac{z}{3}=\dfrac{x^2}{9}+\dfrac{y^2}{4}$.

15. 指出下列方程所表示的曲线:

(1) $\begin{cases} x^2+y^2+z^2=36, \\ x=2; \end{cases}$　　(2) $\begin{cases} 4x^2+y^2+9z^2=36, \\ y=3; \end{cases}$

(3) $\begin{cases} x^2-4y^2+z^2=25, \\ x=-2; \end{cases}$　　(4) $\begin{cases} y^2+z^2-4x+9=0, \\ y=4. \end{cases}$

16. 求直线 $L$: $\dfrac{x-1}{1}=\dfrac{y}{2}=\dfrac{z-1}{1}$绕 $z$ 轴旋转所得旋转曲面方程.

# *第七节　MATLAB 软件应用

**例 8.7.1**　试用 MATLAB 实现以下功能:

(1) 在空间直角坐标系中绘制点 $A(4,5,6)$, $B(-10,6,7)$ 及 $C(-1,8,0)$.

(2) 绘制向量 $\overrightarrow{AB}$, $\overrightarrow{AC}$.

(3) 绘制向量 $\overrightarrow{AC}-\overrightarrow{AB}$.

**解**　实现代码如下:

```
clear;clc
  A=[4, 5, 6]
  B=[-10, 6, 7]
  C=[-1, 8, 0]
  scale=1
  quiver3(A(1), A(2),A(3),B(1)-A(1), B(2)-A(2), B(3)-A(3), scale)
%表示以 A 为起点, 由 A 指向 B
  text(A(1), A(2), A(3), 'A')  %在 A 点附件标注字母 A
  axis([-10 4 5 8 0 7]);xlabel('x');ylabel('y');zlabel('z')
%规范 x, y, z 坐标轴刻度范围,以及在各自坐标轴上标注字母 x, y, z
  grid on%绘网格
  hold on
  quiver3(B(1)-0.8, B(2), B(3), C(1)-B(1), C(2)-B(2), C(3)-B(3),
scale)
  text(B(1)-0.3, B(2), B(3), 'B')
  hold on
  quiver3(A(1), A(2), A(3), C(1)-A(1), C(2)-A(2), C(3)-A(3),
scale)
  text(C(1), C(2), C(3)-0.5, 'C')
```

代码运行结果如图 8-7-1.

**例 8.7.2**　在空间直角坐标系中绘制三维曲线.

**解**　实现代码如下:

```
  t=0: pi/360: 2*pi
  x=sin(t)
  y=cos(t)
  z=2*x.^2+y.^2
  plot3(x, y, z, 'Color', 'r', 'LineWidth', 2)
  grid on  %绘网格
  %%三维曲线坐标轴和标题的设置%%
```

```
xlabel('x')
ylabel('y')
zlabel('z')
title('三维曲线图')
axis([-1.2 1.2 -1.2 1.2 0.5 2.2])
```

运行结果如图 8-7-2.

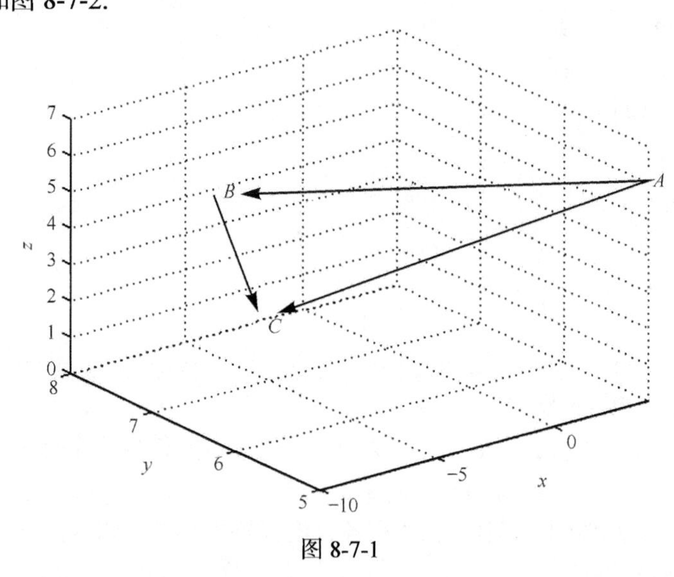


图 8-7-1

**例 8.7.3**　在空间直角坐标系中绘制抛物曲面.

**解**　实现代码如下:

```
t=-2: 0.1: 2
[x, y] =meshgrid(t)
%%表示区域网格控制, 目的是让 x, y 形成格点矩阵%%
z=5*x.^2+8*y^3
surf(x, y, z)
surfc(x, y, z)
%surfc(得到含有等高线的三维曲面图), surfl(带灯光的三维曲面图)
surfl(x, y, z)
%%设置三维曲面 x 轴, y 轴, z 轴, 标题对应内容及三个坐标轴的取值范围%%
xlabel('x')
ylabel('y')
zlabel('z')
title('surf 三维曲面图')
axis([-2.5 2.5 -2.5 2.5 -5 25])
```

运行结果如图 8-7-3.

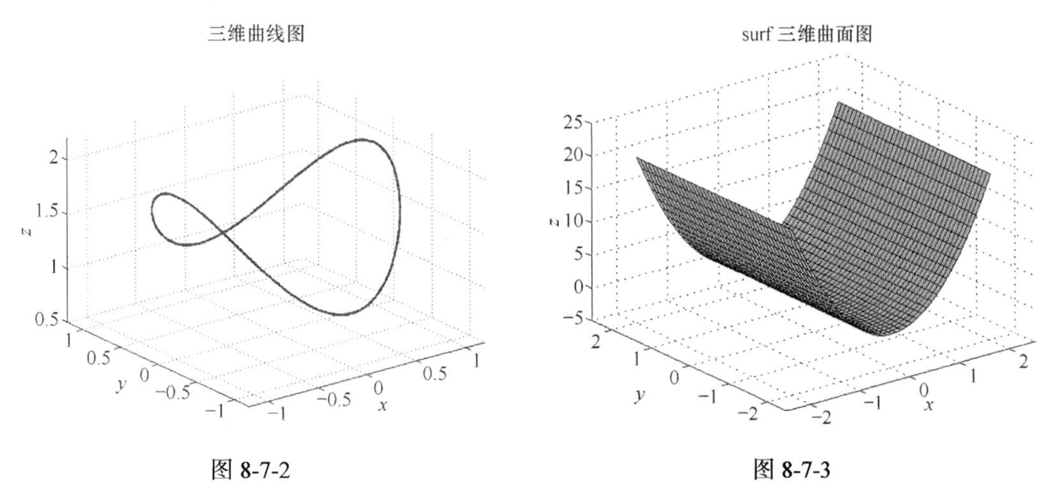


图 8-7-2　　　　图 8-7-3

**例 8.7.4** 在空间直角坐标系中绘制投影曲面在坐标面上的投影.

**解** 实现代码如下:

```
   t=-2: 0.1: 2
   [x, y] =meshgrid(t)
%%表示区域网格控制, 目的是让 x, y 形成格点矩阵%%
   z=5*x.^2+8*y^3
   mesh(x, y, z)
%%设置三维曲面 x 轴, y 轴, z 轴, 标题对应内容及三个坐标轴的取值范围%%
   xlabel('x')
   ylabel('y')
   zlabel('z')
   title('mesh 三维网格图')
   axis([-2.5 2.5 -2.5 2.5 -5 25])
%meshc(得到含有等值线的三维网格图), surfz(用于绘制包含零平面的网格线)三个
函数来绘制三维曲面图
   meshc(x, y, z)
   meshz(x, y, z)
```

运行结果如图 8-7-4 所示.

**例 8.7.5** 使用 MATLAB 绘制圆锥面以及球面图形.

**解** 实现代码如下

```
clear all
    t=0: pi/20: 2*pi
    [x, y, z]=cylinder(1+cos(t))
    subplot(1, 2, 1)
    surf(x, y, z)
    axis([-3 3 -3 3 0 1])
    title('三维柱面图形')
    subplot(1, 2, 2)
   sphere
   axis([-1 1 -1 1 -1 1])
   title('三维球体图形')
```

运行结果如图 8-7-5 所示.

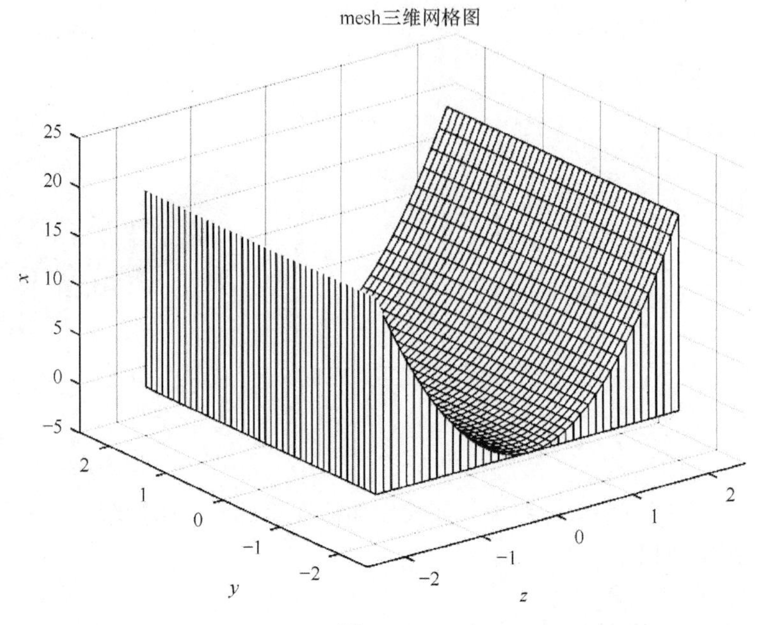


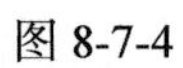
图 8-7-4

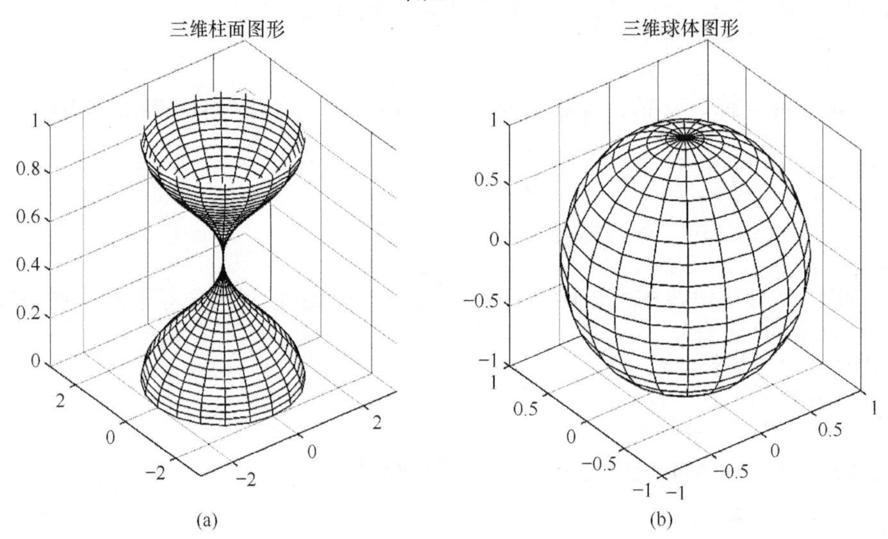


(a) (b)

图 8-7-5

# 第九章　多元函数微分学

## 第一节　多元函数的基本概念

在一元微积分学中讨论的是只有一个自变量的一元函数，而在许多实际应用问题中，通常取决于多个因素，这种现象反映在数学领域上，就是考虑一个变量(因变量)与多个变量(自变量)的关系．本章在原来一元函数的基础上讨论二元函数的有关概念和微积分方法，并且这些概念和方法可进一步推广到二元以上的多元函数微积分学．

### 一、区域

类似于一元函数数轴上点的邻域和区间的概念，对应于二元函数引入平面上点的邻域．

**定义 9.1.1**　设点 $P_0(x_0, y_0)$ 是平面上一点，$\delta$ 是一正数，称点集

$$U(P_0,\delta)=\left\{P\,\middle|\,|P_0P|<\delta\right\}=\left\{(x,y)\,\middle|\,\sqrt{(x-x_0)^2+(y-y_0)^2}<\delta\right\}$$

为**点 $P_0$ 的 $\delta$ 邻域**，记为 $U(P_0,\delta)$，或简记为 $U_\delta(P_0)$，$U(P_0)$，而点集 $U_\delta(P_0)-\{P_0\}$ 称为**点 $P_0$ 的去心邻域**，记为 $\mathring{U}(P_0,\delta), \mathring{U}(P_0), \mathring{U}_\delta(P_0)$．

点 $P_0$ 的 $\delta$ 邻域实际上是以点 $P_0$ 为圆心，$\delta$ 为半径的圆的内部(图 9-1-1)．

**定义 9.1.2**　设 $P$ 是平面上的任一点，$E$ 是平面上的一个点集，那么点集 $E$ 与点 $P$ 之间必存在下列三种情况：

(1)　**$P$ 为 $E$ 的内点**　存在某邻域 $U(P)\subset E$ (图 9-1-2 中的点 $P_1$)．

(2)　**$P$ 为 $E$ 的外点**　存在某邻域 $U(P)\cap E=\varnothing$ (图 9-1-2 中的点 $P_2$)．

(3)　**$P$ 为 $E$ 的边界点**　存在点 $P$ 的某邻域既有属于 $E$ 的点也有不属于 $E$ 的点(图 9-1-2 中的点 $P_3$)；

**$E$ 的边界**　点集 $E$ 的边界点的全体．

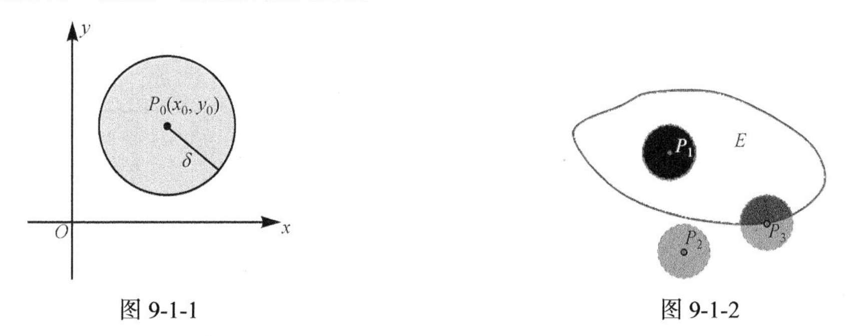


图 9-1-1　　　　图 9-1-2

由上述可知，点集 $E$ 的内点必属于 $E$，而 $E$ 的边界点则可能属于 $E$ 也可能不属于 $E$.

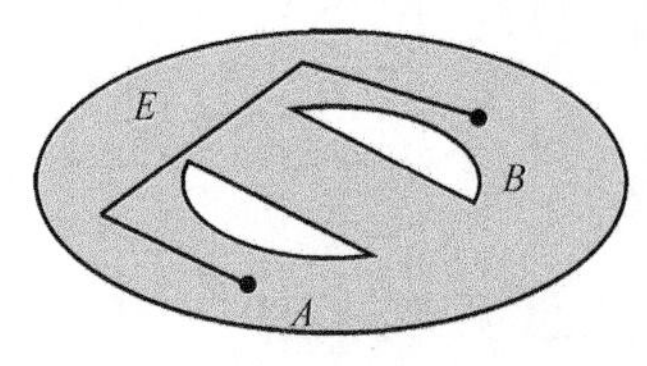


图 9-1-3

根据这些特征，我们进一步给出一些重要的平面点集.

**定义 9.1.3** (1) $E$ 为**开集**　点集 $E$ 内任意一点均为 $E$ 的内点.

(2) $E$ 为**闭集**　点集 $E$ 的余集 $\bar{E}$ 为开集.

(3) $E$ 为**连通集**　点集 $E$ 内任意两点可以用折线连接且折线上的点都属于 $E$ (图 9-1-3).

(4) **区域(开区域)**　连通的开集.

**闭区域**　开区域连同它的边界.

(5) 若存在某一正数 $K$，使得点集 $E \subset U_K(O)$，则称 $E$ 为**有界集**，其中 $O$ 为坐标原点. 若一个点集不是有界集，则称它为**无界集**.

例如，点集 $\{(x,y) \mid 4 < x^2 + y^2 < 9\}$ 是一区域，并且是一有界区域(图 9-1-4).

点集 $\{(x,y) \mid 4 \leqslant x^2 + y^2 \leqslant 9\}$ 是一闭区域，并且是一有界闭区域(图 9-1-5)，而点集 $\{(x,y) \mid x + y < 0\}$ 是一无界区域(图 9-1-6).

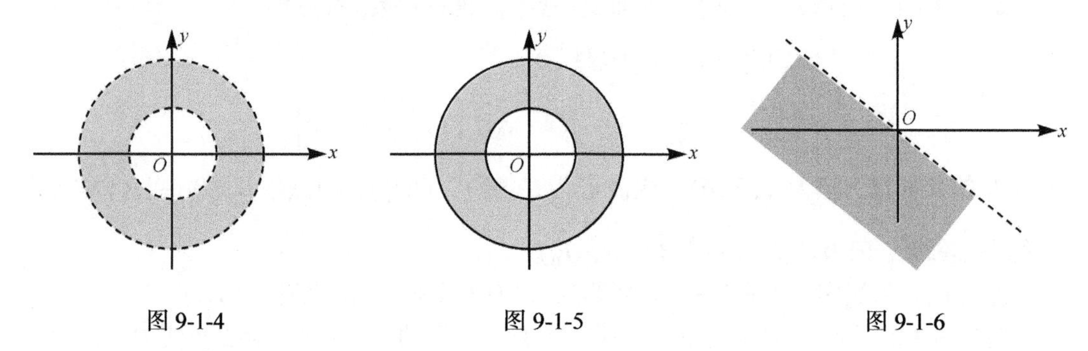


图 9-1-4　　图 9-1-5　　图 9-1-6

## 二、$n$ 维空间

我们可以将集合分为以下几种:

(1) 实数的全体记为 $\mathbf{R}$，数轴上的点与实数一一对应;

(2) 二元有序数组 $(x,y)$ 的全体记为 $\mathbf{R}^2$，平面上的点与二元有序数组 $(x,y)$ 一一对应;

(3) 三元有序数组 $(x,y,z)$ 的全体记为 $\mathbf{R}^3$，空间中的点与三元有序数组 $(x,y,z)$ 一一对应;

(4) 在上述集合的基础上，我们设 $n$ 为取定的一个自然数，称 $n$ 元有序数组 $(x_1, x_2, \cdots, x_n)$ 的全体为 **$n$ 维空间**，记为 $\mathbf{R}^n$，每个 $n$ 元有序数组 $(x_1, x_2, \cdots, x_n)$ 为 **$n$ 维空间的点**，$\mathbf{R}^n$ 中的点 $(x_1, x_2, \cdots, x_n)$ 也可表示为单个字母 $\boldsymbol{x} = (x_1, x_2, \cdots, x_n)$，数 $x_i$ 为点 $\boldsymbol{x}$ 的第 $i$ 个坐标或 $n$ 维向量 $\boldsymbol{x}$ 的第 $i$ 个分量. 当所有的 $x_i (i = 1, 2, \cdots, n)$ 都取零时，称为 $\mathbf{R}^n$ 的**坐标原点**，记为 $O$.

$n$ 维空间 $\mathbf{R}^n$ 中两点 $P(x_1, x_2, \cdots, x_n)$ 和 $Q(y_1, y_2, \cdots, y_n)$ 之间的**距离**，定义为

$$|PQ|=\sqrt{(x_1-y_1)^2+(x_2-y_2)^2+\cdots+(x_n-y_n)^2}.$$

当$n=1,2,3$时，上述距离就分别对应于数轴上、平面及空间中两点间的距离.

从而可将前面所述平面点集的一系列概念推广到$\mathbf{R}^n$中去.

例如，设点$P_0\in\mathbf{R}^n$，$\delta$是一正数，则$n$**维空间**内的点集

$$U(P_0,\delta)=\left\{P\,\middle|\,|PP_0|<\delta,P\in\mathbf{R}^n\right\}$$

称为在$\mathbf{R}^n$**中点**$P_0$**的**$\delta$**邻域**. 类似还可以进一步定义$\mathbf{R}^n$中点集的内点、外点、边界点，以及开集、闭集、区域等概念.

## 三、二元函数

我们在研究现实问题时，常会遇到多个变量同时影响一个变量结果的例子. 例如，圆锥体体积$V$与它底半径$r$、高$h$之间存在以下关系:

$$V=\frac{1}{3}\pi r^2h,$$

当底半径$r$、高$h$在正实数范围内确定时，该圆锥体的体积也就确定. 根据这个例子可以得出二元函数的定义.

**定义 9.1.4**　设平面上的一个非空点集$D$，如果$\forall(x,y)\in D$，按照某种法则$f$，都有唯一确定的实数$z$与之对应，则称$z$是$D$上的**二元函数**，它在$(x,y)$处的函数值记为$f(x,y)$，即$z=f(x,y)$，其中$x,y$称为**自变量**，$z$称为**因变量**，点集$D$称为该函数的**定义域**，数集$\{z\mid z=f(x,y),(x,y)\in D\}$称为该函数的**值域**.

与一元函数类似，我们约定如果一个用算式表达的函数没有明确指出定义域，则该函数的定义域理解为使算式有意义的所有点$(x,y)$构成的集合，并称为自然定义域. 如$z=\ln(x+y)$的定义域为$\{(x,y)\mid x+y>0\}$，是一个无界开区域.

类似可定义三元及三元以上的函数，当$n\geqslant 2$时，$n$元函数统称为**多元函数**，记为

$$u=f(x_1,x_2,\cdots,x_n),\quad (x_1,x_2,\cdots,x_n)\in D.$$

**例 9.1.1**　求二元函数$f(x,y)=\dfrac{\arcsin(8-x^2-y^2)}{\sqrt{x-y^2}}$的定义域.

**解**　由

$$\begin{cases}|8-x^2-y^2|\leqslant 1,\\ x-y^2>0,\end{cases}$$

可得

$$\begin{cases}7\leqslant x^2+y^2\leqslant 9,\\ x>y^2.\end{cases}$$

所求定义域为$D=\{(x,y)\mid 7\leqslant x^2+y^2\leqslant 9,x>y^2\}$. 如图 9-1-7 所示.

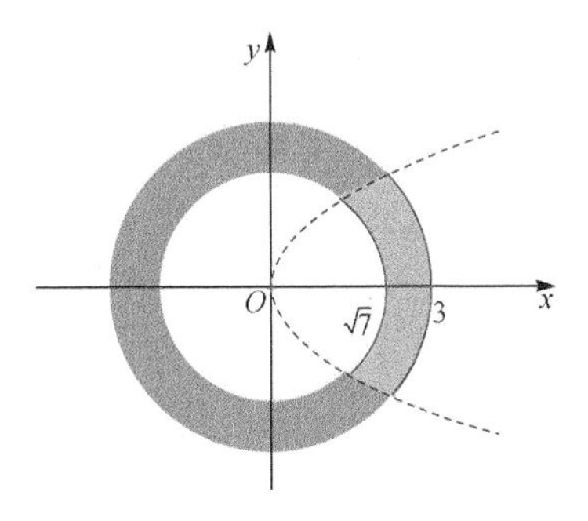

图 9-1-7

**例 9.1.2**　设函数 $f(x+y,x-y)=\dfrac{x^2-y^2}{x^2+y^2}$，试求 $f(x,y)$.

**解**　设 $u=x+y,\ v=x-y$, 则

$$x=\frac{u+v}{2},\quad y=\frac{u-v}{2}.$$

由题目可得

$$f(u,v)=\frac{\left(\dfrac{u+v}{2}\right)^2-\left(\dfrac{u-v}{2}\right)^2}{\left(\dfrac{u+v}{2}\right)^2+\left(\dfrac{u-v}{2}\right)^2}=\frac{2uv}{u^2+v^2},$$

故有 $f(x,y)=\dfrac{2xy}{x^2+y^2}$.

**二元函数的几何意义**　设二元函数 $z=f(x,y)$ 定义在区域 $D$ 上，点集

$$S=\{(x,y,z)\,|\,z=f(x,y),(x,y)\in D\}$$

称为**二元函数** $z=f(x,y)$ **的图形**, 属于 $S$ 的点 $P(x_0,y_0,z_0)$ 满足三元方程

$$g(x,y,z)=z-f(x,y),$$

故二元函数的图形就是空间中区域 $D$ 上的一张曲面(图 9-1-8), 定义域 $D$ 是曲面 $z=f(x,y)$ 在 $xOy$ 平面上的投影.

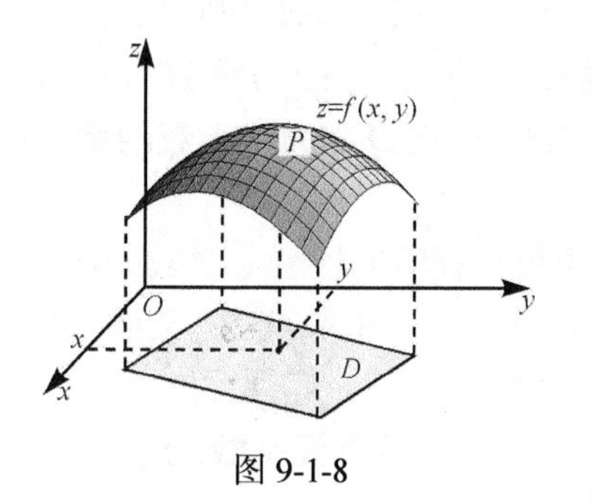

图 9-1-8

**例 9.1.3**　(1) 二元函数 $z=\sqrt{1-x^2-y^2}$ 表示以原点为中心、半径为 1 的上半球面(图 9-1-9), 它的定义域 $D$ 是 $xOy$ 面上以原点为圆心的单位圆.

(2) 二元函数 $z=\sqrt{x^2+y^2}$ 表示顶点在原点的圆锥面(图 9-1-10), 它的定义域 $D$ 是整个 $xOy$ 面.

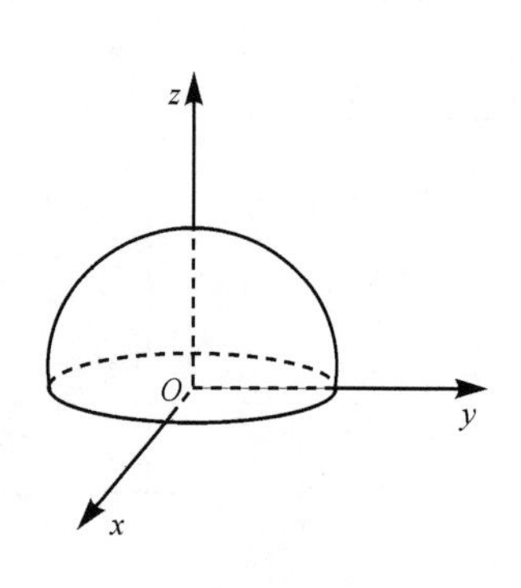

图 9-1-9

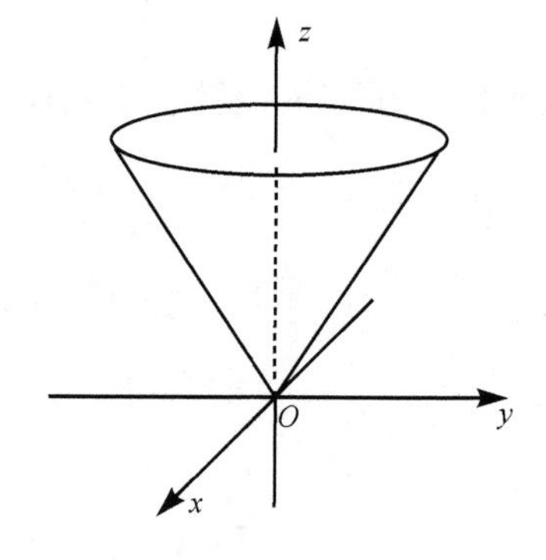

图 9-1-10

一元函数与多元函数都可统一表示成点函数的形式.

**定义 9.1.5**　设 $\Omega$ 是一个非空点集, 如果任意点 $P\in\Omega$，按照某种法则 $f$，都有唯一

确定的变量 $u$ 与之对应，则称 $u$ 是 $\Omega$ 上的**点函数**，记为 $u=f(P)$.

当 $\Omega$ 是数轴上的点集 $\mathbf{R}$ 时，点函数 $u=f(P)$ 表示一元函数 $u=f(x)$；

当 $\Omega$ 是平面上的点集 $\mathbf{R}^2$ 时，点函数 $u=f(P)$ 表示二元函数 $u=f(x,y)$；

当 $\Omega$ 是空间上的点集 $\mathbf{R}^3$ 时，点函数 $u=f(P)$ 表示三元函数 $u=f(x,y,z)$;

……

因此，应用点函数可以把一元函数的相关知识推广到多元函数中去.

## 四、二元函数的极限

类似一元函数的极限，二元函数的极限也反映了函数值随自变量变化而变化的趋势.

**定义 9.1.6**　设函数 $z=f(x,y)$ 定义在点 $P_0(x_0,y_0)$ 的某一去心邻域 $D$ 内，若对于任意给定的正数 $\varepsilon$，总存在正数 $\delta$，使满足下面不等式的一切点 $P(x,y)\in D$,

$$0<|PP_0|=\sqrt{(x-x_0)^2+(y-y_0)^2}<\delta,$$

恒有

$$|f(P)-A|=|f(x,y)-A|<\varepsilon,$$

则称常数 $A$ 为**函数 $z=f(x,y)$ 当 $P(x,y)$ 趋于点 $P_0(x_0,y_0)$ 时的极限**，称二元函数的极限为**二重极限**，记为

$$\lim_{\substack{x\to x_0\\ y\to y_0}} f(x,y)=A \quad 或 \quad f(x,y)\to A((x,y)\to(x_0,y_0))$$

或

$$\lim_{\rho\to 0} f(x,y)=A, \quad \rho=\sqrt{(x-x_0)^2+(y-y_0)^2}$$

或

$$\lim_{P\to P_0} f(P)=A \quad 或 \quad f(P)\to A(P\to P_0).$$

二元函数的极限与一元函数的极限具有类似的性质和运算法则，在此不再详述.

注：在定义 9.1.6 中，动点 $P$ 趋向点 $P_0$ 的方式是任意的(图 9-1-11)，即若 $\lim\limits_{\substack{x\to x_0\\ y\to y_0}} f(P)=A$，则无论动点 $P$ 以何种方式趋于点 $P_0$，都有 $f(P)\to A$，这个命题的逆命题常用来证明二重极限不存在.

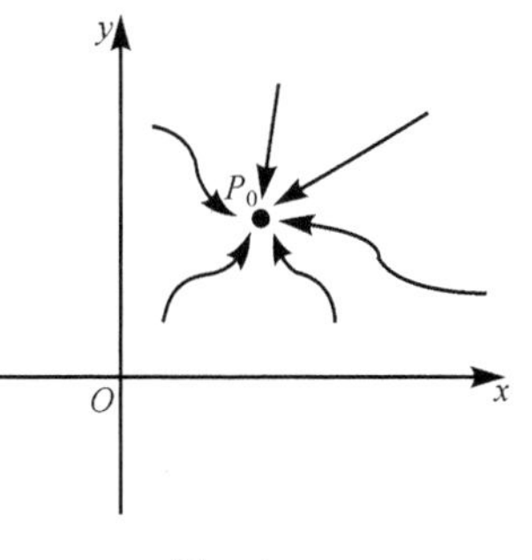

图 9-1-11

**例 9.1.4**　求极限 $\lim\limits_{\substack{x\to\infty\\ y\to\infty}}\dfrac{x+y}{x^2+y^2}$.

**解**　当 $xy\neq 0$ 时,

$$0\leqslant\left|\frac{x+y}{x^2+y^2}\right|\leqslant\frac{|x|+|y|}{x^2+y^2}\leqslant\frac{|x|+|y|}{2|xy|}=\frac{1}{2|y|}+\frac{1}{2|x|}\to 0 \quad (x\to\infty, y\to\infty),$$

根据夹逼准则得到 $\lim\limits_{\substack{x\to\infty\\y\to\infty}}\dfrac{x+y}{x^2+y^2}=0$.

**例 9.1.5** 求极限 $\lim\limits_{\substack{x\to 0\\y\to 0}}\dfrac{x^2+y^2}{\sqrt{x^2+y^2+1}-1}$.

**解** 令 $u=\sqrt{x^2+y^2}$, 则

$$原式=\lim_{u\to 0}\frac{u^2}{\sqrt{u^2+1}-1}=\lim_{u\to 0}\frac{u^2(\sqrt{u^2+1}+1)}{u^2+1-1}=\lim_{u\to 0}(\sqrt{u^2+1}+1)=2.$$

**例 9.1.6** 证明 $f(x,y)=\begin{cases}\dfrac{xy^2}{x^2+y^4}, & (x,y)\neq(0,0),\\ 0, & (x,y)=(0,0)\end{cases}$ 在点 $(0,0)$ 处极限不存在.

**证** 取 $x=ky^2$ ($k$ 为常数), 则

$$\lim_{\substack{x\to 0\\y\to 0}}\frac{xy^2}{x^2+y^4}=\lim_{\substack{x\to 0\\x=ky^2}}\frac{ky^2\cdot y^2}{k^2y^4+y^4}=\frac{k}{1+k^2},$$

极限的值随 $k$ 的变化而变化, 故极限 $\lim\limits_{\substack{x\to 0\\y\to 0}}\dfrac{xy^2}{x^2+y^4}$ 不存在, 所以 $f(x,y)$ 在点 $(0,0)$ 处极限不存在.

## 五、二元函数的连续性

**定义 9.1.7** 设二元函数 $z=f(x,y)$ 定义在点 $(x_0,y_0)$ 的某一邻域内, 若

$$\lim_{\substack{x\to x_0\\y\to y_0}}f(x,y)=f(x_0,y_0)\quad \left(或\lim_{P\to P_0}f(P)=f(P_0)\right),$$

则称**函数 $z=f(x,y)$ 在点 $(x_0,y_0)$ 处连续**. 若函数 $z=f(x,y)$ 在点 $(x_0,y_0)$ 处不连续, 则称**函数 $z=f(x,y)$ 在点 $(x_0,y_0)$ 处间断**.

**例 9.1.7** 证明 $f(x,y)=\begin{cases}\dfrac{xy}{x^2+y^2}, & (x,y)\neq(0,0),\\ 0, & (x,y)=(0,0)\end{cases}$ 在点 $(0,0)$ 处不连续.

**证** 取 $y=kx$($k$ 为常数), 则

$$\lim_{\substack{x\to 0\\y\to 0}}\frac{xy}{x^2+y^2}=\lim_{\substack{x\to 0\\y=kx}}\frac{x\cdot kx}{x^2+k^2x^2}=\frac{k}{1+k^2},$$

极限的值随 $k$ 的变化而变化, 故极限 $\lim\limits_{\substack{x\to 0\\y\to 0}}\dfrac{xy}{x^2+y^2}$ 不存在, 所以 $f(x,y)$ 在点 $(0,0)$ 处不连续, 即在点 $(0,0)$ 处间断.

**例 9.1.8**　讨论二元函数

$$f(x,y)=\begin{cases}\dfrac{x^3+y^3}{x^2+y^2}, & (x,y)\neq(0,0),\\ 0, & (x,y)=(0,0)\end{cases}$$

在 $(0,0)$ 处的连续性.

**解**　由 $f(x,y)$ 表达式的特征, 利用极坐标变换: 令 $x=\rho\cos\theta, y=\rho\sin\theta$, 则

$$\lim_{(x,y)\to(0,0)}f(x,y)=\lim_{\rho\to0}\rho(\sin^3\theta+\cos^3\theta)=0=f(0,0),$$

所以函数在 $(0,0)$ 点处连续.

若在区域 $D$ 内每一点处函数 $z=f(x,y)$ 都连续, 则称该**函数在区域 $D$ 内连续**. 在区域 $D$ 上连续的二元函数的图形是区域 $D$ 上的一张连续曲面(不间断、无裂缝).

多元函数在进行极限运算时, 可以参照一元函数的极限运算法则. 根据此特性可以证明, 二元连续函数经过四则运算和复合运算后仍为二元连续函数. 基本初等函数经过有限次的四则运算和复合运算所构成的一个可用式子表达的二元函数称为**二元初等函数**, 一切二元初等函数在其定义区域内是连续的, 这里的**定义区域**是指包含在定义域内的区域或闭区域, 所以, 求某个二元初等函数在其定义区域内一点的极限, 只需算出函数在该点的函数值即可. 类似于二元函数极限和连续的讨论, 可推广到二元以上的多元函数中去.

**例 9.1.9**　求极限 $\lim\limits_{\substack{x\to0\\y\to2}}\dfrac{3-xy}{x^2+y^2}$.

**解**　令 $f(x,y)=\dfrac{3-xy}{x^2+y^2}$, 则 $\lim\limits_{\substack{x\to0\\y\to2}}\dfrac{3-xy}{x^2+y^2}=f(0,2)=\dfrac{3}{4}$.

上述计算运用了二元函数在点 $(0,2)$ 处的连续性. 特别地, 在有界闭区域上连续的多元函数也有类似于一元连续函数在闭区间上所满足的定理.

**定理 9.1.1** (最大值和最小值定理)　定义在有界闭区域 $D$ 上的二元连续函数, 在 $D$ 上至少取得最大值和最小值各一次.

**定理 9.1.2** (有界性定理)　有界闭区域 $D$ 上的二元连续函数在 $D$ 上一定有界.

**定理 9.1.3** (介值定理)　有界闭区域 $D$ 上的二元连续函数, 若在 $D$ 上取得两个不同的函数值, 则它在 $D$ 上必取介于这两个值之间的任何值至少一次.

## 习题 9-1

1. 求以下函数的定义域:

(1) $z=\ln(3y^2-x)$;　　(2) $u=\arccos\dfrac{3z}{\sqrt{x^2+y^2}}$;

(3) $s=\sqrt{z-\sqrt{x-\sqrt{y}}}$；　　(4) $z=\dfrac{\sqrt{3x-y^2}}{\ln(1-x^2-y^2)}$.

2. 设$z=x+2y+f(x-y)$，且当$y=0$时，$z=x^2+1$，求$f(x)$.

3. 设$f(x,y)=\dfrac{2xy^2}{x^2+y}$，求$f\left(\dfrac{y}{x},2\right)$.

4. 已知函数$f(u,v,w)=u^2+w^2+uv^w$，试求$f(x+y,x-y,ty)$.

5. 计算下列极限:

(1) $\lim\limits_{\substack{x\to 2\\ y\to 0}}\dfrac{\sin(xy)}{y}$；　　(2) $\lim\limits_{\substack{x\to 1\\ y\to 0}}\dfrac{\ln(2x-e^y)}{\sqrt{x^2-y^2}}$；

(3) $\lim\limits_{\substack{x\to 0\\ y\to 0}}\dfrac{2xy}{\sqrt{x^2+y^2}}$；　　(4) $\lim\limits_{\substack{x\to 0\\ y\to 0}}\dfrac{3-\sqrt{xy+9}}{xy}$；

(5) $\lim\limits_{\substack{x\to 0\\ y\to 0}}\dfrac{(y-x)x}{\sqrt{x^2+y^2}}$；　　(6) $\lim\limits_{\substack{x\to 0\\ y\to 0}}(1+\sin xy)^{\frac{1}{xy}}$；

(7) $\lim\limits_{\substack{x\to +\infty\\ y\to +\infty}}(x^2+y^2)e^{-(x+y)}$；　　(8) $\lim\limits_{\substack{x\to 0\\ y\to 0}}\dfrac{\sin\sqrt{x^2+y^2}-\sqrt{x^2+y^2}}{\sqrt{(x^2+y^2)^3}}$；

(9) $\lim\limits_{\substack{x\to \infty\\ y\to \infty}}\dfrac{x+y}{x^2-xy+y^2}$；　　(10) $\lim\limits_{\substack{x\to 0\\ y\to 0}}\dfrac{1-\cos(x^2+y^2)}{(x^2+y^2)e^{x^2y^2}}$.

6. 设$f(x,y)=\begin{cases}\dfrac{ye^{\frac{1}{x^2}}}{y^2e^{\frac{2}{x^2}}+1}, & x\neq 0, y\text{任意},\\ 0, & x=0, y\text{任意},\end{cases}$讨论$f(x,y)$在$(0,0)$处是否连续?

7. 讨论二元函数$f(x,y)=\begin{cases}(x+y)\cos\dfrac{1}{x}, & (x,y)\neq(0,0),\\ 0, & (x,y)=(0,0)\end{cases}$在点$(0,0)$的连续性.

8. 证明下列极限不存在:

(1) $\lim\limits_{(x,y)\to(0,0)}\dfrac{x+y}{x-2y}$；

(2) $\lim\limits_{\substack{x\to 0\\ y\to 0}}\dfrac{x^2y}{x^4+y^2}$；

(3) $\lim\limits_{\substack{x\to 0\\ y\to 0}}\dfrac{x^2y^2}{x^2y^2+(x-y)^2}$.

# 第二节　偏　导　数

## 一、偏导数的定义及其计算

研究多元函数的因变量随一个自变量变化(其他自变量固定不变)的变化率问题就是偏导数. 我们将一元函数变化率引入导数定义的方法推广到二元函数 $z=f(x,y)$，给出偏导数的定义.

**定义 9.2.1**　设在点 $(x_0,y_0)$ 的某一邻域内，函数 $z=f(x,y)$ 有定义，当 $y$ 固定在 $y_0$，而 $x$ 在 $x_0$ 处有增量 $\Delta x$ 时，函数有**偏增量**，表示为 $f(x_0+\Delta x,y_0)-f(x_0,y_0)$, 若 $\lim\limits_{\Delta x\to 0}\dfrac{f(x_0+\Delta x,y_0)-f(x_0,y_0)}{\Delta x}$ 存在，则称此极限为**函数** $z=f(x,y)$ **在点** $(x_0,y_0)$ **处对** $x$ **的偏导数**，记为

$$\left.\frac{\partial z}{\partial x}\right|_{\substack{x=x_0\\y=y_0}},\ \left.\frac{\partial f}{\partial x}\right|_{\substack{x=x_0\\y=y_0}},\ \left.z_x\right|_{\substack{x=x_0\\y=y_0}}\text{或}f_x(x_0,y_0),$$

即

$$f_x(x_0,y_0)=\lim_{\Delta x\to 0}\frac{f(x_0+\Delta x,y_0)-f(x_0,y_0)}{\Delta x}.$$

类似地，**函数** $z=f(x,y)$ **在点** $(x_0,y_0)$ **处对** $y$ **的偏导数**定义为

$$\left.\frac{\partial z}{\partial y}\right|_{\substack{x=x_0\\y=y_0}}=\left.\frac{\partial f}{\partial y}\right|_{\substack{x=x_0\\y=y_0}}=\left.z_y\right|_{\substack{x=x_0\\y=y_0}}=f_y(x_0,y_0)=\lim_{\Delta y\to 0}\frac{f(x_0,y_0+\Delta y)-f(x_0,y_0)}{\Delta y}.$$

若在区域 $D$ 内任意一点 $(x,y)$ 处函数 $z=f(x,y)$ 对 $x$ 的偏导数都存在，则这个偏导数是 $x,y$ 的函数，称为**函数** $z=f(x,y)$ **对自变量** $x$ **的偏导函数**(简称为**偏导数**)，记为

$$\frac{\partial z}{\partial x},\ \frac{\partial f}{\partial x},\ z_x\text{或}f_x(x,y).$$

同理可给出**函数** $z=f(x,y)$ **对自变量** $y$ **的偏导数**定义，记为

$$\frac{\partial z}{\partial y},\ \frac{\partial f}{\partial y},\ z_y\text{或}\ f_y(x,y).$$

偏导数的记号 $z_x, f_x$ 也记成 $z_x', f_x'$，可用类似记号表示后面的高阶偏导数.

可将该定义推广到二元以上的多元函数，如三元函数 $z=f(x,y,z)$ 在点 $(x,y,z)$ 处的偏导数分别为

$$f_x(x,y,z)=\lim_{\Delta x\to 0}\frac{f(x+\Delta x,y,z)-f(x,y,z)}{\Delta x},$$

$$f_y(x,y,z)=\lim_{\Delta y\to 0}\frac{f(x,y+\Delta y,z)-f(x,y,z)}{\Delta y},$$

$$f_z(x,y,z)=\lim_{\Delta z\to 0}\frac{f(x,y,z+\Delta z)-f(x,y,z)}{\Delta z}.$$

**偏导数的求法** 由定义易知在求多元函数对某个自变量的偏导数时, 只需把其余自变量看作常数, 然后利用一元函数的求导方法计算即可.

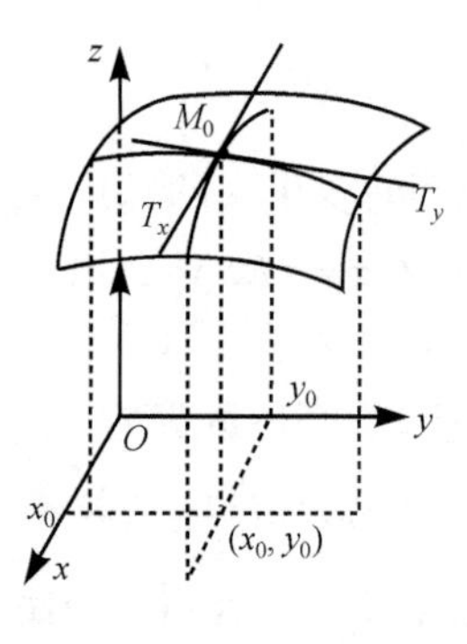

图 9-2-1

**偏导数的几何意义** 设 $M_0(x_0,y_0,f(x_0,y_0))$ 是曲面 $z=f(x,y)$ 上一点, 过点 $M_0$ 作平面 $y=y_0$, 截该曲面得一条曲线 $\begin{cases}z=f(x,y),\\y=y_0,\end{cases}$ 则偏导数 $f_x(x_0,y_0)$ 表示该曲线在点 $M_0$ 处的切线 $M_0T_x$ 对 $x$ 轴正向的斜率(图 9-2-1); 偏导数 $f_y(x_0,y_0)$ 表示曲面 $z=f(x,y)$ 被平面 $x=x_0$ 所截得的曲线 $\begin{cases}z=f(x,y),\\x=x_0\end{cases}$ 在点 $M_0$ 处的切线 $M_0T_y$ 对 $y$ 轴正向的斜率.

说明: (1) 一元函数的导数 $\dfrac{\mathrm{d}y}{\mathrm{d}x}$ 可看作函数的微分 $\mathrm{d}y$ 与自变量的微分 $\mathrm{d}x$ 的商, 但偏导数的记号 $\dfrac{\partial u}{\partial x}$ 是一个整体.

(2) 分段函数在分段点的偏导数要利用偏导数的定义来求.

(3) 在一元函数微分学中, 如果函数在某点存在导数, 则它在该点必定连续. 但对多元函数而言, 即使函数的各个偏导数存在, 也不能保证函数在该点连续.

**例 9.2.1** 求 $z=f(x,y)=x^3+5xy+y^2$ 在点(1, 2)处的偏导数.

**解** 把 $y$ 看作常数, 对 $x$ 求导得

$$f_x(x,y)=3x^2+5y,$$

把 $x$ 看作常数, 对 $y$ 求导得

$$f_y(x,y)=5x+2y,$$

故所求偏导数为

$$f_x(1,2)=3\times1+5\times2=13, \quad f_y(1,2)=5\times1+2\times2=9.$$

**例 9.2.2** 证明二元函数 $f(x,y)=\begin{cases}\dfrac{xy}{x^2+y^2}, & (x,y)\neq(0,0),\\0, & (x,y)=(0,0)\end{cases}$ 的偏导数 $f_x(0,0), f_y(0,0)$ 存在, 但 $f(x,y)$ 在 $(0,0)$ 点不连续.

**证**

$$f_x(0,0)=\lim_{\Delta x\to0}\frac{f(0+\Delta x,0)-f(0,0)}{\Delta x}=\lim_{\Delta x\to0}\frac{0-0}{\Delta x}=0,$$

$$f_y(0,0)=\lim_{\Delta y\to0}\frac{f(0,0+\Delta y)-f(0,0)}{\Delta y}=\lim_{\Delta y\to0}\frac{0-0}{\Delta y}=0,$$

即偏导数 $f_x(0,0), f_y(0,0)$ 存在. 但由例 9.1.7 知极限 $\lim\limits_{\substack{x\to0\\y\to0}}\dfrac{xy}{x^2+y^2}$ 不存在, 故 $f(x,y)$ 在 $(0,0)$ 点不连续.

**例 9.2.3**　设 $z=x^y(x>0,x\neq 1)$，证明 $\frac{x}{y}\frac{\partial z}{\partial x}+\frac{1}{\ln x}\frac{\partial z}{\partial y}=2z$ .

**证**　因为 $\frac{\partial z}{\partial x}=yx^{y-1}$，$\frac{\partial z}{\partial y}=x^y\ln x$，所以

$$\frac{x}{y}\frac{\partial z}{\partial x}+\frac{1}{\ln x}\frac{\partial z}{\partial y}=\frac{x}{y}yx^{y-1}+\frac{1}{\ln x}x^y\ln x=x^y+x^y=2z.$$

原结论成立.

## 二、高阶偏导数

函数 $z=f(x,y)$ 在区域 $D$ 内的偏导数 $\frac{\partial z}{\partial x}$ 和 $\frac{\partial z}{\partial y}$ 仍然是 $x,y$ 的二元函数，若这两个函数的偏导数存在，则称它们是函数 $z=f(x,y)$ 的**二阶偏导数**，共有下列四个二阶偏导数:

$$\frac{\partial}{\partial x}\left(\frac{\partial z}{\partial x}\right)=\frac{\partial^2 z}{\partial x^2}=z_{xx}=f_{xx}(x,y),\qquad \frac{\partial}{\partial y}\left(\frac{\partial z}{\partial x}\right)=\frac{\partial^2 z}{\partial y\partial x}=z_{xy}=f_{xy}(x,y),$$

$$\frac{\partial}{\partial x}\left(\frac{\partial z}{\partial y}\right)=\frac{\partial^2 z}{\partial x\partial y}=z_{yx}=f_{yx}(x,y),\qquad \frac{\partial}{\partial y}\left(\frac{\partial z}{\partial y}\right)=\frac{\partial^2 z}{\partial y^2}=z_{yy}=f_{yy}(x,y),$$

其中 $z_{xx},z_{yy}$ 称为**二阶纯偏导数**，$z_{xy},z_{yx}$ 称为**二阶混合偏导数**. 类似地，可以定义 $n(n\geqslant 3)$ 阶偏导数. 二阶及二阶以上的偏导数统称为**高阶偏导数**.

**例 9.2.4**　设 $z=2x^3+3x^2y-3xy^2-5$，求 $\frac{\partial^2 z}{\partial x^2}$，$\frac{\partial^2 z}{\partial y\partial x}$，$\frac{\partial^2 z}{\partial x\partial y}$，$\frac{\partial^2 z}{\partial y^2}$，$\frac{\partial^3 z}{\partial x^3}$.

**解**　$\frac{\partial z}{\partial x}=6x^2+6xy-3y^2$,

$\frac{\partial z}{\partial y}=3x^2-6xy$ ,

$\frac{\partial^2 z}{\partial x^2}=12x+6y$ , $\frac{\partial^2 z}{\partial y^2}=-6x$,

$\frac{\partial^2 z}{\partial x\partial y}=6x-6y$, $\frac{\partial^2 z}{\partial y\partial x}=6x-6y$ ,

$\frac{\partial^3 z}{\partial x^3}=12$ .

**例 9.2.5**　求 $z=x\ln(x+y)$ 的二阶偏导数.

**解**　$\frac{\partial z}{\partial x}=\ln(x+y)+\frac{x}{x+y}$，$\frac{\partial z}{\partial y}=\frac{x}{x+y}$,

$\frac{\partial^2 z}{\partial x^2}=\frac{1}{x+y}+\frac{x+y-x}{(x+y)^2}=\frac{x+2y}{(x+y)^2}$,

$$\frac{\partial^2 z}{\partial y^2}=\frac{-x}{(x+y)^2},$$

$$\frac{\partial^2 z}{\partial x\partial y}=\frac{1}{x+y}+\frac{-x}{(x+y)^2}=\frac{y}{(x+y)^2},$$

$$\frac{\partial^2 z}{\partial y\partial x}=\frac{x+y-x}{(x+y)^2}=\frac{y}{(x+y)^2}.$$

上述两个例子中的两个二阶混和偏导数均相等 $\frac{\partial^2 z}{\partial y\partial x}=\frac{\partial^2 z}{\partial x\partial y}$，这种现象实际上可以通过下述结论得出.

**定理 9.2.1** 若函数 $z=f(x,y)$ 的二阶混合偏导数 $\frac{\partial^2 z}{\partial y\partial x}$ 及 $\frac{\partial^2 z}{\partial x\partial y}$ 在区域 $D$ 内连续，则在该区域内有 $\frac{\partial^2 z}{\partial y\partial x}=\frac{\partial^2 z}{\partial x\partial y}$.

该定理表明二阶混合偏导数在连续的条件下与求偏导的次序无关，对二元以上的多元函数的高阶偏导数也有类似的情形.

**例 9.2.6** 设 $r=\sqrt{x^2+y^2+z^2}$，证明函数 $u=\frac{1}{r}$ 满足拉普拉斯方程

$$\frac{\partial^2 u}{\partial x^2}+\frac{\partial^2 u}{\partial y^2}+\frac{\partial^2 u}{\partial z^2}=0.$$

**证** 函数 $r=\sqrt{x^2+y^2+z^2}$ 中把 $y$ 和 $z$ 看作常数，对 $x$ 求导得

$$\frac{\partial r}{\partial x}=\frac{x}{\sqrt{x^2+y^2+z^2}}=\frac{x}{r},$$

利用函数关于自变量的对称性，可得

$$\frac{\partial r}{\partial y}=\frac{y}{r},\quad \frac{\partial r}{\partial z}=\frac{z}{r}.$$

所以对于函数 $u=\frac{1}{r}$ 有

$$\frac{\partial u}{\partial x}=-\frac{1}{r^2}\frac{\partial r}{\partial x}=-\frac{1}{r^2}\cdot\frac{x}{r}=-\frac{x}{r^3},$$

$$\frac{\partial^2 u}{\partial x^2}=-\frac{1}{r^3}+\frac{3x}{r^4}\cdot\frac{\partial r}{\partial x}=-\frac{1}{r^3}+\frac{3x^2}{r^5}.$$

由函数关于自变量的对称性，得

$$\frac{\partial^2 u}{\partial y^2}=-\frac{1}{r^3}+\frac{3y^2}{r^5},\quad \frac{\partial^2 u}{\partial z^2}=-\frac{1}{r^3}+\frac{3z^2}{r^5}.$$

故有 $\dfrac{\partial^2 u}{\partial x^2}+\dfrac{\partial^2 u}{\partial y^2}+\dfrac{\partial^2 u}{\partial z^2}=-\dfrac{3}{r^3}+\dfrac{3(x^2+y^2+z^2)}{r^5}=-\dfrac{3}{r^3}+\dfrac{3r^2}{r^5}=0.$

## 习题 9-2

1. 求下列函数的偏导数:

(1) $z=-5x^3y^2+x^2y+y^3$;

(2) $z=\dfrac{y}{\sqrt{x^2+y^2}}$;

(3) $z=\sin(3xy)+\cos^2(xy)$;

(4) $z=\dfrac{x^2+y^2}{xy}+xy^3$;

(5) $z=\sqrt{\ln(xy)}$;

(6) $z=\ln\cot\dfrac{y}{x}$;

(7) $u=\left(\dfrac{x}{y}\right)^z$.

2. $x$ 轴正向与曲线 $\begin{cases} z=\dfrac{x^2+y^2}{9}, \\ y=3 \end{cases}$ 在点 $(4.5,3,2)$ 处的切线所成的倾角是多少?

3. 设 $f(u,v)=u+(v-2)\arcsin\sqrt{\dfrac{u}{v}}$，求 $f_u(u,2)$.

4. 求下列函数的 $\dfrac{\partial^2 z}{\partial x^2},\dfrac{\partial^2 z}{\partial y^2}$ 和 $\dfrac{\partial^2 z}{\partial x\partial y}$:

(1) $z=x^4+y^4-4x^2y^2$;

(2) $z=y^x$;

(3) $z=\arctan\dfrac{y}{x}$.

5. 设 $z=y\ln(xy)$，求 $\dfrac{\partial^3 z}{\partial x^2\partial y}$ 及 $\dfrac{\partial^3 z}{\partial y\partial x^2}$.

6. 设 $f(x,y,z)=3xy^2+2yz^2+zx^2$，求 $f_{xx}(0,1,1), f_{xz}(0,1,2), f_{yz}(2,-1,0)$，$f_{zz}(2,0,1)$.

7. 求下列函数的 $f_x(x,y), f_y(x,y)$.

(1) $f(x,y)=\begin{cases} (x^2+3y)\sin\dfrac{1}{\sqrt{x^2+y^2}}, & x^2+y^2\neq 0, \\ 0, & x^2+y^2=0; \end{cases}$

(2) $f(x,y)=\begin{cases} \dfrac{x^2y}{x^2+y^2}, & x^2+y^2\neq 0, \\ 0, & x^2+y^2=0. \end{cases}$

8. 设 $z=\frac{y^2}{3x}+2\varphi(xy)$，其中 $\varphi(u)$ 可导, 证明 $x^2\frac{\partial z}{\partial x}+y^2=xy\frac{\partial z}{\partial y}$.

9. 已知函数 $u=\sqrt{x^2+y^2+z^2}$，试证明 $\frac{\partial^2 u}{\partial x^2}+\frac{\partial^2 u}{\partial y^2}+\frac{\partial^2 u}{\partial z^2}=\frac{2}{u}$.

# 第三节 全 微 分

## 一、全微分的定义

**定义 9.3.1** 根据一元函数微分学中微分可近似代替函数增量及二元函数偏导数的定义可得

$$f(x+\Delta x,y)-f(x,y)\approx f_x(x,y)\Delta x,$$
$$f(x,y+\Delta y)-f(x,y)\approx f_y(x,y)\Delta y,$$

上面两式左端分别称为**二元函数对 $x$ 和对 $y$ 的偏增量**, 而右端分别称为**二元函数对 $x$ 和对 $y$ 的偏微分**.

在研究现实问题时通常需要研究多元函数中每个自变量增量所带来的因变量增量. 为此, 引出以下概念.

**定义 9.3.2** 若函数 $z=f(x,y)$ 在点 $P(x,y)$ 的某个邻域内有定义, 并设 $P'(x+\Delta x, y+\Delta y)$ 为该邻域内的任意一点, 则称

$$\Delta z=f(x+\Delta x,y+\Delta y)-f(x,y)$$

为函数 $z=f(x,y)$ 在点 $P$ 处对于自变量增量 $\Delta x,\Delta y$ 的**全增量**.

我们以二元函数为例引入全微分的定义, 与一元函数的情形类似, 用自变量增量 $\Delta x,\Delta y$ 的线性函数 $A\Delta x+B\Delta y$ 来近似地代替函数的全增量 $\Delta z$.

**定义 9.3.3** 若函数 $z=f(x,y)$ 在点 $(x,y)$ 处的全增量 $\Delta z$ 可表示为

$$\Delta z=A\Delta x+B\Delta y+o(\rho),$$

上式中 $A,B$ 与 $\Delta x,\Delta y$ 无关, 而仅与 $x,y$ 有关, $\rho=\sqrt{(\Delta x)^2+(\Delta y)^2}$, 则称**函数 $z=f(x,y)$ 在点 $(x,y)$ 处可微分**, 称 $\mathrm{d}z=A\Delta x+B\Delta y$ 为**函数 $z=f(x,y)$ 在点 $(x,y)$ 处的全微分.**

若函数在区域 $D$ 内每一点处可微分, 则称该**函数在 $D$ 内可微分**.

**定理 9.3.1** 若函数 $z=f(x,y)$ 在点 $(x,y)$ 处可微分, 则函数在该点必连续.

**证** 函数 $z=f(x,y)$ 在点 $(x,y)$ 处可微分时有 $\lim\limits_{\rho\to 0}\Delta z=0$, 从而

$$\lim_{(\Delta x,\Delta y)\to 0}f(x+\Delta x,y+\Delta y)=\lim_{\rho\to 0}\left[f(x,y)+\Delta z\right]=f(x,y),$$

所以函数 $z=f(x,y)$ 在点 $(x,y)$ 处连续.

**推论** 若函数 $z=f(x,y)$ 在点 $(x,y)$ 处不连续, 则函数在该点不可微分.

**定理 9.3.2** (必要条件) 若函数 $z=f(x,y)$ 在点 $(x,y)$ 处可微分, 则该函数在点 $(x,y)$

处的偏导数$\frac{\partial z}{\partial x},\frac{\partial z}{\partial y}$必存在，且函数$z=f(x,y)$在点$(x,y)$处的全微分为

$$\mathrm{d}z=\frac{\partial z}{\partial x}\Delta x+\frac{\partial z}{\partial y}\Delta y.$$

**证**　设点$(x+\Delta x,y+\Delta y)$为点$(x,y)$处某个邻域内的任意一点，函数$z=f(x,y)$在点$(x,y)$处可微分，则恒有

$$\Delta z=A\Delta x+B\Delta y+o(\rho)$$

成立．特别地，当$\Delta y=0$时上式仍成立(此时$\rho=|\Delta x|$)，从而有

$$f(x+\Delta x,y)-f(x,y)=A\Delta x+o(|\Delta x|),$$

上式两端除以$\Delta x$，并令$\Delta x\to 0$取极限，得

$$\lim_{\Delta x\to 0}\frac{f(x+\Delta x,y)-f(x,y)}{\Delta x}=A\text{，即}\frac{\partial z}{\partial x}=A.$$

同理可证$\frac{\partial z}{\partial y}=B$．证毕．

我们常将自变量的增量$\Delta x,\Delta y$分别记为$\mathrm{d}x,\mathrm{d}y$，称为自变量的微分，因此**函数$z=f(x,y)$的全微分**即可表示为

$$\mathrm{d}z=\frac{\partial z}{\partial x}\mathrm{d}x+\frac{\partial z}{\partial y}\mathrm{d}y.$$

上述等式表明二元函数的全微分等于它两个偏微分之和，这个性质表明二元函数的微分符合叠加原理．该原理还可以推广至多元函数的情形．一元函数在某点可导是在该点可微的充分必要条件，但对于多元函数则不然，定理 9.3.2 表明二元函数的各偏导数存在只是全微分存在的必要条件而不是充分条件．因为函数的偏导数仅描述了函数在一点处沿着坐标轴的变化率，而全微分描述了函数沿各个方向的变化情况．

如例 9.2.2 中二元函数$f(x,y)=\begin{cases}\frac{xy}{x^2+y^2}, & (x,y)\neq(0,0),\\ 0, & (x,y)=(0,0)\end{cases}$在点$(x,y)$处的两个偏导数存在且相等$f_x(0,0)=f_y(0,0)=0$，又从例 9.1.7 知$f(x,y)$在点$(0,0)$处是不连续的，故由推论可知函数$f(x,y)$在点$(0,0)$处是不可微的．

可见，对于多元函数来说，偏导数存在并不一定可微．但是如果对偏导数再加上一些条件，就可以保证函数的可微性．

**定理 9.3.3** (充分条件)　若函数$z=f(x,y)$的偏导数$\frac{\partial z}{\partial x},\frac{\partial z}{\partial y}$在点$(x,y)$处连续，则函数在该点处可微分．

**证**　假设函数$z=f(x,y)$的偏导数$\frac{\partial z}{\partial x},\frac{\partial z}{\partial y}$在点$(x,y)$处连续，函数的全增量为

$$\begin{aligned}\Delta z&=f(x+\Delta x,y+\Delta y)-f(x,y)\\&=[f(x+\Delta x,y+\Delta y)-f(x,y+\Delta y)]+[f(x,y+\Delta y)-f(x,y)],\end{aligned}$$

对上面两个括号内的表达式分别应用拉格朗日中值定理得到

$$\Delta z = f_x(x+\theta_1\Delta x, y+\Delta y)\Delta x - f_y(x, y+\theta_2\Delta y)\Delta y, \quad 0<\theta_1,\theta_2<1.$$

因为 $f_x(x,y)$ 在点 $(x,y)$ 处连续，所以

$$\lim_{(\Delta x,\Delta y)\to 0} f(x+\theta_1\Delta x, y+\Delta y) = f_x(x,y),$$

从而

$$f_x(x+\theta_1\Delta x, y+\Delta y)\Delta x = f_x(x,y)\Delta x + \varepsilon_1\Delta x,$$

其中 $\varepsilon_1$ 为 $\Delta x,\Delta y$ 的函数，且当 $\Delta x\to 0,\Delta y\to 0$ 时，$\varepsilon_1\to 0$．同理可得

$$f_y(x, y+\theta_2\Delta y)\Delta y = f_y(x,y)\Delta y + \varepsilon_2\Delta y,$$

其中 $\varepsilon_2$ 为 $\Delta y$ 的函数，且当 $\Delta y\to 0$ 时，$\varepsilon_2\to 0$．所以

$$\begin{aligned}\Delta z &= f_x(x,y)\Delta x + \varepsilon_1\Delta x + f_y(x,y)\Delta y + \varepsilon_2\Delta y \\ &= f_x(x,y)\Delta x + f_y(x,y)\Delta y + (\varepsilon_1\Delta x + \varepsilon_2\Delta y),\end{aligned}$$

$$\lim_{\substack{\Delta x\to 0\\ \Delta y\to 0}} \frac{\varepsilon_1\Delta x+\varepsilon_2\Delta y}{\rho} = \lim_{\substack{\Delta x\to 0\\ \Delta y\to 0}} \left(\varepsilon_1\frac{\Delta x}{\rho} + \varepsilon_2\frac{\Delta y}{\rho}\right) = 0,$$

即 $\Delta z = f_x(x,y)\Delta x + f_y(x,y)\Delta y + o(\rho)$，其中 $\rho=\sqrt{(\Delta x)^2+(\Delta y)^2}$，由可微的定义知函数 $z=f(x,y)$ 在点 $(x,y)$ 处可微分.

二元函数全微分的定义和定理可类似地推广到三元及三元以上的多元函数，如三元函数 $u=f(x,y,z)$ 的全微分可表示为

$$\mathrm{d}u = \frac{\partial z}{\partial x}\mathrm{d}x + \frac{\partial z}{\partial y}\mathrm{d}y + \frac{\partial u}{\partial z}\mathrm{d}z.$$

**例 9.3.1** 求函数 $z=3xy^2+4x^3y^5$ 的全微分.

**解** 因为 $\dfrac{\partial z}{\partial x}=3y^2+12x^2y^5$ 和 $\dfrac{\partial z}{\partial y}=6xy+20x^3y^4$ 都连续，所以

$$\mathrm{d}z = (3y^2+12x^2y^5)\mathrm{d}x + (6xy+20x^3y^4)\mathrm{d}y.$$

**例 9.3.2** 计算函数 $z=\mathrm{e}^{xy}$ 在点(1, 2)处的全微分.

**解** 因为

$$\frac{\partial z}{\partial x} = y\mathrm{e}^{xy}, \quad \frac{\partial z}{\partial y} = x\mathrm{e}^{xy},$$

$$\left.\frac{\partial z}{\partial x}\right|_{(1,2)} = 2\mathrm{e}^2, \quad \left.\frac{\partial z}{\partial y}\right|_{(1,2)} = \mathrm{e}^2,$$

所以全微分

$$\mathrm{d}z = 2\mathrm{e}^2\mathrm{d}x + \mathrm{e}^2\mathrm{d}y.$$

**例 9.3.3** 计算函数 $u=\sin\dfrac{x}{2}+y+\mathrm{e}^{xz}$ 的全微分.

**解**　因为

$$\frac{\partial u}{\partial x}=\frac{1}{2}\cos\frac{x}{2}+z\mathrm{e}^{xz},\quad \frac{\partial u}{\partial y}=1,\quad \frac{\partial u}{\partial z}=x\mathrm{e}^{xz},$$

所以

$$\mathrm{d}u=\left(\frac{1}{2}\cos\frac{x}{2}+z\mathrm{e}^{xz}\right)\mathrm{d}x+\mathrm{d}y+x\mathrm{e}^{xz}\mathrm{d}z.$$

## 二、全微分应用举例

全微分可用于讨论二元函数的近似计算问题，方法与一元函数类似．函数 $z=f(x,y)$ 在点 $(x,y)$ 处可微，且当 $|\Delta x|,|\Delta y|$ 都比较小时，由全微分的定义，有

$$\Delta z\approx \mathrm{d}z,$$

即

$$\Delta z\approx f_x(x_0,y_0)\cdot\Delta x+f_y(x_0,y_0)\cdot\Delta y.$$

若 $\Delta x=x-x_0,\Delta y=y-y_0$ 为从点 $(x_0,y_0)$ 移动到其邻近点 $(x,y)$ 所产生的增量，则有

$$f(x,y)-f(x_0,y_0)\approx f_x(x_0,y_0)(x-x_0)+f_y(x_0,y_0)(y-y_0),$$

即

$$f(x,y)\approx f(x_0,y_0)+f_x(x_0,y_0)(x-x_0)+f_y(x_0,y_0)(y-y_0).$$

**例 9.3.4**　计算 $(1.03)^{2.01}$ 的近似值.

**解**　设函数 $f(x,y)=x^y, x=1, y=2, \Delta x=0.03, \Delta y=0.01$．因为

$$f(1,2)=1,\quad f_x(x,y)=yx^{y-1},\quad f_y(x,y)=x^y\ln x,\quad f_x(1,2)=2,\quad f_y(1,2)=0,$$

由二元函数全微分近似计算公式得

$$(1.03)^{2.01}\approx 1+2\times0.03+0\times0.01=1.06.$$

**例 9.3.5**　测得矩形盒的边长分别为 40 cm, 60 cm 和 75 cm, 且可能的最大测量误差为 0.1 cm. 用全微分估计利用这些测量值计算盒子体积时可能的最大误差.

**解**　设矩形盒边长为 $x$, $y$, $z$，则它的体积为 $V=xyz$, 所以

$$\mathrm{d}V=\frac{\partial V}{\partial x}\mathrm{d}x+\frac{\partial V}{\partial y}\mathrm{d}y+\frac{\partial V}{\partial z}\mathrm{d}z=yz\mathrm{d}x+xz\mathrm{d}y+xy\mathrm{d}z.$$

由于已知 $|\Delta x|\leqslant 0.1$, $|\Delta y|\leqslant 0.1$, $|\Delta z|\leqslant 0.1$, 为了求体积的最大误差，取 $\mathrm{d}x=\mathrm{d}y=\mathrm{d}z=0.1$, 再结合 $x=40, y=60, z=75$, 得

$$\Delta V\approx \mathrm{d}V=60\times40\times0.1+75\times40\times0.1+75\times60\times0.1=990,$$

即每边仅 0.1 cm 的误差会导致体积的计算误差达到 $990\ \mathrm{cm}^3$.

**例 9.3.6**　讨论函数 $z=\sqrt{|xy|}$ 在点 $(0,0)$ 处的连续性、偏导数和可微性.

**解** (1) $f(0,0)=0$，又 $0 \leqslant \sqrt{|xy|} \leqslant \sqrt{\dfrac{x^2+y^2}{2}}$，且 $\lim\limits_{\substack{x\to 0\\ y\to 0}}\sqrt{x^2+y^2}=0$，故 $\lim\limits_{\substack{x\to 0\\ y\to 0}}\sqrt{|xy|}=0=f(0,0)$，函数在 $(0,0)$ 连续.

(2) $f_x(0,0)=\lim\limits_{\Delta x\to 0}\dfrac{f(0+\Delta x,0)-f(0,0)}{\Delta x}=\lim\limits_{\Delta x\to 0}\dfrac{0}{\Delta x}=0$,

$f_y(0,0)=\lim\limits_{\Delta y\to 0}\dfrac{f(0,0+\Delta y)-f(0,0)}{\Delta y}=\lim\limits_{\Delta y\to 0}\dfrac{0}{\Delta y}=0$.

(3) 若函数在 $(0,0)$ 处可微，则 $\mathrm{d}z=f_x(0,0)\mathrm{d}x+f_y(0,0)\mathrm{d}y=0$,

$$\Delta z=\sqrt{|\Delta x\Delta y|}-0=\sqrt{|\Delta x\Delta y|},$$

考虑

$$\lim_{\rho\to 0}\frac{\Delta z-\mathrm{d}z}{\rho}=\lim_{\substack{\Delta x\to 0\\ \Delta y\to 0}}\frac{\sqrt{|\Delta x\Delta y|}}{\sqrt{(\Delta x)^2+(\Delta y)^2}}\overset{y=x}{=\!=}\lim_{\substack{\Delta x\to 0\\ y=x}}\sqrt{\frac{\Delta x^2}{2\Delta x^2}}=\sqrt{\frac{1}{2}}\neq 0,$$

故函数在 $(0,0)$ 不可微.

## 习题 9-3

1. 求下列函数的全微分:

(1) 函数 $z=\ln(2+3x+y^2)$ 在定点 $(4,3)$ 处的全微分;

(2) 函数 $f(x,y,z)=\sqrt[z]{\dfrac{x}{y}}$ 在定点 $(1,1,1)$ 处的全微分;

(3) $z=2x^2y^3+\dfrac{y}{x}$;

(4) $z=\cos(y\sin x)$;

(5) $u=x^{yz}$.

2. 求函数 $z=x^{-1}y$ 在 $x=3, y=2, \Delta x=0.2, \Delta y=-0.2$ 时的全增量 $\Delta z$ 和全微分 $\mathrm{d}z$.

3. 计算函数 $z=\ln(2+x^2+y^2)$ 在点(1, 2)处的全微分.

4. 已知边长为 $x=9\ \mathrm{m}$ 与 $y=7\ \mathrm{m}$ 的矩形，如果边 $x$ 增加 $1\ \mathrm{cm}$，而边 $y$ 减少 $3\ \mathrm{cm}$，问这个矩形的对角线的近似变化怎样?

5. 由欧姆定律，电流 $I$、电压 $U$ 及电阻 $R$ 有关系 $R=\dfrac{U}{I}$. 若测得 $U=110$ V, 测量的最大绝对误差为 2 V, 测得 $I=20$ A, 测量的最大绝对误差为 0.5 A. 问由此计算所得到的 $R$ 的最大误差和最大相对误差分别是多少?

6. 设 $f(x,y)=\begin{cases}(x^2+y^2)\sin\dfrac{1}{x^2+y^2}, & x^2+y^2\neq 0,\\ 0, & x^2+y^2=0,\end{cases}$ 问在点 $(0,0)$ 处,

(1) 偏导数是否存在？　(2) 偏导数是否连续？　(3) 是否可微？

7. 计算下列式子的近似值:

(1) $(1.008)^{2.97}$；　(2) $\sqrt{(2.02)^3+(0.97)^3}$.

# 第四节　多元复合函数微分法

将一元函数中的复合函数求导的“链式法则”推广到多元复合函数, 可得到下面几种多元复合函数的求导法.

## 一、多元复合函数的求导法

1. 中间变量为多元函数

**定理 9.4.1**　若函数 $u=u(x,y)$，$v=v(x,y)$ 都在点 $(x,y)$ 处具有对 $x$ 和对 $y$ 的偏导数, 函数 $z=f(u,v)$ 在对应点 $(u,v)$ 处具有连续偏导数, 则复合函数 $z=f(u(x,y),v(x,y))$ 在点 $(x,y)$ 处可导, 且偏导数为

$$\frac{\partial z}{\partial x}=\frac{\partial z}{\partial u}\frac{\partial u}{\partial x}+\frac{\partial z}{\partial v}\frac{\partial v}{\partial x}, \tag{9.4.1}$$

$$\frac{\partial z}{\partial y}=\frac{\partial z}{\partial u}\frac{\partial u}{\partial y}+\frac{\partial z}{\partial v}\frac{\partial v}{\partial y}. \tag{9.4.2}$$

该结论可推广到中间变量多于两个的情形. 例如, 设 $z=f(u,v,w)$，$u=u(x,y)$，$v=v(x,y)$，$w=w(x,y)$ 构成复合函数 $z=f[u(x,y),v(x,y),w(x,y)]$，则在满足与定理 9.4.1 类似的条件下, 有

$$\frac{\partial z}{\partial x}=\frac{\partial z}{\partial u}\frac{\partial u}{\partial x}+\frac{\partial z}{\partial v}\frac{\partial v}{\partial x}+\frac{\partial z}{\partial w}\frac{\partial w}{\partial x}, \tag{9.4.3}$$

$$\frac{\partial z}{\partial y}=\frac{\partial z}{\partial u}\frac{\partial u}{\partial y}+\frac{\partial z}{\partial v}\frac{\partial v}{\partial y}+\frac{\partial z}{\partial w}\frac{\partial w}{\partial y}. \tag{9.4.4}$$

式(9.4.1)～(9.4.4)也称为**链式法则**, 公式中变量间的关系可分别用树状图(图 9-4-1～图 9-4-4)来表示, 其中图 9-4-2 是图 9-4-1 的简化版, 图 9-4-4 是图 9-4-3 的简化版. 复合函数还有如下两种特殊情形: 中间变量为一元函数; 复合函数的中间变量既有一元函数也有多元函数.

**例 9.4.1**　已知 $z=\mathrm{e}^{xy}\sin(x+y)$, 求 $\frac{\partial z}{\partial x}$ 和 $\frac{\partial z}{\partial y}$.

**解**　设 $u=xy,v=x+y$, 则

$$\begin{aligned}\frac{\partial z}{\partial x}&=\frac{\partial z}{\partial u}\cdot\frac{\partial u}{\partial x}+\frac{\partial z}{\partial v}\cdot\frac{\partial v}{\partial x}=\mathrm{e}^u\sin v\cdot y+\mathrm{e}^u\cos v\cdot 1\\&=\mathrm{e}^u(y\sin v+\cos v)=\mathrm{e}^{xy}[y\sin(x+y)+\cos(x+y)],\end{aligned}$$

$$\frac{\partial z}{\partial y}=\frac{\partial z}{\partial u}\cdot\frac{\partial u}{\partial y}+\frac{\partial z}{\partial v}\cdot\frac{\partial v}{\partial y}=\mathrm{e}^{u}\sin v\cdot x+\mathrm{e}^{u}\cos v\cdot 1$$

$$=\mathrm{e}^{u}(x\sin v+\cos v)=\mathrm{e}^{xy}[x\sin(x+y)+\cos(x+y)].$$

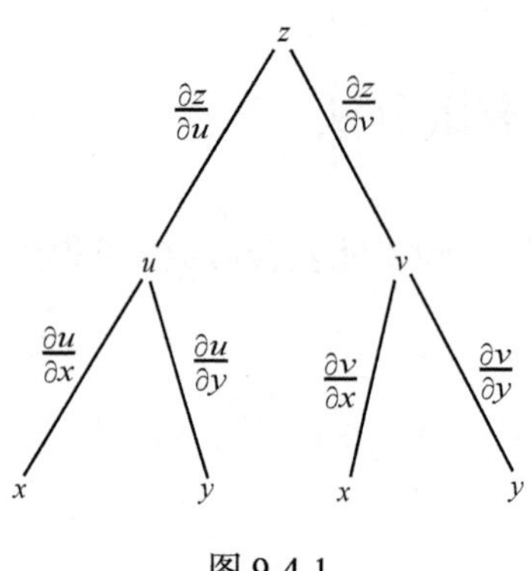


图 9-4-1

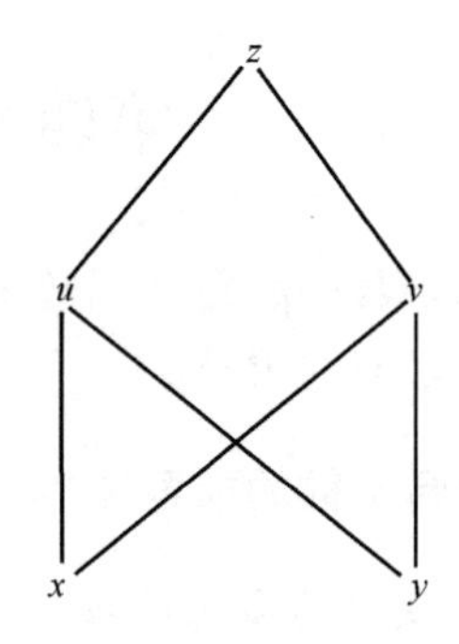


图 9-4-2

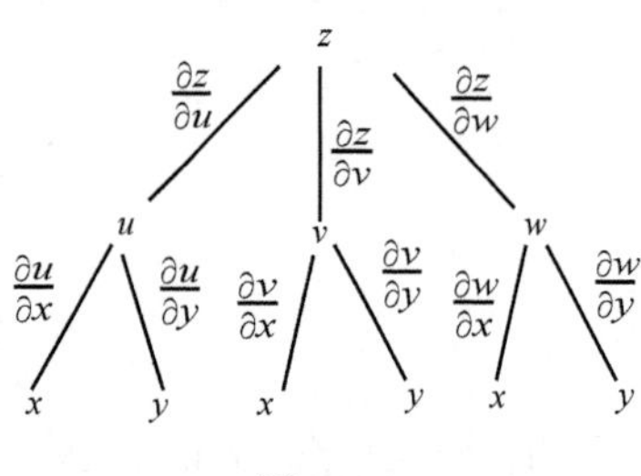


图 9-4-3

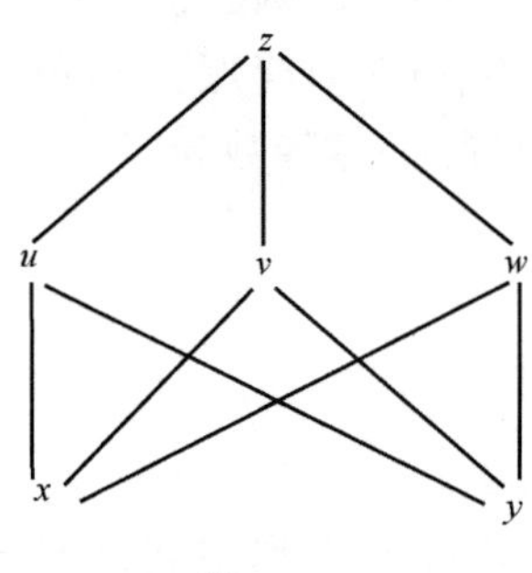


图 9-4-4

2. 中间变量为一元函数

设函数 $z=f(u,v),u=u(t),v=v(t)$ 构成复合函数 $z=f[u(t),v(t)]$.

**定理 9.4.2** 若函数 $u=u(t)$ 及 $v=v(t)$ 都在点 $t$ 处可导, 函数 $z=f(u,v)$ 在对应点 $(u,v)$ 处具有连续偏导数, 则复合函数 $z=f[u(t),v(t)]$ 在对应点 $t$ 可导, 且其导数为

$$\frac{\mathrm{d}z}{\mathrm{d}t}=\frac{\partial z}{\partial u}\frac{\mathrm{d}u}{\mathrm{d}t}+\frac{\partial z}{\partial v}\frac{\mathrm{d}v}{\mathrm{d}t}. \tag{9.4.5}$$

该结论可推广到中间变量多于两个的情形. 如设

$$z=f(u,v,w),\quad u=u(t),\quad v=v(t),\quad w=w(t),$$

构成复合函数 $z=f(u(t),v(t),w(t))$, 则在满足与定理 9.4.2 相类似的条件下, 有

$$\frac{\mathrm{d}z}{\mathrm{d}t}=\frac{\partial z}{\partial u}\frac{\mathrm{d}u}{\mathrm{d}t}+\frac{\partial z}{\partial v}\frac{\mathrm{d}v}{\mathrm{d}t}+\frac{\partial z}{\partial w}\frac{\mathrm{d}w}{\mathrm{d}t}. \tag{9.4.6}$$

公式(9.4.5)和公式(9.4.6)中的导数 $\frac{\mathrm{d}z}{\mathrm{d}t}$ 称为**全导数**. 变量之间的关系可以分别用图 9-4-5 和图 9-4-6 来表示.

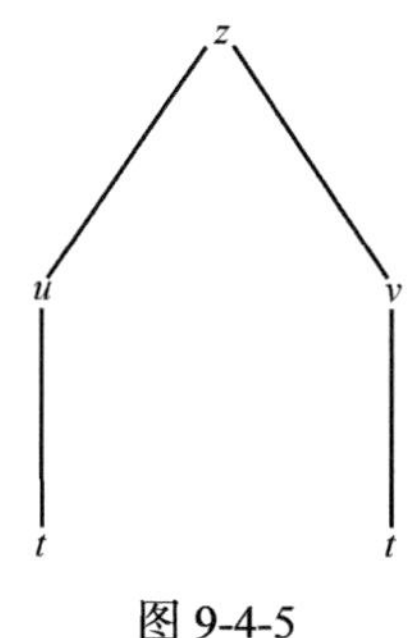

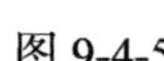
图 9-4-5

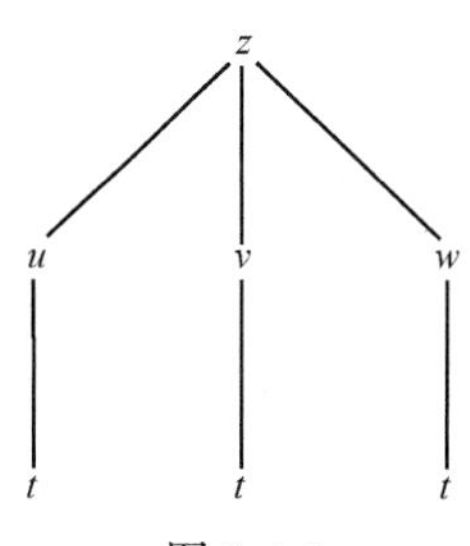

图 9-4-6

**例 9.4.2**　设 $z=uv+\cos t$, 而 $u=\mathrm{e}^t, v=\sin t$, 求全导数 $\dfrac{\mathrm{d}z}{\mathrm{d}t}$.

**解**　$$\frac{\mathrm{d}z}{\mathrm{d}t}=\frac{\partial z}{\partial u}\cdot\frac{\mathrm{d}u}{\mathrm{d}t}+\frac{\partial z}{\partial v}\cdot\frac{\mathrm{d}v}{\mathrm{d}t}+\frac{\partial z}{\partial t}=v\mathrm{e}^t+u\cos t-\sin t$$
$$=\mathrm{e}^t\sin t+\mathrm{e}^t\cos t-\sin t=\mathrm{e}^t(\cos t+\sin t)-\sin t.$$

3. 中间变量既有一元函数也有多元函数

**定理 9.4.3**　若函数 $u=u(x,y)$ 在点 $(x,y)$ 处具有对 $x$ 和对 $y$ 的偏导数, 函数 $v=v(y)$ 在点 $y$ 处可导, 函数 $z=f(u,v)$ 在对应点 $(u,v)$ 处具有连续偏导数, 则复合函数 $z=f[u(x,y),\ v(y)]$ 在对应点 $(x,y)$ 处的两个偏导数都存在, 且有
$$\frac{\partial z}{\partial x}=\frac{\partial z}{\partial u}\frac{\partial u}{\partial x},\tag{9.4.7}$$
$$\frac{\partial z}{\partial y}=\frac{\partial z}{\partial u}\frac{\partial u}{\partial y}+\frac{\partial z}{\partial v}\frac{\mathrm{d}v}{\mathrm{d}y}.\tag{9.4.8}$$

这里实际上是第二种情形的特例: 变量 $v$ 与 $x$ 无关, 从而 $\dfrac{\mathrm{d}v}{\mathrm{d}x}=0$, 因为 $v$ 是 $y$ 的一元函数, 所以 $\dfrac{\partial v}{\partial y}$ 换成 $\dfrac{\mathrm{d}v}{\mathrm{d}y}$.

还有一种常见的情况: 复合函数的某些中间变量本身又是复合函数的自变量. 例如, 设函数 $z=f(u,x,y)$, $u=u(x,y)$, 构成复合函数 $z=f[u(x,y),x,y]$, 其变量之间的关系如图 9-4-7 所示, 图 9-4-8 是图 9-4-7 的简化版. 这类情形可看作式(9.4.3)和式(9.4.4)中 $v=x$, $w=y$ 的情况, 从而有

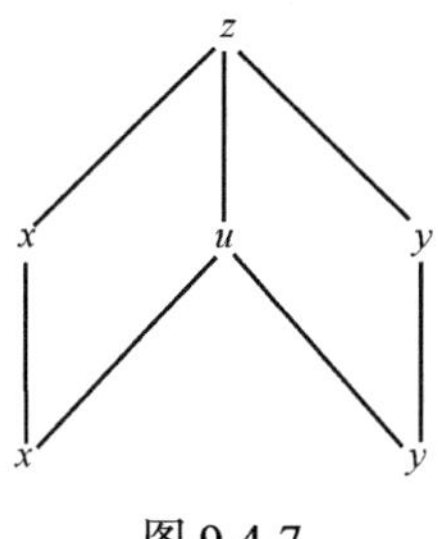

图 9-4-7

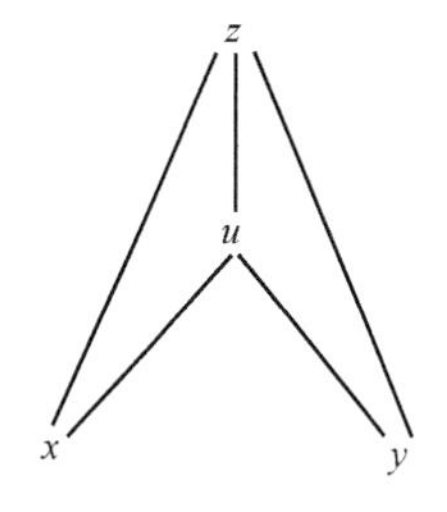

图 9-4-8

$$\frac{\partial z}{\partial x}=\frac{\partial f}{\partial u}\cdot\frac{\partial u}{\partial x}+\frac{\partial f}{\partial x},\tag{9.4.9}$$

$$\frac{\partial z}{\partial y}=\frac{\partial f}{\partial u}\cdot\frac{\partial u}{\partial y}+\frac{\partial f}{\partial y}. \tag{9.4.10}$$

这里$\frac{\partial z}{\partial x}$和$\frac{\partial f}{\partial x}$是不同的$\left(\frac{\partial z}{\partial y}\text{和}\frac{\partial f}{\partial y}\text{也有类似的区别}\right)$:

$\frac{\partial z}{\partial x}$是把复合函数$z=f[u(x,y),x,y]$中的$y$看作不变而对$x$的偏导数;

$\frac{\partial f}{\partial x}$是把函数$z=f(u,x,y)$中的$u$及$y$看作不变而对$x$的偏导数.

**例 9.4.3** 设$z=xy+u,u=\phi(x,y)$, 求$\frac{\partial z}{\partial x},\frac{\partial^2 z}{\partial x^2},\frac{\partial^2 z}{\partial x\partial y}$.

**解** $\frac{\partial z}{\partial x}=y+\frac{\partial u}{\partial x}=y+\phi_x(x,y)$,

$$\frac{\partial^2 z}{\partial x^2}=\frac{\partial}{\partial x}\left(\frac{\partial z}{\partial x}\right)=\frac{\partial}{\partial x}\left(y+\frac{\partial u}{\partial x}\right)=\frac{\partial^2 u}{\partial x^2}=\phi_{xx}(x,y),$$

$$\frac{\partial^2 z}{\partial x\partial y}=\frac{\partial}{\partial y}\left(\frac{\partial z}{\partial x}\right)=\frac{\partial}{\partial y}\left(y+\frac{\partial u}{\partial x}\right)=1+\frac{\partial^2 u}{\partial x\partial y}=1+\phi_{xy}(x,y).$$

为了简便, 我们用下面的记号表示多元函数的偏导数

$$f_1'=\frac{\partial f(u,v)}{\partial u},\ f_2'=\frac{\partial f(u,v)}{\partial v},\ f_{12}''=\frac{\partial^2 f(u,v)}{\partial u\partial v},\cdots,$$

下标 1 表示对第一个变量求偏导数, 下标 2 表示对第二个变量求偏导数, 同理有$f_{11}''$, $f_{22}''$, ….

**例 9.4.4** 设$w=f(x,y,z)$的偏导数连续, $z=x^2-y^2$, 求$\frac{\partial w}{\partial x}$和$\frac{\partial w}{\partial y}$.

**解** 由式(9.4.9)和式(9.4.10)得到

$$\frac{\partial w}{\partial x}=f_1'+2xf_3',\quad \frac{\partial w}{\partial y}=f_2'-2yf_3'.$$

**例 9.4.5** 设$w=f(x+y+z,xyz)$, 其中函数$f$有二阶连续偏导数, 求$\frac{\partial w}{\partial x}$和$\frac{\partial^2 w}{\partial x\partial z}$.

**解** 令$u=x+y+z$, $v=xyz$, 则

$$\frac{\partial w}{\partial x}=\frac{\partial f}{\partial u}\cdot\frac{\partial u}{\partial x}+\frac{\partial f}{\partial v}\cdot\frac{\partial v}{\partial x}=f_1'+yzf_2',$$

$$\frac{\partial^2 w}{\partial x\partial z}=\frac{\partial}{\partial z}(f_1'+yzf_2')=\frac{\partial f_1'}{\partial z}+yf_2'+yz\frac{\partial f_2'}{\partial z},$$

注意到$f_1',f_2'$仍是复合函数, 从而有

$$\frac{\partial f_1'}{\partial z}=\frac{\partial f_1'}{\partial u}\cdot\frac{\partial u}{\partial z}+\frac{\partial f_1'}{\partial v}\cdot\frac{\partial v}{\partial z}=f_{11}''+xyf_{12}'',$$

$$\frac{\partial f_2'}{\partial z}=\frac{\partial f_2'}{\partial u}\cdot\frac{\partial u}{\partial z}+\frac{\partial f_2'}{\partial v}\cdot\frac{\partial v}{\partial z}=f_{21}''+xyf_{22}''.$$

因为函数$f$有二阶连续偏导数, 所以$f_{12}''=f_{21}''$, 故

$$\frac{\partial^2 w}{\partial x \partial z}=f_{11}''+xyf_{12}''+yf_2'+yz(f_{21}''+xyf_{22}'')=f_{11}''+y(x+z)f_{12}''+xy^2zf_{22}''+yf_2'.$$

## 二、全微分形式不变性

设 $z=f(u,v)$，$u=u(x,y)$，$v=v(x,y)$ 是可微函数，则由全微分定义和链式法则，有

$$\begin{aligned}
dz&=\frac{\partial z}{\partial x}dx+\frac{\partial z}{\partial y}dy\\
&=\left(\frac{\partial z}{\partial u}\frac{\partial u}{\partial x}+\frac{\partial z}{\partial v}\frac{\partial v}{\partial x}\right)dx+\left(\frac{\partial z}{\partial u}\frac{\partial u}{\partial y}+\frac{\partial z}{\partial v}\frac{\partial v}{\partial y}\right)dy\\
&=\frac{\partial z}{\partial u}\left(\frac{\partial u}{\partial x}dx+\frac{\partial u}{\partial y}dy\right)+\frac{\partial z}{\partial v}\left(\frac{\partial v}{\partial x}dx+\frac{\partial v}{\partial y}dy\right)\\
&=\frac{\partial z}{\partial u}du+\frac{\partial z}{\partial v}dv,
\end{aligned}$$

即

$$dz=\frac{\partial z}{\partial x}dx+\frac{\partial z}{\partial y}dy=\frac{\partial z}{\partial u}du+\frac{\partial z}{\partial v}dv .$$

可见，虽然 $u,v$ 是中间变量，但其全微分 dz 与 $x,y$ 是自变量时在形式上完全一致. 这个性质称为多元函数的(**一阶)全微分形式不变性**. 可应用这个性质更有条理地计算复杂函数的全微分和偏导数.

**例 9.4.6**　利用全微分形式不变性解例 9.4.1.

设 $z=e^u\sin v$，而 $u=xy$，$v=x+y$，求 $z_x$ 和 $z_y$.

**解**　$dz=d(e^u\sin v)=e^u\sin v du+e^u\cos v dv$，因

$$du=d(xy)=ydx+xdy,\quad dv=d(x+y)=dx+dy,$$

代入合并含 dx 及 dy 的项，得

$$dz=(e^u y\sin v+e^u\cos v)dx+(e^u x\sin v+e^u\cos v)dy,$$

即

$$\frac{\partial z}{\partial x}dx+\frac{\partial z}{\partial y}dy=e^{xy}[y\sin(x+y)+\cos(x+y)]dx+e^{xy}[x\sin(x+y)+\cos(x+y)]dy.$$

比较上式两边的 dx，dy 的系数，得

$$z_x=e^{xy}[y\sin(x+y)+\cos(x+y)],$$
$$z_y=e^{xy}[x\sin(x+y)+\cos(x+y)].$$

与例 9.4.1 的结果一样.

**例 9.4.7**　利用全微分形式不变性求函数 $w=f(x-y,e^{xy})$，其中函数 $f$ 的偏导数连续，求 $dw$，$\frac{\partial w}{\partial x}$ 和 $\frac{\partial w}{\partial y}$.

**解**

$$\begin{aligned}
\mathrm{d}w &= f_1'\mathrm{d}(x-y)+f_2'\mathrm{d}(\mathrm{e}^{xy}) \\
&= f_1'(\mathrm{d}x-\mathrm{d}y)+\mathrm{e}^{xy}f_2'\mathrm{d}(xy) \\
&= f_1'\mathrm{d}x-f_1'\mathrm{d}y+\mathrm{e}^{xy}f_2'(y\mathrm{d}x+x\mathrm{d}y) \\
&= (f_1'+y\mathrm{e}^{xy}f_2')\mathrm{d}x+(x\mathrm{e}^{xy}f_2'-f_1')\mathrm{d}y,
\end{aligned}$$

$$\frac{\partial w}{\partial x}=f_1'+y\mathrm{e}^{xy}f_2',\qquad \frac{\partial w}{\partial y}=x\mathrm{e}^{xy}f_2'-f_1'.$$

## 习题 9-4

1. 求下列函数 $z$ 在对应参数方程下的导数 $\dfrac{\mathrm{d}z}{\mathrm{d}t}$:

(1) 函数 $z=-\dfrac{y}{x}$, 其中 $x=\mathrm{e}^{2t}, y=2-3\mathrm{e}^{2t}$;

(2) 函数 $z=\mathrm{e}^{x-2y}$, 其中 $x=\sin t, y=3t^3$;

(3) 函数 $z=\arctan(t+y)$, 其中 $y=\mathrm{e}^t$.

2. 求下列函数 $z$ 的偏导数 $\dfrac{\partial z}{\partial x},\dfrac{\partial z}{\partial y}$:

(1) $z=u^2+v^2$, 其中 $u=x+2y, v=x-y$;

(2) $z=(x^2+y^2)^{xy}$.

3. 求下列函数的一阶偏导数(其中 $f$ 具有一阶连续偏导数):

(1) $z=f(x^2-3y^2,\mathrm{e}^{xy})$;

(2) $u=f(x,2xy,3xyz)$;

(3) $u=f\left(\dfrac{x}{y},\dfrac{y}{z}\right)$.

4. 设 $z=\dfrac{-y}{f(x^2+y^2)}$, 其中 $f$ 为可导函数, 求 $\dfrac{1}{x}\dfrac{\partial z}{\partial x}-\dfrac{1}{y}\dfrac{\partial z}{\partial y}$ 的值.

5. 设 $u=f(x+y+z,x^2+y^2+z^2)$, 其中 $f$ 有二阶连续偏导数, 证明

$$\Delta u=\frac{\partial^2 u}{\partial x^2}+\frac{\partial^2 u}{\partial y^2}+\frac{\partial^2 u}{\partial z^2}.$$

6. 设 $z=f(3x+y,y\cos x)$, 其中 $f$ 具有连续二阶偏导数, 求 $\dfrac{\partial^2 z}{\partial x\partial y}$.

7. 求函数 $z=f\left(x,\dfrac{x}{y}\right)$ 的 $\dfrac{\partial^2 z}{\partial x^2},\dfrac{\partial^2 z}{\partial x\partial y},\dfrac{\partial^2 z}{\partial y^2}$(其中 $f$ 具有二阶连续偏导数).

8. 设 $z=f(xy,y)+g\left(\dfrac{y}{x}\right)+\ln(x^2+y^2)$, 其中 $f$ 具有二阶连续偏导数, $g$ 具有二阶连

续导数，求$\dfrac{\partial^2 z}{\partial x\partial y}$.

9. 设$z=f(t),t=\varphi(xy,x^2+y^2)$，其中$f,\varphi$具有连续二阶导数及偏导数，求$\dfrac{\partial^2 z}{\partial x^2}$.

10. 设$u=x\varphi(x+y)+y\phi(x+y)$，其中函数$\varphi,\phi$具有二阶连续偏导数，求$\dfrac{\partial^2 u}{\partial x^2}$与$\dfrac{\partial^2 u}{\partial x\partial y},\dfrac{\partial^2 u}{\partial y^2}$的表达式.

# 第五节　方向导数和梯度

## 一、方向导数

二元函数$z=f(x,y)$的偏导数$f_x$与$f_y$表示函数沿$x$轴与$y$轴的变化率，但在物理学和工程技术等实际领域中，常常要求函数沿某个特定方向的变化率. 因此，引入多元函数的方向导数的定义.

**定义 9.5.1**　在点$P(x,y)$的某一邻域$U(P)$内，设函数$z=f(x,y)$有定义，$\boldsymbol{l}$为从点$P$出发的射线，$P'(x+\Delta x,y+\Delta y)$为射线$\boldsymbol{l}$上且含于$U(P)$内的任一点，

$$\rho=\left|\overrightarrow{PP'}\right|=\sqrt{(\Delta x)^2+(\Delta y)^2}$$

表示点$P$与$P'$之间的距离(图 9-5-1)，若极限

$$\lim_{\rho\to 0}\frac{\Delta z}{\rho}=\lim_{\rho\to 0}\frac{f(x+\Delta x,y+\Delta y)-f(x,y)}{\rho}$$

存在，则称此极限为函数$f(x,y)$在点$P$处沿方向$\boldsymbol{l}$的**方向导数**，记为$\dfrac{\partial f}{\partial \boldsymbol{l}},f_{\boldsymbol{l}}(P)$或$f_{\boldsymbol{l}}(x,y)$，即

$$\frac{\partial f}{\partial \boldsymbol{l}}=\lim_{\rho\to 0}\frac{f(x+\Delta x,y+\Delta y)-f(x,y)}{\rho}.$$

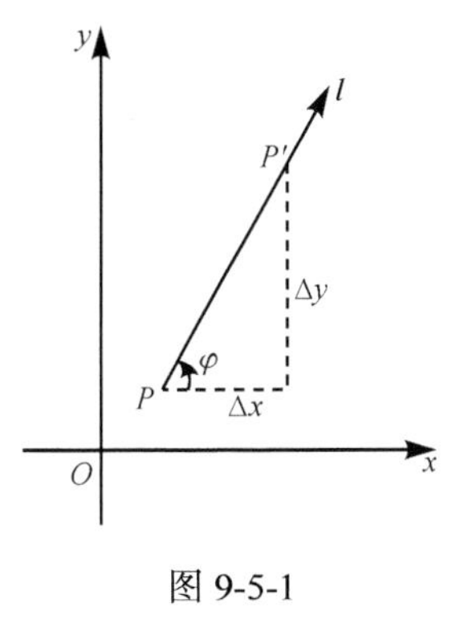

图 9-5-1

根据该定义，函数$f(x,y)$在点$P$处沿$x$轴与$y$轴正向的方向导数就是$\dfrac{\partial f}{\partial x}$与$\dfrac{\partial f}{\partial y}$，沿$x$轴与$y$轴负向的方向导数就是$-\dfrac{\partial f}{\partial x}$与$-\dfrac{\partial f}{\partial y}$. 方向导数与偏导数$\dfrac{\partial f}{\partial x}$及$\dfrac{\partial f}{\partial y}$间有什么关系呢?

**定理 9.5.1**　若函数$z=f(x,y)$在点$P(x,y)$是可微的，则函数在该点沿任一方向$\boldsymbol{l}$的方向导数都存在，且

$$\frac{\partial f}{\partial \boldsymbol{l}}=\frac{\partial f}{\partial x}\cos\varphi+\frac{\partial f}{\partial y}\sin\varphi, \tag{9.5.1}$$

其中$\varphi$为$x$轴正向到方向$\boldsymbol{l}$的转角(图 9-5-1).

**证** 设函数$z=f(x,y)$在点$P(x,y)$可微，所以该函数的增量表示为

$$f(x+\Delta x,y+\Delta y)-f(x,y)=\frac{\partial f}{\partial x}\Delta x+\frac{\partial f}{\partial y}\Delta y+o(\rho),$$

两边各除以$\rho$，得

$$\begin{aligned}\frac{f(x+\Delta x,y+\Delta y)-f(x,y)}{\rho}&=\frac{\partial f}{\partial x}\frac{\Delta x}{\rho}+\frac{\partial f}{\partial y}\frac{\Delta y}{\rho}+\frac{o(\rho)}{\rho}\\&=\frac{\partial f}{\partial x}\cos\varphi+\frac{\partial f}{\partial y}\sin\varphi+\frac{o(\rho)}{\rho},\end{aligned}$$

故$\dfrac{\partial f}{\partial \boldsymbol{l}}=\lim\limits_{\rho\to 0}\dfrac{\Delta z}{\rho}=\dfrac{\partial f}{\partial x}\cos\varphi+\dfrac{\partial f}{\partial y}\sin\varphi$.

若$\alpha,\beta$为向量$\boldsymbol{l}$的方向角，$\boldsymbol{e}_l$是方向$\boldsymbol{l}$上的单位向量，则公式(9.5.1)也可表示为

$$\frac{\partial f}{\partial \boldsymbol{l}}=\frac{\partial f}{\partial x}\cos\alpha+\frac{\partial f}{\partial y}\cos\beta=\left(\frac{\partial f}{\partial x},\frac{\partial f}{\partial y}\right)\cdot(\cos\alpha,\cos\beta)=\left(\frac{\partial f}{\partial x},\frac{\partial f}{\partial y}\right)\cdot\boldsymbol{e}_l. \tag{9.5.2}$$

**例 9.5.1** 求函数$z=x\mathrm{e}^{3y}$在点$P(1,0)$处沿从点$P$到点$Q(2,-1)$的方向的方向导数.

**解法一** 这里方向$\boldsymbol{l}$为$\overrightarrow{PQ}=(1,-1)$的方向，故$x$到方向$\boldsymbol{l}$的转角$\varphi=-\dfrac{\pi}{4}$.

$$\left.\frac{\partial z}{\partial x}\right|_{(1,0)}=\left.\mathrm{e}^{3y}\right|_{(1,0)}=1,\quad \left.\frac{\partial z}{\partial y}\right|_{(1,0)}=\left.3x\mathrm{e}^{3y}\right|_{(1,0)}=3,$$

故所求方向导数为

$$\frac{\partial z}{\partial \boldsymbol{l}}=\cos\left(-\frac{\pi}{4}\right)+3\sin\left(-\frac{\pi}{4}\right)=-\sqrt{2}.$$

**解法二** 方向$\boldsymbol{l}$为$\overrightarrow{PQ}=(1,-1)$的方向，故向量$\boldsymbol{l}$的方向角的余弦为

$$\cos\alpha=\frac{1}{\sqrt{1^2+(-1)^2}}=\frac{\sqrt{2}}{2},\quad \cos\beta=\frac{-1}{\sqrt{1^2+(-1)^2}}=-\frac{\sqrt{2}}{2},$$

且

$$\left.\frac{\partial z}{\partial x}\right|_{(1,0)}=1,\quad \left.\frac{\partial z}{\partial y}\right|_{(1,0)}=3,$$

故所求方向导数为

$$\frac{\partial z}{\partial \boldsymbol{l}}=1\times\frac{\sqrt{2}}{2}+3\times\left(-\frac{\sqrt{2}}{2}\right)=-\sqrt{2}.$$

类似地，定义三元函数$u=f(x,y,z)$在空间点$P(x,y,z)$处沿着方向$\boldsymbol{l}$的方向导数

$$\frac{\partial f}{\partial \boldsymbol{l}}=\lim_{\rho\to 0}\frac{f(x+\Delta x,y+\Delta y,z+\Delta z)-f(x,y,z)}{\rho},$$

其中 $\rho=\sqrt{(\Delta x)^2+(\Delta y)^2+(\Delta z)^2}$ 为点 $P(x,y,z)$ 与点 $P'(x+\Delta x,y+\Delta y,z+\Delta z)$ 之间的距离.

设方向 $\boldsymbol{l}$ 的方向角为 $\alpha,\beta,\gamma$，当函数在点 $P(x,y,z)$ 处可微时，函数在该点处沿任意方向 $\boldsymbol{l}$ 的方向导数都存在，且有

$$\frac{\partial f}{\partial \boldsymbol{l}}=\frac{\partial f}{\partial x}\cos\alpha+\frac{\partial f}{\partial y}\cos\beta+\frac{\partial f}{\partial z}\cos\gamma. \tag{9.5.3}$$

**例 9.5.2**　求函数 $u=\ln(\sqrt{x^2+y^2}+z)$ 在点 $A(1,0,1)$ 处沿点 $A$ 指向点 $B(3,-2,2)$ 方向的方向导数.

**解**　这里 $\boldsymbol{l}$ 为 $\overrightarrow{AB}=(2,-2,1)$ 的方向，向量 $\overrightarrow{AB}$ 的方向余弦为

$$\cos\alpha=\frac{2}{\sqrt{2^2+(-2)^2+1^2}}=\frac{2}{3},\quad \cos\beta=-\frac{2}{3},\quad \cos\gamma=\frac{1}{3},$$

又

$$\frac{\partial u}{\partial x}=\frac{1}{\sqrt{x^2+y^2}+z}\cdot\frac{x}{\sqrt{x^2+y^2}},$$

$$\frac{\partial u}{\partial y}=\frac{1}{\sqrt{x^2+y^2}+z}\cdot\frac{y}{\sqrt{x^2+y^2}},$$

$$\frac{\partial u}{\partial z}=\frac{1}{\sqrt{x^2+y^2}+z},$$

所以

$$\left.\frac{\partial u}{\partial x}\right|_A=\frac{1}{2},\quad \left.\frac{\partial u}{\partial y}\right|_A=0,\quad \left.\frac{\partial u}{\partial z}\right|_A=\frac{1}{2}.$$

于是

$$\left.\frac{\partial u}{\partial \boldsymbol{l}}\right|_A=\left.\left(\frac{\partial u}{\partial x}\cos\alpha+\frac{\partial u}{\partial y}\cos\beta+\frac{\partial u}{\partial z}\cos\gamma\right)\right|_A=\frac{1}{2}\times\frac{2}{3}+0\times\left(-\frac{2}{3}\right)+\frac{1}{3}\times\frac{1}{2}=\frac{1}{2}.$$

## 二、梯度

**定义 9.5.2**　设函数 $z=f(x,y)$ 在平面区域 $D$ 内具有一阶连续偏导数，$\forall P(x,y)\in D$，称向量 $\frac{\partial f}{\partial x}\boldsymbol{i}+\frac{\partial f}{\partial y}\boldsymbol{j}$ 为函数 $z=f(x,y)$ 在点 $P$ 处的**梯度**，记为 $\mathbf{grad}f(x,y)$，即

$$\mathbf{grad}f(x,y)=\frac{\partial f}{\partial x}\boldsymbol{i}+\frac{\partial f}{\partial y}\boldsymbol{j}.$$

根据方向导数的计算公式(9.5.2)，有

$$\begin{aligned}\frac{\partial f}{\partial l}&=\frac{\partial f}{\partial x}\cos\alpha+\frac{\partial f}{\partial y}\cos\beta=\left(\frac{\partial f}{\partial x},\frac{\partial f}{\partial y}\right)\cdot(\cos\alpha,\cos\beta),\\&=\mathbf{grad}f(x,y)\cdot\boldsymbol{e}_l=\left|\mathbf{grad}f(x,y)\right|\cos\theta,\end{aligned}$$

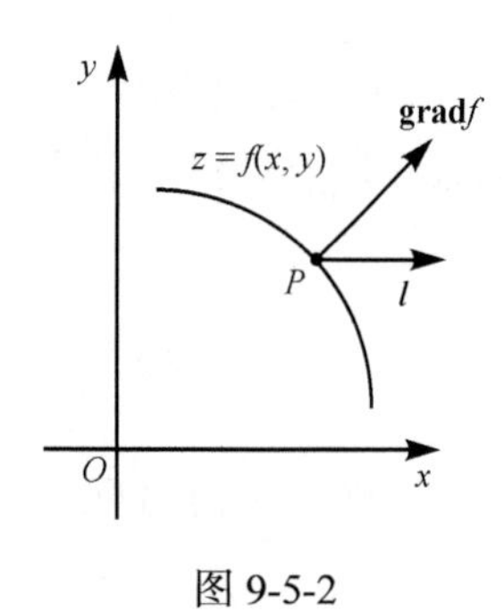

图 9-5-2

其中 $\theta=\left(\widehat{\mathbf{grad}f(x,y),\boldsymbol{e}_l}\right)$ 表示向量 $\mathbf{grad}f(x,y)$ 与 $\boldsymbol{e}_l$ 的夹角.

由此可见，方向导数 $\dfrac{\partial f}{\partial \boldsymbol{l}}$ 就是梯度在射线 $\boldsymbol{l}$ 上的投影(图 9-5-2), 若方向 $\boldsymbol{l}$ 与梯度方向一致, 有

$$\cos\left(\widehat{\mathbf{grad}f(x,y),\boldsymbol{e}_l}\right)=1,$$

则 $\dfrac{\partial f}{\partial \boldsymbol{l}}$ 有最大值, 即函数 $f$ 沿梯度方向的方向导数达到最大值; 若方向 $\boldsymbol{l}$ 与梯度方向相反时, 有

$$\cos\left(\widehat{\mathbf{grad}f(x,y),\boldsymbol{e}_l}\right)=-1,$$

则 $\dfrac{\partial f}{\partial \boldsymbol{l}}$ 有最小值, 即函数 $f$ 沿梯度方向的方向导数取得最小值. 因此有如下结论.

**函数在某点的梯度的方向与取得最大方向导数的方向一致, 它的模为方向导数的最大值.**

根据梯度的定义, 梯度的模为

$$|\mathbf{grad}f(x,y)|=\sqrt{\left(\frac{\partial f}{\partial x}\right)^2+\left(\frac{\partial f}{\partial y}\right)^2}.$$

当 $\dfrac{\partial f}{\partial x}\neq 0$ 时, $x$ 轴到梯度的夹角的正切为 $\tan\theta=\dfrac{f_y}{f_x}$.

设三元函数 $u=f(x,y,z)$ 在空间区域 $G$ 内具有一阶连续偏导数, 可以类似地定义 $u=f(x,y,z)$ 在 $G$ 内点 $P(x,y,z)$ 处的梯度为

$$\mathbf{grad}f(x,y,z)=\frac{\partial f}{\partial x}\boldsymbol{i}+\frac{\partial f}{\partial y}\boldsymbol{j}+\frac{\partial f}{\partial z}\boldsymbol{k}.$$

这个梯度也是一个向量, 其方向与取得最大方向导数的方向一致, 其模为方向导数的最大值.

**例 9.5.3**　求 $\mathbf{grad}\dfrac{1}{x^2+y^2}$.

**解**　令 $f(x,y)=\dfrac{1}{x^2+y^2}$, 则

$$\frac{\partial f}{\partial x}=-\frac{2x}{(x^2+y^2)^2},\quad \frac{\partial f}{\partial y}=-\frac{2y}{(x^2+y^2)^2},$$

所以

$$\mathbf{grad}\frac{1}{x^2+y^2}=-\frac{2x}{(x^2+y^2)^2}\boldsymbol{i}-\frac{2y}{(x^2+y^2)^2}\boldsymbol{j}.$$

**例 9.5.4**　函数 $u=xz^2+y^3-2xyz$ 在点 $P_0(1,1,1)$ 处沿哪个方向的方向导数最大? 最大值是多少?

**解**　因为

$$\left.\frac{\partial u}{\partial x}\right|_{P_0}=(z^2-2yz)\big|_{P_0}=-1,$$

$$\left.\frac{\partial u}{\partial y}\right|_{P_0}=(3y^2-2xz)\big|_{P_0}=1,$$

$$\left.\frac{\partial u}{\partial z}\right|_{P_0}=(2xz-2xy)\big|_{P_0}=0,$$

从而

$$\mathbf{grad}u(P_0)=(-1,1,0),\quad |\mathbf{grad}u(P_0)|=\sqrt{1+1+0}=\sqrt{2}.$$

于是，$u$ 在点 $P_0$ 处沿方向 $(-1,1,0)$ 的方向导数最大，最大值是 $\sqrt{2}$ .

设 $u,v$ 可微，$a,b$ 为常数，则梯度运算满足以下运算法则:

(1) $\mathbf{grad}(au+bv)=a\mathbf{grad}u+b\mathbf{grad}v$ ;

(2) $\mathbf{grad}(u\cdot v)=u\mathbf{grad}v+v\mathbf{grad}u$ ;

(3) $\mathbf{grad}f(u)=f'(u)\mathbf{grad}u$ .

**例 9.5.5**　设函数 $f(r)$ 可微，$r=|\boldsymbol{r}|,\boldsymbol{r}=x\boldsymbol{i}+y\boldsymbol{j}+z\boldsymbol{k}$. 求 $\mathbf{grad}f(r)$,

**解**　由运算法则(3)知

$$\mathbf{grad}f(r)=f'(r)\mathbf{grad}r=f'(r)\left(\frac{\partial r}{\partial x}\boldsymbol{i}+\frac{\partial r}{\partial y}\boldsymbol{j}+\frac{\partial r}{\partial z}\boldsymbol{k}\right).$$

因为 $\frac{\partial r}{\partial x}=\frac{x}{r},\frac{\partial r}{\partial y}=\frac{y}{r},\frac{\partial r}{\partial z}=\frac{z}{r}$, 所以

$$\mathbf{grad}f(r)=f'(r)\left(\frac{x}{r}\boldsymbol{i}+\frac{y}{r}\boldsymbol{j}+\frac{z}{r}\boldsymbol{k}\right)=f'(r)\frac{\boldsymbol{r}}{|\boldsymbol{r}|}=f'(r)\boldsymbol{e}_r,$$

这里 $\boldsymbol{e}_r$ 表示方向 $\boldsymbol{r}$ 上的单位向量.

## 三、等高线——梯度的几何意义

二元函数 $z=f(x,y)$ 在几何上表示一个空间曲面，描绘等高线是在实际应用中对二元函数 $z=f(x,y)$ 进行直观描述的又一种方法.

一般地，把曲线 $\begin{cases}z=f(x,y),\\ z=k\end{cases}$ 在 $xOy$ 面上的投影 $L^*:f(x,y)=k$ 称为函数 $f(x,y)$ 的**等值线**或**等高线**. 按照定义，等高线 $f(x,y)=k$ 是函数 $f$ 取已知值 $k$ 的所有点 $(x,y)$ 的集合.

设 $f_x,f_y$ 不同时为零，则 $L^*$ 上点 $P$ 处的法向量为 $(f_x,f_y)\big|_P=\mathbf{grad}f\big|_P$ . 函数在一点的梯度垂直于该点等值线，指向函数增大的方向(图 9-5-3).

同样，$f(x,y,z)=k$ 称为函数 $u=f(x,y,z)$ 的**等值面**(**等量面**). 当其各偏导数不同时为零时，其上点 $P$ 处的法向量为 $\mathbf{grad}f\big|_P$ .

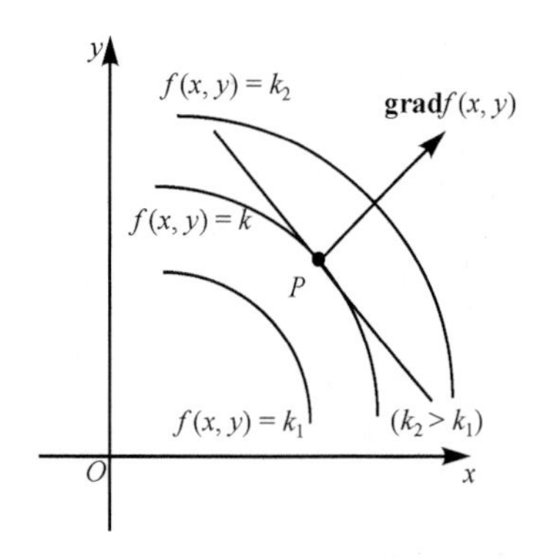


图 9-5-3

**等高线的作法** 用一系列平面 $z=k$ 截曲面 $z=f(x,y)$ 得到一系列空间曲线(水平截痕), 这些曲面在 $xOy$ 面上的投影曲线就是所求等高线. 所以, 若画出一个函数的若干等高线, 并将它们提升(或降低)到所对应的高, 则函数的图形也就大致得到了.

例如, 用计算机生成函数 $z=(x^2+2y^2)e^{1-x^2-y^2}$ 的曲面图和等高线分别如图 9-5-4 和图 9-5-5 所示.

当按等间距 $k$ 画出一族等高线 $f(x,y)=k$ 时, 在等高线互相贴近的地方, 曲面较陡峭; 而在等高线互相分开的地方, 曲面较平坦.

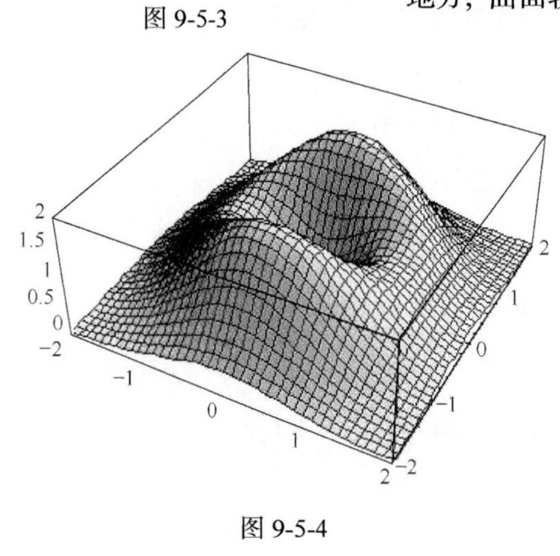


图 9-5-4

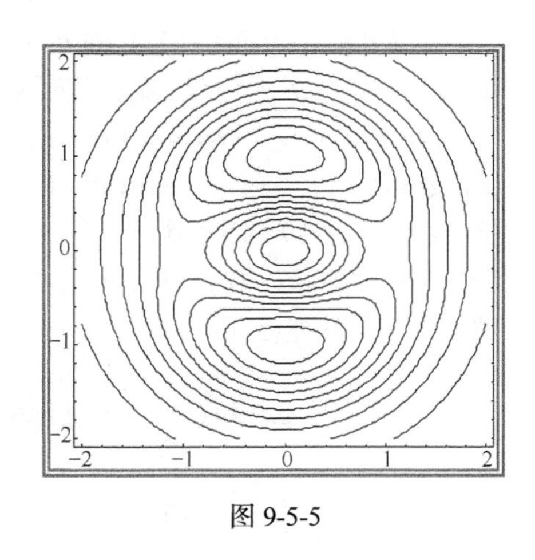


图 9-5-5

## 习题 9-5

1. 已知方向向量 $\boldsymbol{l}=(6,-3,-3)$, 求函数 $u=\ln(x+y^2+z^2)$ 在点 $M_0(1,0,2)$ 处沿该向量的方向导数.

2. 求函数 $u=x^2+y^2+z^2$ 沿曲线 $\begin{cases} x=t^3, \\ y=t^2, \\ z=t \end{cases}$ 上点 $(1,1,1)$ 的切线正方向的方向导数.

3. 已知函数表达式 $u=xy+yz+xz$, 求其在点 $P(1,1,3)$ 处沿 $P$ 点的向径方向的方向导数.

4. 求函数 $z=\ln(x+y)$ 沿着抛物线 $y^2=9x$ 在点 $\left(\dfrac{9}{4},\dfrac{9}{2}\right)$ 处偏向 $x$ 轴正向的切线方向的方向导数.

5. 设 $f(x,y,z)=x^2+2y^2+3z^2+xy+3x-2y-6z$, 求 $\mathbf{grad}f(0,0,0)$, $\mathbf{grad}f(1,2,3)$.

6. 求函数 $u=x^2-y^2+z^2$ 在点 $M_1(3,0,1),M_2(0,2,0)$ 的梯度之间的夹角.

7. 设函数 $s=\ln\frac{1}{t}$，其中 $t=\sqrt{(x-a)^2+(y-b)^2+(z-c)^2}$，试找出能满足等式 $|\mathbf{grad}s|=1$ 的点.

8. 求函数 $z=xy$ 在点 $(x,y)$ 沿方向 $\boldsymbol{l}=(\cos\alpha,\sin\alpha)$ 的方向导数，并求在这点的梯度和最大的方向导数及最小的方向导数.

9. 已知球面 $x^2+y^2+z^2=9$ 上一点 $(x_0,y_0,z_0)$，求函数 $u=x+y+z$ 沿球面在该点的外法线方向的方向导数.

## 第六节　隐函数微分法

在一元函数微分学中介绍了隐函数求导的方法，下面根据多元复合函数求导法则，给出几个隐函数存在定理.

**定理 9.6.1**　若函数 $F(x,y)$ 在点 $(x_0,y_0)$ 的某一邻域内具有连续的偏导数，且 $F(x_0,y_0)=0$，$F_y(x_0,y_0)\neq 0$，则方程 $F(x,y)=0$ 在点 $(x_0,y_0)$ 的某一邻域内唯一确定一个连续且具有连续导数的函数 $y=f(x)$，它满足 $y_0=f(x_0)$，并有

$$\frac{\mathrm{d}y}{\mathrm{d}x}=-\frac{F_x}{F_y}. \tag{9.6.1}$$

**定理 9.6.2**　若函数 $F(x,y,z)$ 在点 $(x_0,y_0,z_0)$ 的某一邻域内有连续的偏导数，且 $F(x_0,y_0,z_0)=0,F_z(x_0,y_0,z_0)\neq 0$，则方程 $F(x,y,z)=0$ 在点 $(x_0,y_0,z_0)$ 的某一邻域内唯一确定一个连续且具有连续偏导数的二元隐函数 $z=f(x,y)$，满足条件 $z_0=f(x_0,y_0)$，并有

$$\frac{\partial z}{\partial x}=-\frac{F_x}{F_z},\quad \frac{\partial z}{\partial y}=-\frac{F_y}{F_z}. \tag{9.6.2}$$

**例 9.6.1**　求由方程 $xy-\mathrm{e}^x+\mathrm{e}^y=0$ 所确定的隐函数 $y$ 的导数 $\frac{\mathrm{d}y}{\mathrm{d}x},\left.\frac{\mathrm{d}y}{\mathrm{d}x}\right|_{x=0}$.

**解法一**　直接用公式求解.

令 $F=xy-\mathrm{e}^x+\mathrm{e}^y$，则

$$F_x=y-\mathrm{e}^x,\quad F_y=x+\mathrm{e}^y,$$

即

$$\frac{\mathrm{d}y}{\mathrm{d}x}=-\frac{F_x}{F_y}=\frac{\mathrm{e}^x-y}{x+\mathrm{e}^y},$$

由原方程知 $x=0$ 时，$y=0$，所以

$$\left.\frac{\mathrm{d}y}{\mathrm{d}x}\right|_{x=0}=\left.\frac{\mathrm{e}^x-y}{x+\mathrm{e}^y}\right|_{\substack{x=0\\y=0}}=1.$$

**解法二** 采用第二章两边求导的方法，方程两边同时对 $x$ 求导，

$$y+x\frac{\mathrm{d}y}{\mathrm{d}x}-\mathrm{e}^x+\mathrm{e}^y\frac{\mathrm{d}y}{\mathrm{d}x}=0,$$

解得

$$\frac{\mathrm{d}y}{\mathrm{d}x}=\frac{\mathrm{e}^x-y}{x+\mathrm{e}^y},$$

由原方程知 $x=0, y=0$，所以

$$\left.\frac{\mathrm{d}y}{\mathrm{d}x}\right|_{x=0}=\left.\frac{\mathrm{e}^x-y}{x+\mathrm{e}^y}\right|_{\substack{x=0\\y=0}}=1.$$

**例 9.6.2** 求由方程 $z^3-3xyz=a^3$($a$ 是常数)所确定的隐函数 $z=f(x,y)$ 的偏导数 $\frac{\partial z}{\partial x}$ 和 $\frac{\partial z}{\partial y}$.

**解** 令 $F(x,y,z)=z^3-3xyz-a^3$，则 $F_x=-3yz$，$F_y=-3xz$，$F_z=3z^2-3xy$. 显然都是连续函数. 所以，当 $F_z=3z^2-3xy\neq 0$ 时，由隐函数存在定理得

$$\frac{\partial z}{\partial x}=-\frac{F_x}{F_z}=-\frac{-3yz}{3z^2-3xy}=\frac{yz}{z^2-xy},$$

$$\frac{\partial z}{\partial y}=-\frac{F_y}{F_z}=-\frac{-3xz}{3z^2-3xy}=\frac{xz}{z^2-xy}.$$

**例 9.6.3** 设 $x^2+y^2+z^2-6z=0$，求 $\frac{\partial^2 z}{\partial x^2}$.

**解** 令 $F(x,y,z)=x^2+y^2+z^2-6z$，则

$$F_x=2x,\quad F_z=2z-6,$$

所以

$$\frac{\partial z}{\partial x}=-\frac{F_x}{F_z}=\frac{x}{3-z},$$

$$\frac{\partial^2 z}{\partial x^2}=\frac{(3-z)+x\frac{\partial z}{\partial x}}{(3-z)^2}=\frac{(3-z)+x\cdot\frac{x}{3-z}}{(3-z)^2}=\frac{(3-z)^2+x^2}{(3-z)^3}.$$

**例 9.6.4** 设方程 $x+y+z=\mathrm{e}^z$ 确定了隐函数 $z=z(x,y)$，求 $\frac{\partial^2 z}{\partial x^2}$，$\frac{\partial^2 z}{\partial y^2}$.

**解** 方程两边分别对 $x$ 求偏导和对 $y$ 求偏导，得

$$1+\frac{\partial z}{\partial x}=\mathrm{e}^z\frac{\partial z}{\partial x},\quad 1+\frac{\partial z}{\partial y}=\mathrm{e}^z\frac{\partial z}{\partial x},$$

所以

$$\frac{\partial z}{\partial x}=\frac{1}{\mathrm{e}^z-1},\quad \frac{\partial z}{\partial y}=\frac{1}{\mathrm{e}^z-1}.$$

$$\frac{\partial^2 z}{\partial x^2}=\frac{\partial}{\partial x}\left(\frac{\partial z}{\partial x}\right)=-\frac{1}{(e^z-1)^2}\cdot e^z\frac{\partial z}{\partial x}=-\frac{e^z}{(e^z-1)^2}\cdot\frac{1}{e^z-1}=-\frac{e^z}{(e^z-1)^3}.$$

同理 $\dfrac{\partial^2 z}{\partial y^2}=-\dfrac{e^z}{(e^z-1)^3}$.

以上介绍的是单个方程的情况，下面介绍方程组的情况.

**定理 9.6.3**　设 $F(x,y,u,v),G(x,y,u,v)$ 在点 $P(x_0,y_0,u_0,v_0)$ 的某一邻域内有对各个变量的连续偏导数，又 $F(x_0,y_0,u_0,v_0)=0,G(x_0,y_0,u_0,v_0)=0$，且函数 $F,G$ 的**雅可比**(Jacobi)**行列式** $J=\dfrac{\partial(F,G)}{\partial(u,v)}=\begin{vmatrix}F_u & F_v\\ G_u & G_v\end{vmatrix}$ 在点 $P$ 不等于零，则方程组

$$\begin{cases}F(x,y,u,v)=0,\\ G(x,y,u,v)=0\end{cases}$$

在点 $P$ 的某一邻域内唯一确定一组连续且具有连续偏导数的函数 $u=u(x,y),v=v(x,y)$，它们满足条件 $u_0=u(x_0,y_0),v_0=v(x_0,y_0)$，其偏导数公式为

$$\frac{\partial u}{\partial x}=-\frac{\dfrac{\partial(F,G)}{\partial(x,v)}}{\dfrac{\partial(F,G)}{\partial(u,v)}},\quad \frac{\partial v}{\partial x}=-\frac{\dfrac{\partial(F,G)}{\partial(u,x)}}{\dfrac{\partial(F,G)}{\partial(u,v)}}. \tag{9.6.3}$$

$$\frac{\partial u}{\partial y}=-\frac{\dfrac{\partial(F,G)}{\partial(y,v)}}{\dfrac{\partial(F,G)}{\partial(u,v)}},\quad \frac{\partial v}{\partial y}=-\frac{\dfrac{\partial(F,G)}{\partial(u,y)}}{\dfrac{\partial(F,G)}{\partial(u,v)}}. \tag{9.6.4}$$

定理 9.6.1～定理 9.6.3 统称为**隐函数存在定理**.

实际上，若直接利用求偏导或求微分，然后求解抽象函数的隐函数偏导数(例 9.6.4)或求解方程组形式的隐函数组的偏导数(例 9.6.5)会更加方便.

**例 9.6.5**　设 $\begin{cases}xu-yv=0,\\ yu+xv=1,\end{cases}$ 求 $\dfrac{\partial u}{\partial x},\dfrac{\partial u}{\partial y},\dfrac{\partial v}{\partial x},\dfrac{\partial v}{\partial y}$.

**解法一**　用公式推导的方法，将所给方程的两边对 $x$ 求导并移项得

$$\begin{cases}x\dfrac{\partial u}{\partial x}-y\dfrac{\partial v}{\partial x}=-u,\\ y\dfrac{\partial u}{\partial x}+x\dfrac{\partial v}{\partial x}=-v,\end{cases}\qquad J=\begin{vmatrix}x & -y\\ y & x\end{vmatrix}=x^2+y^2.$$

在 $J\neq 0$ 的条件下，有

$$\frac{\partial u}{\partial x}=\frac{\begin{vmatrix}-u & -y\\ -v & x\end{vmatrix}}{\begin{vmatrix}x & -y\\ y & x\end{vmatrix}}=-\frac{xu+yv}{x^2+y^2},\quad \frac{\partial v}{\partial x}=\frac{\begin{vmatrix}x & -u\\ y & -v\end{vmatrix}}{\begin{vmatrix}x & -y\\ y & x\end{vmatrix}}=\frac{yu-xv}{x^2+y^2}.$$

将所给方程的两边对 $y$ 求导，用同样方法得

$$\frac{\partial u}{\partial y}=\frac{xv-yu}{x^2+y^2},\quad \frac{\partial v}{\partial y}=-\frac{xu+yv}{x^2+y^2}.$$

**解法二** 方程组确定隐函数 $u=u(x,y)$, $v=v(x,y)$. 在方程组两边取微分, 得

$$\begin{cases}x\mathrm{d}u+u\mathrm{d}x-y\mathrm{d}v-v\mathrm{d}y=0,\\ y\mathrm{d}u+u\mathrm{d}y+x\mathrm{d}v+v\mathrm{d}x=0.\end{cases}$$

把 $\mathrm{d}u,\mathrm{d}v$ 看成未知, 解得

$$\mathrm{d}u=\frac{1}{x^2+y^2}[-(xu+yv)\mathrm{d}x+(xv-yu)\mathrm{d}y],$$

即有

$$\frac{\partial u}{\partial x}=-\frac{xu+yv}{x^2+y^2},\quad \frac{\partial u}{\partial y}=\frac{xv-yu}{x^2+y^2}.$$

同理, 我们还可以求出 $\mathrm{d}v$, 从而得到

$$\frac{\partial v}{\partial x}=\frac{yu-xv}{x^2+y^2},\quad \frac{\partial v}{\partial y}=-\frac{xu+yv}{x^2+y^2}.$$

**例 9.6.6** 设 $\begin{cases}u^2+v^2-x^2-y=0,\\ -u+v-xy+1=0,\end{cases}$ 求 $\frac{\partial x}{\partial u},\frac{\partial y}{\partial u}$.

**解** 方程组确定隐函数组 $x=x(u,v)$, $y=y(u,v)$. 在方程组两边对 $u$ 求偏导, 得

$$\begin{cases}2u-2x\cdot\frac{\partial x}{\partial u}-\frac{\partial y}{\partial u}=0,\\ -1-\frac{\partial x}{\partial u}\cdot y-x\frac{\partial y}{\partial u}=0.\end{cases}$$

解得

$$\frac{\partial x}{\partial u}=\frac{2xu+1}{2x^2-y},\quad \frac{\partial y}{\partial u}=-\frac{2x+2yu}{2x^2-y}.$$

在坐标变换中我们常常要研究一种坐标 $(x,y)$ 与另一种坐标 $(u,v)$ 之间的关系.

**性质 9.6.1** 设方程组

$$\begin{cases}x=x(u,v),\\ y=y(u,v)\end{cases}\tag{9.6.5}$$

可确定隐函数组 $u=u(x,y),v=v(x,y)$, 称其为方程组(9.6.5)的**反函数组**. 设 $x(u,v),y(u,v)$, $u(x,y),v(x,y)$ 具有连续的偏导数, 则

$$\frac{\partial(u,v)}{\partial(x,y)}\cdot\frac{\partial(x,y)}{\partial(u,v)}=1.$$

**证** 将 $u(x,y)$, $v(x,y)$ 代入式(9.6.5), 有

$$\begin{cases}x-x[u(x,y),v(x,y)]=0,\\ y-y[u(x,y),v(x,y)]=0,\end{cases}$$

在方程组两端分别对 $x$ 和 $y$ 求偏导，得

$$\begin{cases}1 - x_u u_x - x_v v_x = 0, \\ 0 - y_u u_x - y_v v_x = 0\end{cases} \quad 和 \quad \begin{cases}0 - x_u u_y - x_v v_y = 0, \\ 1 - y_u u_y - y_v v_y = 0,\end{cases}$$

即

$$\begin{cases}x_u u_x - x_v v_x = 1, \\ y_u u_x + y_v v_x = 0,\end{cases} \quad \begin{cases}x_u u_y + x_v v_y = 0, \\ y_u u_y + y_v v_y = 1.\end{cases}$$

由

$$\begin{vmatrix} u_x & v_x \\ u_y & v_y \end{vmatrix} \cdot \begin{vmatrix} x_u & y_u \\ x_v & y_v \end{vmatrix} = \begin{vmatrix} u_x x_u + v_x x_v & u_x y_u + v_x y_v \\ u_y x_u + v_y x_v & u_y y_u + v_y y_v \end{vmatrix} = \begin{vmatrix} 1 & 0 \\ 0 & 1 \end{vmatrix} = 1,$$

可推出 $\dfrac{\partial(u,v)}{\partial(x,y)} \cdot \dfrac{\partial(x,y)}{\partial(u,v)} = 1$. 证毕.

此结果类似于一元函数反函数的导数公式 $\dfrac{\mathrm{d}x}{\mathrm{d}y} \cdot \dfrac{\mathrm{d}y}{\mathrm{d}x} = 1$.

**性质 9.6.2** 推广到三维情形：若 $x = x(u,v,w)$, $y = y(u,v,w)$, $z = z(u,v,w)$ 确定反函数组

$$u = u(x,y,z), \quad v = v(x,y,z), \quad w = w(x,y,z),$$

则在一定条件下，有

$$\frac{\partial(x,y,z)}{\partial(u,v,w)} \cdot \frac{\partial(u,v,w)}{\partial(x,y,z)} = 1.$$

**例 9.6.7** 设方程组 $\begin{cases}x = u^2 - v, \\ y = u + v^2\end{cases}$ 确定反函数组 $\begin{cases}u = u(x,y), \\ v = v(x,y),\end{cases}$ 求 $\dfrac{\partial u}{\partial x}, \dfrac{\partial v}{\partial x}, \dfrac{\partial u}{\partial y}, \dfrac{\partial v}{\partial y}$.

**解** 由 $\begin{cases}u = u(x,y), \\ v = v(x,y),\end{cases}$ 在方程组两边对 $x$ 求偏导，得

$$\begin{cases}1 = 2u \cdot \dfrac{\partial u}{\partial x} - \dfrac{\partial v}{\partial x}, \\ 0 = \dfrac{\partial u}{\partial x} + 2v \cdot \dfrac{\partial v}{\partial x},\end{cases}$$

解得

$$\frac{\partial u}{\partial x} = \frac{2v}{4uv+1}, \quad \frac{\partial v}{\partial x} = \frac{-1}{4uv+1}.$$

同理，在方程组两边对 $y$ 求偏导，可得

$$\frac{\partial u}{\partial y} = \frac{1}{4uv+1}, \quad \frac{\partial v}{\partial y} = \frac{2u}{4uv+1}.$$

## 习题 9-6

1. 已知 $\operatorname{arccot}\dfrac{y}{x}=\ln\sqrt{x^2+y^2}$，求 $\dfrac{\mathrm{d}y}{\mathrm{d}x}$.

2. 设 $x+2y+3z-\sqrt{xyz}=0$，求 $\dfrac{\partial z}{\partial x},\dfrac{\partial z}{\partial y}$.

3. 求函数 $z=(1+xy)^y$ 的一阶偏导数.

4. 设 $x^2+y^2+z^2=xf\left(\dfrac{z}{x}\right)$，其中 $f$ 可导，求 $\dfrac{\partial z}{\partial x},\dfrac{\partial z}{\partial y}$.

5. 已知函数表达式为 $z^5-xz^4+yz-1=0$，求 $\dfrac{\partial^2 z}{\partial x\partial y}$.

6. 已知函数表达式为 $z^3+y=2xz$，求 $\left.\dfrac{\partial^2 z}{\partial x^2}\right|_{(0,1)},\left.\dfrac{\partial^2 z}{\partial y^2}\right|_{(0,1)}$.

7. 设函数 $z=f(x,y)$ 由方程 $F\left(x+\dfrac{z}{y},y+\dfrac{z}{x}\right)=0$ 所确定，证明 $x\dfrac{\partial z}{\partial x}+y\dfrac{\partial z}{\partial y}=z-xy$.

8. 已知 $\begin{cases}x^2+y^2-z=0,\\x^2+2y^2+3z^2-20=0,\end{cases}$ 求导数 $\dfrac{\mathrm{d}y}{\mathrm{d}x},\dfrac{\mathrm{d}z}{\mathrm{d}x}$.

9. 设 $\begin{cases}x+y+y^3+z^2=1,\\x+y+y^2+z=0,\end{cases}$ 求 $\dfrac{\mathrm{d}z}{\mathrm{d}x},\dfrac{\mathrm{d}y}{\mathrm{d}x}$.

10. 已知 $\begin{cases}s=u\sin v+\mathrm{e}^u,\\t=-u\cos v+\mathrm{e}^u,\end{cases}$ 求偏导数 $\dfrac{\partial u}{\partial s},\dfrac{\partial u}{\partial t},\dfrac{\partial v}{\partial s},\dfrac{\partial v}{\partial t}$.

11. 已知函数表达式为 $xy-\mathrm{e}^{x+y}=0$，求 $\dfrac{\mathrm{d}^2 y}{\mathrm{d}x^2}$.

# 第七节　微分法的几何应用

## 一、空间曲线的切线和法平面

**类型 1**　由参数方程

$$x=x(t),\quad y=y(t),\quad z=z(t) \tag{9.7.1}$$

表示的空间曲线 $\Gamma$，三个函数都可导，且导数不全为零.

在曲线 $\Gamma$ 上某一点 $M(x_0,y_0,z_0)$ 附近取点 $P(x_0+\Delta x,y_0+\Delta y,z_0+\Delta z)$．点 $M$、点 $P$ 分别与参数 $t=t_0$、参数 $t=t_0+\Delta t$ 对应，曲线的**割线** $MP$ 的方程可表示为

$$\frac{x-x_0}{\Delta x}=\frac{y-y_0}{\Delta y}=\frac{z-z_0}{\Delta z},$$

用$\Delta t$除上式的各分母, 得

$$\frac{x-x_0}{\frac{\Delta x}{\Delta t}}=\frac{y-y_0}{\frac{\Delta y}{\Delta t}}=\frac{z-z_0}{\frac{\Delta z}{\Delta t}},$$

令点$P$沿着曲线$\Gamma$趋于点$M$时 ($\Delta t\to 0$), 对上式取极限, 即得到曲线$\Gamma$在点$M$处的**切线方程**为

$$\frac{x-x_0}{x'(t_0)}=\frac{y-y_0}{y'(t_0)}=\frac{z-z_0}{z'(t_0)}, \tag{9.7.2}$$

切线$MT$就是曲线在点$M$处的割线$MP$的极限位置(图 9-7-1).

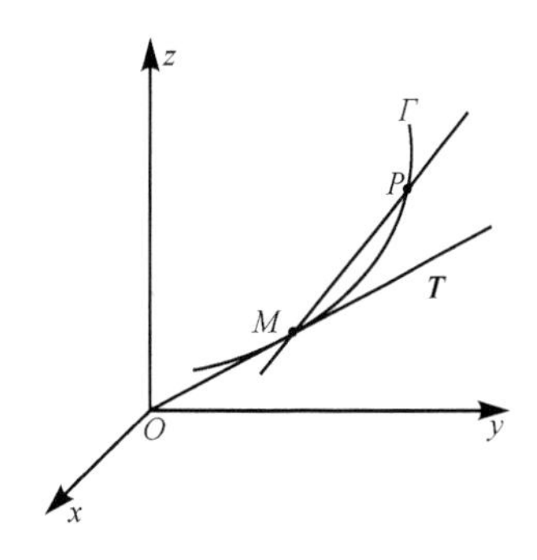

图 9-7-1

曲线$\Gamma$在点$M$处的切线的方向向量

$$\boldsymbol{T}=(x'(t_0),y'(t_0),z'(t_0)) \tag{9.7.3}$$

称为曲线$\Gamma$的**切向量.**

过点$M$且与切线垂直的平面称为曲线$\Gamma$在点$M$的**法平面**. 曲线的切向量就是法平面的法向量$\boldsymbol{T}=(x'(t_0),y'(t_0),z'(t_0))$, 所以**法平面的方程**为

$$x'(t_0)(x-x_0)+y'(t_0)(y-y_0)+z'(t_0)(z-z_0)=0. \tag{9.7.4}$$

**例 9.7.1**　求曲线$\Gamma$: $x=\int_0^t \mathrm{e}^u\cos u\mathrm{d}u, y=2t-1, z=t^3+2t$在$t=0$处的切线和法平面方程.

**解**　当$t=0$时, $x=0$, $y=-1$, $z=0$, 又

$$x'=\mathrm{e}^t\cos t,\quad y'=2,\quad z'=3t^2+2,$$

所以曲线$\Gamma$在$t=0$处的切向量

$$\boldsymbol{T}=(x'(0),y'(0),z'(0))=(1,2,2).$$

于是, 所求切线方程为

$$\frac{x-0}{1}=\frac{y+1}{2}=\frac{z-0}{2},$$

法平面方程为

$$x+2(y+1)+2z=0,\quad \text{即}\, x+2y+2z+2=0.$$

**例 9.7.2**　求出曲线$\begin{cases} y=-x^2, \\ z=x^3 \end{cases}$上的点, 使在该点的切线平行于已知平面$x+2y+z=4$.

**解**　设所求切点为$(x_0,y_0,z_0)$, 将方程组$y=-x^2, z=x^3$表示为方程组的形式

$$\begin{cases} x = x, \\ y = -x^2, \\ z = x^3. \end{cases}$$

函数 $y=-x^2, z=x^3$ 在 $x=x_0$ 处可导，则根据式(9.7.3)，曲线在该点的切线向量为 $\boldsymbol{s}=(1,-2x_0,3x_0^2)$，由于切线平行于已知平面 $z+2y+z=4$，因而 $\boldsymbol{s}$ 垂直于已知平面的法线向量 $\boldsymbol{n}=(1,2,1)$，故有

$$\boldsymbol{s}\cdot\boldsymbol{n}=1\cdot 1+(-2x_0)\cdot 2+3x_0^2\cdot 1=0,$$

即 $x_0=1$ 或 $\dfrac{1}{3}$，将它代入曲线方程，求得切点为 $M_1(1,-1,1)$ 和 $M_2\left(\dfrac{1}{3},-\dfrac{1}{9},\dfrac{1}{27}\right)$.

**类型 2**　设空间曲线 $\Gamma$：$\begin{cases} F(x,y,z)=0, \\ G(x,y,z)=0 \end{cases}$ 中函数 $F,G$ 具有连续偏导数，则该空间曲线方程组隐含唯一确定的函数组 $y=y(x), z=z(x)$，且

$$\frac{\mathrm{d}y}{\mathrm{d}x}=-\frac{\dfrac{\partial(F,G)}{\partial(x,z)}}{\dfrac{\partial(F,G)}{\partial(y,z)}}=\frac{\dfrac{\partial(F,G)}{\partial(z,x)}}{\dfrac{\partial(F,G)}{\partial(y,z)}},\quad \frac{\mathrm{d}z}{\mathrm{d}x}=-\frac{\dfrac{\partial(F,G)}{\partial(y,x)}}{\dfrac{\partial(F,G)}{\partial(y,z)}}=\frac{\dfrac{\partial(F,G)}{\partial(x,y)}}{\dfrac{\partial(F,G)}{\partial(y,z)}},$$

所以曲线 $\Gamma$ 的**切向量**为

$$\boldsymbol{T}=(1,y'(x),z'(x))=\left(1,\ \frac{\dfrac{\partial(F,G)}{\partial(z,x)}}{\dfrac{\partial(F,G)}{\partial(y,z)}},\ \frac{\dfrac{\partial(F,G)}{\partial(x,y)}}{\dfrac{\partial(F,G)}{\partial(y,z)}}\right),$$

从而曲线 $\Gamma$ 在点 $M_0(x_0,y_0,z_0)$ 处的切向量可取为

$$\boldsymbol{T}=\left(\left.\frac{\partial(F,G)}{\partial(y,z)}\right|_{M_0},\ \left.\frac{\partial(F,G)}{\partial(z,x)}\right|_{M_0},\ \left.\frac{\partial(F,G)}{\partial(x,y)}\right|_{M_0}\right),$$

因此，当 $\left.\dfrac{\partial(F,G)}{\partial(y,z)}\right|_{M_0}, \left.\dfrac{\partial(F,G)}{\partial(z,x)}\right|_{M_0}, \left.\dfrac{\partial(F,G)}{\partial(x,y)}\right|_{M_0}$ 不同时为零时，曲线 $\Gamma$ 在点 $M_0(x_0,y_0,z_0)$ 处的**切线方程**为

$$\frac{x-x_0}{\left.\dfrac{\partial(F,G)}{\partial(y,z)}\right|_{M_0}}=\frac{y-y_0}{\left.\dfrac{\partial(F,G)}{\partial(z,x)}\right|_{M_0}}=\frac{z-z_0}{\left.\dfrac{\partial(F,G)}{\partial(x,y)}\right|_{M_0}},\tag{9.7.5}$$

该公式可利用变量 $x,y,z$ 轮换对称性记忆. **法平面方程**为

$$\left.\frac{\partial(F,G)}{\partial(y,z)}\right|_{M_0}(x-x_0)+\left.\frac{\partial(F,G)}{\partial(z,x)}\right|_{M_0}(y-y_0)+\left.\frac{\partial(F,G)}{\partial(x,y)}\right|_{M_0}(z-z_0)=0.\tag{9.7.6}$$

**例 9.7.3**　求曲线 $\begin{cases} x^2+z^2=10, \\ y^2+z^2=10 \end{cases}$ 在点 $(1,3,1)$ 处的切线及法平面方程.

**解**　设 $F(x,y,z)=x^2+z^2-10,\ G(x,y,z)=y^2+z^2-10$, 由于

$$F_x=2x,\quad F_y=0,\quad F_z=2z,\quad G_x=0,\quad G_y=2y,\quad G_z=2z,$$

所以

$$\begin{vmatrix} F_y & F_z \\ G_y & G_z \end{vmatrix}_{(1,3,1)}=\begin{vmatrix} 0 & 2z \\ 2y & 2z \end{vmatrix}_{(1,3,1)}=-12,$$

$$\begin{vmatrix} F_z & F_x \\ G_z & G_x \end{vmatrix}_{(1,3,1)}=\begin{vmatrix} 2z & 2x \\ 2z & 0 \end{vmatrix}_{(1,3,1)}=-4,$$

$$\begin{vmatrix} F_x & F_y \\ G_x & G_y \end{vmatrix}_{(1,3,1)}=\begin{vmatrix} 2x & 0 \\ 0 & 2y \end{vmatrix}_{(1,3,1)}=12.$$

即所求曲线在点 $(1,3,1)$ 处的切向量可取为

$$\boldsymbol{T}=(3,1,-3),$$

从而所求的切线方程为

$$\frac{x-1}{3}=\frac{y-3}{1}=\frac{z-1}{-3}.$$

法平面方程为

$$3(x-1)+(y-3)-3(z-1)=0,$$

即

$$3x+y-3z=3.$$

**例 9.7.4**　求曲线 $\begin{cases} x^2+y^2+z^2=6, \\ x+y+z=0 \end{cases}$ 在点 $(1,-2,-1)$ 处的切线及法平面方程.

**解**　在所给方程的两边对 $x$ 求导并移项, 得

$$\begin{cases} y\dfrac{\mathrm{d}y}{\mathrm{d}x}+z\dfrac{\mathrm{d}z}{\mathrm{d}x}=-x, \\ \dfrac{\mathrm{d}y}{\mathrm{d}x}+\dfrac{\mathrm{d}z}{\mathrm{d}x}=-1, \end{cases}$$

解得

$$\begin{cases} \dfrac{\mathrm{d}y}{\mathrm{d}x}=\dfrac{z-x}{y-z}, \\ \dfrac{\mathrm{d}z}{\mathrm{d}x}=\dfrac{x-y}{y-z}, \end{cases}$$

从而 $\left.\dfrac{\mathrm{d}y}{\mathrm{d}x}\right|_{(1,-2,-1)}=2$，$\left.\dfrac{\mathrm{d}z}{\mathrm{d}x}\right|_{(1,-2,-1)}=-3$，即曲线在点 $(1,-2,-1)$ 处的切向量为 $\boldsymbol{T}=(1,2,-3)$，故所求切线方程为

$$\frac{x-1}{1}=\frac{y+2}{2}=\frac{z+1}{-3},$$

法平面方程为

$$(x-1)+2(y+2)-3(z+1)=0, 即 x+2y-3z=0.$$

## 二、空间曲面的切平面与法线

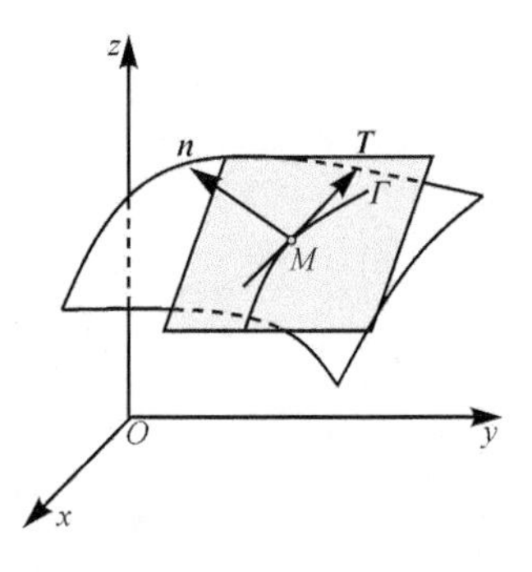

图 9-7-2

**类型 1** 设 $M_0(x_0,y_0,z_0)$ 是空间曲面 $\Sigma$： $F(x,y,z)=0$ 上的一点，函数 $F(x,y,z)$ 的偏导数在该点连续且不同时为零.

可以证明曲面 $\Sigma$ 在点 $M_0$ 处有切平面(过点 $M_0$ 在曲线上可以作无数条曲线，这些曲线在点 $M_0$ 处分别都有切线，这无数条曲线的切线都在同一平面上)，切平面的法向量 $\boldsymbol{n}=(F_x(x_0,y_0,z_0),F_y(x_0,y_0,z_0),F_z(x_0,y_0,z_0))$ 称为在点 $M_0$ 处**曲面的法向量**. 曲面 $\Sigma$ 上过点 $M_0$ 的任意一条曲线的切线都与向量 $\boldsymbol{n}$ 垂直，即 $\boldsymbol{n}\cdot\boldsymbol{T}=0$(图 9-7-2). 过点 $M_0$ 的任意一条曲线在点 $M_0$ 处的**切平面**方程为

$$F_x\Big|_{M_0}(x-x_0)+F_y\Big|_{M_0}(y-y_0)+F_z\Big|_{M_0}(z-z_0)=0, \tag{9.7.7}$$

过点 $M_0$ 且垂直于切平面的直线称为曲面在该点的**法线**. 因此**法线**方程为

$$\frac{x-x_0}{F_x|_{M_0}}=\frac{y-y_0}{F_y|_{M_0}}=\frac{z-z_0}{F_z|_{M_0}}. \tag{9.7.8}$$

**类型 2** 设曲面 $\Sigma$： $z=f(x,y)$. 令 $F(x,y,z)=z-f(x,y)$，则

$$F_x=-f_x,\quad F_y=-f_y,\quad F_z=1,$$

当函数 $f(x,y)$ 在点 $(x_0,y_0)$ 的偏导数 $f_x(x,y)$， $f_y(x,y)$ 连续时，曲面 $\Sigma$ 在点 $M_0$ 处的法向量为

$$\boldsymbol{n}=(-f_x(x_0,y_0),-f_y(x_0,y_0),1), \tag{9.7.9}$$

从而**切平面**方程为

$$f_x(x_0,y_0)(x-x_0)+f_y(x_0,y_0)(y-y_0)-(z-z_0)=0$$

或

$$f_x(x_0,y_0)(x-x_0)+f_y(x_0,y_0)(y-y_0)=z-z_0, \tag{9.7.10}$$

**法线**方程为

$$\frac{x-x_0}{f_x(x_0,y_0)}=\frac{y-y_0}{f_y(y-y_0)}=\frac{z-z_0}{-1}. \tag{9.7.11}$$

方程(9.7.10)的左端表示切平面上点的竖坐标的增量，右端表示函数 $z=f(x,y)$ 在点 $(x_0,y_0)$ 处的全微分，因此，在几何上，函数 $z=f(x,y)$ 在点 $(x_0,y_0)$ 处的全微分就是曲面 $z=f(x,y)$ 在点 $(x_0,y_0)$ 处的切平面上点的竖坐标的增量.

设$\alpha,\beta,\gamma$表示曲面的法向量的方向角，并假定法向量与$z$轴正向的夹角$\gamma$是一锐角，则法向量的**方向余弦**为

$$\cos\alpha=\frac{-f_x}{\sqrt{1+f_x^2+f_y^2}},\quad \cos\beta=\frac{-f_y}{\sqrt{1+f_x^2+f_y^2}},\quad \cos\gamma=\frac{1}{\sqrt{1+f_x^2+f_y^2}},$$

其中

$$f_x=f_x(x_0,y_0),\quad f_y=f_y(x_0,y_0).$$

**例 9.7.5**　求旋转抛物面$z=x^2-y^2+3$在点$(1,2,4)$处的切平面及法线方程.

**解**　$f(x,y)=x^2-y^2+3$，于是

$$\boldsymbol{n}=(f_x,f_y,-1)=(2x,-2y,-1),\quad \boldsymbol{n}\big|_{(1,2,4)}=(2,-4,-1),$$

所以在点$(1,2,4)$的切平面方程为

$$2(x-1)-4(y-2)-(z-4)=0,\ 即\ 2x-4y-z+10=0,$$

法线方程为

$$\frac{x-1}{2}=\frac{y-2}{-4}=\frac{z-4}{-1}.$$

**例 9.7.6**　求曲面$x^2+y^2+z^2-3xy-5=0$上同时垂直于平面$x+y+1=0$与$z=0$的切平面方程.

**解**　设$F(x,y,z)=x^2+y^2+z^2-3xy-5$,可得

$$F_x=2x-3y,\quad F_y=2y-3x,\quad F_z=2z,$$

曲面在点$(x_0,y_0,z_0)$的法向量表示为$\boldsymbol{n}=(2x_0-3y_0)\boldsymbol{i}+(2y_0-3x_0)\boldsymbol{j}+2z_0\boldsymbol{k}$.

由于平面$z=0$的法线向量$\boldsymbol{n}_1=(0,0,1)$，平面$x+y+1=0$的法线向量$\boldsymbol{n}_2=(1,1,0)$，又$\boldsymbol{n}$同时垂直于$\boldsymbol{n}_1$与$\boldsymbol{n}_2$,所以$\boldsymbol{n}$平行于$\boldsymbol{n}_1\times\boldsymbol{n}_2$. 由于

$$\boldsymbol{n}_1\times\boldsymbol{n}_2=\begin{vmatrix}\boldsymbol{i}&\boldsymbol{j}&\boldsymbol{k}\\0&0&1\\1&1&0\end{vmatrix}=-\boldsymbol{i}+\boldsymbol{j},$$

所以存在数$\lambda$,使得

$$(2x_0-3y_0,2y_0-3x_0,2z_0)=\lambda(-1,1,0),$$

即

$$2x_0-3y_0=-\lambda,\quad 2y_0-3x_0=\lambda,\quad 2z_0=0,$$

解得$x_0=-y_0$, $z_0=0$,将其代入曲面方程，得切点$M_1(1,-1,0)$和$M_2(-1,1,0)$，从而所求的切平面方程为

$$-(x-1)+(y+1)=0,\quad 即\ x-y-2=0$$

和

$$-(x+1)+(y-1)=0,\quad 即\ x-y+2=0.$$

## 习题 9-7

1. 已知曲线参数方程$\begin{cases} x=\dfrac{t}{1+t}, \\ y=\dfrac{1+t}{t}, \\ z=t^2, \end{cases}$求该曲线在$t_0=\dfrac{1}{2}$处的切线方程与法平面方程.

2. 求与平面$2x-y+2z=0$平行且与曲面$x^2+2y^2+z^2=1$相切的平面方程.

3. 已知曲线方程为$\begin{cases} x^2+y^2+z^2-k^2=0, \\ x^2-kx+y^2=0, \end{cases}$当$x=0,\ y=0,\ z=k$时，求切线方程与法平面方程.

4. 已知曲线参数方程为$\begin{cases} x=t, \\ y=t^2, \\ z=t^3, \end{cases}$求该曲线的切线与平面$x+2y+z=5$平行时的切点.

5. 已知曲线方程为$y^2=3kx, z^2=x-2k$，求该曲线在点$(x_0,y_0,z_0)$处的切线方程及法平面方程.

6. 求曲面$z=3x^2+2y^2$在点$(1,2,2)$处的切平面方程与法线方程.

7. 已知曲面方程$xyz=r^3$($r\neq 0$, 为常数)，证明曲面上任意点处的切平面与三个坐标面所形成的四面体的体积为$\dfrac{27}{6}r^3$.

8. 求椭球面$x^2+2y^2+z^2=1$上平行于平面$x-y+2z=0$的切平面方程.

9. 求在曲面$z=xy$上一点处的法线的方程，使该法线垂直于平面$2x-3y+z+9=0$.

## 第八节　多元函数的极值

我们在现实生活中常常会遇到许多求多元函数的最值的问题. 类似于一元函数，多元函数的最值与极值密切联系. 下面以二元函数为例来讨论极值问题.

### 一、多元函数的极值

**定义 9.8.1**　设定义在某一邻域$U(x_0,y_0)$内的函数$z=f(x,y)$，$\forall(x,y)\in U(x_0,y_0)$且$(x,y)\neq(x_0,y_0)$，有：

若$f(x,y)<f(x_0,y_0)$，则称函数$z=f(x,y)$在点$(x_0,y_0)$处有**极大值**;

若$f(x,y)>f(x_0,y_0)$，则称函数$z=f(x,y)$在点$(x_0,y_0)$处有**极小值**.

极大值、极小值统称为**极值**，使函数$z=f(x,y)$取得极值的点$(x_0,y_0)$称为**极值点**.

**例 9.8.1**　(1) 从几何图像上可看到函数 $z=-\sqrt{x^2+y^2}$ 表示一开口向下的半圆锥面，在点 $(0,0)$ 处有极大值(图 9-8-1).

(2) 从几何图像上可看到函数 $z=\dfrac{x^2}{3}+\dfrac{y^2}{2}$ 表示开口向上的椭圆抛物面，在点 $(0,0)$ 处有极小值(图 9-8-2).

(3) 从几何图像上可看到函数 $z=\dfrac{y^2}{2}-\dfrac{x^2}{6}$ 表示双曲抛物面(马鞍面)，在点 $(0,0)$ 处无极值(图 9-8-3).

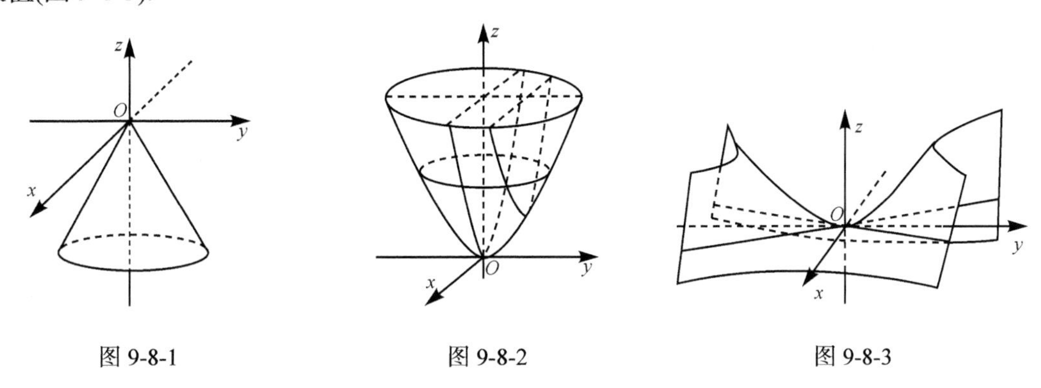


图 9-8-1　　图 9-8-2　　图 9-8-3

如果二元函数 $z=f(x,y)$ 在点 $(x_0,y_0)$ 处取得极值，固定 $y=y_0$，则与一元函数 $z=f(x,y_0)$ 在 $x=x_0$ 处必取得相同的极值，因此，类似一元函数的利用导数讨论极值，可以利用偏导数讨论二元函数取极值的条件.

**定理 9.8.1** (必要条件)　若二元函数 $z=f(x,y)$ 在点 $P_0(x_0,y_0)$ 处具有偏导数，则它在点 $P_0$ 处有极值的必要条件是 $f_x(x_0,y_0)=0$，$f_y(x_0,y_0)=0$.

能使多元函数的一阶偏导数同时为零的点称为函数的**驻点**. 例如，点 $(0,0)$ 是函数 $z=\dfrac{y^2}{2}-\dfrac{x^2}{6}$ 的驻点，但函数在点 $(0,0)$ 的任一邻域内都有使 $z>0$ 与 $z<0$ 的点，所以点 $(0,0)$ 不是极值点. 因此具有偏导数的函数的极值点必定是驻点，但是函数的驻点不一定是极值点.

该定理可推广到三元函数：

若三元函数 $u=f(x,y,z)$ 在点 $P_0(x_0,y_0,z_0)$ 处具有偏导数，则它在点 $P_0$ 处有极值的必要条件是 $f_x(x_0,y_0,z_0)=0$，$f_y(x_0,y_0,z_0)=0$，$f_z(x_0,y_0,z_0)=0$.

**定理 9.8.2** (充分条件)　设函数 $z=f(x,y)$ 在点 $(x_0,y_0)$ 的某邻域内有二阶连续偏导数，且 $(x_0,y_0)$ 是驻点. 如果令 $f_{xx}(x_0,y_0)=A$，$f_{xy}(x_0,y_0)=B$，$f_{yy}(x_0,y_0)=C$，则

(1) 当 $AC-B^2>0$ 时，函数 $f(x,y)$ 在 $(x_0,y_0)$ 处有极值，且当 $A>0$ 时有极小值 $f(x_0,y_0)$，当 $A<0$ 时有极大值 $f(x_0,y_0)$；

(2) 当 $AC-B^2<0$ 时，函数 $f(x,y)$ 在 $(x_0,y_0)$ 处没有极值；

(3) 当 $AC-B^2=0$ 时，不能确定 $f(x_0,y_0)$ 是否是极值，需另做讨论.

若函数 $z=f(x,y)$ 具有二阶连续偏导数，则求 $f(x,y)$ 的极值的步骤为:

(1) 求出 $f(x,y)$ 的所有驻点 $(x_0,y_0)$：解方程组 $f_x(x_0,y_0)=0, f_y(x_0,y_0)=0$.

(2) 求出 $f(x,y)$ 的二阶偏导数，依次确定各驻点处 $A,B,C$ 的值.

(3) 判定 $AC-B^2$ 的正负号，确定驻点是否为极值点，最后求出函数 $f(x,y)$ 在极值点处的极值.

**例 9.8.2** 求函数 $f(x,y)=x^3-y^3+3x^2+3y^2-9x$ 的极值.

**解** 先解方程组 $\begin{cases} f_x(x,y)=3x^2+6x-9=0, \\ f_y(x,y)=-3y^2+6y=0, \end{cases}$ 解得驻点为 $(1,0)$, $(1,2)$, $(-3,0)$, $(-3,2)$.

再求出二阶偏导数

$$A=f_{xx}(x,y)=6x+6, \quad B=f_{xy}(x,y)=0, \quad C=f_{yy}(x,y)=-6y+6.$$

从而有

在点(1, 0)处，$AC-B^2=12\cdot 6>0$，又 $A>0$，故函数在该点处取得极小值 $f(1,0)=-5$；

在点(1, 2)与 $(-3,0)$ 处，$AC-B^2=-12\cdot 6<0$，故函数在这两点处没有极值；

在点 $(-3,2)$ 处，$AC-B^2=-12\cdot(-6)>0$，又 $A<0$，故函数在该点处取得极大值 $f(-3,2)=31$.

多元函数的极值可能在偏导数不存在的点处取得. 如例 9.8.1 中，函数 $z=-\sqrt{x^2+y^2}$ 在点 $(0,0)$ 处有极大值，但该函数在点 $(0,0)$ 处不存在偏导数. 因此，在考虑函数的极值问题时，除了考虑驻点外，还要考虑偏导数不存在的点.

## 二、二元函数的最值

我们知道如果函数 $f(x,y)$ 在有界闭区域上连续必有最值，且必在极值点或边界点上. 因此，只需比较各驻点和不可导点的函数值及在边界上的最值即可. 与一元函类似，我们假定函数 $f(x,y)$ 在 $D$ 上连续，偏导数存在且驻点只有有限个，则求函数 $f(x,y)$ 的最大值和最小值的一般步骤为:

(1) 求函数 $f(x,y)$ 在 $D$ 内所有驻点处的函数值;

(2) 求 $f(x,y)$ 在 $D$ 的边界上的最值;

(3) 比较前两步得到的所有函数值，其中最大者即为最大值，最小值即为最小值.

在实际问题中，如果根据问题的性质，可以判断出函数 $f(x,y)$ 在 $D$ 内只有一个驻点，则可以肯定该驻点处的函数值就是函数 $f(x,y)$ 在 $D$ 上的最值.

**例 9.8.3** 要用铁板做成一个体积为 $8\ \mathrm{m}^3$ 的有盖长方体水箱，讨论水箱的长、宽、高各取什么尺寸能使用料最省.

**解** 设水箱的长、宽分别为 $x$ m，$y$ m，则高为 $\dfrac{8}{xy}$ m. 水箱的表面积为

$$A=2\left(xy+y\cdot\frac{8}{xy}+x\cdot\frac{8}{xy}\right)=2\left(xy+\frac{8}{x}+\frac{8}{y}\right), \quad (x>0, y>0).$$

令

$$A_x=2\left(y-\frac{8}{x^2}\right)=0,\quad A_y=2\left(x-\frac{8}{y^2}\right)=0,$$

解得唯一的驻点 $x=2,\ y=2$.

根据题意可知该驻点为所求最小值点，当水箱的长、宽、高都为 2 m 时水箱所用的材料最省.

该结论表明体积一定的长方体中，正方体的表面积最小.

**例 9.8.4**　求函数 $f(x,y)=x^2-2xy+2y$ 在矩形域 $D=\{(x,y)\mid 0\leqslant x\leqslant 3, 0\leqslant y\leqslant 2\}$ 上的最大值和最小值.

**解**　首先求函数 $f(x,y)$ 在 $D$ 内的驻点. 由 $f_x=2x-2y=0,\ f_y=-2x+2=0$ 求得 $f$ 在 $D$ 内的唯一驻点(1, 1)，且 $f(1,1)=1$.

其次求函数 $f(x,y)$ 在 $D$ 的边界上的最大值和最小值. 区域 $D$ 的边界包含四条直线段 $L_1, L_2, L_3, L_4$.

在 $L_1$ 上 $y=0,\ f(x,0)=x^2,\ 0\leqslant x\leqslant 3$. 这是 $x$ 的单调增加函数，故在 $L_1$ 上 $f$ 的最大值为 $f(3,0)=9$，最小值为 $f(0,0)=0$；

在 $L_2$ 上 $x=0$，$f$ 也是单调的一元函数，易得最大值、最小值分别为 $f(0,2)=4,\ f(0,0)=0$；

在 $L_3$ 上 $y=2,\ f(x,2)=x^2-4x+4,\ 0\leqslant x\leqslant 3$，易求出 $f$ 在 $L_3$ 上的最大值 $f(0,2)=4$，最小值 $f(2,2)=0$;

在 $L_4$ 上 $x=3$，$f$ 也是单调的一元函数，易得最大值、最小值分别为 $f(3,0)=9$，$f(3,2)=1$；

$f$ 在驻点上的值 $f(1,1)$ 与 $L_1, L_2, L_3, L_4$ 上的最大值和最小值比较后得到 $f$ 在 $D$ 上的最大值 $f(3,0)=9$，最小值 $f(0,0)=f(2,2)=0$.

## 三、拉格朗日乘数法

以往所讨论的极值问题，除了要求极值点在函数的定义域内，一般并没有其他限制条件，我们称为**无条件极值**. 但在实际的极值问题中，对函数的自变量常会有不同条件的约束. 对函数的自变量有附加约束条件的极值称为**条件极值**.

有些条件极值问题可化为无条件极值问题，一般来说，这样做不容易.下面介绍求解一般条件极值问题的拉格朗日乘数法.

**拉格朗日乘数法**　问题：在约束条件 $G(x,y,z)=0$ 下，求目标函数 $u=f(x,y,z)$ 的极值.

(1) 给出**拉格朗日函数**

$$L(x,y,z,\lambda)=f(x,y,z)+\lambda G(x,y,z),$$

$\lambda$ 称为**拉格朗日系数**;

(2) 解方程组

$$\begin{cases} L_x = f_x + \lambda G_x = 0, \\ L_y = f_y + \lambda G_y = 0, \\ L_z = f_z + \lambda G_z = 0, \\ G(x,y,z) = 0, \end{cases}$$

得变量 $x, y, z, \lambda$;

(3) 研究相应的变量 $(x,y,z)$ 是否是问题的极值点.

该方法可推广到自变量多于两个而条件多于一个的情形. 如求函数 $u = f(x,y,z,t)$ 在条件 $\varphi(x,y,z,t)=0, \psi(x,y,z,t)=0$ 下的极值, 可构造**拉格朗日函数**

$$L(x,y,z,t,\lambda,\mu) = f(x,y,z,t) + \lambda\varphi(x,y,z,t) + \mu\psi(x,y,z,t),$$

其中 $\lambda, \mu$ 均为常数(**拉格朗日系数**), 由 $L(x,y,z,t,\lambda,\mu)$ 得到关于变量 $x,y,z,t$ 的偏导数为零的方程组, 并联立条件解出可能极值点$(x,y,z,t)$.

按照这种方法求出来的点是否为极值点还要加以讨论, 拉格朗日乘数法只是给出函数取值的必要条件, 在有些实际问题中可以根据问题本身的性质来判定所求的点是不是极值点.

**例 9.8.5**　求表面积为 $A$ 时体积为最大的长方体的体积.

**解**　设长方体的长、宽、高分别为 $x, y, z$, 则在约束条件

$$\varphi(x, y, z) = 2xy + 2yz + 2xz - A = 0$$

下, 求函数 $V = xyz (x>0, y>0, z>0)$ 的最大值.

作拉格朗日函数

$$L(x, y, z, \lambda) = xyz + \lambda(2xy + 2yz + 2xz - A),$$

由

$$\begin{cases} L_x = yz + 2\lambda(y+z) = 0, \\ L_y = xz + 2\lambda(x+z) = 0, \\ L_z = xy + 2\lambda(y+x) = 0, \end{cases}$$

解得

$$\frac{x}{y} = \frac{x+z}{y+z}, \quad \frac{y}{z} = \frac{x+y}{x+z},$$

从而

$$x = y = z,$$

代入 $\varphi(x, y, z)$ 得唯一可能的极值点 $x = y = z = \sqrt{\frac{A}{6}}$, 由题目本身意义知, 该点就是所求最值点, 即表面积为 $A$ 的长方体中以棱长为 $\sqrt{\frac{A}{6}}$ 的正方体的体积最大, 最大体积为 $V = \frac{\sqrt{6A}}{36} A$.

读者可用条件极值方法自行解答例 9.8.3.

**例 9.8.6**　设某工厂生产甲、乙两种产品，产量(单位：千件)分别为$x,y$，利润函数(单位：万元)为$f(x,y)=6x-x^2+16y-4y^2$．已知生产这两种产品时，每千件产品均需消耗某种原料 3000 千克，现有该原料 12000 千克，问两种产品各生产多少千件时，总利润最大？最大利润是多少？

**解**　约束条件为$3000(x+y)=12000$，即

$$\varphi(x,y)=x+y-4=0,$$

构造拉格朗日函数

$$L(x,y,\lambda)=6x-x^2+16y-4y^2+\lambda(x+y-4),$$

求偏导数得

$$L_x=6-2x+\lambda=0,\quad L_y=16-8y+\lambda=0,\quad L_\lambda=x+y-4=0,$$

解得$x=\frac{11}{5},y=\frac{9}{5}$，根据问题本身的意义及驻点的唯一性即知最大利润为

$$f\left(\frac{11}{5},\frac{9}{5}\right)=\frac{121}{5}(\text{万元}).$$

## 习题 9-8

1. 求函数$f(x,y)=2x-2y-x^2-y^2$的极值.
2. 求函数$f(x,y)=(x^2+y^2)^2-2x^2+2y^2$的极值.
3. 求函数$x+y^2+2y-\frac{1}{e^{2x}}=0$的极值.
4. 求函数$f(x,y)=\sin x+\cos y+\cos(x-y),\ 0\leqslant x,y\leqslant\frac{\pi}{2}$的极值.
5. 已知方程$x^2+y^2+z^2-2(x-y+2z)-19=0$，求函数$z=f(x,y)$的极值.
6. 一矩形绕它的一边旋转构成一个圆柱体，矩形周长为$2p$，求使形成的圆柱体体积最大时的矩形的边长？
7. 要造一个面积为 100 平方米的矩形场地的围墙，正面所用材料每米造价 10 元，其余三面每米造价 5 元，求矩形的长、宽各为多少米时，所用材料费最省？
8. 讨论函数$f(x,y)=\ln(1+x^2+y^2)+1-\frac{x^3}{15}-\frac{y^3}{4}$的极值.

# *第九节　数 学 应 用

### 一、线性回归

通过建立函数的近似表达式——经验公式，把生产或实践中所积累的某些经验提高到理论上加以分析，并由此对实际问题做出某些预测和规划．在《高等数学(一)》第一章

中讨论过利用经验数据建立近似函数关系的回归分析问题. 本节将进一步来介绍回归问题中直线回归的计算方法——最小二乘法.

已知有 $n$ 个数据点 $(x_i, y_i)(i=1,2,\cdots,n)$ 并不在同一条直线上, 各个数据点之间大致呈线性关系, 则假设

$$y = ax + b \quad (a,b\text{是待定常数})$$

是经验公式, 所以, 只要选取 $a$, $b$ 满足 $y = ax + b(a,b$ 是待定常数)在 $x_1, x_2, \cdots, x_n$ 处的函数值与观测值(试验数据) $y_1, y_2, \cdots, y_n$ 相差都很小, 也就是使偏差 $y_i-(ax_i+b)(i=1,2,\cdots,n)$ 都很小, 为了保证每个偏差都很小, 为此考虑选取常数 $a, b$, 使偏差的平方和

$$S = \sum_{i=1}^{n}(y_i - ax_i - b)^2$$

最小, 这样确定常数 $a, b$ 的方法叫做**最小二乘法**.

$S$ 可视为以 $a, b$ 为自变量的一个二元函数, 问题就归结为函数 $S = S(a,b)$ 在哪些点取得最小值. 令

$$\begin{cases} \dfrac{\partial S}{\partial a} = -2\sum\limits_{i=1}^{n}[y_i - (ax_i + b)]x_i = 0, \\ \dfrac{\partial S}{\partial b} = -2\sum\limits_{i=1}^{n}[y_i - (ax_i + b)] = 0, \end{cases}$$

即

$$\begin{cases} a\sum\limits_{i=1}^{n}x_i^2 + b\sum\limits_{i=1}^{n} x_i = \sum\limits_{i=1}^{n}x_i y_i, \\ a\sum\limits_{i=1}^{n}x_i + nb = \sum\limits_{i=1}^{n}y_i. \end{cases}$$

用消元法解得

$$a = \frac{n\sum x_i y_i - \sum x_i \sum y_i}{n\sum x_i^2 - \left(\sum x_i\right)^2}, \quad b = \frac{\sum x_i^2 \sum y_i - \sum x_i y_i \sum x_i}{n\sum x_i^2 - \left(\sum x_i\right)^2},$$

其中 $\sum$ 是 $\sum\limits_{i=1}^{n}$ 的省略记号.

**例 9.9.1** 某种合金的含铅量百分比(%)为 $p$, 其溶解温度(℃)为 $\theta$, 由实验测得 $p$ 与 $\theta$ 的数据如表 9-9-1.

**表 9-9-1**

| $p$/% | 36.9 | 46.7 | 63.7 | 77.8 | 84.0 | 87.5 |
|---|---|---|---|---|---|---|
| $\theta$/℃ | 181 | 197 | 235 | 270 | 283 | 292 |

试用最小二乘法建立 $p$ 与 $\theta$ 之间的经验公式 $\theta = ap + b$.

**解**　方程组 $\begin{cases} a\sum\limits_{i=1}^{6}p_i^2+b\sum\limits_{i=1}^{6}p_i=\sum\limits_{i=1}^{6}\theta_i p_i, \\ a\sum\limits_{i=1}^{6}p_i+6b=\sum\limits_{i=1}^{6}\theta_i, \end{cases}$ 其中

$$\begin{cases} \sum\limits_{i=1}^{6}p_i^2=28365.28, \quad \sum\limits_{i=1}^{6}p_i=396.6, \\ \sum\limits_{i=1}^{6}\theta_i p_i=101176.3, \quad \sum\limits_{i=1}^{6}\theta_i=1458, \end{cases}$$

代入方程组得

$$\begin{cases} 28365.28a+396.6b=101176.3, \\ 396.6a+6b=1458, \end{cases}$$

解得

$$a=\frac{28815}{12900.12}=2.234, \quad b=\frac{1230057.66}{12900.12}=95.35,$$

所以经验公式为 $\theta=2.234p+95.35$.

## 二、线性规划

求多个自变量的线性函数在一组线性不等式约束条件下的最值问题叫做**线性规划问题**.

**例 9.9.2**　某工厂建造甲、乙两种产品. 单价分别为 2 万元和 5 万元. 设制造一个单位的甲产品至多需要 A 类原料一个单位, 电力 1000 度; 制造一个单位的乙产品至多需要 B 类原料 3 个单位, 电力 2000 度. 现有 A 类原料 4 个单位, B 类原料 9 个单位, 电力 8000 度. 问该厂在现有条件下, 应如何决定甲、乙产品的产量, 才能使收益最大?

**解**　设生产甲、乙产品的产量分别为 $x,y$, 则收益函数为 $R=2x+5y$, 其中

$$x\leqslant 4, \quad 3y\leqslant 9, \quad 1000x+2000y\leqslant 8000, \quad x\geqslant 0, \quad y\geqslant 0,$$

即本题为求线性规划问题

$$\max R=2x+5y,$$

$$\text{s.t.}\begin{cases} x\leqslant 4, \\ y\leqslant 3, \\ x+2y\leqslant 8, \\ x\geqslant 0, y\geqslant 0. \end{cases}$$

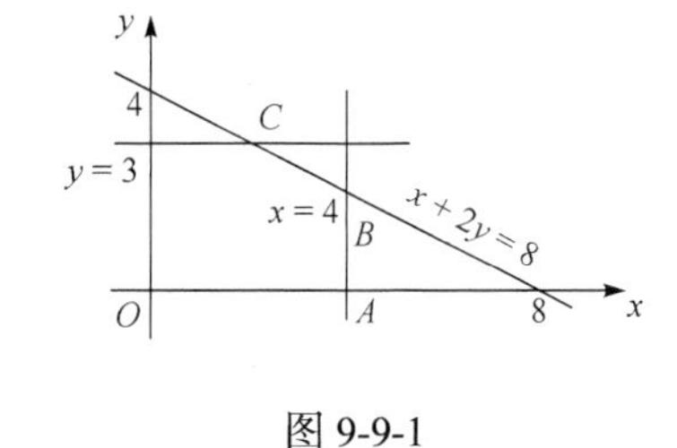


图 9-9-1

由图 9-9-1 可知由直线 $x=4,\ y=3,\ x+2y=8,\ x=0,\ y=0$ 所围区域的边界交点分别为 $O(0,0),\ A(4,0),\ B(4,2),\ C(2,3),\ D(0,3)$, 且

$$R(0,0)=0, \quad R(4,0)=8, \quad R(4,2)=18, \quad R(2,3)=19, \quad R(0,3)=15,$$

由线性规划问题最优解在区域边界处取得, 故最大收益为 $R(2,3)=19$, 即甲产量为 2, 乙产量为 3 时获得最大收益.

**三、其他应用**

**例 9.9.3** 在第一卦限内作椭球面$\frac{x^2}{a^2}+\frac{y^2}{b^2}+\frac{z^2}{c^2}=1$的切平面，使该切平面与三坐标面所围成的四面体的体积最小，求切点及此最小体积.

**解** 令$F(x,y,z)=\frac{x^2}{a^2}+\frac{y^2}{b^2}+\frac{z^2}{c^2}-1$，则

$$F_x=\frac{2x}{a^2},\quad F_y=\frac{2y}{b^2},\quad F_z=\frac{2z}{c^2},$$

故椭球面上点$M(x,y,z)$处的切向量为

$$\boldsymbol{T}=(F_x,F_y,F_z)=\left(\frac{2x}{a^2},\frac{2y}{b^2},\frac{2z}{c^2}\right),$$

切平面方程为

$$\frac{2x}{a^2}(X-x)+\frac{2y}{b^2}(Y-y)+\frac{2z}{c^2}(Z-z)=0,$$

整理得其截距式方程

$$\frac{xX}{a^2}+\frac{yY}{b^2}+\frac{zZ}{c^2}=1,$$

从而切平面在坐标轴上的截距分别为$\frac{a^2}{x},\frac{b^2}{y},\frac{c^2}{z}$，故切平面与三个坐标面所围的四面体的体积为

$$V=\frac{1}{6}\frac{a^2b^2c^2}{xyz}\quad (x>0,y>0,z>0),$$

从而问题变为求$V=\frac{1}{6}\frac{a^2b^2c^2}{xyz}$在约束条件$\frac{x^2}{a^2}+\frac{y^2}{b^2}+\frac{z^2}{c^2}=1$下的最小值问题. 为简便运算，问题可转化为求$f(x,y,z)=xyz\ (x>0,y>0,z>0)$在条件$\frac{x^2}{a^2}+\frac{y^2}{b^2}+\frac{z^2}{c^2}=1$下的最大值问题.

作辅助函数$L(x,y,z,\lambda)=xyz+\lambda\left(\frac{x^2}{a^2}+\frac{y^2}{b^2}+\frac{z^2}{c^2}-1\right)$，则

$$\begin{cases} L_x=yz+\dfrac{2\lambda x}{a^2}=0, & (1) \\ L_y=xz+\dfrac{2\lambda y}{b^2}=0, & (2)\qquad (1)\times x-(2)\times y:\ \dfrac{x^2}{a^2}=\dfrac{y^2}{b^2}, \\ L_z=xy+\dfrac{2\lambda z}{c^2}=0, & (3)\qquad (1)\times x-(3)\times z:\ \dfrac{x^2}{a^2}=\dfrac{z^2}{c^2}, \\ \dfrac{x^2}{a^2}+\dfrac{y^2}{b^2}+\dfrac{z^2}{c^2}=1, & (4) \end{cases}$$

代入方程(4)得

$$x=\frac{a}{\sqrt{3}},\quad y=\frac{b}{\sqrt{3}},\quad z=\frac{c}{\sqrt{3}},$$

由问题的实际意义可知点$\left(\frac{a}{\sqrt{3}}, \frac{b}{\sqrt{3}}, \frac{c}{\sqrt{3}}\right)$为所求切点，此时取得最小体积$\frac{\sqrt{3}}{2}abc$.

## 习题 9-9

1. 为测定刀具的磨损速度，每隔一小时测量一次刀具厚度，得到下面数据:

| 顺序编号 $i$ | 0 | 1 | 2 | 3 | 4 | 5 | 6 | 7 |
|---|---|---|---|---|---|---|---|---|
| 时间 $t_i$/小时 | 0 | 1 | 2 | 3 | 4 | 5 | 6 | 7 |
| 刀具厚度 $y_i$/毫米 | 27.0 | 26.8 | 26.5 | 26.3 | 26.1 | 25.7 | 25.3 | 24.8 |

试建立变量$y$和$t$之间的经验公式$y=f(t)$.

2. 一份简化的食物由粮食和肉两种食品做成，每份粮食价值30分，其中含有4单位碳水化合物、5单位维生素和2单位蛋白质；每份肉价值50分，其中含有1单位碳水化合物、4单位维生素和4单位蛋白质. 对一份食物的最低要求是它至少要由8单位碳水化合物、20单位维生素和10单位蛋白质组成，应当选择什么样的食物才能使价钱最便宜?

3. 已知一组实验数据为$(x_1,y_1),(x_2,y_2),\cdots,(x_n,y_n)$. 现若假定经验公式是$y=ax^2+bx+c$. 试按最小二乘法建立$a,b,c$应满足的三元一次方程组.

4. 抛物面$z=x^2+y^2$与平面$x+y+z=1$相交形成一空间曲线，求原点到此曲线的点的距离范围.

5. 某工厂生产两种产品A与B，出售单价分别为10元与9元，生产$x$单位的产品A与生产$y$单位的产品B的总费用(单位：元)是$400+2x+3y+0.01(3x^2+xy+3y^2)$，求取得最大利润时，两种产品的产量各为多少?

6. 某公司可通过电台及报纸两种方式做销售某种商品的广告. 根据统计资料，销售收入(单位：元)$R$与电台广告费用(单位：元)$x_1$及报纸广告费用(单位：元)$x_2$之间的关系有如下的经验公式:

$$R=15+14x_1+32x_2-8x_1x_2-2x_1^2-10x_2^2.$$

(1) 在广告费用不限的情况下，求最优广告策略;

(2) 若广告费用为1.5万元，求相应的最优广告策略.

## *第十节　MATLAB 软件应用

**例 9.10.1**　使用 MATLAB 求函数$z=\ln(x+y^2)+xy\sin(x+y)$的偏导数$\frac{\partial z}{\partial x}$，$\frac{\partial z}{\partial y}$及$\frac{\partial^2 z}{\partial x\partial y}$.

**解**　代码如下:

对$x$求偏导数

```
syms x y
```

```
z = x*y*sin(x+y)+log(x+y*y)
dzx = diff(z, x)
dzx = 1/(y^2 + x) + y*sin(x + y) + x*y*cos(x + y)
```

对 $y$ 求偏导数

```
syms x y
z = x*y*sin(x+y)+log(x+y*y)
dzy = diff(z, y)
dzy = x*sin(x + y) + (2*y)/(y^2 + x) + x*y*cos(x + y)
```

二阶偏导数

```
syms x y
z = x*y*sin(x+y)+log(x+y*y)
dzy = diff(z, y)
dzxy = diff(dzx, x)
dzxy = sin(x + y) + x*cos(x + y) + y*cos(x + y) - (2*y)/(y^2 +
       x)^2 - x*y*sin(x + y)
```

绘制该函数及其偏导数的图像(图 9-10-1).

```
figure,
subplot(2, 2, 1); ezsurf(z)
subplot(2, 2, 2); ezsurf(dzx)
subplot(2, 2, 3); ezsurf(dzy)
subplot(2, 2, 4); ezsurf(dzxy)
```

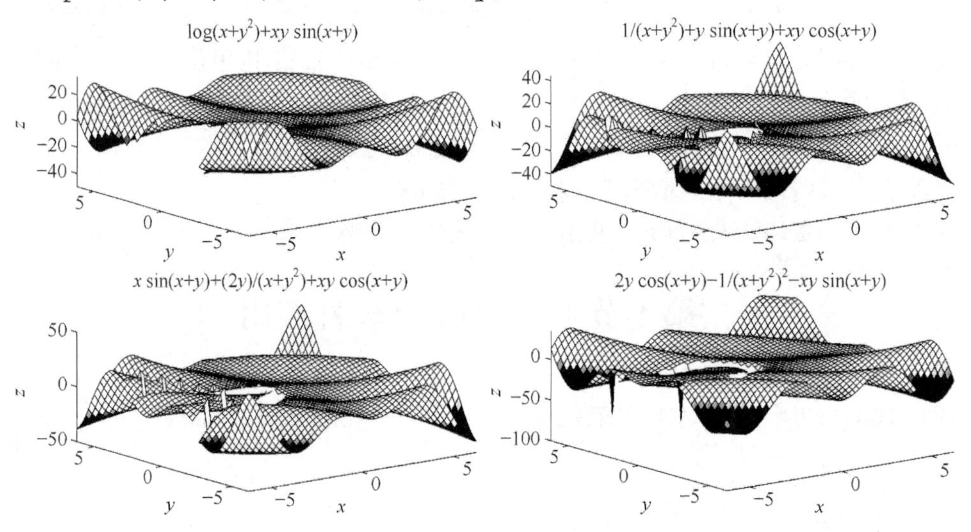


图 9-10-1

**例 9.10.2** 用 MATLAB 绘制空间曲线(螺旋线)任一点的切平面和法平面.

**解** 代码如下:

```
%t 为参数
%在 theta = pi/6 处的切线和法平面
clear all
close all
z = linspace(0, 4*pi, 401)
x = cos(z)
y = sin(z)

% 在 t=pi/6 处切向量为{-1/2, 3^(1/2)/2, 1}
% 切点坐标为(3^(1/2)/2, 1/2, pi/6)
% 切线
u = -1: .1: 1
xx = sqrt(3)/2 - u/2
yy = 1/2 + u*sqrt(3)/2
zz = pi/6 +u

% 法平面
xlab = -1.1: 1
[xxx yyy] = meshgrid(xlab)
zzz = xxx/2 - sqrt(3)*yyy/2 + pi/6
surf(xxx, yyy, zzz)
xlabel('x')
ylabel('y')
zlabel('z')


hold on
plot3(x, y, z, 'k', 'linewidth', 2)
plot3(xx, yy, zz, 'r', 'linewidth', 4)
axis square
```

结果如图 9-10-2 所示.

**例 9.10.3** 用 MATLAB 求函数 $u = xyz$ 在沿点 $A(5, 1, 2)$到点 $B(9, 4, 14)$的方向 $AB$ 上的方向导数.

**解** 代码如下:

```
A=[5 1 2]
B=[9 4 14]
```

```
L=sqrt(sum((B-A).^2))
%L = 13
cosx=(B(1)-A(1))/L
cosy=(B(2)-A(2))/L
cosz=(B(3)-A(3))/L
syms x y z
u=x*y*z
dudl = diff(u, x)*cosx+diff(u, y)*cosy+diff(u, z)*cosz
%dudl =4/13*y*z+3/13*x*z+12/13*x*y

L = 13
dudl = (12*x*y)/13 + (3*x*z)/13 + (4*y*z)/13
```

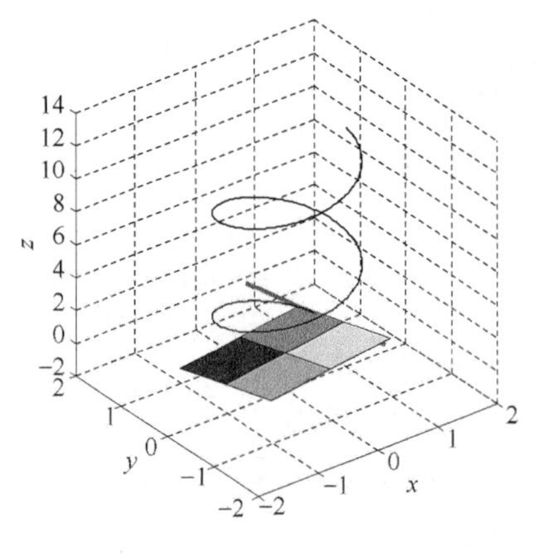


图 9-10-2

**例 9.10.4** 用 gradient 函数求 $f(x,y)=2x^2+3y^3$ 的梯度.

**解** 在 MATALB 中, 求梯度只能是求数值梯度, 所以必须将函数 $f$ 离散化, 用差分代替微分, 精度取决于差分步长, 因为现在计算机速度足够快, 所以差分可以取得足够小, 也不影响计算速度和计算精度. 方法如下:

```
X=-6: 0.6: 6    %计算区间是[-6 6], 步长 0.6
Y=X
[x, y]=meshgrid(X, Y)     %生成计算网格
f=2.*x.^2+3.*y.^3       %计算网格结点上的函数值
[Dx, Dy]=gradient(f)     %用数值方法求函数梯度
quiver(X, Y, Dx, Dy)     %用矢量绘图函数绘出梯度矢量大小分布
hold on
contour(X, Y, f)     %与梯度值对应, 绘出原函数的等值线图
```

图像如图 9-10-3 所示.

**例 9.10.5**　用 MATLAB 求多元函数极值: 求函数 $f(x,y)=4(x-y)-x^2-y^2$ 的极值.

**解**　代码如下:

```
clear
syms x y
z=4*(x-y)-x^2-y^2
ezsurf(x, y, z)
view(-30, 15)
[x1, y1]=solve(diff(z, x), diff(z, y))
z1=4*(x1-y1)-x1^2-y1^2
```

得到极值点:

```
x1 = 2
y1 = -2
z1=8
```

函数图像如图 9-10-4 所示.

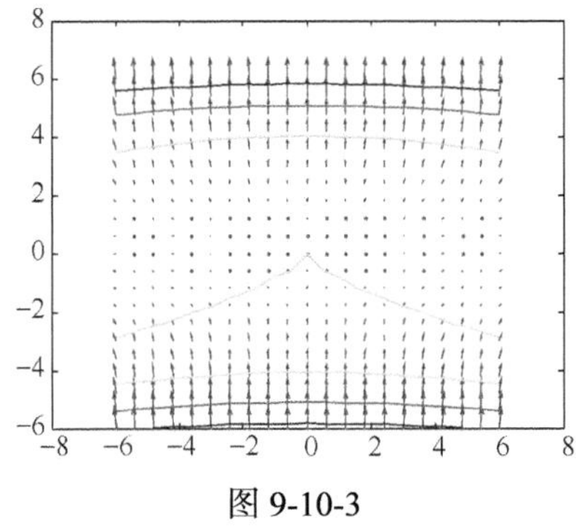


图 9-10-3

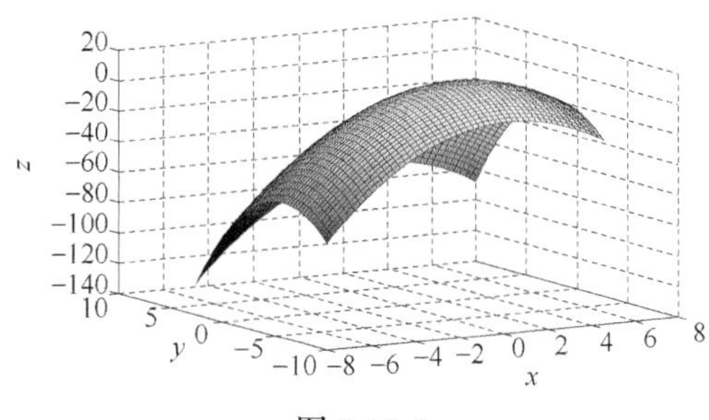


图 9-10-4

# 第十章　重　积　分

在科学研究和生产实践中常涉及非均匀分布在几何图形上的几何量、物理量的计算,这些几何图形可以是直线的、平面的,也可以是空间的有界闭区域. 引入一元函数积分学中定积分的数学思想与方法,将定积分是"某种确定形式的和式的极限"的概念加以推广,从而得到重积分的概念. 本章将介绍重积分(二重积分和三重积分)的概念、计算方法以及它们的一些应用.

## 第一节　二重积分的概念与性质

### 一、两个实例

**实例 1**　曲顶柱体的体积

所谓**曲顶柱体**是指: 底是 $xOy$ 面上的有界闭区域 $D$, 侧面是以 $D$ 的边界曲线为准线而母线平行于 $z$ 轴的柱面, 顶是由曲面 $z=f(x,y)$, $(x,y)\in D$ 所围成的立体, 其中 $f(x,y)$ 是 $D$ 上的非负连续函数(图 10-1-1). 现在我们来讨论曲顶柱体的体积的求法.

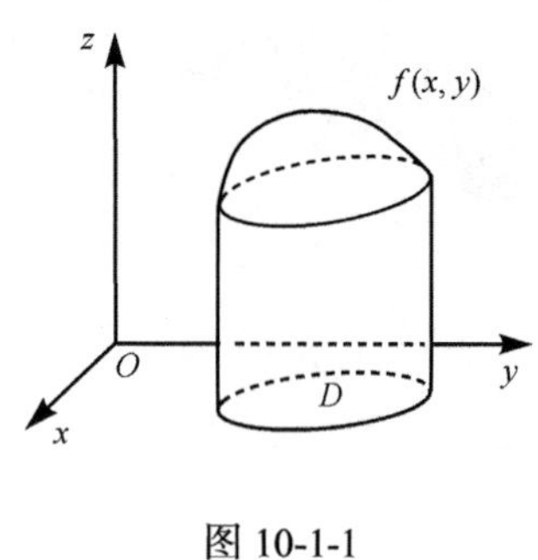


图 10-1-1

若函数 $f(x,y)$ 在 $D$ 上取常数值, 即高不变, 则上述曲顶柱体就化为一平顶柱体, 平顶柱体的体积可用公式

$$体积 = 底面积 \times 高$$

来计算. 对于曲顶柱体, 由于它的顶是曲面, 高度 $f(x,y)$ 在区域 $D$ 上是变量, 它的体积不能直接用上式进行计算. 现采用定积分中求曲边梯形的面积的微元法来解决.

(1) **分割**　用任意一组曲线网把区域 $D$ 划分成 $n$ 个小闭区域 $\Delta\sigma_1, \Delta\sigma_2, \cdots, \Delta\sigma_n$, 分别以这些小闭区域的边界曲线为准线, 作母线平行于 $z$ 轴的柱面, 这些柱面把原来的曲顶柱体分为 $n$ 个小曲顶柱体. 记第 $i$ 个小曲顶柱体的体积为 $\Delta V_i (i=1,2,\cdots,n)$.

(2) **近似求和**　由于 $f(x,y)$ 是连续的, 在同一个小闭区域上 $f(x,y)$ 的变化很小, 因此在每个小闭区域 $\Delta\sigma_i$ 上任取一点 $(\xi_i,\eta_i)$, 以 $\Delta\sigma_i$ 为底, 以 $f(\xi_i,\eta_i)$ 为高的平顶柱体的体积近似代替第 $i$ 个小曲顶柱体的体积(图 10-1-2), 即

$$\Delta V_i \approx f(\xi_i,\eta_i)\Delta\sigma_i \quad (i=1,2,\cdots,n).$$

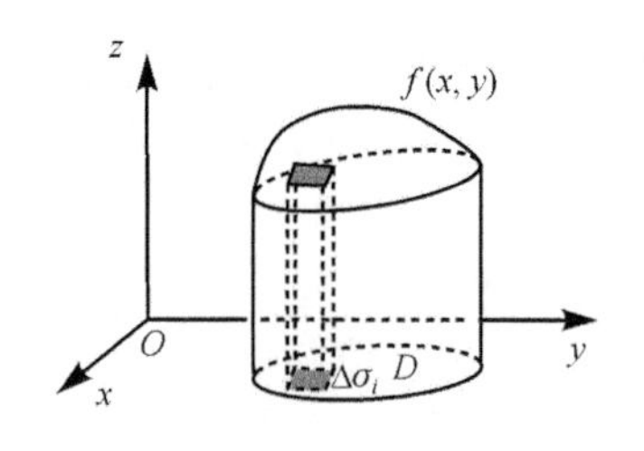


图 10-1-2

对 $n$ 个小平顶柱体的体积求和, 得所求曲顶柱体的体积 $V$ 的近似值

$$V \approx \sum_{i=1}^{n} f(\xi_i, \eta_i)\Delta\sigma_i.$$

(3) **取极限** 让分割越来越细, 取上式和的极限, 得所求曲顶柱体体积 $V$ 的精确值

$$V = \lim_{\lambda \to 0}\sum_{i=1}^{n} f(\xi_i, \eta_i)\Delta\sigma_i, \tag{10.1.1}$$

其中 $\lambda$ 是 $n$ 个小闭区域 $\Delta\sigma_i (i=1,2,\cdots,n)$ 的直径的最大值(即该小闭区域上任意两点间的距离的最大者).

**实例 2** 非均匀平面薄片的质量

设有一平面薄片占有 $xOy$ 面上的闭区域 $D$, 它在点 $(x,y)$ 处的面密度为 $\mu(x,y)$, 这里 $\mu(x,y)>0$ 且在 $D$ 上连续, 求该薄片的质量 $M$.

如果该薄片的质量是均匀分布的, 即面密度为常数, 则其质量可以用公式

质量=面密度×面积

来计算. 但在一般情形下面密度是变量, 非均匀平面薄片的质量不能直接用上式进行计算, 还是采用定积分中的微元法来解决.

(1) **分割** 用任意一组曲线网把区域 $D$ 划分成 $n$ 个小闭区域 $\Delta\sigma_i (i=1,2,\cdots,n)$ (图 10-1-3), 其面积记为 $\Delta\sigma_i$.

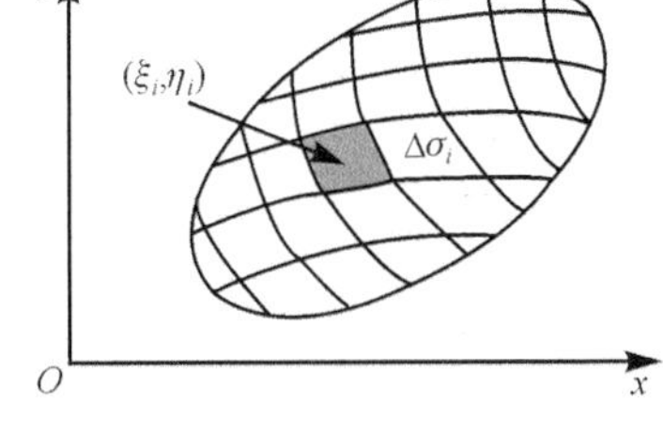


图 10-1-3

(2) **近似求和** 由于 $\mu(x,y)$ 是连续的, 在小闭区域 $\Delta\sigma_i$ 上任取一点 $(\xi_i,\eta_i)$, 以点 $(\xi_i,\eta_i)$ 处的密度 $\mu(\xi_i,\eta_i)$ 代替 $\Delta\sigma_i$ 上各点的密度, 当 $\Delta\sigma_i$ 的直径很小时, 这些平面小薄片可近似地看作匀质的, 则第 $i$ 个平面小薄片的质量

$$\Delta M_i \approx \mu(\xi_i,\eta_i)\Delta\sigma_i. \tag{10.1.2}$$

对 $n$ 个小薄片的质量求和, 得所求平面薄片质量 $M$ 的近似值为

$$M \approx \sum_{i=1}^{n} \mu(\xi_i,\eta_i)\Delta\sigma_i.$$

(3) **取极限** 得所求平面薄片质量 $M$ 的精确值为

$$M = \lim_{\lambda \to 0}\sum_{i=1}^{n} \mu(\xi_i,\eta_i)\Delta\sigma_i,$$

其中 $\lambda$ 是各小闭区域 $\Delta\sigma_i (i=1,2,\cdots,n)$ 的直径的最大值.

## 二、二重积分的概念

从上面的两个实例可以看出, 求曲顶柱体的体积和非均匀平面薄片的质量最终都归结为同一形式和的极限. 在几何、力学、物理和工程技术中, 还存在类似以上实例的量的计算, 现撇开这些问题的实际意义, 抽象出二重积分的定义.

**定义 10.1.1** 设 $f(x,y)$ 是有界闭区域 $D$ 上的有界函数, 将闭区域 $D$ 任意分成 $n$ 个小闭区域 $\Delta\sigma_1, \Delta\sigma_2, \cdots, \Delta\sigma_n$, 其中 $\Delta\sigma_i$ 表示第 $i$ 个小闭区域及其面积. 在每个 $\Delta\sigma_i$ 上任取一

点 $(\xi_i,\eta_i)$，作乘积 $f(\xi_i,\eta_i)\Delta\sigma_i(i=1,2,\cdots,n)$, 再作和 $\sum\limits_{i=1}^{n} f(\xi_i,\eta_i)\Delta\sigma_i$. 当各小闭区域的直径中的最大值$\lambda$趋近于零时, 若该和式的极限总存在, 则称此极限为函数 $f(x,y)$ 在闭区域 $D$ 上的**二重积分**, 记为 $\iint\limits_D f(x,y)\mathrm{d}\sigma$, 即

$$\iint\limits_D f(x,y)\mathrm{d}\sigma = \lim_{\lambda\to 0}\sum_{i=1}^{n} f(\xi_i,\eta_i)\Delta\sigma_i, \tag{10.1.3}$$

其中, $f(x,y)$ 称为**被积函数**, $f(x,y)\mathrm{d}\sigma$ 称为**被积表达式**, $\mathrm{d}\sigma$ 称为**面积微元**, $x$ 和 $y$ 称为**积分变量**, $D$ 称为**积分区域**, 并称 $\sum\limits_{i=1}^{n} f(\xi_i,\eta_i)\Delta\sigma_i$ 为**积分和**.

根据二重积分的定义, 以上两实例中曲顶柱体的体积、平面薄片的质量分别为

$$V=\iint\limits_D f(x,y)\mathrm{d}\sigma, \quad M=\iint\limits_D \mu(x,y)\mathrm{d}\sigma,$$

其中, $\sigma$ 为积分区域 $D$ 的面积.

**对二重积分定义的说明:**

(1) 当函数 $f(x,y)$ 在闭区域 $D$ 上连续时, 定义中和式的极限必存在, 即二重积分必存在, 也就是说函数 $f(x,y)$ 在区域 $D$ 上是**可积的**. 本书总假定被积函数 $f(x,y)$ 在积分区域 $D$ 上连续.

(2) 在二重积分的定义中, 对闭区域的划分是任意的. 因此, 在直角坐标系中, 常用平行于 $x$ 轴和 $y$ 轴的两组直线来划分积分区域 $D$, 这样除了包含边界点的一些小闭区域外, 其余的小闭区域都是矩形的.设矩形闭区域 $\Delta\sigma_i$ 的边长为 $\Delta x_i$ 和 $\Delta y_i$，于是 $\Delta\sigma_i=\Delta x_i\Delta y_i$. 故面积微元 $\mathrm{d}\sigma=\mathrm{d}x\mathrm{d}y$，进而把二重积分记为 $\iint\limits_D f(x,y)\mathrm{d}x\mathrm{d}y$. 我们把 $\mathrm{d}x\mathrm{d}y$ 称为**直角坐标系下的面积微元**.

(3) 二重积分的值仅与被积函数 $f(x,y)$ 及闭区域 $D$ 有关, 与积分变量的符号无关, 即

$$\iint\limits_D f(x,y)\mathrm{d}\sigma=\iint\limits_D f(u,v)\mathrm{d}\sigma.$$

如果 $f(x,y)\geqslant 0$，被积函数 $f(x,y)$ 可视为曲顶柱体的顶在点 $(x,y)$ 处的竖坐标, 所以二重积分的几何意义就是曲顶柱体的体积. 一般情况下, 函数 $f(x,y)$ 在 $D$ 上不一定非负, 如果 $f(x,y)<0$，柱体就位于 $xOy$ 面的下方, 二重积分的绝对值仍等于曲顶柱体的体积, 但二重积分的值是负的. 如果 $f(x,y)$ 在积分区域 $D$ 的若干部分是正的, 其余部分是负的, 我们**约定把** $xOy$ **面上方的柱体体积取为正的,** $xOy$ **面下方的柱体体积取为负的**, 于是, $f(x,y)$ 在 $D$ 上的二重积分就等于这些部分区域上柱体体积的代数和.

## 三、二重积分的性质

由二重积分的定义和极限运算法则可知, 二重积分的性质与一元函数的定积分相类

似. 设下面的二重积分都存在, 则有如下性质.

**性质 10.1.1** 设 $a,b$ 为常数, 则

$$\iint_D [af(x,y)\pm bg(x,y)]\mathrm{d}\sigma = a\iint_D f(x,y)\mathrm{d}\sigma \pm b\iint_D g(x,y)\mathrm{d}\sigma.$$

这个性质表明**二重积分满足线性运算**.

**性质 10.1.2** 如果闭区域 $D$ 可被曲线分为两个没有公共内点的闭子区域 $D_1$ 和 $D_2$, 则

$$\iint_D f(x,y)\mathrm{d}\sigma = \iint_{D_1} f(x,y)\mathrm{d}\sigma + \iint_{D_2} f(x,y)\mathrm{d}\sigma.$$

这个性质称为**二重积分的积分区域可加性**.

**性质 10.1.3** 如果在闭区域 $D$ 上, $f(x,y)=1$, $\sigma$ 为 $D$ 的面积, 则

$$\iint_D 1\cdot \mathrm{d}\sigma = \iint_D \mathrm{d}\sigma = \sigma.$$

这个性质的几何意义: 以 $D$ 为底, 高为 1 的平顶柱体的体积等于柱体的底面积.

**性质 10.1.4** 如果在闭区域 $D$ 上, 有 $f(x,y)\leqslant g(x,y)$, 则

$$\iint_D f(x,y)\mathrm{d}\sigma \leqslant \iint_D g(x,y)\mathrm{d}\sigma.$$

特别地, 有 $\left|\iint_D f(x,y)\mathrm{d}\sigma\right| \leqslant \iint_D |f(x,y)|\mathrm{d}\sigma.$

**性质 10.1.5** 设 $M,m$ 分别是 $f(x,y)$ 在闭区域 $D$ 上的最大值和最小值, $\sigma$ 为 $D$ 的面积, 则

$$m\sigma \leqslant \iint_D f(x,y)\mathrm{d}\sigma \leqslant M\sigma.$$

这个性质称为**二重积分的估值定理**.

**性质 10.1.6** 设函数 $f(x,y)$ 在闭区域 $D$ 上连续, $\sigma$ 为 $D$ 的面积, 则在 $D$ 上至少存在一点 $(\xi,\eta)$, 使得

$$\iint_D f(x,y)\mathrm{d}\sigma = f(\xi,\eta)\cdot\sigma.$$

这个性质称为**二重积分的中值定理**. 其几何意义为: 在区域 $D$ 上以曲面 $f(x,y)$ 为顶的曲顶柱体的体积, 等于同底的以区域 $D$ 内某一点 $(\xi,\eta)$ 的函数值 $f(\xi,\eta)$ 为高的平顶柱体的体积.

由性质 10.1.6 可得

$$\frac{1}{\sigma}\iint_D f(x,y)\mathrm{d}\sigma = f(\xi,\eta).$$

通常把数值 $\frac{1}{\sigma}\iint_D f(x,y)\mathrm{d}\sigma$ 称为**函数 $f(x,y)$ 在 $D$ 上的平均值**.

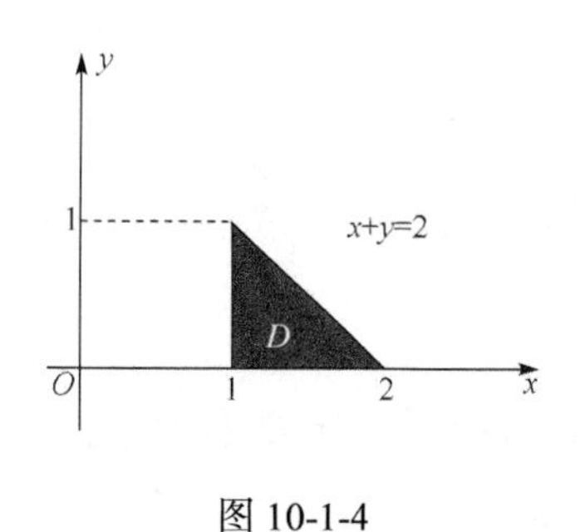

图 10-1-4

**例 10.1.1** 比较积分 $\iint\limits_D \ln(x+y)\mathrm{d}\sigma$ 与 $\iint\limits_D [\ln(x+y)]^2\mathrm{d}\sigma$ 的大小，其中区域 $D$ 是三角形闭区域，三顶点各为 $(1, 0)$ , $(1, 1)$ , $(2, 0)$.

**解** 如图 10-1-4 所示，三角形斜边方程 $x+y=2$，在 $D$ 内有 $1\leqslant x+y\leqslant 2<\mathrm{e}$，故 $0\leqslant \ln(x+y)<1$，于是 $\ln(x+y)>[\ln(x+y)]^2$，因此

$$\iint\limits_D \ln(x+y)\mathrm{d}\sigma > \iint\limits_D [\ln(x+y)]^2\mathrm{d}\sigma.$$

**例 10.1.2** 估计二重积分 $I=\iint\limits_D \dfrac{\mathrm{d}\sigma}{\sqrt{x^2+y^2+2xy+16}}$ 的值，其中积分区域 $D$ 为矩形闭区域 $\{(x,y)\mid 0\leqslant x\leqslant 1, 0\leqslant y\leqslant 2\}$ .

**解** 因为 $f(x,y)=\dfrac{1}{\sqrt{(x+y)^2+16}}$，积分区域 $D$ 的面积 $\sigma=2$，且在 $D$ 上 $f(x,y)$ 的最大值、最小值分别为

$$M=\frac{1}{4}\,(x=y=0),\quad m=\frac{1}{\sqrt{3^2+4^2}}=\frac{1}{5}\,(x=1, y=2),$$

故 $\dfrac{2}{5}\leqslant I\leqslant \dfrac{2}{4}$，即 $0.4\leqslant I\leqslant 0.5$ .

**例 10.1.3** 积分 $\iint\limits_D \sqrt[3]{1-x^2-y^2}\,\mathrm{d}x\mathrm{d}y$ 是正数还是负数，其中 $D: x^2+y^2\leqslant 4$.

**解**

$$\begin{aligned}
&\iint\limits_D \sqrt[3]{1-x^2-y^2}\,\mathrm{d}x\mathrm{d}y\\
&=\iint\limits_{x^2+y^2\leqslant 1} \sqrt[3]{1-x^2-y^2}\,\mathrm{d}x\mathrm{d}y+\iint\limits_{1\leqslant x^2+y^2\leqslant 3} \sqrt[3]{1-x^2-y^2}\,\mathrm{d}x\mathrm{d}y+\iint\limits_{3\leqslant x^2+y^2\leqslant 4} \sqrt[3]{1-x^2-y^2}\,\mathrm{d}x\mathrm{d}y\\
&\leqslant \iint\limits_{x^2+y^2\leqslant 1} \sqrt[3]{1-0}\,\mathrm{d}x\mathrm{d}y+\iint\limits_{1\leqslant x^2+y^2\leqslant 3} \sqrt[3]{1-1}\,\mathrm{d}x\mathrm{d}y+\iint\limits_{3\leqslant x^2+y^2\leqslant 4} \sqrt[3]{1-3}\,\mathrm{d}x\mathrm{d}y\\
&=\pi+(-\sqrt[3]{2})(4\pi-3\pi)=\pi(1-\sqrt[3]{2})<0.
\end{aligned}$$

## 习题 10-1

1. 设有一平面薄板(不计其厚度)，占有 $xOy$ 面上的闭区域 $D$，薄板上分布着面密度为 $\mu=\mu(x,y)$ 的电荷，且 $\mu(x,y)$ 在 $D$ 上连续，试用二重积分表达该板上的全部电荷 $Q$.

2. 设 $I_1=\int_{D_1}(x^2+y^2)\mathrm{d}\sigma$，其中 $D_1=\{(x,y)|-1\leqslant x\leqslant 1, -2\leqslant y\leqslant 2\}$，又 $I_2=\iint_{D_2}(x^2+y^2)^3\mathrm{d}\sigma$，其中 $D_2=\{(x,y)|0\leqslant x\leqslant 1, 0\leqslant y\leqslant 2\}$. 试利用二重积分的几何意义说明 $I_1$ 与 $I_2$ 之

间的关系.

3. 利用二重积分定义证明:

(1) $\iint\limits_D \mathrm{d}\sigma = \sigma$ ($\sigma$ 为区域 $D$ 的面积);

(2) $\iint\limits_D kf(x,y)\mathrm{d}\sigma = k\iint\limits_D f(x,y)\mathrm{d}\sigma$ ($k$ 为常数);

(3) $\iint\limits_D f(x,y)\mathrm{d}\sigma = \iint\limits_{D_1} f(x,y)\mathrm{d}\sigma + \iint\limits_{D_2} f(x,y)\mathrm{d}\sigma$, 其中 $D = D_1 \cup D_2$, $D_1, D_2$ 为两个无公共内点的闭区域.

4. 根据二重积分的性质, 比较下列积分的大小:

(1) $\iint\limits_D (x+y)^2\mathrm{d}\sigma$ 与 $\iint\limits_D (x+y)^3\mathrm{d}\sigma$, 其中积分区域 $D$ 是由 $x$ 轴、$y$ 轴与直线 $x+y=1$ 所围成的区域;

(2) $\iint\limits_D (x+y)^2\mathrm{d}\sigma$ 与 $\iint\limits_D (x+y)^3\mathrm{d}\sigma$, 其中积分区域 $D$ 是由圆周 $(x-2)^2+(y-1)^2=2$ 所围成的区域;

(3) $\iint\limits_D \ln(x+y)\mathrm{d}\sigma$ 与 $\iint\limits_D [\ln(x+y)]^2\mathrm{d}\sigma$, 其中 $D$ 是三角形闭区域, 三顶点分别为(1, 0), (1, 1), (2, 0);

(4) $\iint\limits_D (x+y)^3\mathrm{d}\sigma$ 与 $\iint\limits_D [\ln(x+y)]^3\mathrm{d}\sigma$, 其中 $D$ 是由直线 $x+y=0.5$, $x+y=1$, $x=0$, $y=0$ 所围成的区域.

5. 利用二重积分的性质估计下列积分的值:

(1) $I = \iint\limits_D xy(x+y)\mathrm{d}\sigma$, 其中 $D = \{(x,y) \mid 0 \leqslant x \leqslant 1,\ 0 \leqslant y \leqslant 1\}$;

(2) $I = \iint\limits_D \sin^2 x \sin^2 y\mathrm{d}\sigma$, 其中 $D = \{(x,y) \mid 0 \leqslant x \leqslant \pi,\ 0 \leqslant y \leqslant \pi\}$;

(3) $I = \iint\limits_D (x+y+1)\mathrm{d}\sigma$, 其中 $D = \{(x,y) \mid 0 \leqslant x \leqslant 1,\ 0 \leqslant y \leqslant 2\}$;

(4) $I = \iint\limits_D (x^2+4y^2+9)\mathrm{d}\sigma$, 其中 $D = \{(x,y) \mid x^2+y^2 \leqslant 4\}$.

## 第二节 二重积分的计算(一)

二重积分按定义进行计算相当复杂, 现借助二重积分的几何意义来讨论它的计算方法, 其基本思想是将二重积分化为两次定积分来计算, 转化后的两次定积分常称为**二次积分或累次积分**. 本节和第三节分别考虑直角坐标系和极坐标系下二重积分的计算.

## 一、二重积分在直角坐标系下的计算

当函数 $f(x,y)\geqslant 0$ 且在有界闭区域 $D$ 上连续时，根据二重积分的几何意义，二重积分 $\iint\limits_D f(x,y)\mathrm{d}\sigma$ 的值等于以区域 $D$ 为底，以曲面 $z=f(x,y)$ 为顶的曲顶柱体的体积.

设平面区域 $D$ 由曲线 $y=f_1(x),y=f_2(x)$ 及直线 $x=a,x=b$ 围成(图 10-2-1)，即 $D=\{(x,y)\,|\,a\leqslant x\leqslant b,\ f_1(x)\leqslant y\leqslant f_2(x)\}$，其中函数 $f_1(x),f_2(x)$ 在区间 $[a,b]$ 上连续，则称区域 $D$ 为 $x$-**型区域**. 特点是：穿过区域且平行于 $y$ 轴的直线与区域 $D$ 的边界相交不多于两点.

设平面区域 $D$ 由 $x=\varphi_1(y),x=\varphi_2(y)$ 及直线 $y=c,y=d$ 围成(图 10-2-2)，即 $D=\{(x,y)\,|\,c\leqslant y\leqslant d,\varphi_1(y)\leqslant x\leqslant \varphi_2(y)\}$，其中函数 $x=\varphi_1(y),\ x=\varphi_2(y)$ 在区间 $[c,d]$ 上连续，则称区域 $D$ 为 $y$- **型区域**. 特点是：穿过区域且平行于 $x$ 轴的直线与区域的边界相交不多于两点.

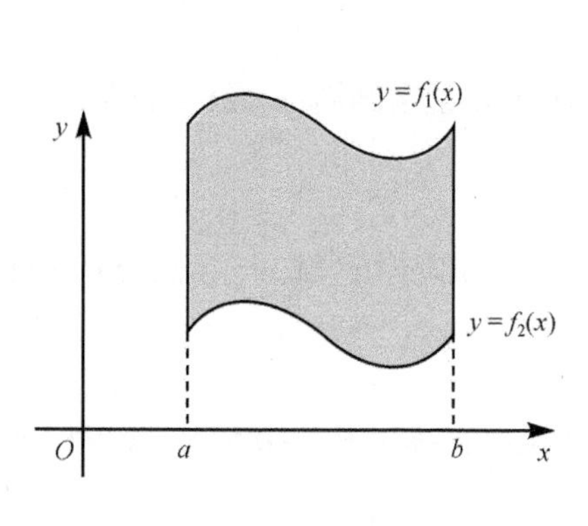


图 10-2-1

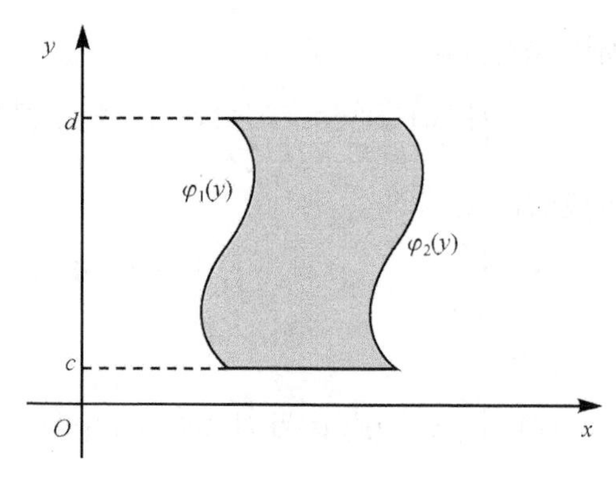


图 10-2-2

在直角坐标系下，二重积分可写成

$$\iint\limits_D f(x,y)\mathrm{d}\sigma=\iint\limits_D f(x,y)\mathrm{d}x\mathrm{d}y.$$

假定积分区域 $D$ 为 $x$-型区域，在区间 $[a,b]$ 上取定点 $x_0$，过该点作垂直于 $x$ 轴的平面截曲顶柱体得一截面，该截面是一个以区间 $[\varphi_1(x_0),\varphi_2(x_0)]$ 为底，曲线 $z=f(x_0,y)$ 为曲边的曲边梯形(图 10-2-3 中阴影部分)，所以此截面的面积为

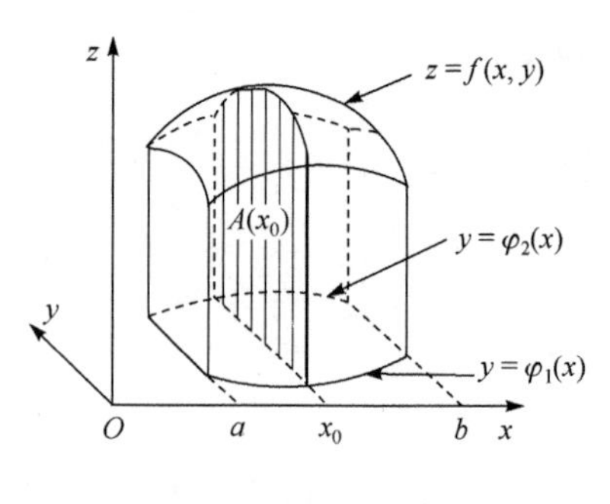


图 10-2-3

$$A(x_0)=\int_{\varphi_1(x_0)}^{\varphi_2(x_0)}f(x_0,y)\mathrm{d}y.$$

一般地，过区间 $[a,b]$ 上任意点 $x$，且垂直于 $x$ 轴的平面截曲顶柱体所的截面面积为

$$A(x)=\int_{\varphi_1(x)}^{\varphi_2(x)}f(x,y)\mathrm{d}y.$$

利用第六章中求“平行截面面积为已知立体的体

积”的方法，则曲顶柱体(图 10-2-3)的体积为

$$V=\int_a^b A(x)\mathrm{d}x=\int_a^b\left[\int_{\varphi_1(x)}^{\varphi_2(x)}f(x,y)\mathrm{d}y\right]\mathrm{d}x.$$

这个体积就是二重积分的值，即

$$\iint_D f(x,y)\mathrm{d}x\mathrm{d}y=\int_a^b\left[\int_{\varphi_1(x)}^{\varphi_2(x)}f(x,y)\mathrm{d}y\right]\mathrm{d}x,\tag{10.2.1}$$

上式右端的积分称为**先对 $y$ 后对 $x$ 的二次积分**，常将其中的中括号省略不写，使用时习惯写成

$$\iint_D f(x,y)\mathrm{d}x\mathrm{d}y=\int_a^b\mathrm{d}x\int_{\varphi_1(x)}^{\varphi_2(x)}f(x,y)\mathrm{d}y.\tag{10.2.2}$$

公式(10.2.2)对于 $f(x,y)\geqslant 0$ 之外的其他情况都成立.

类似地，如果积分区域 $D$ 为 $y$- 型区域：$\{(x,y)|c\leqslant x\leqslant d,\psi_1(y)\leqslant x\leqslant\psi_2(y)\}$，则有

$$\iint_D f(x,y)\mathrm{d}x\mathrm{d}y=\int_c^d\left[\int_{\psi_1(y)}^{\psi_2(y)}f(x,y)\mathrm{d}x\right]\mathrm{d}y$$

或

$$\iint_D f(x,y)\mathrm{d}x\mathrm{d}y=\int_c^d\mathrm{d}y\int_{\psi_1(y)}^{\psi_2(y)}f(x,y)\mathrm{d}x.\tag{10.2.3}$$

上式右端的积分称为**先对 $x$ 后对 $y$ 的二次积分**.

如果积分区域 $D$ 既不是 $x$- 型区域，也不是 $y$- 型区域，我们可以将 $D$ 分割成几个小区域(图 10-2-4)，每个小区域可分别是 $x$- 型或 $y$- 型区域，然后在每个小区域上分别运用公式(10.2.2)或(10.2.3)，再根据二重积分对积分区域具有可加性，即可计算出所给二重积分.

如果积分区域 $D$ (图 10-2-5)既是 $x$- 型区域又是 $y$- 型区域，即积分区域 $D$ 可表示为

$$a\leqslant x\leqslant b,\quad \varphi_1(x)\leqslant y\leqslant\varphi_2(x)$$

或

$$c\leqslant y\leqslant d,\quad \psi_1(y)\leqslant x\leqslant\psi_2(y),$$

则有

$$\int_a^b\mathrm{d}x\int_{\varphi_1(x)}^{\varphi_2(x)}f(x,y)\mathrm{d}y=\int_c^d\mathrm{d}y\int_{\psi_1(x)}^{\psi_2(x)}f(x,y)\mathrm{d}x.$$

上式表明这两个不同积分次序的二次积分相等，所以在具体计算一个二重积分时，可以有选择地将它化为其中的一种二次积分，以使计算更为简单.

在直角坐标系下，求二重积分的步骤为:

(1) 画出积分区域 $D$;

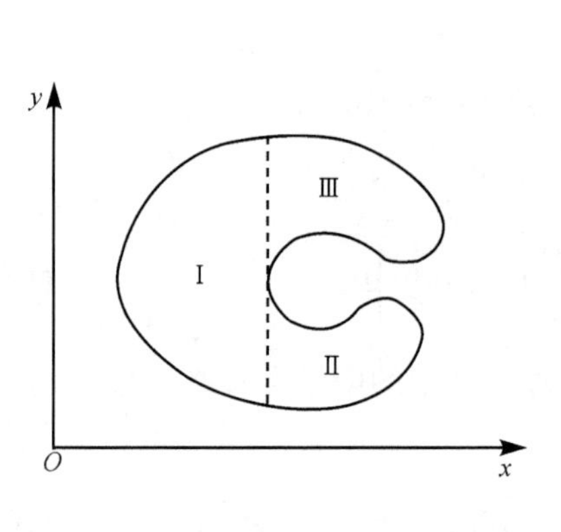


图 10-2-4

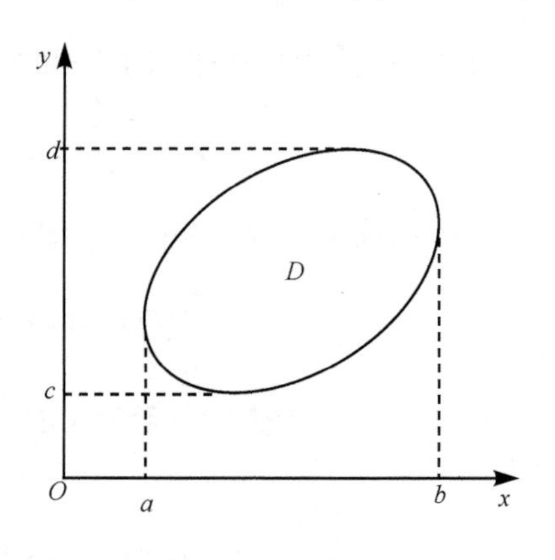


图 10-2-5

(2) 确定积分区域的类型, 并根据积分区域的形状来确定积分限(即表示积分区域的一种不等式组);

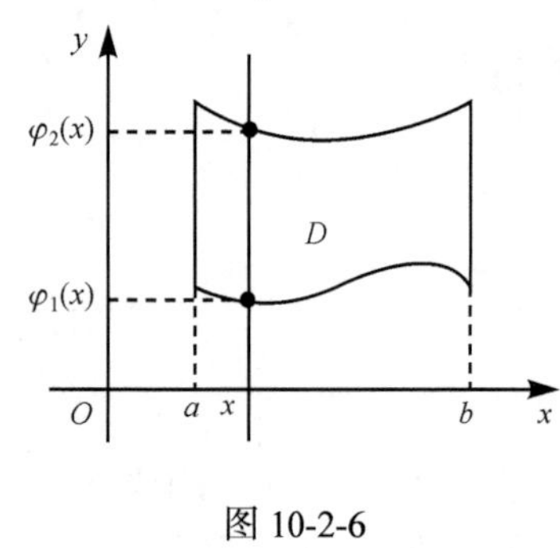


图 10-2-6

(3) 用公式(10.2.2)或(10.2.3)化二重积分为二次积分;

(4) 计算二次积分的值.

假如积分区域 $D$ 如图 10-2-6 所示, 则可按如下方法确定表示区域 $D$ 的不等式:

在区间 $[a,b]$ 上任取一点 $x$, 过点 $x$ 作垂直于 $x$ 轴的直线交区域 $D$ 的边界于点 $\varphi_1(x)$ 和点 $\varphi_2(x)$, 把 $x$ 看作常量, 而把 $\varphi_1(x)$ 和 $\varphi_2(x)$ 看作积分变量 $y$ 的上下限, 因此积分区域 $D$ 可表示为

$$a \leqslant x \leqslant b, \quad \varphi_1(x) \leqslant y \leqslant \varphi_2(x),$$

所求积分

$$\iint\limits_D f(x,y)\mathrm{d}x\mathrm{d}y = \int_a^b \mathrm{d}x \int_{\varphi_1(x)}^{\varphi_2(x)} f(x,y)\mathrm{d}y .$$

特别地, 当区域 $D$ 为矩形区域 $\{(x,y) | a \leqslant x \leqslant b, c \leqslant y \leqslant d\}$ 时, 有

$$\iint\limits_D f(x,y)\mathrm{d}x\mathrm{d}y = \int_a^b \mathrm{d}x \int_c^d f(x,y)\mathrm{d}y = \int_c^d \mathrm{d}y \int_a^b f(x,y)\mathrm{d}x.$$

下面我们通过例题来进一步说明二重积分的计算.

**例 10.2.1** 计算 $\iint\limits_D xy\mathrm{d}\sigma$, 其中 $D$ 是下列区域:

(1) 由曲线 $y = x^2$ 及 $x = y^2$ 所围成的闭区域;

(2) 由直线 $y = 1, x = 2$ 及 $y = x$ 所围成的闭区域.

**解** (1) 积分区域 $D$ 的图形如图 10-2-7(a)所示, 易见区域 $D$ 既是 $x$- 型也是 $y$- 型, 将积分区域 $D$ 视为 $x$- 型时积分限为 $0 \leqslant x \leqslant 1$, $x^2 \leqslant y \leqslant \sqrt{x}$, 所以

$$\iint_D xy\mathrm{d}\sigma = \int_0^1 \mathrm{d}x \int_{x^2}^{\sqrt{x}} xy\mathrm{d}y = \int_0^1 \left[\frac{1}{2}xy^2\right]_{x^2}^{\sqrt{x}} \mathrm{d}x = \frac{1}{2}\int_0^1 (x^2 - x^5)\mathrm{d}x = \frac{1}{12}.$$

(2) 区域 $D$ 既是 $x$- 型也是 $y$- 型, 将积分区域视为 $y$- 型(图 10-2-7(b)), 则积分区域 $D$ 的积分限为 $1 \leqslant y \leqslant 2$, $y \leqslant x \leqslant 2$, 所以

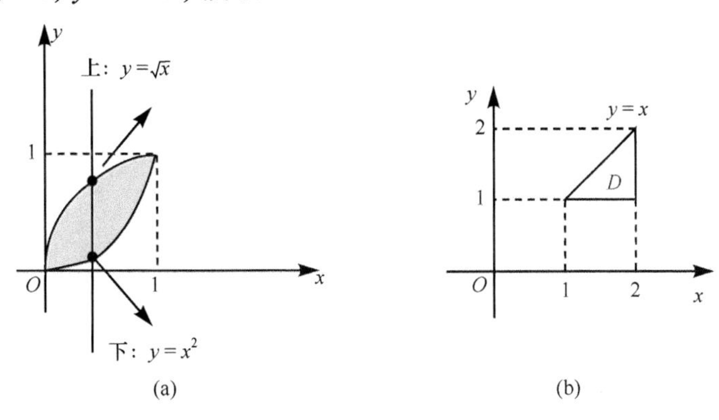


图 10-2-7

$$\iint_D xy\mathrm{d}\sigma = \int_1^2 \left(\int_y^2 xy\mathrm{d}x\right)\mathrm{d}y = \int_1^2 \left[y\cdot\frac{x^2}{2}\right]_y^2 \mathrm{d}y = \int_1^2 \left(2y - \frac{y^3}{2}\right)\mathrm{d}y = \left[y^2 - \frac{y^4}{8}\right]_1^2 = \frac{9}{8}.$$

关于区域(1) 用 $y$- 型和区域(2)用 $x$- 型感兴趣的读者可自行练习.

**例 10.2.2** 计算二重积分 $\iint\limits_D xy\mathrm{d}\sigma$, 其中 $D$ 是由抛物线 $y^2 = x$ 及直线 $y = x - 2$ 所围成的闭区域.

**解** 如图 10-2-8 所示, $D$ 既是 $x$- 型也是 $y$- 型的. 如果将积分区域视为 $x$- 型的, 则积分区域 $D$ 需分成 $D_1$ 和 $D_2$ 两部分(图 10-2-8(a)), 其中 $D_1$, $D_2$ 的积分限分别为

$$D_1: 0 \leqslant x \leqslant 1, -\sqrt{x} \leqslant y \leqslant \sqrt{x};\quad D_2: 1 \leqslant x \leqslant 4, x-2 \leqslant y \leqslant \sqrt{x}.$$

从而, 根据二重积分的性质 10.1.2, 有

$$\iint_D xy\mathrm{d}\sigma = \iint_{D_1} xy\mathrm{d}\sigma + \iint_{D_2} xy\mathrm{d}\sigma = \int_0^1\left(\int_{-\sqrt{x}}^{\sqrt{x}} xy\mathrm{d}y\right)\mathrm{d}x + \int_1^4\left(\int_{x-2}^{\sqrt{x}} xy\mathrm{d}y\right)\mathrm{d}x.$$

因此, 对本题选择先对 $x$ 再对 $y$ 的二次积分次序会比较简单. 将积分区域视为 $y$- 型, 如图 10-2-8(b)积分限为 $-1 \leqslant y \leqslant 2$, $y^2 \leqslant x \leqslant y+2$, 所以

$$\iint_D xy\mathrm{d}\sigma = \int_{-1}^2\left(\int_{y^2}^{y+2} xy\mathrm{d}x\right)\mathrm{d}y = \int_{-1}^2 \left[\frac{x^2}{2}y\right]_{y^2}^{y+2}\mathrm{d}y = \frac{1}{2}\int_{-1}^2 [y(y+2)^2 - y^5]\mathrm{d}y$$

$$= \frac{1}{2}\left[\frac{y^4}{4} + \frac{4}{3}y^3 + 2y^2 - \frac{y^6}{6}\right]_{-1}^2 = 5\frac{5}{8}.$$

**例 10.2.3** 计算 $\iint\limits_D \frac{\sin y}{y}\mathrm{d}\sigma$, 其中 $D$ 由 $y = x$ 及 $x = y^2$ 所围成的闭区域.

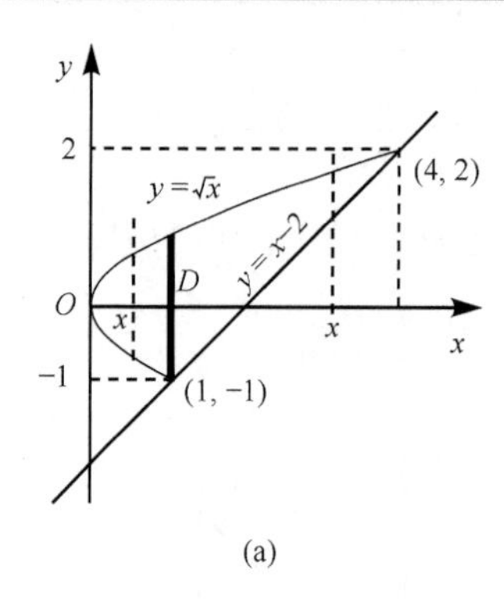

(a)

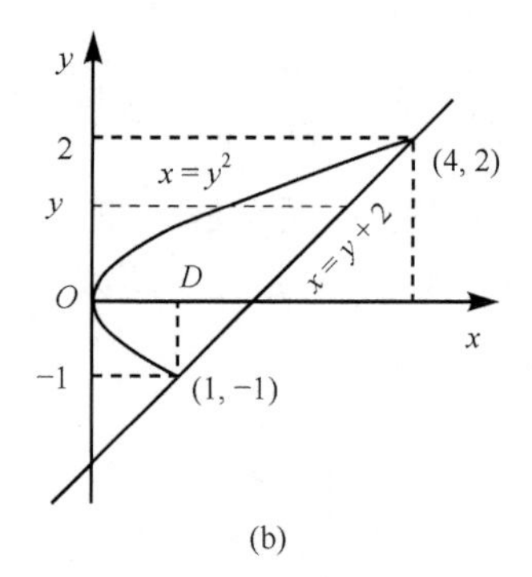

(b)

图 10-2-8

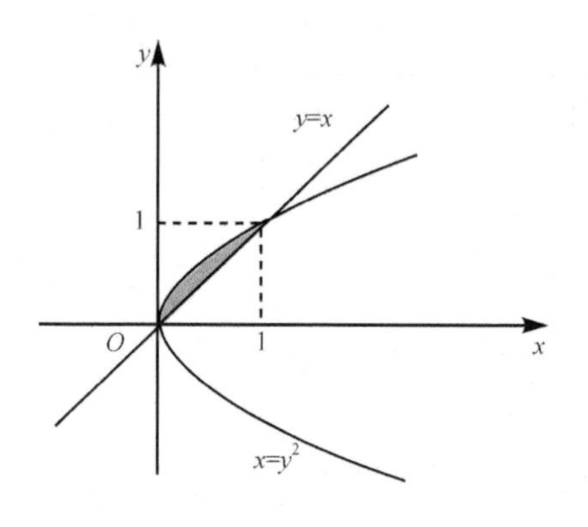

图 10-2-9

**解**　画出区域 $D$ 的图形(图 10-2-9). 如果将 $D$ 视为 $y$- 型区域, 则积分限为 $D:0\leqslant y\leqslant 1, y^2\leqslant x\leqslant y$, 从而

$$\iint_D \frac{\sin y}{y}\mathrm{d}\sigma=\int_0^1\mathrm{d}y\int_{y^2}^{y}\frac{\sin y}{y}\mathrm{d}x$$

$$=\int_0^1\frac{\sin y}{y}[x]_{y^2}^{y}\mathrm{d}y=\int_0^1\frac{\sin y}{y}(y-y^2)\mathrm{d}y$$

$$=\int_0^1\sin y\mathrm{d}y-\int_0^1 y\sin y\mathrm{d}y=1-\sin 1.$$

若将 $D$ 视为 $x$- 型区域, 则要先对 $y$ 积分, 因 $\int\frac{\sin y}{y}\mathrm{d}y$ 的原函数不能用初等函数表示, 所以无法用前面的积分法求得它的值.

由例 10.2.2, 例 10.2.3 可见, 将二重积分化为二次积分进行计算, 在选取积分顺序时, 既要考虑积分区域的形状, 又要考虑被积函数的特性.

**例 10.2.4**　计算 $\iint\limits_D|x^2-y|\mathrm{d}x\mathrm{d}y$, 其中 $D$ 为 $-1\leqslant x\leqslant 1, 0\leqslant y\leqslant 1$.

**解**　画出积分区域 $D$ 的图形(图 10-2-10), 可知区域 $D$ 可分成 $D_1$ 和 $D_2$ 两块 $x$- 型区域

$$D_1:-1\leqslant x\leqslant 1, 0\leqslant y\leqslant x^2;\quad D_2:-1\leqslant x\leqslant 1, x^2\leqslant y\leqslant 1.$$

根据二重积分的性质和区域特性去绝对值号, 得

$$\iint_D|x^2-y|\mathrm{d}x\mathrm{d}y=\iint_{D_1}(x^2-y)\mathrm{d}x\mathrm{d}y+\iint_{D_2}(y-x^2)\mathrm{d}x\mathrm{d}y$$

$$=\int_{-1}^1\mathrm{d}x\int_0^{x^2}(x^2-y)\mathrm{d}y+\int_{-1}^1\mathrm{d}x\int_{x^2}^1(y-x^2)\mathrm{d}y$$

$$=\int_{-1}^1\frac{1}{2}x^4\mathrm{d}x+\int_{-1}^1\left(\frac{1}{2}-x^2+\frac{1}{2}x^4\right)\mathrm{d}x=\frac{11}{15}.$$

**例 10.2.5**　求两个底圆半径都等于 $a$ 的直交圆柱面所围成的立体的体积.

**解** 设两个圆柱面的方程分别为

$$x^2+y^2=a^2 \quad 及 \quad x^2+z^2=a^2.$$

利用立体关于坐标平面的对称性，只要算出它在第一卦限部分(图 10-2-11(a))的体积 $V_1$，然后再乘以 8 即可. 所求立体在第一卦限部分可以看成一个曲顶柱体，它的底为

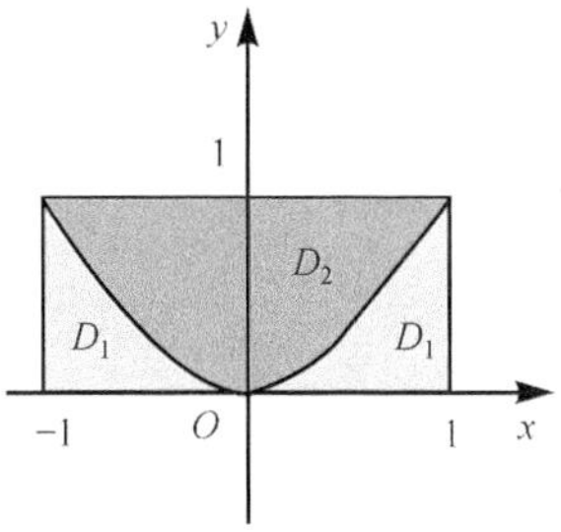

图 10-2-10

$$D=\left\{(x,y)\middle|0\leqslant y\leqslant\sqrt{a^2-x^2},0\leqslant x\leqslant a\right\},$$

它的顶是柱面 $z=\sqrt{a^2-x^2}$. 于是

$$V_1=\iint\limits_D\sqrt{a^2-x^2}\,\mathrm{d}\sigma=\int_0^a\mathrm{d}x\int_0^{\sqrt{a^2-x^2}}\sqrt{a^2-x^2}\,\mathrm{d}y$$

$$=\int_0^a\left[\sqrt{a^2-x^2}\,y\right]_0^{\sqrt{a^2-x^2}}\mathrm{d}x=\int_0^a(a^2-x^2)\mathrm{d}x=\frac{2}{3}a^3,$$

故所求体积为 $V=8V_1=\dfrac{16}{3}a^3$.

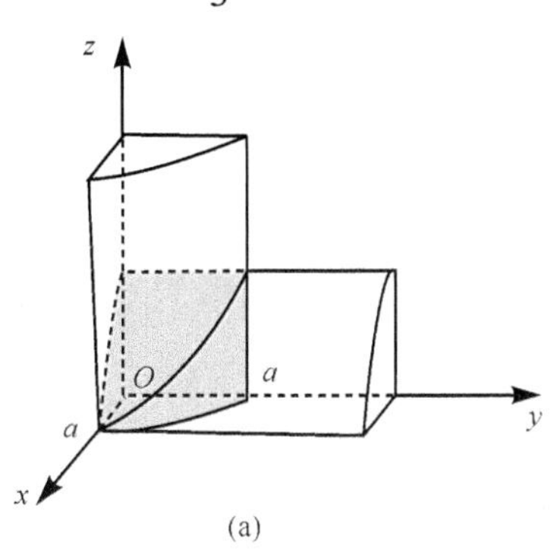


(b)

图 10-2-11

## 二、交换二次积分的次序

从例 10.2.2 可以看到，计算二重积分时，积分次序选择不当可能会使计算繁琐甚至无法计算出结果，因此，对给定的二次积分合理选择积分次序是关键的一步.

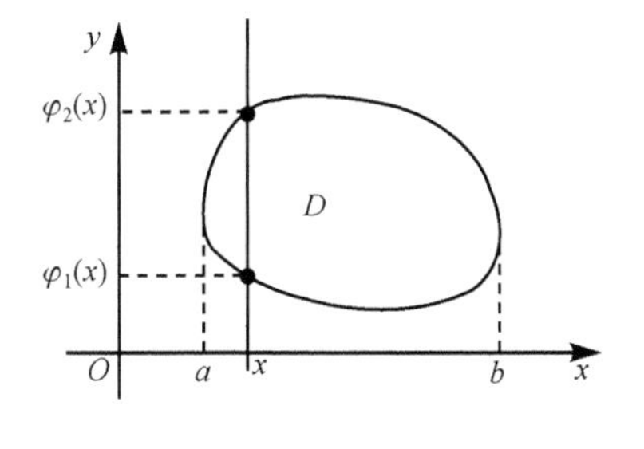


图 10-2-12

一般地，$x$- 型交换为 $y$- 型的二次积分的步骤为:

(1) 先根据二次积分 $\int_a^b\mathrm{d}x\int_{\varphi_1(x)}^{\varphi_2(x)}f(x,y)\mathrm{d}y$ 的积分限，画出积分区域 $D$(图 10-2-12);

(2) 根据积分区域 $D$ 的形状，按新的次序确定积分区域 $D$ 的积分限

$$c \leqslant y \leqslant d, \quad \psi_1(y) \leqslant x \leqslant \psi_2(y);$$

(3) 写出结果

$$\int_a^b dx \int_{\varphi_1(x)}^{\varphi_2(x)} f(x,y)dy = \iint_D f(x,y)d\sigma = \int_c^d dy \int_{\psi_1(y)}^{\psi_2(y)} f(x,y)dx.$$

将 $y$- 型交换为 $x$- 型的二次积分与上述步骤类似.

**例 10.2.6**　交换二次积分 $\int_0^1 dx \int_{x^2}^x f(x,y)dy$ 的积分次序.

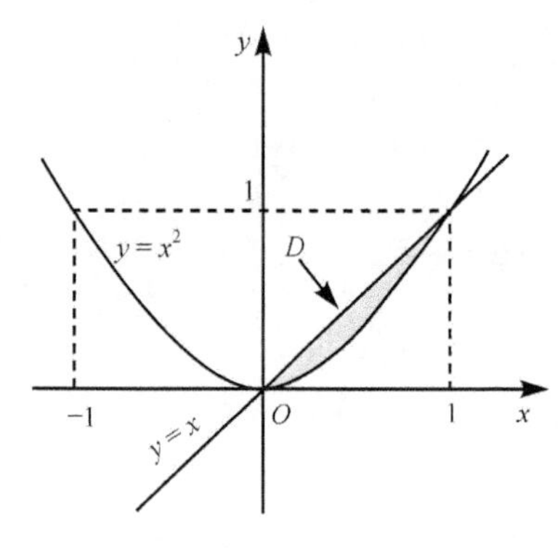


图 10-2-13

**解**　二次积分的积分限为: $0 \leqslant x \leqslant 1, x^2 \leqslant y \leqslant x$, 画出积分区域 $D$ (图 10-2-13)重新确定积分区域 $D$ 的积分限为

$$0 \leqslant y \leqslant 1, \quad y \leqslant x \leqslant \sqrt{y},$$

所以

$$\int_0^1 dx \int_{x^2}^x f(x,y)dy = \iint_D f(x,y)d\sigma = \int_0^1 dy \int_y^{\sqrt{y}} f(x,y)dx.$$

**例 10.2.7**　交换二次积分 $\int_0^1 dx \int_0^{1-x} f(x,y)dy$ 的积分次序.

**解**　题设二次积分的积分限为: $0 \leqslant x \leqslant 1, 0 \leqslant y \leqslant 1-x$, 画出积分区域 $D$, 重新确定积分区域 $D$ 的积分限为: $0 \leqslant y \leqslant 1, 0 \leqslant x \leqslant 1-y$, 所以

$$\int_0^1 dx \int_0^{1-x} f(x,y)dy = \iint_D f(x,y)d\sigma = \int_0^1 dy \int_0^{1-y} f(x,y)dx.$$

**例 10.2.8**　交换二次积分

$$I = \int_0^1 dx \int_0^{\sqrt{2x-x^2}} f(x,y)dy + \int_1^2 dx \int_0^{2-x} f(x,y)dy$$

的积分次序.

**解**　二次积分的积分限:

$$\begin{cases} 0 \leqslant x \leqslant 1, & 0 \leqslant y \leqslant \sqrt{2x-x^2}, \\ 1 \leqslant x \leqslant 2, & 0 \leqslant y \leqslant 2-x, \end{cases}$$

画出积分区域 $D$ (图 10-2-14). 重新确定积分区域 $D$ 的积分限

$$0 \leqslant y \leqslant 1, \quad 1-\sqrt{1-y^2} \leqslant x \leqslant 2-y,$$

所以

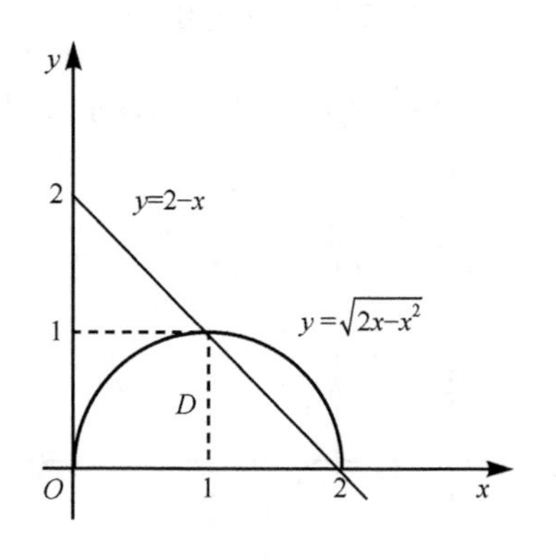


图 10-2-14

$$I=\int_0^1 \mathrm{d}y\int_{1-\sqrt{1-y^2}}^{2-y} f(x,y)\mathrm{d}x.$$

## 三、利用对称性和奇偶性化简

利用被积函数的奇偶性及积分区域 $D$ 的对称性，常可大大简化二重积分的计算. 如在例 10.2.5 中就应用了对称性. 与处理关于原点对称的区间上的奇(偶)函数的定积分类似，二重积分也要同时兼顾被积函数 $f(x,y)$ 的奇偶性和积分区域 $D$ 的对称性. 方法归纳如下.

(1) 如果积分区域 $D$ 关于 $y$ 轴对称，则

(i) 当 $f(-x,y)=-f(x,y)((x,y)\in D)$ 时，有

$$\iint_D f(x,y)\mathrm{d}x\mathrm{d}y=0.$$

(ii) 当 $f(-x,y)=f(x,y)((x,y)\in D)$ 时，有

$$\iint_D f(x,y)\mathrm{d}x\mathrm{d}y=2\iint_{D_1} f(x,y)\mathrm{d}x\mathrm{d}y,$$

其中 $D_1=\{(x,y)\,|\,(x,y)\in D,x\geqslant 0\}$.

(2) 如果积分区域 $D$ 关于 $x$ 轴对称，则

(i) 当 $f(x,-y)=-f(x,y)((x,y)\in D)$ 时，有

$$\iint_D f(x,y)\mathrm{d}x\mathrm{d}y=0.$$

(ii) 当 $f(x,-y)=f(x,y)((x,y)\in D)$ 时，有

$$\iint_D f(x,y)\mathrm{d}x\mathrm{d}y=2\iint_{D_2} f(x,y)\mathrm{d}x\mathrm{d}y,$$

其中 $D_2=\left\{(x,y)\middle|(x,y)\in D,y\geqslant 0\right\}$.

进一步，我们还可以给出积分区域 $D$ 关于原点对称和关于直线 $y=x$ 对称的情形.

**例 10.2.9** 计算 $\iint\limits_D x^4y^2\mathrm{d}x\mathrm{d}y$，其中区域 $D:|x|+|y|\leqslant 1$.

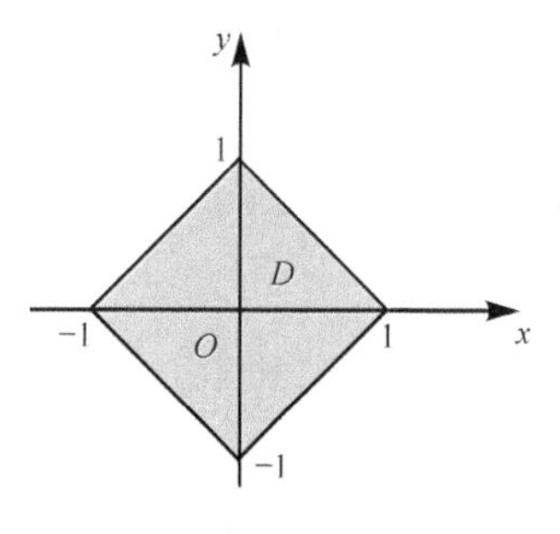

图 10-2-15

**解** 积分区域 $D$ 如图 10-2-15 所示. 因为 $D$ 关于 $x$ 轴和 $y$ 轴对称，且 $f(x,y)=x^4y^2$, 关于 $x$ 或关于 $y$ 为偶函数，所求积分等于在区域 $D_1$: $0\leqslant x\leqslant 1,0\leqslant y\leqslant 1-x$ 上的积分的 4 倍，即

$$I=4\iint_{D_1} x^4y^2\mathrm{d}x\mathrm{d}y=4\int_0^1\mathrm{d}x\int_0^{1-x}x^4y^2\mathrm{d}y=\frac{4}{3}\int_0^1 x^4(1-x)^3\mathrm{d}x=\frac{1}{210}.$$

本题若直接在 $D$ 上求二重积分，则要繁琐很多.

**例 10.2.10** 计算 $I=\iint\limits_D (xy+1)\mathrm{d}x\mathrm{d}y$，其中 $D:4x^2+y^2\leqslant 4$.

**解法一**　先对 $y$ 积分，则积分限为 $D$: $-1\leqslant x\leqslant 1$，$-2\sqrt{1-x^2}\leqslant y\leqslant 2\sqrt{1-x^2}$，故

$$I=\int_{-1}^{1}\mathrm{d}x\int_{-2\sqrt{1-x^2}}^{2\sqrt{1-x^2}}(xy+1)\mathrm{d}y=\int_{-1}^{1}\left[\frac{1}{2}xy^2\right]_{-2\sqrt{1-x^2}}^{2\sqrt{1-x^2}}\mathrm{d}x+\int_{-1}^{1}4\sqrt{1-x^2}\mathrm{d}x$$

$$=\left[2x^2-\frac{1}{4}x^4\right]_{-1}^{1}+4\cdot\frac{\pi}{2}=2\pi.$$

**解法二**　先对 $x$ 积分，则积分限为 $D$: $-2\leqslant y\leqslant 2$，$-\frac{1}{2}\sqrt{4-y^2}\leqslant x\leqslant\frac{1}{2}\sqrt{4-y^2}$，故

$$I=\int_{-2}^{2}\mathrm{d}y\int_{-\frac{1}{2}\sqrt{4-y^2}}^{\frac{1}{2}\sqrt{4-y^2}}(xy+1)\mathrm{d}x=2\pi.$$

**解法三**　利用二重积分的性质，得

$$I=\iint_D xy\mathrm{d}x\mathrm{d}y+\iint_D\mathrm{d}x\mathrm{d}y.$$

再利用对称性，因为积分域 $D$ 关于 $x$ 轴对称，且函数 $f(x,y)=xy$ 关于 $x$ 是奇函数，所以

$$\iint_D xy\mathrm{d}x\mathrm{d}y=0.$$

又

$$\iint_D\mathrm{d}x\mathrm{d}y=2\pi.$$

故 $I=2\pi$.

**例 10.2.11**　计算 $\iint_D y[1+xf(x^2+y^2)]\mathrm{d}x\mathrm{d}y$，其中积分区域 $D$ 由曲线 $y=x^2$ 与 $y=4$ 所围成.

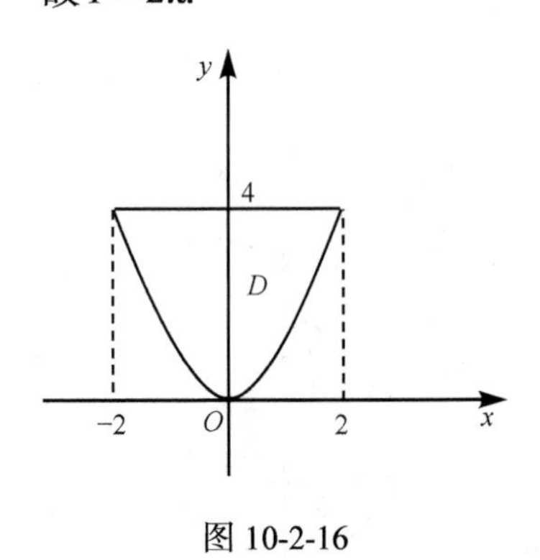

图 10-2-16

**解**　积分区域 $D$ 如图 10-2-16 所示，令 $g(x,y)=xyf(x^2+y^2)$，因为 $D$ 关于 $y$ 轴对称，且 $g(-x,y)=-g(x,y)$，故

$$\iint_D xyf(x^2+y^2)\mathrm{d}x\mathrm{d}y=0,$$

从而

$$I=\iint_D y\mathrm{d}x\mathrm{d}y=\int_{-2}^{2}\mathrm{d}x\int_{x^2}^{4}y\mathrm{d}y=\frac{1}{2}\int_{-2}^{2}(16-x^4)\mathrm{d}x=25\frac{3}{5}.$$

**例 10.2.12**　证明不等式 $1\leqslant\iint_D(\cos y^2+\sin x^2)\mathrm{d}x\mathrm{d}y\leqslant\sqrt{2}$，其中 $D:0\leqslant x\leqslant 1,0\leqslant y\leqslant 1$.

**证**　因为 $D$ 关于 $x=y$ 对称，所以 $\iint_D\cos x^2\mathrm{d}x\mathrm{d}y=\iint_D\cos y^2\mathrm{d}x\mathrm{d}y$，故

$$\iint_D(\cos y^2+\sin x^2)\mathrm{d}x\mathrm{d}y=\iint_D(\cos x^2+\sin x^2)\mathrm{d}x\mathrm{d}y,$$

又由于 $\cos x^2+\sin x^2=\sqrt{2}\sin\left(x^2+\frac{\pi}{4}\right)$ 及 $0\leqslant x^2\leqslant 1$，而 $D$ 的面积为 1. 由二重积分性质，有

$$1\leqslant\iint_D(\cos y^2+\sin x^2)\mathrm{d}x\mathrm{d}y\leqslant\sqrt{2}.$$

## 习题 10-2

1. 计算下列二重积分:

(1) $\iint_D(x^2+y^2)\mathrm{d}\sigma$，其中 $D=\{(x,y)\mid |x|\leqslant 1,|y|\leqslant 1\}$;

(2) $\iint_D(3x+2y)\mathrm{d}\sigma$，其中 $D$ 是由两坐标轴与 $x+y=2$ 所围成的闭区域;

(3) $\iint_D(x^3+3x^2y+y^3)\mathrm{d}\sigma$，其中 $D$： $0\leqslant x\leqslant 1, 0\leqslant y\leqslant 1$；

(4) $\iint_D x\cos(x+y)\mathrm{d}\sigma$，其中 $D$ 是顶点分别为$(0, 0)$, $(\pi, 0)$和$(\pi, \pi)$的三角形闭区域.

2. 画出积分区域, 并计算下列二重积分:

(1) $\iint_D x\sqrt{y}\mathrm{d}\sigma$，其中 $D$ 是由两条抛物线 $y=\sqrt{x}$， $y=x^2$ 所围成的闭区域;

(2) $\iint_D xy^2\mathrm{d}\sigma$，其中 $D$ 是由圆周 $x^2+y^2=4$ 及 $y$ 轴所围成的右半闭区域;

(3) $\iint_D \mathrm{e}^{x+y}\mathrm{d}\sigma$，其中 $D=\left\{(x,y)\big||x|+|y|\leqslant 1\right\}$；

(4) $\iint_D(x^2+y^2-x)\mathrm{d}\sigma$，其中 $D$ 是由直线 $y=2, y=x$ 及 $y=2x$ 轴所围成的闭区域.

3. 如果二重积分 $\iint_D f(x,y)\mathrm{d}x\mathrm{d}y$ 的被积函数 $f(x,y)$ 是两个函数 $f_1(x)$ 及 $f_2(y)$ 的乘积，即 $f(x,y)=f_1(x)\cdot f_2(y)$，积分区域 $D=\{(x, y)\mid a\leqslant x\leqslant b, c\leqslant y\leqslant d\}$，证明这个二重积分等于两个单积分的乘积, 即

$$\iint_D f_1(x)\cdot f_2(y)\mathrm{d}x\mathrm{d}y=\left[\int_a^b f_1(x)\mathrm{d}x\right]\cdot\left[\int_c^d f_2(y)\mathrm{d}y\right].$$

4. 化二重积分 $I=\iint_D f(x,y)\mathrm{d}\sigma$ 为二次积分(分别列出对两个变量先后次序不同的两个二次积分), 其中积分区域 $D$ 如下所述:

(1) 由直线 $y=x$ 及抛物线 $y^2=4x$ 所围成的闭区域;

(2) 由 $x$ 轴及半圆周 $x^2+y^2=r^2(y\geqslant 0)$ 所围成的闭区域;

(3) 由直线 $y=x,x=2$ 及双曲线 $y=\dfrac{1}{x}(x>0)$所围成的闭区域;

(4) 环形闭区域 $\{(x,y)\mid 1\leqslant x^2+y^2\leqslant 4\}$.

5. 证明 $\int_0^a \mathrm{d}y\int_0^y \mathrm{e}^{b(x-a)}f(x)\mathrm{d}x=\int_0^a (a-x)\mathrm{e}^{b(x-a)}f(x)\mathrm{d}x$, 其中 $a, b$ 均为常数, 且 $a>0$.

6. 交换下列二次积分的积分次序:

(1) $\int_0^1 \mathrm{d}y\int_0^y f(x,y)\mathrm{d}x$;  (2) $\int_0^2 \mathrm{d}y\int_{y^2}^{2y} f(x,y)\mathrm{d}x$;

(3) $\int_0^1 \mathrm{d}y\int_{-\sqrt{1-y^2}}^{\sqrt{1-y^2}} f(x,y)\mathrm{d}x$;  (4) $\int_1^2 \mathrm{d}x\int_{2-x}^{\sqrt{2x-x^2}} f(x,y)\mathrm{d}y$;

(5) $\int_1^{\mathrm{e}} \mathrm{d}x\int_0^{\ln x} f(x,y)\mathrm{d}y$;  (6) $\int_0^{\pi} \mathrm{d}x\int_{-\sin\frac{x}{2}}^{\sin x} f(x,y)\mathrm{d}y$ ( $a\geqslant 0$ ).

7. 设平面薄片所占的闭区域 $D$ 由直线 $x+y=2$, $y=x$ 和 $x$ 轴所围成, 它的面密度为 $\mu(x,y)=x^2+y^2$, 求该薄片的质量.

8. 计算由四个平面 $x=0$, $y=0$, $x=1$, $y=1$ 所围成的柱体被平面 $z=0$ 及 $2x+3y+z=6$ 截得的立体的体积.

9. 求由平面 $x=0$, $y=0$, $x+y=1$ 所围成的柱体被平面 $z=0$ 及抛物面 $x^2+y^2=6-z$ 截得的立体的体积.

10. 求由曲面 $z=x^2+2y^2$ 及 $z=6-2x^2-y^2$ 所围成的立体的体积.

# 第三节　二重积分的计算(二)

## 一、二重积分在极坐标系下的计算

对有些二重积分, 积分区域 $D$ 的边界曲线适合用极坐标方程来描述, 如 $D$ 为圆环形区域: $1\leqslant x^2+y^2\leqslant 4$, 如果采用直角坐标系的计算方法, 则要将 $D$ 分成多个子区域, 需要进行多个二重积分计算. 此时, 如果被积函数在极坐标系下有比较简单的形式, 采用极坐标可以很方便地计算二重积分 $\iint\limits_D f(x,y)\mathrm{d}\sigma$ 的值.

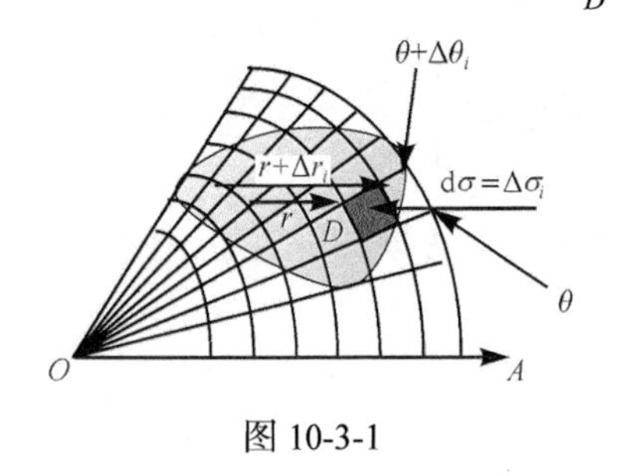

图 10-3-1

由于平面上点的直角坐标 $(x, y)$ 与极坐标 $(r,\theta)$ 之间有变换关系

$$x=r\cos\theta,\quad y=r\sin\theta,$$

假设区域 $D$ 的边界与过极点的射线相交不多于两点, 函数 $f(x,y)$ 在 $D$ 上连续, 我们采用以极点为中心的一族同心圆(即极径 $r$ 为常数), 以极点为端点的一族射线(即极角 $\theta$ 为常数), 把区域 $D$ 分成 $n$ 个小闭区域(图 10-3-1),

其中小闭区域$\Delta\sigma_i$($\Delta\sigma_i$也表示该小闭区域的面积)是$r_i$到$r_i+\Delta r_i$和$\theta_i$到$\theta_i+\Delta\theta_i$之间的小闭区域，由扇形面积公式得

$$\begin{aligned}\Delta\sigma_i&=\frac{1}{2}(r_i+\Delta r_i)^2\cdot\Delta\theta_i-\frac{1}{2}r_i^2\cdot\Delta\theta_i\\&=\frac{1}{2}(2r_i+\Delta r_i)\Delta r_i\cdot\Delta\theta_i\\&=\frac{r_i+(r_i+\Delta r_i)}{2}\Delta r_i\cdot\Delta\theta_i\\&\approx r_i\cdot\Delta r_i\cdot\Delta\theta_i.\end{aligned}$$

于是极坐标系下的面积微元为

$$\mathrm{d}\sigma=r\mathrm{d}r\mathrm{d}\theta,$$

从而得到在直角坐标系与极坐标系下二重积分的变换公式

$$\iint_D f(x,y)\mathrm{d}x\mathrm{d}y=\iint_D f(r\cos\theta,r\sin\theta)r\mathrm{d}r\mathrm{d}\theta,\tag{10.3.1}$$

在极坐标系下的二重积分，同样可化为二次积分来计算.

下面按积分区域$D$的三种情形，在极坐标系下将二重积分化为二次积分，在下面的讨论中，我们假定所给函数在区域$D$上均为连续的.

(1) 极点不在积分区域的内部.

如果积分区域$D$由射线$\theta=\alpha$, $\theta=\beta(\beta>\alpha)$，曲线$r=\varphi_1(\theta)$和$r=\varphi_2(\theta)$($\geqslant\varphi_1(\theta)$) 围成(图 10-3-2)，则区域$D$的积分限为

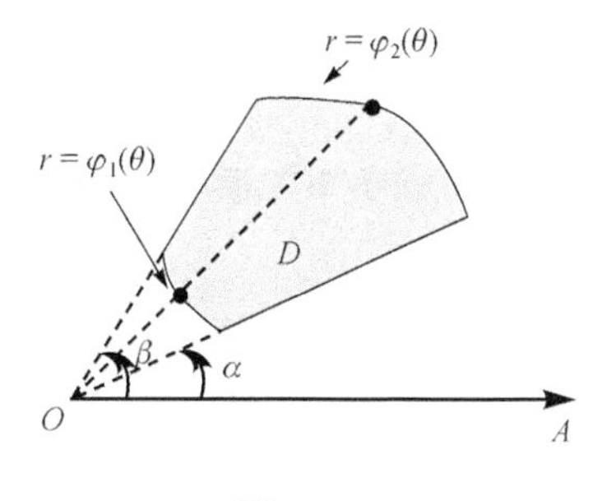

图 10-3-2

$$\alpha\leqslant\theta\leqslant\beta,\quad \varphi_1(x)\leqslant r\leqslant\varphi_2(x).$$

于是

$$\begin{aligned}\iint_D f(x,y)\mathrm{d}x\mathrm{d}y&=\iint_D f(r\cos\theta,r\sin\theta)r\mathrm{d}r\mathrm{d}\theta\\&=\int_\alpha^\beta\mathrm{d}\theta\int_{\varphi_1(\theta)}^{\varphi_2(\theta)}f(r\cos\theta,r\sin\theta)r\mathrm{d}r.\end{aligned}\tag{10.3.2}$$

具体计算时，内层积分的上、下限可按如下方式确定：从极点出发在区间$[\alpha,\beta]$上任意作一条极角为$\theta$的射线穿透区域$D$(图 10-3-2)，则进入点与穿出点的极径$\varphi_1(\theta),\varphi_2(\theta)$就分别为内层积分的下限与上限.

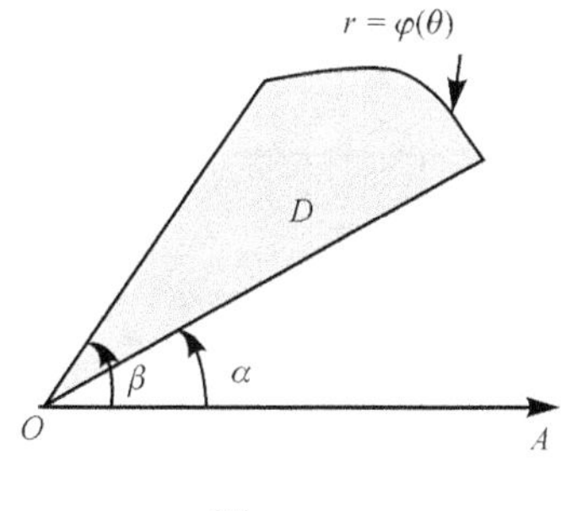

图 10-3-3

(2) 极点在积分区域的边界上.

积分区域$D$由射线$\theta=\alpha$，$\theta=\beta$，曲线$r=\varphi(\theta)$围成(图 10-3-3)，则区域$D$的积分限为

$$\alpha\leqslant\theta\leqslant\beta,\quad 0\leqslant r\leqslant\varphi(\theta),$$

于是

$$\iint\limits_D f(x,y)\mathrm{d}x\mathrm{d}y=\int_\alpha^\beta \mathrm{d}\theta\int_0^{\varphi(\theta)} f(r\cos\theta,r\sin\theta)r\mathrm{d}r. \tag{10.3.3}$$

(3) 极点在积分区域的内部.

极点在 $D$ 内, 积分区域 $D$ 由闭曲线 $r=\varphi(\theta)$ 围成(图 10-3-4), 则区域 $D$ 的积分限为

$$0\leqslant\theta\leqslant 2\pi,\quad 0\leqslant r\leqslant\varphi(\theta).$$

于是

$$\iint\limits_D f(x,y)\mathrm{d}x\mathrm{d}y=\int_0^{2\pi} \mathrm{d}\theta\int_0^{\varphi(\theta)} f(r\cos\theta,r\sin\theta)r\mathrm{d}r. \tag{10.3.4}$$

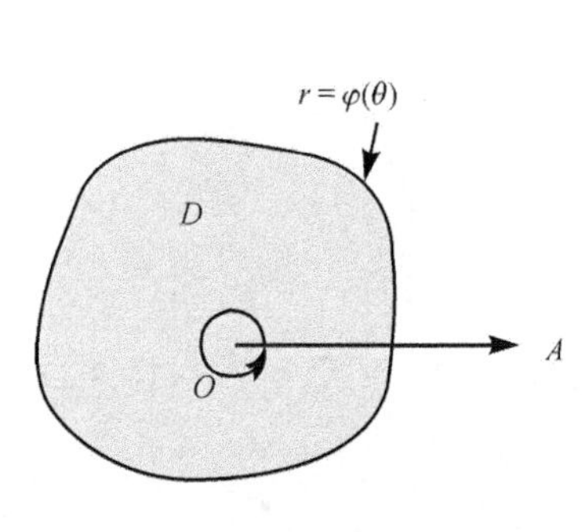


图 10-3-4

根据二重积分的性质 10.1.3, 闭区域 $D$ 的面积 $\sigma$ 在极坐标系下可表示为

$$\sigma=\iint\limits_D \mathrm{d}\sigma=\iint\limits_D r\mathrm{d}r\mathrm{d}\theta. \tag{10.3.5}$$

如果区域 $D$ 如图 10-3-3 所示, 则有

$$\sigma=\iint\limits_D r\mathrm{d}r\mathrm{d}\theta=\int_\alpha^\beta \mathrm{d}\theta\int_0^{\varphi(\theta)} r\mathrm{d}r=\frac{1}{2}\int_\alpha^\beta \varphi^2(\theta)\mathrm{d}\theta. \tag{10.3.6}$$

## 二、极坐标系下二重积分计算实例

**例 10.3.1** 计算 $\iint\limits_D \frac{\sin(\pi\sqrt{x^2+y^2})}{\sqrt{x^2+y^2}}\mathrm{d}x\mathrm{d}y$, 其中积分区域 $D$ 是由 $4\leqslant x^2+y^2\leqslant 9$ 所确定的圆环域.

**解** 积分区域 $D$ 如图 10-3-5 所示, 因为区域 $D$ 和被积函数均关于原点对称, 所以只需计算积分在区域 $D$ 位于第一象限部分 $D_1$ 上的值, 再乘以 4, 在极坐标系下, 区域 $D_1$ 的积分限为 $2\leqslant r\leqslant 3,\ 0\leqslant\theta\leqslant\frac{\pi}{2}$, 所以

$$\begin{aligned}\iint\limits_D \frac{\sin(\pi\sqrt{x^2+y^2})}{\sqrt{x^2+y^2}}\mathrm{d}x\mathrm{d}y&=4\iint\limits_{D_1} \frac{\sin(\pi\sqrt{x^2+y^2})}{\sqrt{x^2+y^2}}\mathrm{d}x\mathrm{d}y\\&=4\int_0^{\frac{\pi}{2}}\mathrm{d}\theta\int_2^3\frac{\sin\pi r}{r}r\mathrm{d}r=4.\end{aligned}$$

**例 10.3.2** 计算 $\iint\limits_D \frac{y^2}{x^2}\mathrm{d}x\mathrm{d}y$, 其中 $D$ 是由曲线 $x^2+y^2=4x$ 所围成的平面区域.

**解** 积分区域 $D$ 如图 10-3-6 所示. 其边界曲线的极坐标方程为 $r=4\cos\theta$. 于是积分区域 $D$ 的积分限为 $-\frac{\pi}{2}\leqslant\theta\leqslant\frac{\pi}{2},\ 0\leqslant r\leqslant 4\cos\theta$. 所以

$$\iint_D \frac{y^2}{x^2}\mathrm{d}x\mathrm{d}y=\iint_D \frac{r^2\sin^2\theta}{r^2\cos^2\theta}r\mathrm{d}r\mathrm{d}\theta=\int_{-\frac{\pi}{2}}^{\frac{\pi}{2}}\mathrm{d}\theta\int_0^{4\cos\theta}\frac{\sin^2\theta}{\cos^2\theta}r\mathrm{d}r$$

$$=\int_{-\frac{\pi}{2}}^{\frac{\pi}{2}}8\sin^2\theta\mathrm{d}\theta=4\int_{-\frac{\pi}{2}}^{\frac{\pi}{2}}(1+\cos 2\theta)\mathrm{d}\theta=4\pi.$$

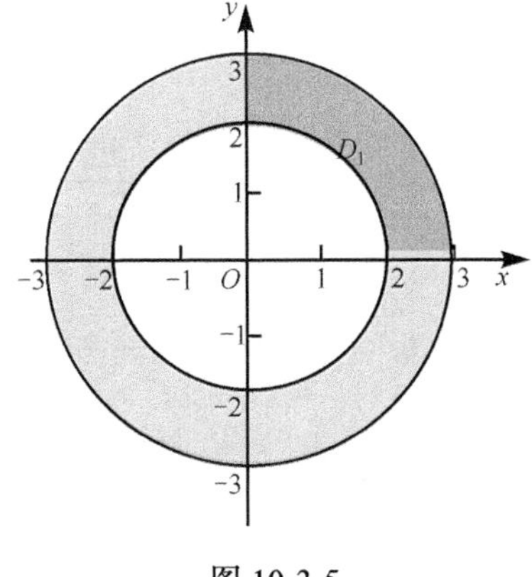


图 10-3-5

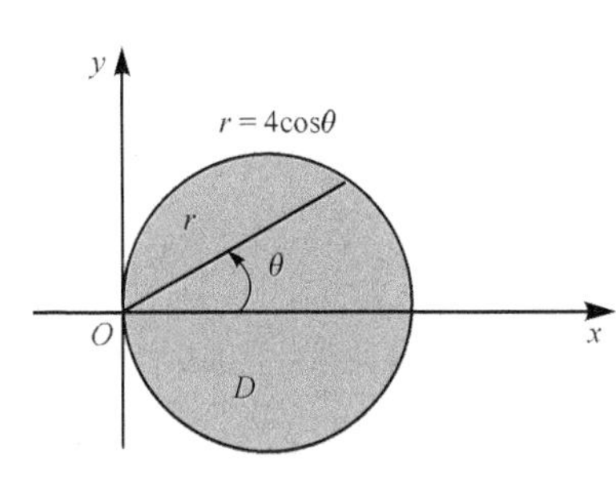


图 10-3-6

**例 10.3.3** 写出在极坐标系下二重积分 $\iint\limits_D f(x,y)\mathrm{d}x\mathrm{d}y$ 的二次积分, 其中区域

$$D=\left\{(x,y)\middle|1-x\leqslant y\leqslant\sqrt{1-x^2},\ 0\leqslant x\leqslant 1\right\}.$$

**解** 利用极坐标变换 $x=r\cos\theta,\ y=r\sin\theta$, 易见直线方程 $x+y=1$ 的极坐标形式为

$$r=\frac{1}{\sin\theta+\cos\theta},$$

故积分区域 $D$ 的积分限为 $0\leqslant\theta\leqslant\frac{\pi}{2},\ \frac{1}{\sin\theta+\cos\theta}\leqslant r\leqslant 1$, 所以

$$\iint_D f(x,y)\mathrm{d}x\mathrm{d}y=\int_0^{\frac{\pi}{2}}\mathrm{d}\theta\int_{\frac{1}{\sin\theta+\cos\theta}}^{1}f(r\cos\theta,r\sin\theta)r\mathrm{d}r.$$

**例 10.3.4** 求曲线 $(x^2+y^2)^2=2R^2(x^2-y^2)$ 和 $x^2+y^2\geqslant R^2$ 所围成区域 $D$ 的面积.

**解** 如图 10-3-7 所示, 根据区域 $D$ 的对称性知, 区域 $D$ 的面积等于区域 $D_1$ 的面积的 4 倍. 又在极坐标系下圆 $x^2+y^2=R^2$ 的方程为 $r=R$, 双纽线 $(x^2+y^2)^2=2R^2(x^2-y^2)$ 的方程为

$$r=R\sqrt{2\cos 2\theta},$$

解方程组 $\begin{cases}r=R\sqrt{2\cos 2\theta},\\ r=R,\end{cases}$ 得交点 $A=\left(R,\frac{\pi}{6}\right)$, 故所求面积

$$\sigma=\iint_D \mathrm{d}x\mathrm{d}y=4\iint_{D_1}\mathrm{d}x\mathrm{d}y=4\iint_{D_1}r\mathrm{d}r\mathrm{d}\theta=4\int_0^{\frac{\pi}{6}}\mathrm{d}\theta\int_R^{R\sqrt{2\cos 2\theta}}r\mathrm{d}r$$

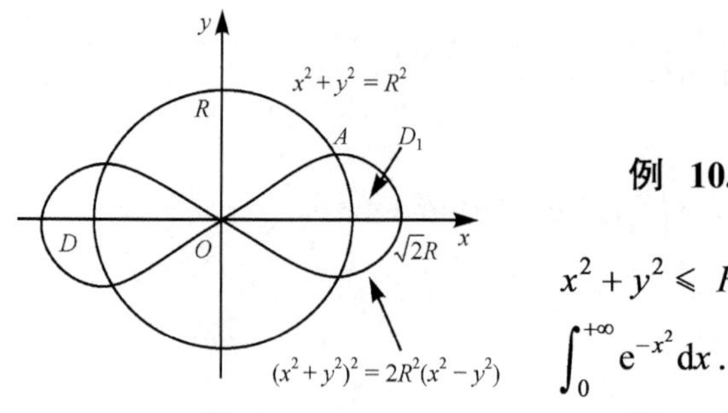

图 10-3-7

$$=4R^2\int_0^{\frac{\pi}{6}}\cos 2\theta \mathrm{d}\theta = R^2\left(\sqrt{3}-\frac{\pi}{3}\right).$$

**例 10.3.5** 计算 $\iint\limits_D \mathrm{e}^{-(x^2+y^2)}\mathrm{d}\sigma$, 其中 $D$ 是: $x^2+y^2\leqslant R^2$ ($R>0$), $x\geqslant 0$, $y\geqslant 0$, 并求概率积分 $\int_0^{+\infty}\mathrm{e}^{-x^2}\mathrm{d}x$.

**解** 在极坐标系下, 积分区域 $D$ 的积分限为 $0\leqslant\theta\leqslant\dfrac{\pi}{2}$, $0\leqslant r\leqslant R$, 于是

$$\iint\limits_D \mathrm{e}^{-(x^2+y^2)}\mathrm{d}\sigma=\int_0^{\frac{\pi}{2}}\mathrm{d}\theta\int_0^R \mathrm{e}^{-r^2}r\mathrm{d}r=\frac{\pi}{2}\int_0^R \mathrm{e}^{-r^2}r\mathrm{d}r$$

$$=-\frac{\pi}{4}\int_0^R \mathrm{e}^{-r^2}\mathrm{d}(-r^2)=-\frac{\pi}{4}\left[\mathrm{e}^{-r^2}\right]_0^R=\frac{\pi}{4}(1-\mathrm{e}^{-R^2}).$$

记 $D_1$ 为 $xOy$ 面上第一象限的部分: $0\leqslant\theta\leqslant\dfrac{\pi}{2}$, $0\leqslant r<+\infty$, 且

$$\left(\int_0^{+\infty}\mathrm{e}^{-x^2}\mathrm{d}x\right)^2=\left(\int_0^{+\infty}\mathrm{e}^{-x^2}\mathrm{d}x\right)\cdot\left(\int_0^{+\infty}\mathrm{e}^{-y^2}\mathrm{d}y\right)=\int_0^{+\infty}\mathrm{d}x\int_0^{+\infty}\mathrm{e}^{-(x^2+y^2)}\mathrm{d}y$$

$$=\iint\limits_{D_1}\mathrm{e}^{-(x^2+y^2)}\mathrm{d}\sigma=\lim_{R\to+\infty}\iint\limits_D \mathrm{e}^{-(x^2+y^2)}\mathrm{d}\sigma=\lim_{R\to+\infty}\frac{\pi}{4}(1-\mathrm{e}^{-R^2})=\frac{\pi}{4},$$

所以可以导出在概率统计中有重要应用的概率积分

$$\int_0^{+\infty}\mathrm{e}^{-x^2}\mathrm{d}x=\frac{\sqrt{\pi}}{2}.$$

## 习题 10-3

1. 画出积分区域, 把积分 $\iint\limits_D f(x,y)\mathrm{d}x\mathrm{d}y$ 表示为极坐标形式的二次积分, 其中积分区域 $D$ 是:

(1) $\{(x,y)\,|\,x^2+y^2\leqslant a^2\}(a>0)$;

(2) $\{(x,y)\,|\,x^2+y^2\leqslant 2x\}$;

(3) $\{(x,y)\,|\,a^2\leqslant x^2+y^2\leqslant b^2\}$, 其中 $0<a<b$;

(4) $\{(x,y)\,|\,0\leqslant y\leqslant 1-x,\ 0\leqslant x\leqslant 1\}$.

2. 将下列积分化为极坐标形式的二次积分:

(1) $\int_0^1\mathrm{d}x\int_0^1 f(x,y)\mathrm{d}y$;

(2) $\int_0^2 \mathrm{d}x \int_x^{\sqrt{3}x} f\left(\sqrt{x^2+y^2}\right)\mathrm{d}y$;

(3) $\int_0^1 \mathrm{d}x \int_{1-x}^{\sqrt{1-x^2}} f(x,y)\mathrm{d}y$;

(4) $\int_0^1 \mathrm{d}x \int_0^{x^2} f(x,y)\mathrm{d}y$.

3. 把下列积分化为极坐标形式并计算:

(1) $\int_0^{2a} \mathrm{d}x \int_0^{\sqrt{2ax-x^2}} (x^2+y^2)\mathrm{d}y$;

(2) $\int_0^{a} \mathrm{d}x \int_0^{x} \sqrt{x^2+y^2}\mathrm{d}y$;

(3) $\int_0^1 \mathrm{d}x \int_{x^2}^{x} (x^2+y^2)^{-\frac{1}{2}}\mathrm{d}y$;

(4) $\int_0^{a} \mathrm{d}y \int_0^{\sqrt{a^2-y^2}} (x^2+y^2)\mathrm{d}x$.

4. 利用极坐标计算下列积分:

(1) $\iint\limits_D \mathrm{e}^{x^2+y^2}\mathrm{d}\sigma$, 其中 $D$ 是由圆周 $x^2+y^2=4$ 所围成的闭区域;

(2) $\iint\limits_D \ln(1+x^2+y^2)\mathrm{d}\sigma$, 其中 $D$ 是由圆周 $x^2+y^2=1$ 及坐标轴所围成的在第一象限内的闭区域;

(3) $\iint\limits_D \arctan\frac{y}{x}\mathrm{d}\sigma$, 其中 $D$ 是由圆周 $x^2+y^2=4,\ x^2+y^2=1$ 及直线 $y=0, y=x$ 所围成的第一象限内的闭区域.

5. 选用适当的坐标计算下列各题:

(1) $\iint\limits_D \frac{x^2}{y^2}\mathrm{d}x\mathrm{d}y$, 其中 $D$ 是由直线 $x=2,\ y=x$ 及曲线 $xy=1$ 所围成的闭区域;

(2) $\iint\limits_D \sqrt{\frac{1-x^2-y^2}{1+x^2+y^2}}\mathrm{d}\sigma$, 其中 $D$ 是由圆周 $x^2+y^2=1$ 及坐标轴所围成的在第一象限内的闭区域;

(3) $\iint\limits_D (x^2+y^2)\mathrm{d}\sigma$, 其中 $D$ 是由直线 $y=x,\ y=x+a,\ y=a,\ y=3a(a>0)$ 所围成的闭区域;

(4) $\iint\limits_D \sqrt{x^2+y^2}\mathrm{d}\sigma$, 其中 $D$ 是圆环形闭区域 $\{(x,y)\,|\,a^2\leqslant x^2+y^2\leqslant b^2\}$.

6. 计算以 $xOy$ 平面上圆域 $x^2+y^2=ax$ 围成的闭区域为底, 而以曲面 $z=x^2+y^2$ 为顶的曲顶柱体的体积.

7. 求由平面 $y=0, y=kx(k>0), z=0$ 以及球心在原点, 半径为 $R$ 的上半球面所围成的在第一卦限内的立体的体积.

# 第四节　三 重 积 分

## 一、三重积分的定义

密度为 $f(x,y,z)$ 的空间立体, 所占有的空间闭区域为 $\Omega$, $f(x,y,z)$ 在 $\Omega$ 上连续, 求它的质量. 与研究平面薄片的质量相似, 应用微元法, 则此空间立体的质量可表示为

$$M=\lim_{\lambda\to\infty}\sum_{i=1}^{n} f(\xi_i,\eta_i,\zeta_i)\Delta v_i.$$

由此引入三重积分的定义.

**定义 10.4.1**　设 $f(x,y,z)$ 是空间有界闭区域 $\Omega$ 上的有界函数, 将闭区域 $\Omega$ 任意分割为 $n$ 个小闭区域 $\Delta v_1,\Delta v_2,\cdots,\Delta v_n$, 其中 $\Delta v_i$ 是第 $i$ 个小闭区域, 也表示它的体积, 在每个 $\Delta v_i$ 上任取一点 $(\xi_i,\eta_i,\zeta_i)$, 作乘积 $f(\xi_i,\eta_i,\zeta_i)\cdot\Delta v_i(i=1,2,\cdots,n)$, 并作和 $\sum\limits_{i=1}^{n} f(\xi_i,\eta_i,\zeta_i)\Delta v_i$. 若当各小闭区域的直径的最大值 $\lambda$ 趋近于零时, 和 $\sum\limits_{i=1}^{n} f(\xi_i,\eta_i,\zeta_i)\Delta v_i$ 的极限总存在, 则称此极限为函数 $f(x,y,z)$ 在闭区域 $\Omega$ 上的**三重积分**, 记为 $\iiint\limits_{\Omega} f(x,y,z)\mathrm{d}v$, 即

$$\iiint\limits_{\Omega} f(x,y,z)\mathrm{d}v=\lim_{\lambda\to 0}\sum_{i=1}^{n} f(\xi_i,\eta_i,\zeta_i)\Delta v_i, \tag{10.4.1}$$

其中, 称 $f(x,y,z)$ 为**被积函数**, $f(x,y,z)\mathrm{d}v$ 为**被积函数表达式**, $x,y,z$ 为**积分变量**, $\Omega$ 为**积分域**, $\mathrm{d}v$ 为**体积微元**.

在空间直角坐标系中, 常用平行于坐标面的平面来划分积分域 $\Omega$, 因此一般情况下**体积微元**是小长方体, 且 $\mathrm{d}v=\mathrm{d}x\mathrm{d}y\mathrm{d}z$, 于是

$$\iiint\limits_{\Omega} f(x,y,z)\mathrm{d}v=\iiint\limits_{\Omega} f(x,y,z)\mathrm{d}x\mathrm{d}y\mathrm{d}z.$$

三重积分的物理意义: 密度为 $f(x,y,z)$ 的空间立体 $\Omega$ 的质量为

$$M=\iiint\limits_{\Omega} f(x,y,z)\mathrm{d}v.$$

三重积分也具有与二重积分完全类似的性质.

当 $f(x,y,z)\equiv 1$ 时, 设积分区域 $\Omega$ 的体积为 $V$, 则有

$$V=\iiint\limits_{\Omega} 1\cdot\mathrm{d}v=\iiint\limits_{\Omega}\mathrm{d}v, \tag{10.4.2}$$

其实际意义是表示密度为 1 的匀质立体 $\Omega$ 的质量与 $\Omega$ 的体积数值相等.

当函数 $f(x,y,z)$ 在空间有界闭区域 $\Omega$ 上连续时, 式(10.4.1)的右端和式的极限必存在,

即函数 $f(x,y,z)$ 在 $\Omega$ 上的三重积分必存在. 在后面的讨论中, 我们均假定函数 $f(x,y,z)$ 在 $\Omega$ 上连续.

## 二、直角坐标系下的计算

以空间立体 $\Omega$ 的质量为例, 讨论三重积分在直角坐标系下的计算.

### 1. 投影法

设闭区域 $\Omega$ 是如图 10-4-1 所示的立体, 把 $\Omega$ 投影到 $xOy$ 面上, 得一平面闭区域 $D_{xy}$, 过区域 $D_{xy}$ 内任一点 $(x,y)$ 作平行于 $z$ 轴的直线, 该直线与闭区域 $\Omega$ 的边界曲面 $S$ 相交不多于两点, 闭区域 $\Omega$ 的上曲面 $S_2$ 的方程为 $z=z_2(x,y)$, 下曲面 $S_1$ 的方程为 $z=z_1(x,y)$, 于是, 积分区域 $\Omega$ 可表示为

$$\Omega=\left\{(x,y,z)\middle|z_1(x,y)\leqslant z\leqslant z_2(x,y),(x,y)\in D_{xy}\right\}.$$

由三重积分知, 密度为 $f(x,y,z)$ 的空间立体 $\Omega$ 的质量 $M=\iiint\limits_{\Omega}f(x,y,z)\mathrm{d}v$; 另外, 平行于 $z$ 轴的直线 $l$ 交 $\Omega$ 得到直线段 $AB$ (图 10-4-2), 将 $\Omega$ 在直线段上的物质看成集中放在直线 $l$ 与投影区域 $D$ 的交点 $P$ 上, 立体 $\Omega$ 的质量都垂直投影到 $xOy$ 面的薄片 $D$ 上, 而该薄片的质量"面"密度 $\mu(x,y)$ 应是体密度 $f(x,y,z)$ 在直线段 $AB$ 上的"累积", 即对区域 $D$ 内的任意一点 $(x,y)$ 的"面"密度 $\mu(x,y)=\int_{z_2(x,y)}^{z_1(x,y)}f(x,y,z)\mathrm{d}z$, 而立体 $\Omega$ 的质量与"面"密度为 $\mu(x,y)$ 的平面薄片 $D$ 的质量相等.

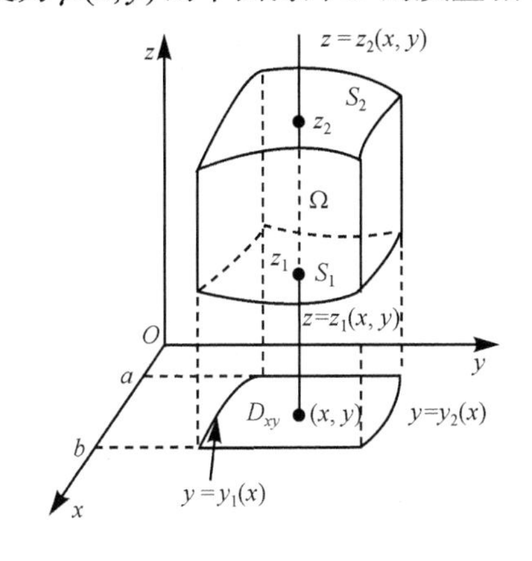


图 10-4-1

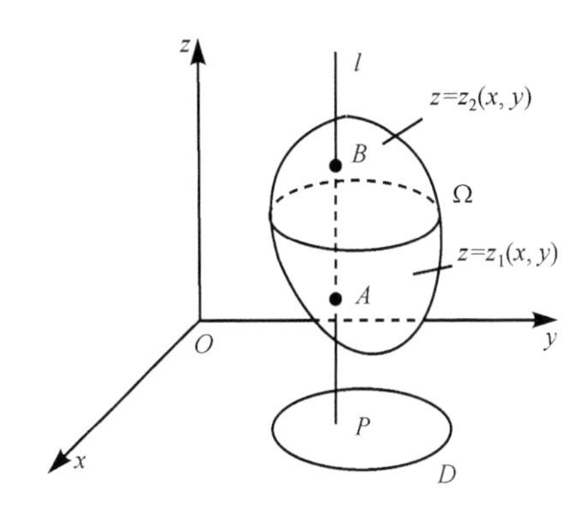


图 10-4-2

故有

$$\begin{aligned}M&=\iiint\limits_{\Omega}f(x,y,z)\mathrm{d}v=\iint\limits_{D}\mu(x,y)\mathrm{d}\sigma\\&=\iint\limits_{D}\left[\int_{z_2(x,y)}^{z_1(x,y)}f(x,y,z)\mathrm{d}z\right]\mathrm{d}\sigma=\iint\limits_{D}\mathrm{d}\sigma\int_{z_2(x,y)}^{z_1(x,y)}f(x,y,z)\mathrm{d}z,\end{aligned}$$

即

$$\iiint\limits_{\Omega} f(x,y,z)\mathrm{d}v = \iint\limits_{D} \mathrm{d}\sigma \int_{z_1(x,y)}^{z_2(x,y)} f(x,y,z)\mathrm{d}z. \tag{10.4.3}$$

当 $f(x,y,z)$ 在 $\Omega$ 上连续，$z_1(x,y)$，$z_2(x,y)$ 在 $D$ 上连续时，式(10.4.3)总成立.

在计算积分 $\int_{z_1(x,y)}^{z_2(x,y)} f(x,y,z)\mathrm{d}z$ 时，$z$ 是积分变量，$x,y$ 看作常数.

(1) 若 $D$ 是 $x$- 型区域:

$$a \leqslant x \leqslant b, \quad \varphi_1(x) \leqslant y \leqslant \varphi_2(x),$$

则由公式(10.4.3)得

$$\iiint\limits_{\Omega} f(x,y,z)\mathrm{d}v = \int_a^b \mathrm{d}x \int_{\varphi_1(x)}^{\varphi_2(x)} \mathrm{d}y \int_{z_1(x,y)}^{z_2(x,y)} f(x,y,z)\mathrm{d}z. \tag{10.4.4}$$

公式(10.4.4)把三重积分化为先对 $z$ 再对 $y$，最后对 $x$ 的三次积分.

(2) 若 $D$ 是 $y$- 型区域: $c \leqslant y \leqslant d, \psi_1(y) \leqslant x \leqslant \psi_2(y)$，则由公式(10.4.3)得

$$\iiint\limits_{\Omega} f(x,y,z)\mathrm{d}v = \int_c^d \mathrm{d}y \int_{\psi_1(x)}^{\psi_2(x)} \mathrm{d}x \int_{z_1(x,y)}^{z_2(x,y)} f(x,y,z)\mathrm{d}z. \tag{10.4.5}$$

公式(10.4.5)把三重积分化为先对 $z$，再对 $x$，最后对 $y$ 的三次积分.

(3) 特别地，如果积分区域 $\Omega$ 为长方体区域: $a \leqslant x \leqslant b, c \leqslant y \leqslant d, r \leqslant z \leqslant s$, 则三重积分可化为三次积分

$$\iiint\limits_{\Omega} f(x,y,z)\mathrm{d}v = \int_a^b \mathrm{d}x \int_c^d \mathrm{d}y \int_r^s f(x,y,z)\mathrm{d}z. \tag{10.4.6}$$

公式(10.4.6)是将立体 $\Omega$ 向 $xOy$ 面投影的结果. 类似可写出将立体 $\Omega$ 向 $zOx$ 面与 $yOz$ 面投影的结果.

**例 10.4.1** 试将三重积分 $\iiint\limits_{\Omega} f(x,y,z)\mathrm{d}x\mathrm{d}y\mathrm{d}z$ 化为三次积分，积分区域 $\Omega$ 为由曲面 $z = x^2 + y^2, y = x^2, y = 1, z = 0$ 所围成的空间闭区域.

**解** 积分区域 $\Omega$ 介于平面 $z = 0$ 与旋转抛物面 $z = x^2 + y^2$ 之间，且 $0 \leqslant z \leqslant x^2 + y^2$, $\Omega$ 在 $xOy$ 面上的投影为 $D$: $-1 \leqslant x \leqslant 1, x^2 \leqslant y \leqslant 1$, 所以

$$\iiint\limits_{\Omega} f(x,y,z)\mathrm{d}x\mathrm{d}y\mathrm{d}z = \iint\limits_{D} \mathrm{d}x\mathrm{d}y \int_0^{x^2+y^2} f(x,y,z)\mathrm{d}z = \int_{-1}^1 \mathrm{d}x \int_{x^2}^1 \mathrm{d}y \int_0^{x^2+y^2} f(x,y,z)\mathrm{d}z.$$

**例 10.4.2** 计算三重积分 $\iiint\limits_{\Omega} y\mathrm{d}x\mathrm{d}y\mathrm{d}z$，其中 $\Omega$ 为三个坐标面及平面 $x + y + z = 1$ 所围成的闭区域.

**解** 将区域 $\Omega$ 向 $xOy$ 面投影得投影区域 $D$ 为三角形闭区域 $OAB: 0 \leqslant x \leqslant 1$, $0 \leqslant y \leqslant 1 - x$，如图 10-4-3, 过 $D$ 内任一点 $(x,y)$ 作平行于 $z$ 轴的直线，该直线由平面 $z = 0$ 穿入，由平面 $z = 1 - x - y$ 穿出，即 $0 \leqslant z \leqslant 1 - x - y$. 故

$$\iiint\limits_{\Omega} y\mathrm{d}x\mathrm{d}y\mathrm{d}z = \iint\limits_{D} \mathrm{d}x\mathrm{d}y\int_0^{1-x-y} y\mathrm{d}z = \int_0^1 \mathrm{d}y\int_0^{1-y}\mathrm{d}x\int_0^{1-x-y} y\mathrm{d}z$$

$$= \int_0^1 y\mathrm{d}y\int_0^{1-y}(1-x-y)\mathrm{d}x = \frac{1}{2}\int_0^1 y(1-y)^2\mathrm{d}y$$

$$= \frac{1}{2}\int_0^1 (y-2y^2+y^3)\mathrm{d}y = \frac{1}{24}.$$

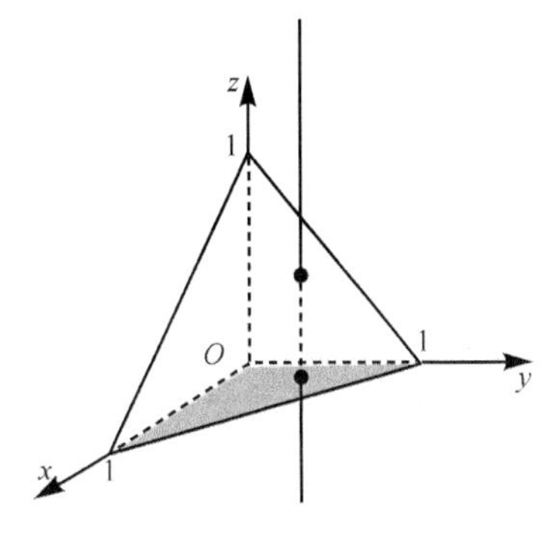

图 10-4-3

三重积分的积分区域是由曲面所围成的立体，利用投影法把三重积分化为三次积分时，关键在于确定积分限. 一般在确定了积分次序后，内层积分上下限主要根据积分区域的上下(左右或前后)边界而定. 但要记住，内层积分上下限至多包含两个变量，中层积分的上下限至多包含一个变量，而外层积分的上下限必须是常数.

**例 10.4.3**　计算 $\iiint\limits_{\Omega}\sqrt{x^2+z^2}\mathrm{d}v$，其中 $\Omega$ 由曲面 $y=x^2+z^2$ 与 $y=4$ 平面所围成.

**解**　将 $\Omega$ 往 $zOx$ 平面投影得投影域 $D_{zx}$ 是个圆域，而 $\Omega$ 的左界面为 $y=x^2+z^2$，右界面为 $y=4$. 故

$$\iiint\limits_{\Omega}\sqrt{x^2+z^2}\mathrm{d}v = \iint\limits_{D}\mathrm{d}z\mathrm{d}x\int_{x^2+z^2}^{4}\sqrt{x^2+z^2}\mathrm{d}y = \iint\limits_{x^2+z^2\leqslant 4}(4-x^2-z^2)\sqrt{x^2+z^2}\mathrm{d}z\mathrm{d}x.$$

采用极坐标计算这个二重积分得

$$\iiint\limits_{\Omega}\sqrt{x^2+z^2}\mathrm{d}v = \int_0^{2\pi}\mathrm{d}\theta\int_0^2(4-r^2)r\cdot r\mathrm{d}r = 2\pi\int_0^2(4r^2-r^4)\mathrm{d}r = \frac{128\pi}{15}.$$

注: 若将 $\Omega$ 往 $xOy$ 面投影再计算则比较复杂.

2. 截面法

设闭区域 $\Omega$ 是如图 10-4-4 所示的立体，$\Omega$ 在 $z$ 轴上的投影区间为 $[c,d]$，过点 $(0,0,z)$ 作垂直于 $z$ 轴的平面与立体 $\Omega$ 相截得一截面 $D_z$ (图 10-4-4)，于是，积分区域 $\Omega$ 可表示为

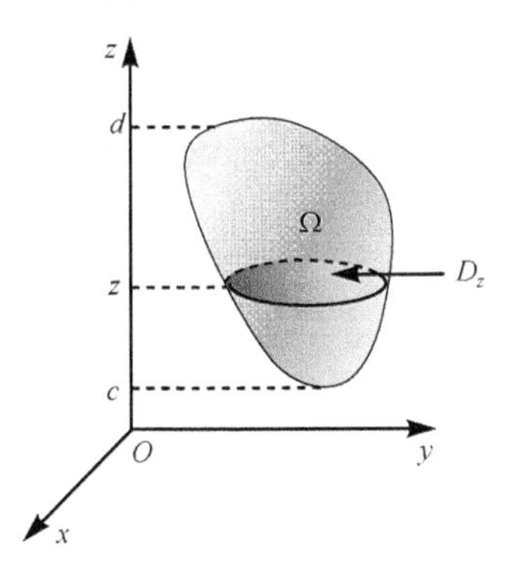

图 10-4-4

$$\Omega = \{(x,y,z)|(x,y)\in D_z,\ c\leqslant z\leqslant d\}.$$

设有物质分布在立体 $\Omega$ 上，体密度为 $f(x,y,z)$，将 $\Omega$ 在截面 $D_z$ 上的物质看成集中放在 $z$ 轴上的点 $(0,0,z)$ 处，立体 $\Omega$ 的质量都“投影”到 $z$ 轴上的区间 $[c,d]$ 上，而该线段的“线”密度 $\mu(z)$ 应是体密度 $f(x,y,z)$ 在截面 $D_z$ 上的“累积”，即对区间 $[c,d]$ 上的任意一点 $z$，有 $\mu(x,y)=\iint\limits_{D_z}f(x,y,z)\mathrm{d}\sigma$，而立体 $\Omega$ 的质量与“线”密度为 $\mu(z)$ 的细棒的质量相等. 故有

$$M=\iiint\limits_{\Omega} f(x,y,z)\mathrm{d}v=\int_c^d \mu(z)\mathrm{d}z$$

$$=\int_c^d\left[\iint\limits_{D_z} f(x,y,z)\mathrm{d}\sigma\right]\mathrm{d}z=\int_c^d \mathrm{d}z\iint\limits_{D_z} f(x,y,z)\mathrm{d}\sigma,$$

即

$$\iiint\limits_{\Omega} f(x,y,z)\mathrm{d}v=\int_c^d \mathrm{d}z\iint\limits_{D_z} f(x,y,z)\mathrm{d}\sigma.$$

在二重积分$\iint\limits_{D_z} f(x,y,z)\mathrm{d}\sigma$中，应把$z$视为常数，确定是$x$-型区域还是$y$-型区域，再将其化为二次积分．例如，如果$D_z$是$x$-型区域：

$$x_1(z)\leqslant x\leqslant x_2(z),\quad y_1(x,z)\leqslant y\leqslant y_2(x,z),$$

则

$$\iiint\limits_{\Omega} f(x,y,z)\mathrm{d}v=\int_c^d \mathrm{d}z\int_{x_1(z)}^{x_2(z)}\mathrm{d}x\int_{y_1(x,z)}^{y_2(x,z)} f(x,y,z)\mathrm{d}y.$$

特别地，当$f(x,y,z)$仅是$x$的表达式，而$D_x$的面积又容易计算时，可使用这种方法．因为这时$f(x,y,z)=g(x)$，从而有

$$\iiint\limits_{\Omega} f(x,y,z)\mathrm{d}v=\iiint\limits_{\Omega} g(x)\mathrm{d}v=\int_a^b \mathrm{d}x\iint\limits_{D_x} g(x)\mathrm{d}\sigma$$

$$=\int_a^b g(x)\mathrm{d}x\iint\limits_{D_x}\mathrm{d}\sigma=S_{D_x}\cdot\int_a^b g(x)\mathrm{d}x,$$

其中$S_{D_x}$表示$D_x$的面积．

用类似的方法可以讨论其他积分次序的情形．

**例 10.4.4**　计算三重积分$\iiint\limits_{\Omega} x\mathrm{d}x\mathrm{d}y\mathrm{d}z$，其中$\Omega$为三个坐标面及平面$x+y+z=1$所围成的闭区域．

**解**　如图 10-4-5 所示，区域$\Omega$介于平面$x=0$与$x=1$之间，在$[0,1]$内任取一点$x$，作垂直于$x$轴的平面，截区域$\Omega$的一截面

$$D_x=\{(y,z)\big|\,y+z\leqslant 1-x\},$$

于是

$$\iiint\limits_{\Omega} x\mathrm{d}x\mathrm{d}y\mathrm{d}z=\int_0^1 x\mathrm{d}x\iint\limits_{D_x}\mathrm{d}y\mathrm{d}z.$$

因为

$$\iint\limits_{D_x}\mathrm{d}y\mathrm{d}z=\frac{1}{2}(1-x)(1-x),$$

所以

$$\iiint\limits_{\Omega} x\mathrm{d}x\mathrm{d}y\mathrm{d}z = \int_0^1 x \cdot \frac{1}{2}(1-x)^2 \mathrm{d}z = \frac{1}{24}.$$

**例 10.4.5** 计算三重积分 $\iiint\limits_{\Omega} z^2 \mathrm{d}x\mathrm{d}y\mathrm{d}z$，其中 $\Omega$ 是由椭球面 $\frac{x^2}{a^2}+\frac{y^2}{b^2}+\frac{z^2}{c^2}=1$ 所围成的空间闭区域(图 10-4-6).

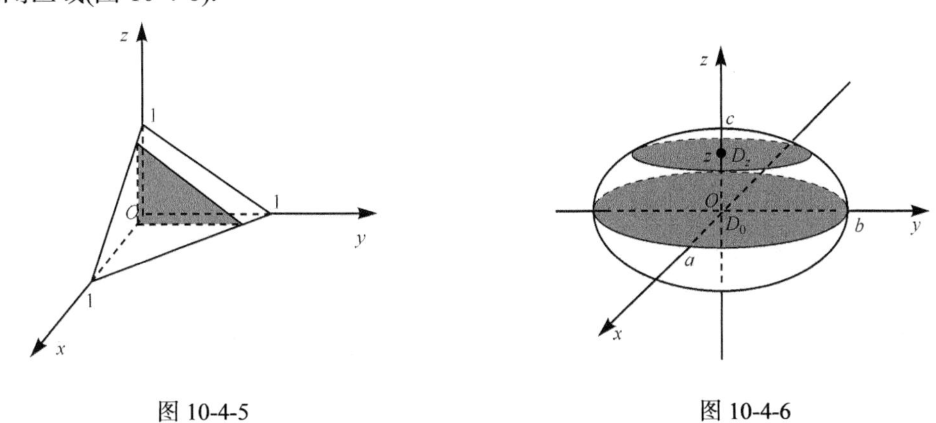


图 10-4-5　　　　图 10-4-6

**解** 易见, 区域 $\Omega$ 在 $z$ 轴上的投影为 $[-c,c]$, 在此区间内任取 $z$, 作垂直于 $z$ 轴的平面, 截 $\Omega$ 得一椭圆截面 $D_z: \frac{x^2}{a^2}+\frac{y^2}{b^2}\leqslant 1-\frac{z^2}{c^2}$, 所以

$$\text{原式} = \int_{-c}^{c} z^2 \mathrm{d}z \iint\limits_{D_z} \mathrm{d}x\mathrm{d}y = \int_{-c}^{c} z^2 \cdot \pi\sqrt{a^2\left(1-\frac{z^2}{c^2}\right)} \cdot \sqrt{b^2\left(1-\frac{z^2}{c^2}\right)}\mathrm{d}z$$

$$= \int_{-c}^{c} \pi ab\left(1-\frac{z^2}{c^2}\right) z^2 \mathrm{d}z = \frac{4}{15}\pi abc^3.$$

## 三、利用对称性化简

我们在二重积分的计算中运用积分区域的对称性和被积函数的奇偶性化简积分, 在三重积分的计算中也有类似的应用:

(1) 如果积分区域 $\Omega$ 关于 $xOy$ 平面对称, 且被积函数 $f(x,y,z)$ 是关于 $z$ 的奇函数, 则三重积分为零;

(2) 如果被积函数 $f(x,y,z)$ 是关于 $z$ 的偶函数, 则三重积分为 $\Omega$ 在 $xOy$ 平面上方的半个闭区域的三重积分的两倍.

当积分区域 $\Omega$ 关于 $yOz$ 或 $xOz$ 平面对称时, 也有类似的结果.

**例 10.4.6** 计算 $\iiint\limits_{\Omega} \frac{x\ln(x^2+y^2+z^2+1)}{x^2+y^2+z^2+1}\mathrm{d}x\mathrm{d}y\mathrm{d}z$，积分区域为

$$\Omega=\{(x,y,z)\mid x^2+y^2+z^2\leqslant 1\}.$$

**解**　积分区域关于三个坐标面都对称，且被积函数是变量 $x$ 的奇函数，所以

$$\iiint\limits_{\Omega}\frac{x\ln(x^2+y^2+z^2+1)}{x^2+y^2+z^2+1}\mathrm{d}x\mathrm{d}y\mathrm{d}z=0.$$

**例 10.4.7**　计算 $\iiint\limits_{\Omega}(y+z)\mathrm{d}v$，其中 $\Omega$ 是锥面 $z=\sqrt{x^2+y^2}$ 和平面 $z=1$ 所围空间区域.

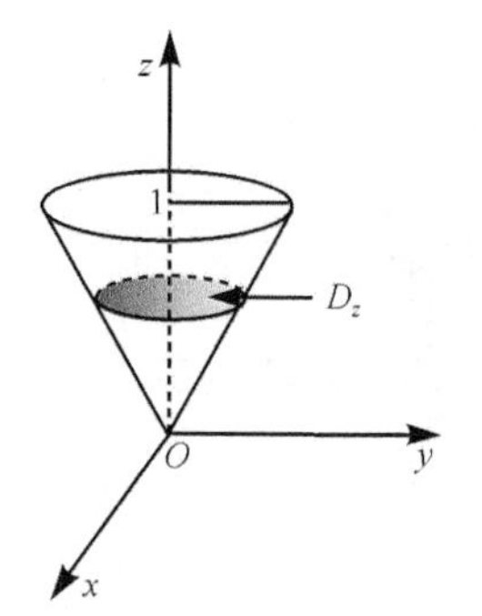


图 10-4-7

**解**　因为积分区域 $\Omega$ 关于 $xOz$ 面对称(图 10-4-7)，且被积函数 $y$ 是变量 $y$ 的奇函数，所以

$$\iiint\limits_{\Omega}y\mathrm{d}v=0,$$

从而有

$$\iiint\limits_{\Omega}(y+z)\mathrm{d}v=\iiint\limits_{\Omega}z\mathrm{d}v.$$

由于被积函数只是 $z$ 的函数，可利用截面法计算. 积分区域 $\Omega$ 介于平面 $z=0$ 与 $z=1$ 之间，过 $[0,1]$ 上任一点 $z$ 作垂直于 $z$ 轴的平面，截区域 $\Omega$ 得截面 $D_z=\left\{(x,y)\middle|x^2+y^2=z^2\right\}$，截面面积为 $\pi z^2$，故

$$\iiint\limits_{\Omega}(y+z)\mathrm{d}v=\iiint\limits_{\Omega}z\mathrm{d}v=\int_0^1 z\mathrm{d}z\iint\limits_{D_z}\mathrm{d}\sigma=\pi\int_0^1 z^3\mathrm{d}z=\frac{\pi}{4}.$$

与二重积分类似，为简化三重积分的计算，可根据空间立体 $\Omega$ 的具体形状选择其他的坐标系进行三重积分的计算，下面先讨论在柱面坐标系下的计算方法.

## 四、柱面坐标系下的计算

设用投影法计算三重积分时，如果在闭区域 $\Omega$ 的投影区域 $D$ 上计算二重积分时选用极坐标，这实际上是将空间直角坐标系中的坐标 $x,y$ 换成极坐标 $r,\theta$. 空间内的一点 $M$ 的直角坐标 $(x,y,z)$ 转换为 $(r,\theta,z)$，并设点 $M$ 在面 $xOy$ 上的投影 $M'$ 的极坐标为 $(r,\theta)$，称数组 $(r,\theta,z)$ 为点 $M$ 的**柱面坐标**(图 10-4-8). 规定 $r,\theta,z$ 的变化范围分别为

$$0\leqslant r<+\infty,\quad 0\leqslant\theta\leqslant 2\pi,\quad -\infty<z<+\infty.$$

点 $M$ 的直角坐标与柱面坐标之间的关系为

$$x=r\cos\theta,\qquad y=r\sin\theta,\qquad z=z. \tag{10.4.7}$$

在柱面坐标系下，$r=$ 常数的图形是以 $z$ 轴为中心轴的圆柱面族；$\theta=$ 常数的图形是过 $z$ 轴的半平面族；$z=$ 常数的图形是垂直于 $z$ 轴的平面族.

由 $r,\theta,z$ 分别取得微小增量 $\mathrm{d}r,\mathrm{d}\theta,\mathrm{d}z$ 所围成的小立体是以极坐标下的面积微元 $r\mathrm{d}r\mathrm{d}\theta$ 为底、$\mathrm{d}z$ 为高的小柱体(图 10-4-9)，故得到**柱面坐标系中的体积微元**

$$\mathrm{d}v=r\mathrm{d}r\mathrm{d}\theta\mathrm{d}z.$$

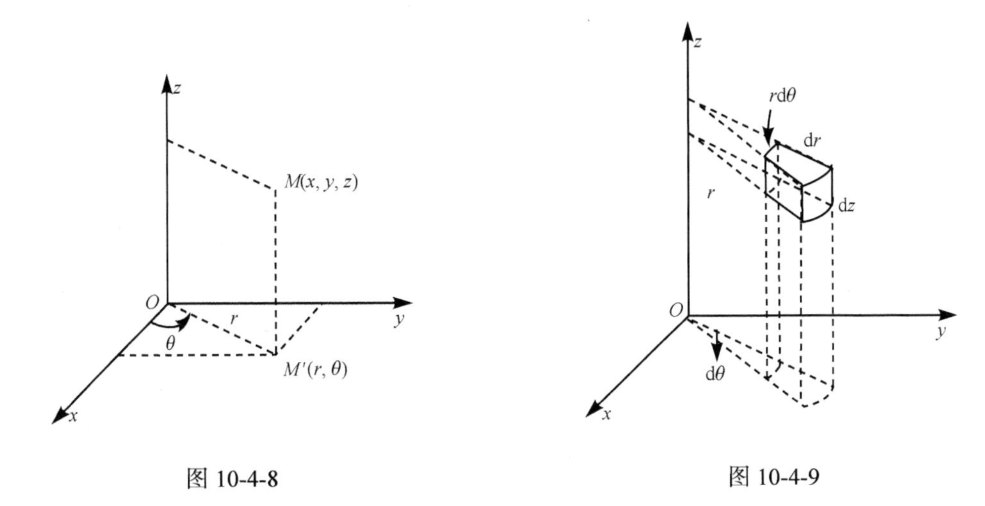


图 10-4-8　　图 10-4-9

再利用关系式(10.4.7), 就得到柱面坐标系下的三重积分的表达式

$$\iiint_{\Omega} f(x,y,z)\mathrm{d}v=\iiint_{\Omega} f(r\cos\theta,\ r\sin\theta,\ z)r\mathrm{d}r\mathrm{d}\theta\mathrm{d}z. \tag{10.4.8}$$

如何用式(10.4.8)计算柱面坐标系下的三重积分呢? 我们假定平行于 $z$ 轴的直线与闭区域 $\Omega$ 的边界曲面 $S$ 相交不多于两点, 将闭区域 $\Omega$ 投影在 $xOy$ 面上, 并将投影区域 $D$ 用极坐标 $r,\ \theta$ 表示. 再将 $\Omega$ 的上、下曲面分别用柱面坐标表示为 $z=z_2(r,\theta)$, $z=z_1(r,\theta)$ ($z=z_2(r,\theta)$, $z=z_1(r,\theta)$ 均为连续函数, 且 $z_1(r,\theta)\leqslant z\leqslant z_2(r,\theta)$), 于是, 积分区域 $\Omega$ 可表示为 $\alpha\leqslant\theta\leqslant\beta,\ r_1(\theta)\leqslant r\leqslant r_2(\theta),\ z_1(r,\theta)\leqslant z\leqslant z_2(r,\theta)$.

当 $f(x,y,z)$ 在 $\Omega$ 上连续时, 则

$$\iiint_{\Omega} f(r\cos\theta,\ r\sin\theta,\ z)r\mathrm{d}r\mathrm{d}\theta\mathrm{d}z=\int_{\alpha}^{\beta}\mathrm{d}\theta\int_{r_1(\theta)}^{r_2(\theta)}r\mathrm{d}r\int_{z_1(r,\theta)}^{z_2(r,\theta)}f(r\cos\theta,\ r\sin\theta,\ z)\mathrm{d}z. \tag{10.4.9}$$

按上述公式用柱面坐标计算三重积分, 实际上是对 $z$ 用直角坐标系进行积分, 而对另外两个变量用平面极坐标变换进行积分. 利用柱面坐标变换时, 首先求出 $\Omega$ 在 $xOy$ 面上的投影区域 $D$, 确定上下曲面, 然后用柱面坐标变换, 把上下曲面表示成 $r,\theta$ 的函数, 投影区域 $D$ 用 $r,\theta$ 的不等式来表示:

(1) 当被积函数为 $f(x^2+y^2,z)$, $f\left(\dfrac{y}{x},z\right)$, $f(xy,z)$ 等形式, $\Omega$ 在 $xOy$ 面上的投影区域适合用极坐标作二重积分时, 可考虑用柱面坐标计算.

(2) 被积函数中含有 $y^2+z^2$, $\Omega$ 在 $yOz$ 面上的投影区域适合用极坐标作二重积分时, 可利用柱面坐标变换 $y=r\cos\theta,\ z=r\sin\theta,\ x=x$.

(3) 被积函数中含有 $x^2+z^2$, $\Omega$ 在 $xOz$ 面上的投影区域适合用极坐标作二重积分时, 可利用柱面坐标变换 $z=r\cos\theta,\ x=r\sin\theta,\ y=y$.

**例 10.4.8** 计算 $\iiint_{\Omega} z\mathrm{d}x\mathrm{d}y\mathrm{d}z$, 其中 $\Omega$ 是由球面 $x^2+y^2+z^2=5$ 与抛物面 $x^2+y^2=4z$

所围成的立体区域.

**解**　利用柱面坐标变换式(10.4.7), 上曲面方程为 $r^2+z^2=5$, 下曲面方程为 $r^2=4z$, 解方程组

$$\begin{cases} r^2+z^2=5, \\ r^2=4z, \end{cases}$$

得到两曲面的交线为 $z=1$, $r=2$ (图 10-4-10), 在 $xOy$ 面上的投影曲线即圆 $r=2$, 由此可知立体 $\Omega$ 在 $xOy$ 面上的投影区域为 $D$: $0\leqslant r\leqslant 2$, $0\leqslant\theta\leqslant 2\pi$. 从而

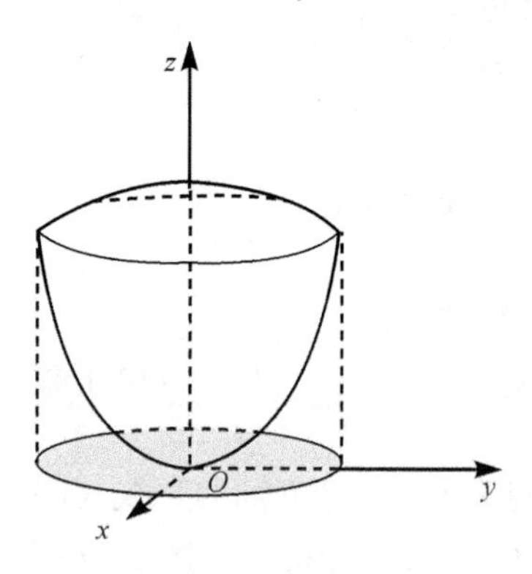


图 10-4-10

$$\Omega: \frac{r^2}{4}\leqslant z\leqslant\sqrt{5-r^2},\ 0\leqslant r\leqslant 2,\ 0\leqslant\theta\leqslant 2\pi.$$

所以

$$I=\iint\limits_D r\mathrm{d}r\mathrm{d}\theta\int_{\frac{r^2}{4}}^{\sqrt{5-r^2}} z\mathrm{d}z=\int_0^{2\pi}\mathrm{d}\theta\int_0^2\mathrm{d}r\int_{\frac{r^2}{4}}^{\sqrt{5-r^2}} rz\mathrm{d}z$$

$$=\int_0^{2\pi}\mathrm{d}\theta\int_0^2\frac{1}{2}r\left(5-r^2-\frac{r^4}{16}\right)\mathrm{d}r=\pi\int_0^2\left(5r-r^3-\frac{r^5}{16}\right)\mathrm{d}r=\frac{16}{3}\pi.$$

**例 10.4.9**　计算 $I=\iiint\limits_\Omega (x^2+y^2)\mathrm{d}x\mathrm{d}y\mathrm{d}z$, 其中 $\Omega$ 是曲线 $y^2=2z$, $x=0$ 绕 $z$ 轴旋转一周而成的曲面与平面 $z=2$, $z=8$ 所围的立体.

**解**　由曲线 $y^2=2z, x=0$ 绕 $z$ 轴旋转所得曲面方程为旋转抛物面 $x^2+y^2=2z$, 设

$$\Omega_1: 0\leqslant\theta\leqslant 2\pi, 0\leqslant r\leqslant 4, \frac{r^2}{2}\leqslant z\leqslant 8,\quad \Omega_2: 0\leqslant\theta\leqslant 2\pi, 0\leqslant r\leqslant 2, \frac{r^2}{2}\leqslant z\leqslant 2,$$

则

$$I=\iiint\limits_{\Omega_1}(x^2+y^2)\mathrm{d}x\mathrm{d}y\mathrm{d}z-\iiint\limits_{\Omega_2}(x^2+y^2)\mathrm{d}x\mathrm{d}y\mathrm{d}z$$

$$=\int_0^{2\pi}\mathrm{d}\theta\int_0^4\mathrm{d}r\int_{\frac{r^2}{2}}^8 r\cdot r^2\mathrm{d}z-\int_0^{2\pi}\mathrm{d}\theta\int_0^2\mathrm{d}r\int_{\frac{r^2}{2}}^2 r\cdot r^2\mathrm{d}z=\frac{4^5}{3}\pi-\frac{2^5}{6}\pi=336\pi.$$

## 五、球面坐标系下的计算

设 $M(x,y,z)$ 为空间内一点, $r$ 为原点 $O$ 与点 $M$ 间的距离, $\varphi$ 为向量 $\overrightarrow{OM}$ 与 $z$ 轴正向所夹的角, $\theta$ 与柱面坐标系下的含义相同(图 10-4-11), 这样的三个数 $r,\varphi,\theta$ 称为点 $M$ 的**球面坐标**, 规定 $r,\varphi,\theta$ 的变化范围分别为

$$0\leqslant r<+\infty,\quad 0\leqslant\varphi\leqslant\pi,\quad 0\leqslant\theta\leqslant 2\pi.$$

如图 10-4-11 所示, 设点 $M(x,y,z)$ 在 $xOy$ 面上的投影为 $P$, $P$ 在 $x$

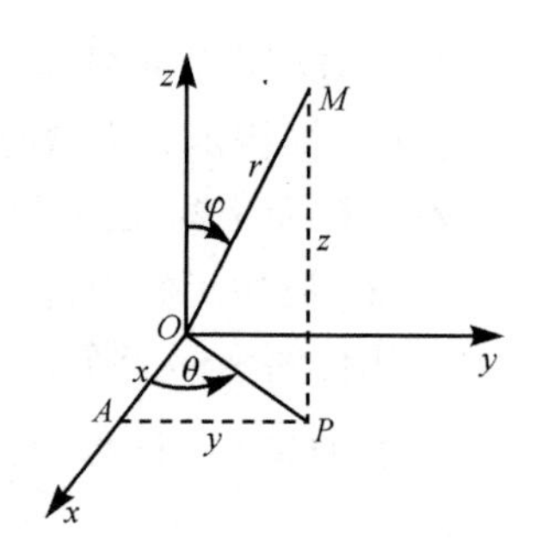


图 10-4-11

轴上的投影为 $A$, 则 $OA=x$, $AP=y$, $PM=z$, 又 $OP=r\sin\varphi$, $PM=r\cos\varphi$.

易见, 点 $M$ 的直角坐标 $(x,y,z)$ 与球面坐标 $(r,\varphi,\theta)$ 之间的关系为

$$\begin{cases}x=OP\cos\theta=r\sin\varphi\cos\theta,\\ y=OP\sin\theta=r\sin\varphi\sin\theta,\\ z=r\cos\varphi.\end{cases}\tag{10.4.10}$$

在球面坐标系下, $r$ 为常数时, 图形是以原点为球心的同心球面族; $\varphi$ 为常数时, 图形是以原点为顶点, $z$ 轴为轴的圆锥面族; $\theta$ 为常数时, 图形是过 $z$ 轴的半平面族. 由 $r,\varphi,\theta$ 分别取得微小增量 $\mathrm{d}r,\mathrm{d}\varphi,\mathrm{d}\theta$ 所围成的小立体(图 10-4-12)近似于以 $r\mathrm{d}\varphi$, $r\sin\varphi\mathrm{d}\theta$, $\mathrm{d}r$ 为棱的长方体, 其中 $r\mathrm{d}\varphi$ 为经线方向的长, $r\sin\varphi\mathrm{d}\theta$ 为纬线方向的宽, $\mathrm{d}r$ 为向径方向的高, 故得到**球面坐标系中的体积微元**

$$\mathrm{d}v=r^2\sin\varphi\mathrm{d}r\mathrm{d}\varphi\mathrm{d}\theta,$$

再应用式(10.4.10)得到球面坐标系下的三重积分的表达式

$$\iiint_\Omega f(x,y,z)\mathrm{d}x\mathrm{d}y\mathrm{d}z$$
$$=\iiint_\Omega f(r\sin\varphi\cos\theta,r\sin\varphi\sin\theta,r\cos\varphi)r^2\sin\varphi\mathrm{d}r\mathrm{d}\varphi\mathrm{d}\theta.\tag{10.4.11}$$

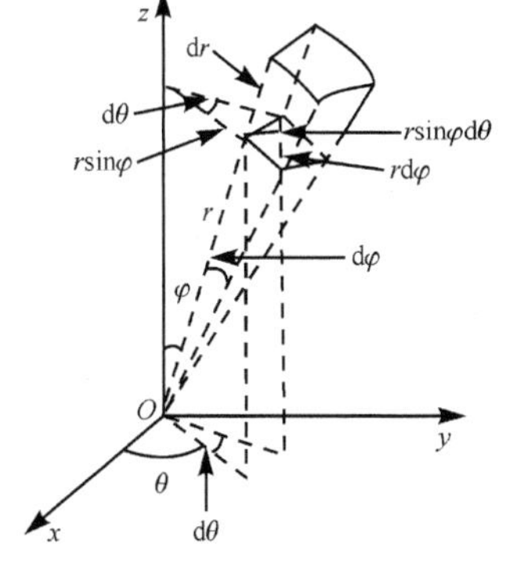


图 10-4-12

当被积函数含有 $x^2+y^2+z^2$, 积分区域是以原点为球心的球面, 或球心在坐标轴上并过原点的球面, 或以原点为锥顶的圆锥面等曲面围成的立体时, 可考虑用球面坐标计算三重积分.

特别地, 当积分区域 $\Omega$ 由球面 $r=a$ 所围成时, 有

$$\iiint_\Omega f(x,y,z)\mathrm{d}x\mathrm{d}y\mathrm{d}z$$
$$=\int_0^{2\pi}\mathrm{d}\theta\int_0^{\pi}\mathrm{d}\varphi\int_0^a f(r\sin\varphi\cos\theta,r\sin\varphi\sin\theta,r\cos\varphi)r^2\sin\varphi\mathrm{d}r.$$

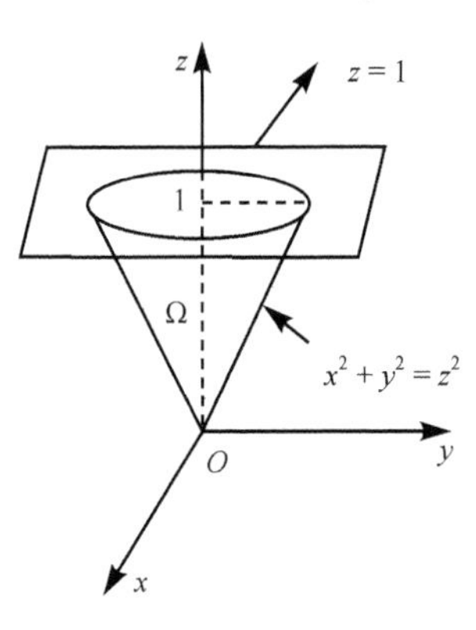


图 10-4-13

在上式中取 $f(r\sin\varphi\cos\theta,r\sin\varphi\sin\theta,r\cos\varphi)=1$ 可得到球的体积

$$V=\int_0^{2\pi}\mathrm{d}\theta\int_0^{\pi}\sin\varphi\mathrm{d}\varphi\int_0^a r^2\mathrm{d}r=2\pi\cdot 2\cdot\frac{a^3}{3}=\frac{4}{3}\pi a^3.$$

**例 10.4.10** 计算 $\iiint\limits_\Omega (x^2+y^2)\mathrm{d}x\mathrm{d}y\mathrm{d}z$, 区域 $\Omega$ 为锥面 $x^2+y^2=z^2$ 与平面 $z=1$ 所围的立体(图 10-4-13).

**解法一** 利用球面坐标变换, 锥面 $x^2+y^2=z^2$ 的方程化为 $\varphi=\dfrac{\pi}{4}$, 平面 $z=1$ 的方程化为 $r=\dfrac{1}{\cos\varphi}$, 区域 $\Omega$ 可表示为

$$0 \leqslant r \leqslant \frac{1}{\cos\varphi},\quad 0 \leqslant \varphi \leqslant \frac{\pi}{4},\quad 0 \leqslant \theta \leqslant 2\pi,$$

所以

$$I = \iiint\limits_{\Omega} (x^2+y^2)\mathrm{d}x\mathrm{d}y\mathrm{d}z = \int_0^{2\pi}\mathrm{d}\theta\int_0^{\frac{\pi}{4}}\mathrm{d}\varphi\int_0^{\frac{1}{\cos\varphi}} r^4\sin^3\varphi\mathrm{d}r$$

$$= \frac{2\pi}{5}\int_0^{\frac{\pi}{4}}\frac{\sin^3\varphi}{\cos^5\varphi}\mathrm{d}\varphi = \frac{2\pi}{5}\int_0^{\frac{\pi}{4}}\frac{1-\cos^2\varphi}{\cos^5\varphi}\mathrm{d}\cos\varphi = \frac{\pi}{10}.$$

**解法二** 采用柱面坐标计算能得到同样的结果

$$I = \iiint\limits_{\Omega} (x^2+y^2)\mathrm{d}x\mathrm{d}y\mathrm{d}z = \int_0^{2\pi}\mathrm{d}\theta\int_0^1 r\mathrm{d}r\int_r^1 r^2\mathrm{d}z = \frac{\pi}{10}.$$

**例 10.4.11** 计算球面 $x^2+y^2+z^2 \leqslant a^2$ 与锥面 $z \geqslant \sqrt{x^2+y^2}$ 所围立体 $\Omega$ 的体积(图 10-4-14).

**解** 使用球面坐标变换，球面 $x^2+y^2+z^2=a^2$ 的方程化为 $r=a$，锥面 $z=\sqrt{x^2+y^2}$ 的方程化为 $\varphi=\frac{\pi}{4}$，则区域 $\Omega$：$0 \leqslant r \leqslant a,\ 0 \leqslant \varphi \leqslant \frac{\pi}{4},\ 0 \leqslant \theta \leqslant 2\pi$.

由三重积分的性质知所求立体体积为

$$V = \iiint\limits_{\Omega}\mathrm{d}x\mathrm{d}y\mathrm{d}z = \int_0^{2\pi}\mathrm{d}\theta\int_0^{\frac{\pi}{4}}\mathrm{d}\varphi\int_0^a r^2\sin\varphi\mathrm{d}r = 2\pi\int_0^{\frac{\pi}{4}}\sin\varphi\cdot\frac{a^3}{3}\mathrm{d}\varphi = \frac{2-\sqrt{2}}{3}\pi a^3.$$

**例 10.4.12** 计算积分 $\iiint\limits_{\Omega}(x+y+z)^2\mathrm{d}x\mathrm{d}y\mathrm{d}z$，其中 $\Omega$ 是由球面 $x^2+y^2+z^2=2$ 和抛物面 $z=x^2+y^2$ 所围的空间闭区域(图 10-4-15).

**解** 因为函数 $(x+y+z)^2=x^2+y^2+z^2+2(xy+yz+zx)$ 中 $xy+yz$ 是关于变量 $y$ 的奇函数，且 $\Omega$ 关于 $xOz$ 面对称，所以 $\iiint\limits_{\Omega}(xy+yz)\mathrm{d}x\mathrm{d}y\mathrm{d}z=0$.

同理，因为 $zx$ 是关于变量 $x$ 的奇函数，且 $\Omega$ 关于 $yOz$ 面对称，所以 $\iiint\limits_{\Omega}xz\mathrm{d}x\mathrm{d}y\mathrm{d}z=0$，又由对称性知 $\iiint\limits_{\Omega}x^2\mathrm{d}x\mathrm{d}y\mathrm{d}z=\iiint\limits_{\Omega}y^2\mathrm{d}x\mathrm{d}y\mathrm{d}z$，则

$$I = \iiint\limits_{\Omega}(x+y+z)^2\mathrm{d}x\mathrm{d}y\mathrm{d}z = \iiint\limits_{\Omega}(2x^2+z^2)\mathrm{d}x\mathrm{d}y\mathrm{d}z.$$

利用柱面坐标得到区域 $\Omega$：$0 \leqslant \theta \leqslant 2\pi,\ 0 \leqslant r \leqslant 1$，$r^2 \leqslant z \leqslant \sqrt{2-r^2}$，投影区域 $D_{xy}$：$0 \leqslant x^2+y^2 \leqslant 1$，故

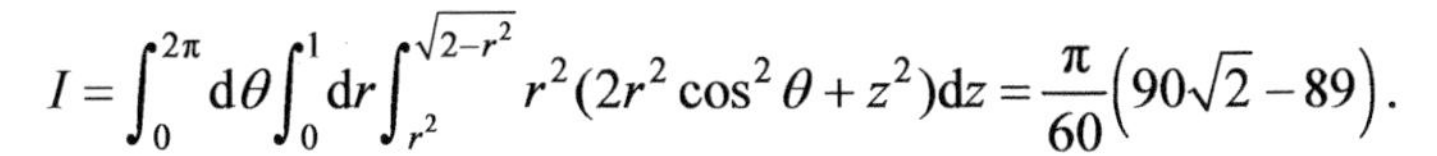

$$I=\int_0^{2\pi}\mathrm{d}\theta\int_0^1\mathrm{d}r\int_{r^2}^{\sqrt{2-r^2}}r^2(2r^2\cos^2\theta+z^2)\mathrm{d}z=\frac{\pi}{60}\left(90\sqrt{2}-89\right).$$

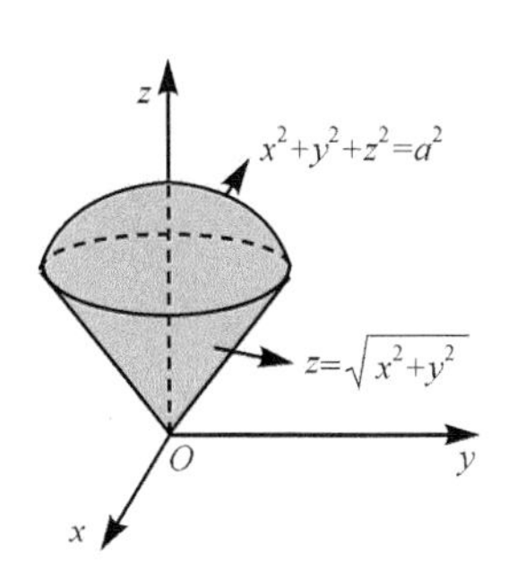


图 10-4-14

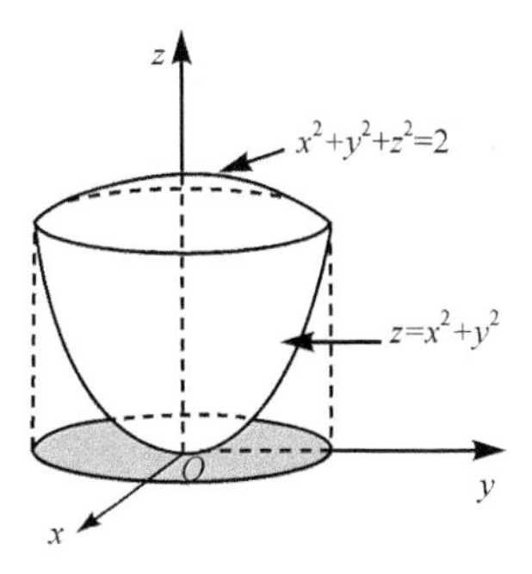


图 10-4-15

# 习题 10-4

1. 化三重积分 $I=\iiint\limits_{\Omega}f(x,y,z)\mathrm{d}x\mathrm{d}y\mathrm{d}z$ 为三次积分，其中积分区域Ω分别是:

(1) 由双曲抛物面 $xy=z$ 及平面 $x+y-1=0,z=0$ 所围成的闭区域;

(2) 由曲面 $z=x^2+y^2$ 及平面 $z=1$ 所围成的闭区域;

(3) 由曲面 $z=x^2+2y^2$ 及 $z=2-x^2$ 所围成的闭区域;

(4) 由曲面 $cz=xy(c>0),\dfrac{x^2}{a^2}+\dfrac{y^2}{b^2}=1,z=0$ 所围成的在第一卦限内的闭区域.

2. 设有一物体，占有空间闭区域 $\Omega=\{(x,y,z)\,|\,0\leqslant x\leqslant 1,0\leqslant y\leqslant 1,0\leqslant z\leqslant 1\}$，在点$(x,y,z)$处的密度为 $\rho(x,y,z)=x+y+z$, 计算该物体的质量.

3. 如果三重积分 $\iiint\limits_{\Omega}f(x,y,z)\mathrm{d}x\mathrm{d}y\mathrm{d}z$ 的被积函数 $f(x,y,z)$ 是三个函数 $f_1(x),f_2(y)$, $f_3(z)$ 的乘积，即 $f(x,y,z)=f_1(x)\cdot f_2(y)\cdot f_3(z)$, 积分区域$\Omega=\{(x,y,z)|a\leqslant x\leqslant b,\ c\leqslant y\leqslant d,\ l\leqslant z\leqslant m\}$，证明这个三重积分等于三个单积分的乘积，即

$$\iiint\limits_{\Omega}f_1(x)f_2(y)f_3(z)\mathrm{d}x\mathrm{d}y\mathrm{d}z=\int_a^b f_1(x)\mathrm{d}x\int_c^d f_2(y)\mathrm{d}y\int_l^m f_3(z)\mathrm{d}z.$$

4. 计算 $\iiint\limits_{\Omega}\dfrac{\mathrm{d}x\mathrm{d}y\mathrm{d}z}{(1+x+y+z)^3}$，其中Ω为平面 $x=0,y=0,z=0,x+y+z=1$ 所围成的四面体.

5. 计算 $\iiint\limits_{\Omega}xy^2z^3\mathrm{d}x\mathrm{d}y\mathrm{d}z$，其中Ω是由平面 $y=x,x=1,z=0$ 与曲面 $z=xy$ 所围成的闭区域.

6. 计算 $\iiint\limits_{\Omega}xyz\mathrm{d}x\mathrm{d}y\mathrm{d}z$，其中Ω为球面 $x^2+y^2+z^2=1$ 及三个坐标面所围成的在第一卦

限内的闭区域.

7. 计算 $\iiint\limits_{\Omega} xz\mathrm{d}x\mathrm{d}y\mathrm{d}z$, 其中Ω是由平面 $z=0, z=y, y=1$ 以及抛物柱面 $y=x^2$ 所围成的闭区域.

8. 计算 $\iiint\limits_{\Omega} z\mathrm{d}x\mathrm{d}y\mathrm{d}z$, 其中Ω是由锥面 $z=\frac{h}{R}\sqrt{x^2+y^2}$ 与平面 $z=h(R>0,h>0)$ 所围成的闭区域.

9. 利用柱面坐标计算下列三重积分:

(1) $\iiint\limits_{\Omega} z\mathrm{d}v$, 其中Ω是由曲面 $z=\sqrt{2-x^2-y^2}$ 及 $z=x^2+y^2$ 所围成的闭区域;

(2) $\iiint\limits_{\Omega} (x^2+y^2)\mathrm{d}v$, 其中Ω是由曲面 $x^2+y^2=2z$ 及平面 $z=2$ 所围成的闭区域.

10. 利用球面坐标计算下列三重积分:

(1) $\iiint\limits_{\Omega} (x^2+y^2+z^2)\mathrm{d}v$, 其中Ω是由球面 $x^2+y^2+z^2=1$ 所围成的闭区域;

(2) $\iiint\limits_{\Omega} z\mathrm{d}v$, 其中闭区域Ω由不等式 $x^2+y^2+(z-a)^2\leqslant a^2, x^2+y^2\leqslant z^2$ 所确定.

11. 选用适当的坐标计算下列三重积分:

(1) $\iiint\limits_{\Omega} xy\mathrm{d}v$, 其中Ω为由柱面 $x^2+y^2=1$ 及平面 $z=1, z=0, x=0, y=0$ 所围成的在第一卦限内的闭区域;

(2) $\iiint\limits_{\Omega} \sqrt{x^2+y^2+z^2}\mathrm{d}v$, 其中Ω是由球面 $x^2+y^2+z^2=z$ 所围成的闭区域;

(3) $\iiint\limits_{\Omega} (x^2+y^2)\mathrm{d}v$,其中Ω是由曲面 $4z^2=25(x^2+y^2)$ 及平面 $z=5$ 所围成的闭区域;

(4) $\iiint\limits_{\Omega} (x^2+y^2)\mathrm{d}v$, 其中闭区域Ω由不等式 $0<a\leqslant\sqrt{x^2+y^2+z^2}\leqslant A, z\geqslant 0$ 所确定.

12. 利用三重积分计算由下列曲面所围成的立体的体积:

(1) $z=6-x^2-y^2$ 及 $z=\sqrt{x^2+y^2}$;

(2) $x^2+y^2+z^2=2az(a>0)$ 及 $x^2+y^2=z^2$ (含有 $z$ 轴的部分);

(3) $z=\sqrt{x^2+y^2}$ 及 $z=x^2+y^2$;

(4) $z=\sqrt{5-x^2-y^2}$ 及 $x^2+y^2=4z$.

13. 球心在原点, 半径为 $R$ 的球体, 在其上任意一点的密度的大小与这点到球心的距离成正比, 求这球体的质量.

# *第五节　数学应用

## 一、二重积分的应用

### 1. 平面薄片的质量

设平面薄片占有 $xOy$ 面上的闭区域 $D$, 在点 $(x,y)$ 处的面密度为 $\mu(x,y)$, 由第十章第一节的实例 2, 该薄片的**质量**为

$$M=\iint\limits_D \mu(x,y)\mathrm{d}\sigma. \tag{10.5.1}$$

**例 10.5.1**　设以原点为圆心、$a$ 为半径的薄圆片的面密度为 $\mu(x,y)=x^2+y^2$, 求该薄片的质量.

**解**　该薄圆片在 $xOy$ 面上的区域 $D$ 在极坐标系下的积分限为 $0\leqslant\theta\leqslant 2\pi$, $0\leqslant r\leqslant a$, 于是, 该薄片的质量

$$M=\iint\limits_D \mu(x,y)\mathrm{d}\sigma=\int_0^{2\pi}\mathrm{d}\theta\int_0^a r^2\cdot r\mathrm{d}r=\frac{\pi}{2}a^4\,(\text{质量单位}).$$

### 2. 平面薄片的质心

设有一平面薄片, 占有 $xOy$ 面上的闭区域 $D$ (图 10-5-1), 在 $D$ 内任意一点 $(x,y)$ 处的面密度为 $\mu(x,y)$, 且 $\mu(x,y)$ 在 $D$ 上连续. 在闭区域 $D$ 上任取面积微元 $\mathrm{d}\sigma$ (也表示这小区域的面积), $(x,y)$ 为该小区域上的任意一点, 则薄片中相应于 $\mathrm{d}\sigma$ 的小薄片的质量微元 $\mathrm{d}m=\mu(x,y)\mathrm{d}\sigma$, 将此质量微元看作集中在点 $(x,y)$ 处, 则它对 $x$ 轴和 $y$ 轴的**静距**微元分别为

$$\mathrm{d}M_x=y\mu(x,y)\mathrm{d}\sigma,\quad \mathrm{d}M_y=x\mu(x,y)\mathrm{d}\sigma,$$

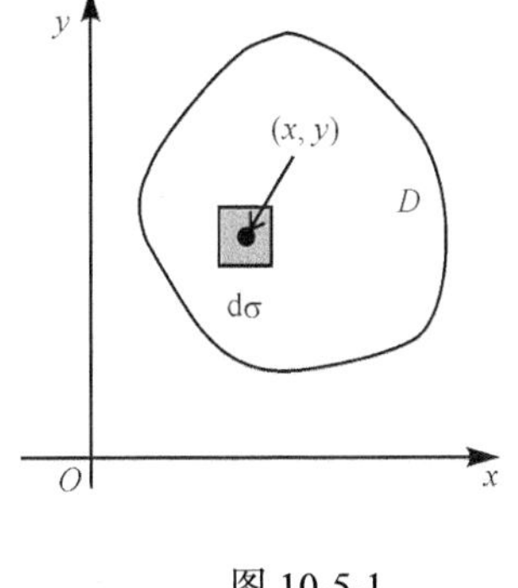

图 10-5-1

于是, 该平面薄片关于 $x$ 轴和 $y$ 轴的静距分别为

$$M_x=\iint\limits_D y\mu(x,y)\mathrm{d}\sigma,\quad M_y=\iint\limits_D x\mu(x,y)\mathrm{d}\sigma.$$

设平面薄片的质心坐标为 $(\overline{x},\overline{y})$, 由薄片质心的性质(薄片对任一坐标轴的静距等于该薄片的质量集中在质心处对该轴的静距), 得平面薄片的**质心**为

$$\overline{x}=\frac{M_y}{M}=\frac{\iint\limits_D x\mu(x,y)\mathrm{d}\sigma}{\iint\limits_D \mu(x,y)\mathrm{d}\sigma},\quad \overline{y}=\frac{M_x}{M}=\frac{\iint\limits_D y\mu(x,y)\mathrm{d}\sigma}{\iint\limits_D \mu(x,y)\mathrm{d}\sigma}. \tag{10.5.2}$$

若薄片质量是均匀(即 $\mu(x,y)$ 为常数)的, 面积为 $A$, 则

$$\overline{x}=\frac{1}{A}\iint_{D}x\mathrm{d}\sigma,\quad \overline{y}=\frac{1}{A}\iint_{D}y\mathrm{d}\sigma. \tag{10.5.3}$$

此时 $(\overline{x},\overline{y})$ 称为平面薄片的**形心**.

**例 10.5.2**　计算位于两圆 $r=4\sin\theta$ 和 $r=2\sin\theta$ 之间的均匀薄片的质心.

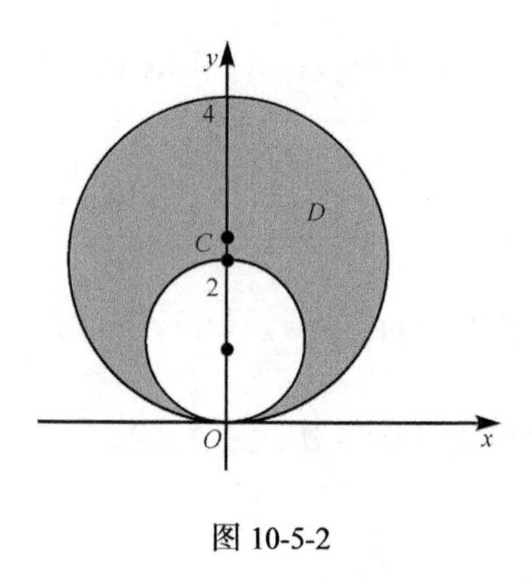


图 10-5-2

**解**　均匀薄片如图 10-5-2 所示, 关于 $y$ 轴对称, 故质心 $C(\overline{x},\overline{y})$ 必位于 $y$ 轴上, 即有 $\overline{x}=0$, 而 $\overline{y}=\frac{1}{A}\iint_{D}y\mathrm{d}\sigma$. 该薄片 $D$ 的面积 $A=3\pi$. 再利用极坐标计算积分

$$\iint_{D}y\mathrm{d}\sigma=\iint_{D}r^2\sin\theta\mathrm{d}r\mathrm{d}\theta=\int_0^{\pi}\sin\theta\mathrm{d}\theta\int_{2\sin\theta}^{4\sin\theta}r^2\mathrm{d}r$$

$$=\frac{56}{3}\int_0^{\pi}\sin^4\theta\mathrm{d}\theta=7\pi.$$

因此 $\overline{y}=\frac{7\pi}{3\pi}=\frac{7}{3}$, 即薄片质心为 $C\left(0,\frac{7}{3}\right)$.

3. 平面薄片的转动惯量

设质量为 $m$ 的质点位于 $xOy$ 平面上的 $(x,y)$ 处, 根据力学知识, 该质点关于 $x$ 轴、$y$ 轴的转动惯量分别为

$$I_x=my^2,\quad I_y=mx^2.$$

设有一平面薄片, 占有 $xOy$ 面上的闭区域 $D$, 在点 $(x,y)$ 处的面密度为 $\mu(x,y)$, 且 $\mu(x,y)$ 在 $D$ 上连续. 应用微元法, 在闭区域 $D$ 上任取面积微元 $\mathrm{d}\sigma$ (也表示这小区域的面积), $(x,y)$ 是该微元上的任意一点, 则该小薄片的质量微元 $\mathrm{d}m=\mu(x,y)\mathrm{d}\sigma$, 把质量微元的质量看作集中在点 $(x,y)$ 处, 则其关于 $x$ 轴和 $y$ 轴的转动惯量微元分别为

$$\mathrm{d}I_x=y^2\mu(x,y)\mathrm{d}\sigma,\quad \mathrm{d}I_y=x^2\mu(x,y)\mathrm{d}\sigma.$$

于是, 该平面薄片关于 $x$ 轴和 $y$ 轴的转动惯量分别为

$$I_x=\iint_{D}y^2\mu(x,y)\mathrm{d}\sigma,\quad I_y=\iint_{D}x^2\mu(x,y)\mathrm{d}\sigma. \tag{10.5.4}$$

**例 10.5.3**　设一均匀的直角三角形薄片(面密度为常量 $\mu$), 两直角边长分别为 $a$ 和 $b$, 求这三角形对其中任一直角边的转动惯量.

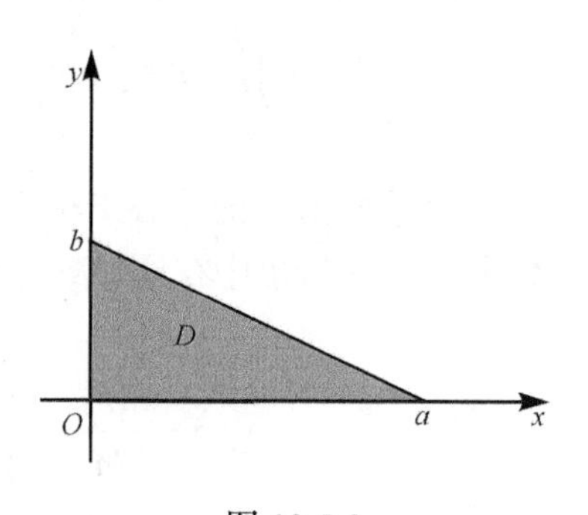


图 10-5-3

**解**　设三角形的两直角边分别在 $x$ 轴和 $y$ 轴上(图 10-5-3), 由公式(10.5.4)可得三角形对 $y$ 轴的转动惯量

$$I_y=\mu\iint_D x^2\mathrm{d}x\mathrm{d}y=\mu\int_0^b\mathrm{d}y\int_0^{a\left(1-\frac{y}{b}\right)}x^2\mathrm{d}x$$

$$=\frac{1}{3}\mu a^3\int_0^b\left(1-\frac{y}{b}\right)^3\mathrm{d}y=\frac{1}{12}a^3b\mu.$$

同理, 对 $x$ 轴的转动惯量

$$I_x=\mu\iint_D y^2\mathrm{d}x\mathrm{d}y=\frac{1}{12}ab^3\mu.$$

**例 10.5.4** 已知匀质矩形薄板(面密度为常数 $\mu$ )的长和宽分别为 $b$ 和 $h$, 计算此矩形薄板对于通过其形心且分别与一边平行的两轴的转动惯量.

**解** 因为矩形薄板均匀, 由对称性知形心坐标 $\overline{x}=\dfrac{b}{2},\overline{y}=\dfrac{h}{2}$.

按题意将坐标系平移, $x$ 轴向上平移 $\dfrac{h}{2}$ 得 $u$ 轴, $y$ 轴向右平移 $\dfrac{b}{2}$ 得 $v$ 轴, 则矩形薄板对 $u$ 轴的转动惯量

$$I_u=\mu\iint_D v^2\mathrm{d}u\mathrm{d}v=\mu\int_{-\frac{h}{2}}^{\frac{h}{2}}v^2\mathrm{d}v\int_{-\frac{b}{2}}^{\frac{b}{2}}\mathrm{d}u=\mu b\int_{-\frac{h}{2}}^{\frac{h}{2}}v^2\mathrm{d}v=\frac{bh^3\mu}{12}.$$

同理, 矩形薄板对 $v$ 轴的转动惯量

$$I_v=\mu\iint_D u^2\mathrm{d}u\mathrm{d}v=\frac{b^3h\mu}{12}.$$

## 二、三重积分的应用

### 1. 空间立体的质心与转动惯量

设一空间物体占有空间闭区域 $\Omega$, 它在点 $(x,y,z)$ 处的体密度为 $\rho(x,y,z)$ (假定 $\rho(x,y,z)$ 在 $\Omega$ 上连续), 类似二重积分的应用, 可得该物体的**质心**坐标为

$$\overline{x}=\frac{1}{M}\iiint_\Omega x\rho(x,y,z)\mathrm{d}v,\quad \overline{y}=\frac{1}{M}\iiint_\Omega y\rho(x,y,z)\mathrm{d}v,\quad \overline{z}=\frac{1}{M}\iiint_\Omega z\rho(x,y,z)\mathrm{d}v,$$

其中, $M=\iiint\limits_\Omega \rho(x,y,z)\mathrm{d}v$ 为该物体的质量.

该物体对于 $x$ 轴、$y$ 轴、$z$ 轴的**转动惯量**分别为

$$I_x=\iiint_\Omega (y^2+z^2)\rho(x,y,z)\mathrm{d}v,$$

$$I_y=\iiint_\Omega (x^2+z^2)\rho(x,y,z)\mathrm{d}v,$$

$$I_z=\iiint_\Omega (x^2+y^2)\rho(x,y,z)\mathrm{d}v.$$

**例 10.5.5**　求密度为 $\rho$ 的均匀球体对于过球心的一条轴 $l$ 的转动惯量.

**解**　取球心为坐标原点，球的半径为 $a, z$ 轴与轴 $l$ 重合，则球体所占空间闭区域 $\Omega=\{(x,y,z)\mid x^2+y^2+z^2\leqslant a^2\}$. 所求转动惯量即球体对于 $z$ 轴的转动惯量为

$$I_z=\iiint\limits_{\Omega}(x^2+y^2)\rho\mathrm{d}v=\rho\iiint\limits_{\Omega}(r^2\sin^2\varphi\cos^2\theta+r^2\sin^2\varphi\sin^2\theta)r^2\sin\varphi\mathrm{d}r\mathrm{d}\varphi\mathrm{d}\theta$$

$$=\iiint\limits_{\Omega}r^4\sin^3\varphi\mathrm{d}r\mathrm{d}\varphi\mathrm{d}\theta=\rho\int_0^{2\pi}\mathrm{d}\theta\int_0^{\pi}\sin^3\varphi\mathrm{d}\varphi\int_0^a r^4\mathrm{d}r=\rho\cdot2\pi\cdot\frac{a^5}{5}\int_0^{\pi}\sin^3\varphi\mathrm{d}\varphi$$

$$=\frac{2}{5}\pi a^5\rho\cdot\frac{4}{3}=\frac{2}{5}a^2M,$$

其中 $M=\frac{4}{3}\pi a^3\rho$ 为球体的质量.

**例 10.5.6**　求高为 $h$，半顶角为 $\frac{\pi}{4}$，密度为 $\mu$ (常数)的正圆锥体绕对称轴旋转的转动惯量.

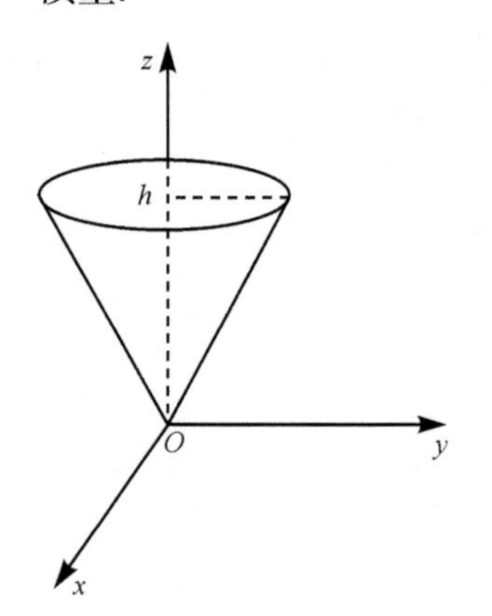

图 10-5-4

**解**　取对称轴为 $z$ 轴，取顶点为原点，建立如图 10-5-4 的坐标系，则

$$I_z=\iiint\limits_{\Omega}(x^2+y^2)\mu\mathrm{d}v.$$

利用柱面坐标，有

$$D_z: x^2+y^2\leqslant z^2,\quad \Omega: 0\leqslant z\leqslant h,\quad (x,y)\in D_z,$$

于是

$$I_z=\int_0^h\mathrm{d}z\iint\limits_{D_z}(x^2+y^2)\mu\mathrm{d}x\mathrm{d}y=\mu\int_0^h\mathrm{d}z\int_0^{2\pi}\mathrm{d}\theta\int_0^z r^2\cdot r\mathrm{d}r$$

$$=\mu\int_0^h\mathrm{d}z\int_0^{2\pi}\frac{1}{4}z^4\mathrm{d}\theta=\frac{\mu}{4}\cdot2\pi\int_0^h z^4\mathrm{d}z=\frac{\pi\mu}{10}h^5.$$

**例 10.5.7**　由上半球面 $z=\sqrt{R-x^2-y^2}$ 和上半圆锥面 $z=\sqrt{x^2+y^2}$ 围成的立体的体密度是 $\rho=x^2+y^2+z^2$，求该立体的质心(图 10-5-5).

**解**　由题意易知 $x(x^2+y^2+z^2)$ 是关于变量 $x$ 和 $y$ 的奇函数，$\Omega$ 关于 $x=0, y=0$ 对称，从而 $\overline{x}=0$，$\overline{y}=0$，在球面坐标系下：$0\leqslant\theta\leqslant2\pi, 0\leqslant\varphi\leqslant\frac{\pi}{4}, 0\leqslant\rho\leqslant R$，

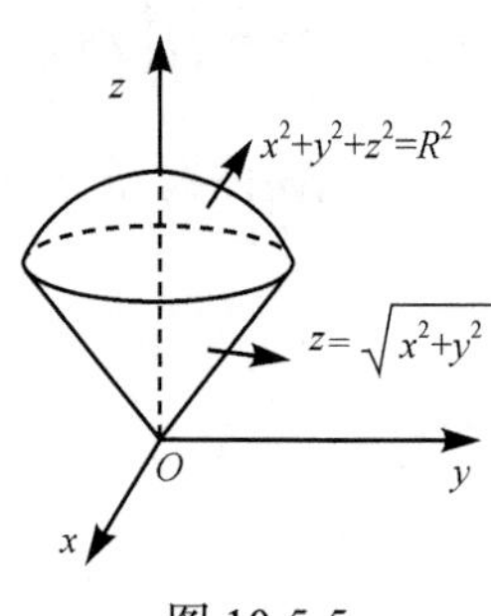

图 10-5-5

$$\overline{z}=\frac{1}{M}\iiint\limits_{\Omega}z\rho(x,y,z)\mathrm{d}v=\frac{\iiint\limits_{\Omega}z(x^2+y^2+z^2)\mathrm{d}v}{\iiint\limits_{\Omega}(x^2+y^2+z^2)\mathrm{d}v}$$

$$=\frac{\int_0^{2\pi}\mathrm{d}\theta\int_0^{\frac{\pi}{4}}\frac{\pi}{4}\sin\varphi\mathrm{d}\varphi\int_0^R\rho\cos\varphi\rho^2\cdot\rho^2\mathrm{d}\rho}{\int_0^{2\pi}\mathrm{d}\theta\int_0^{\frac{\pi}{4}}\sin\varphi\mathrm{d}\varphi\int_0^R\rho^2\cdot\rho^2\mathrm{d}\rho}$$

$$=\frac{\dfrac{\pi R^6}{12}}{\left(1-\dfrac{\sqrt{2}}{2}\right)\dfrac{2\pi R^5}{5}}=\frac{5(2+\sqrt{2})}{24}R,$$

所以质心为

$$(\overline{x},\overline{y},\overline{z})=\left(0,0,\frac{5(2+\sqrt{2})}{24}R\right).$$

2. 空间立体对质点的引力

设物体占有空间有界闭区域$\Omega$，它在点$(x,y,z)$处的体密度为$\rho(x,y,z)$，设$\rho(x,y,z)$在$\Omega$上连续，在$\Omega$内任取一微元$\mathrm{d}v$（这个微元的体积也记为$\mathrm{d}v$），$(x,y,z)$为该微元内的一点，并把这个微元的质量$\mathrm{d}M=\rho\mathrm{d}v$近似看作集中在点$(x,y,z)$处，于是，根据两质点间的引力公式，该质量微元$\mathrm{d}M$对位于$P_0(x_0,y_0,z_0)$处的单位质量的质点的引力微元为

$$\begin{aligned}\mathrm{d}\boldsymbol{F}&=(\mathrm{d}F_x,\mathrm{d}F_y,\mathrm{d}F_z)\\&=\left(\frac{G\rho(x,y,z)(x-x_0)}{r^3}\mathrm{d}v,\frac{G\rho(x,y,z)(y-y_0)}{r^3}\mathrm{d}v,\frac{G\rho(x,y,z)(z-z_0)}{r^3}\mathrm{d}v\right),\end{aligned}$$

其中，$\mathrm{d}F_x,\mathrm{d}F_y,\mathrm{d}F_z$为引力微元$\mathrm{d}\boldsymbol{F}$在三个坐标轴上的投影，$G$为引力常数，

$$r=\sqrt{(x-x_0)^2+(y-y_0)^2+(z-z_0)^2}.$$

将$\mathrm{d}F_x,\mathrm{d}F_y,\mathrm{d}F_z$在$\Omega$上分别积分，得

$$\begin{aligned}\boldsymbol{F}&=(F_x,F_y,F_z)\\&=\left(\iiint\limits_{\Omega}\frac{G\rho(x,y,z)(x-x_0)}{r^3}\mathrm{d}v,\iiint\limits_{\Omega}\frac{G\rho(x,y,z)(y-y_0)}{r^3}\mathrm{d}v,\iiint\limits_{\Omega}\frac{G\rho(x,y,z)(z-z_0)}{r^3}\mathrm{d}v\right).\end{aligned}$$

如果考虑平面薄片对于薄片外一点处的单位质量的质点的引力，设平面薄片占有$xOy$面上的有界闭区域$D$，其面密度为$\mu(x,y)$，那么只要将上式中的密度函数$\rho(x,y,z)$换成$\mu(x,y)$，将空间闭区域$\Omega$上的三重积分换成$D$上的二重积分，就得到相应的计算公式.

**例 10.5.8**　设半径为$R$的匀质球占有空间区域$\Omega=\{(x,y,z)|x^2+y^2+z^2\leqslant R^2\}$，求它对位于$M_0(0,0,a)$ $(a>R)$处的单位质量的质点的引力(设球的密度为常数$\rho_0$).

**解**　由球的对称性及质量分布的均匀性知，$F_x=F_y=0$，而所求引力沿$z$轴的分量为

$$
\begin{aligned}
F_z &= \iiint_{\Omega} G\rho_0 \frac{z-a}{[x^2+y^2+(z-a)^2]^{3/2}}\mathrm{d}v \\
&= G\rho_0 \int_{-R}^{R}(z-a)\mathrm{d}z \iint_{x^2+y^2\leqslant R^2-z^2} \frac{\mathrm{d}x\mathrm{d}y}{[x^2+y^2+(z-a)^2]^{3/2}} \\
&= G\rho_0 \int_{-R}^{R}(z-a)\mathrm{d}z \int_0^{2\pi}\mathrm{d}\theta \int_0^{\sqrt{R^2-z^2}} \frac{r\mathrm{d}r}{[r^2+(z-a)^2]^{3/2}} \\
&= 2\pi G\rho_0 \int_{-R}^{R}(z-a)\left(\frac{1}{a-z}-\frac{1}{\sqrt{R^2-2az+a^2}}\right)\mathrm{d}z \\
&= 2\pi G\rho_0 \left[-2R+\frac{1}{a}\int_{-R}^{R}(z-a)\mathrm{d}\sqrt{R^2-2az+a^2}\right] \\
&= 2\pi G\rho_0 \left(-2R+2R-\frac{2R^3}{3a^2}\right) = -G\cdot\frac{4\pi R^3}{3}\rho_0\cdot\frac{1}{a^2} = -G\frac{M}{a^2},
\end{aligned}
$$

其中 $M=\dfrac{4\pi R^3}{3}\rho_0$ 为球的质量. 此结果表明: 匀质球对球外一质点的引力如同球的质量集中于球心时两质点间的引力.

## 习题 10-5

1. 设平面薄片所占的闭区域 $D$ 由螺线 $\rho=2\theta$ 上一段弧 $\left(0\leqslant\theta\leqslant\dfrac{\pi}{2}\right)$ 与直线 $\theta=\dfrac{\pi}{2}$ 所围成, 它的面密度为 $\mu(x,y)=x^2+y^2$. 求该薄片的质量.

2. 设均匀薄片(面密度为常数 1)所占闭区域 $D$ 如下, 求指定的转动惯量:

(1) $D=\left\{(x,y)\left|\dfrac{x^2}{a^2}+\dfrac{y^2}{b^2}\leqslant 1\right.\right\}$, 求 $I_y$;

(2) $D$ 由抛物线 $y^2=\dfrac{9}{2}x$ 与直线 $x=2$ 所围成, 求 $I_x$ 和 $I_y$;

(3) $D$ 为矩形闭区域 $\{(x,y)\,|\,0\leqslant x\leqslant a, 0\leqslant y\leqslant b\}$, 求 $I_x$ 和 $I_y$.

3. 已知均匀矩形板(面密度为常量 $\mu$)的长和宽分别为 $b$ 和 $h$, 计算此矩形板对于通过其形心且分别与一边平行的两轴的转动惯量.

4. 设薄片所占的闭区域 $D$ 如下, 求均匀薄片的质心:

(1) $D$ 由 $y=\sqrt{2px}$, $x=x_0$, $y=0$ 所围成;

(2) $D$ 是半椭圆形闭区域 $\left\{(x,y)\left|\dfrac{x^2}{a^2}+\dfrac{y^2}{b^2}\leqslant 1, y\geqslant 0\right.\right\}$;

(3) $D$ 是介于两个圆 $r=a\cos\theta, r=b\cos\theta\ (0<a<b)$ 之间的闭区域.

5. 设平面薄片所占的闭区域 $D$ 由抛物线 $y=x^2$ 及直线 $y=x$ 所围成，它在点$(x, y)$处的面密度 $\mu(x,y)=x^2y$，求该薄片的质心.

6. 设有一等腰直角三角形薄片，腰长为 $a$，各点处的面密度等于该点到直角顶点的距离的平方，求该薄片的质心.

7. 利用三重积分计算下列由曲面所围成立体的质心(设密度 $\rho=1$).

(1) $z^2=x^2+y^2, z=1$;

(2) $z=\sqrt{A^2-x^2-y^2}$，$z=\sqrt{a^2-x^2-y^2}$ $(A>a>0), z=0$;

(3) $z=x^2+y^2, x+y=a, x=0, y=0, z=0$.

8. 设球体占有闭区域 $\Omega=\{(x,y,z)\mid x^2+y^2+z^2\leqslant 2Rz\}$，它在内部各点的密度的大小等于该点到坐标原点的距离的平方，试求该球体的质心.

9. 一均匀物体(密度 $\rho$ 为常量)占有的闭区域 $\Omega$ 由曲面 $z=x^2+y^2$ 和平面 $z=0,|x|=a,|y|=a$ 所围成，

(1) 求物体的体积;

(2) 求物体的质心;

(3) 求物体关于 $z$ 轴的转动惯量.

10. 求半径为 $a$，高为 $h$ 的均匀圆柱体对于过中心而平行于母线的轴的转动惯量(设密度 $\rho=1$).

11. 设面密度为常量 $\mu$ 的匀质半圆环形薄片占有闭区域 $D=\left\{(x, y, 0)\Big| R_1\leqslant\sqrt{x^2+y^2}\leqslant R_2, x\geqslant 0\right\}$，求它对位于 $z$ 轴上点 $M_0(0,0,a)\,(a>0)$ 处单位质量的质点的引力 $\boldsymbol{F}$.

12. 设均匀柱体密度为 $\rho$，占有闭区域 $\Omega=\{(x,y,z)\mid x^2+y^2\leqslant R^2, 0\leqslant z\leqslant h\}$，求它对位于点 $M_0(0,0,a)\,(a>h)$ 处单位质量的质点的引力.

## *第六节　MATLAB 软件应用

掌握用 MATLAB 计算二重积分与三重积分的计算方法，可以提高应用重积分解决各种应用问题的能力.

### 一、MATLAB 命令

1. 重积分命令

命令 int 可用于计算重积分，例如要计算 $\int_0^1\int_0^x xy^2\mathrm{d}y\mathrm{d}x$，输入:

```
syms x y
int(int(x*y^2, y, 0, x), x, 0, 1)
```

得到

```
ans =1/15
```

用于计算三重积分时，命令int的使用格式与此类似. 由此可见，用 MATLAB计算重积分，关键是确定各个积分限.

2. 二元函数的数值积分

函数 dblquad 的功能是求矩形区域上二元函数的数值积分. 其格式为

```
Q=dblquad(fun, xlower, xupper, ymin, ymax, tol)
```

最后一个参数的意义是用指定的精度tol代替默认精度$10^{-6}$，再进行计算. 例如输入:

```
dblquad (inline('sqrt(max(1-(x.^2 +y.^2), 0))'), -1, 1, -1, 1)
```

输出:

```
ans= 2.0944
```

## 二、应用实例

计算重积分.

**例 10.6.1**　计算 $\iint\limits_D xy^2\mathrm{d}x\mathrm{d}y$，其中 $D$ 为由 $x+y=2, x=\sqrt{y}$ , $y$=2 所围成的有界区域.

**解**　先作出区域 $D$ 的草图，手工就可以确定积分限. 应先对 $x$ 积分，输入:

```
syms x y
int(int(x*y^2, x, 2-y, sqrt(y)), y, 1, 2)
```

输出 193/120.

**例 10.6.2**　计算 $\iint\limits_D \mathrm{e}^{-(x^2+y^2)}\mathrm{d}x\mathrm{d}y$，其中 $D$ 为 $x^2+y^2\leqslant 1$.

**解**　如果用直角坐标计算，输入:

```
clear
syms x y real
f=exp(-(x^2 + y^2))
int(int(f, y, -sqrt(1-x^2), sqrt(1-x^2)), x, -1, 1)
```

输出:

```
int(pi^(1/2)*erf((1-x2)^(1/2))*exp(-x^2), x=-1..1)
```

积分遇到了困难，改用极坐标，也用手工确定积分限，输入

```
clear
sym r s
f=exp(-(r^2))*r
```

输出:

```
ans= -pi*(exp(-1)-1)
```

**例 10.6.3**　计算三重积分 $\iiint\limits_\Omega (x^2+y^2+z)\mathrm{d}x\mathrm{d}y\mathrm{d}z$，其中 Ω 由曲面 $z=\sqrt{2-x^2-y^2}$ 与

$z=\sqrt{x^2+y^2}$ 围成.

**解** 先作出区域Ω的图形.输入:

```
[x, y]= meshgrid(-1:0.05:1)
z=sqrt(x.^2+y.^2)
surf(x, y, z)
hold on
z=sqrt(2-x.^2-y.^2)
surf(x, y, z)
```

输出了区域Ω的图形(图 10-6-1).

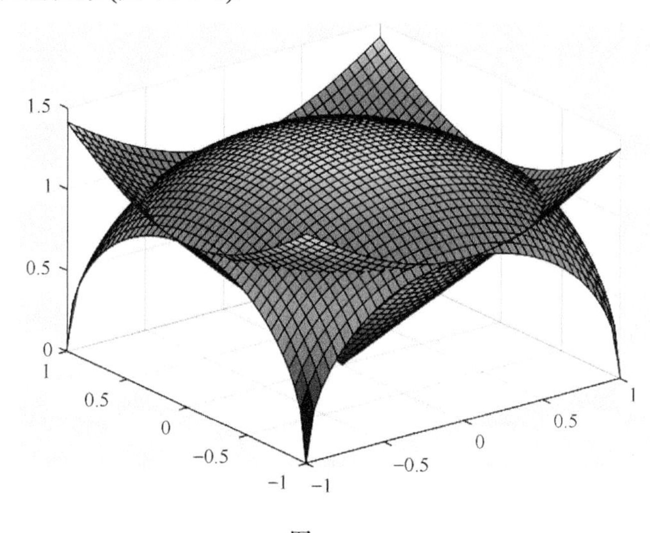


图 10-6-1

参照图形, 可以用手工确定积分限, 如果用直角坐标, 则输入:

```
clear
syms x y z
f=x^2+y^2+z
int(int(int(f,  z,  sqrt(x^2  +y^2),  sqrt(2-x^2-y^2)),  y,
-sqrt(1-x^2), sqrt(1-x^2)), x, -1, 1)
```

执行后未得到明确结果.改用柱坐标和球坐标计算.用柱坐标计算时输入:

```
clear
syms x y z
f=(r^2+z)*r
int (int(int(f, z, r, sqrt(2-r^2)), r, 0, 1), s, 0, 2*pi)
```

输出:

```
ans=(pi*(32*2^(1/2)-25))/30
```

用球坐标计算时输入:

```
clear
sys r t s
f=(r^2* sin(t)^2+r* cos(t))*r^2* sin(t)
simple(int (int(int(f, r, 0, sqrt(2)), t, 0, pi/4), s, 0, 2*pi))
```

输出:

```
ans=(pi*(32*2^(1/2) 25))/30
```

与柱坐标的结果相同.

# 第十一章　曲线积分与曲面积分

我们在第十章中讨论了把积分域从数轴上的区间推广到了平面上和空间中的区域的情况——重积分. 本章讨论多元函数积分学的另一重要内容——曲线积分与曲面积分, 它们体现的是把积分的积分域推广到平面和空间中的一段曲线或一片曲面的情形. 此外还将介绍沟通几类积分内在联系的重要公式: 格林公式、高斯公式和斯托克斯公式.

## 第一节　第一类曲线积分

设有一曲线形构件所占的位置是 $xOy$ 面内的一段曲线 $L$ (图 11-1-1), 它的质量分布不均匀, 其线密度为 $\rho(x,y)$, 试求该构件的质量.

当构件的线密度为常量时, 构件的质量=线密度×长度.

构件上各点处的线密度是变量 $\rho(x,y)$, 因为线性构件的质量对线段是可加的, 所以可采用微元法来解决.

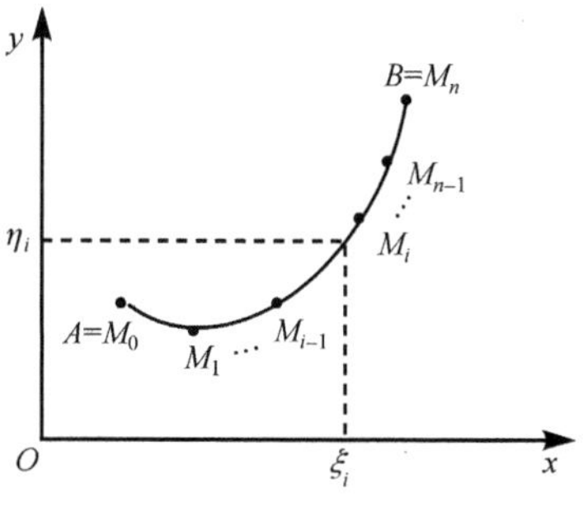

图 11-1-1

(1) **分割**　用 $L$ 上的点 $A=M_0,M_1,\cdots,M_{n-1}$, $M_n=B$, 把 $L$ 分成几个小段, 取一小段构件 $\widehat{M_{i-1}M_i}$ (其长度记为 $\Delta s_i$), 当这一小段很短时, 线密度可以近似看作不变的常量, 它近似等于该小段上任一点 $(\xi_i,\eta_i)$ 处的线密度 $\rho(\xi_i,\eta_i)$, 该段的质量 $\Delta M_i$ 近似表示为

$$\Delta M_i \approx \rho(\xi_i,\eta_i)\cdot\Delta s_i \quad (i=1,2,\cdots,n).$$

(2) **近似求和**　构件质量 $M$ 的近似值

$$M \approx \sum_{i=1}^{n}\rho(\xi_i,\eta_i)\cdot\Delta s_i.$$

(3) **取极限**　构件的质量 $M$ 的精确值

$$M=\lim_{\lambda\to 0}\sum_{i=1}^{n}\rho(\xi_i,\eta_i)\cdot\Delta s_i\text{, 其中 }\lambda=\max\{\Delta s_1,\Delta s_2,\cdots,\Delta s_n\}. \qquad (11.1.1)$$

式(11.1.1)中和式的极限称为函数 $\rho(x,y)$ 在曲线 $L$ 上的第一类曲线积分.

### 一、第一类曲线积分的定义与性质

**定义 11.1.1**　设 $\widehat{AB}$ (记为 $L$)为 $xOy$ 面内的一条光滑曲线弧, 函数 $f(x,y)$ 在 $L$ 上有界.

用$L$上的点把曲线弧段$L$分成$n$个小段，其分点依次记为$A=M_0,M_1,\cdots,M_{n-1},M_n=B$，设第$i$个小段的长度为$\Delta s_i$，$(\xi_i,\eta_i)$为第$i$个小段上任意取定的一点，作乘积$f(\xi_i,\eta_i)\cdot\Delta s_i(i=1,2,\cdots,n)$，并作和

$$\sum_{i=1}^{n}f(\xi_i,\eta_i)\cdot\Delta s_i, \tag{11.1.2}$$

记$\lambda=\max\{\Delta s_1,\Delta s_2,\cdots,\Delta s_n\}$，如果当$\lambda\to 0$时，和式(11.1.2)的极限总存在，则称此极限值为函数$f(x,y)$在曲线弧$L$上的**第一类曲线积分**或**对弧长的曲线积分**，记作$\int_L f(x,y)\mathrm{d}s$，即

$$\int_L f(x,y)\mathrm{d}s=\lim_{\lambda\to 0}\sum_{i=1}^{n}f(\xi_i,\eta_i)\cdot\Delta s_i, \tag{11.1.3}$$

其中$f(x,y)$称为**被积函数**，$L$称为**积分弧段**.

根据定义，若$f(x,y)\equiv 1$，则显然有

$$\int_L 1\cdot\mathrm{d}s\xlongequal{\text{记号}}\int_L \mathrm{d}s=s\quad (L\text{的弧长}).$$

因为式(11.1.3)中和式的极限存在的一个充分条件是函数$f(x,y)$在曲线$L$上连续，以后总假定函数$f(x,y)$在曲线$L$上是连续的，这样第一类曲线积分$\int_L f(x,y)\mathrm{d}s$总是存在的.

根据定义，前面曲线形构件的质量可表示为

$$M=\int_L \rho(x,y)\mathrm{d}s. \tag{11.1.4}$$

若$L$是封闭曲线，则函数$f(x,y)$在闭曲线$L$上的第一类曲线积分表示为

$$\oint_L f(x,y)\mathrm{d}s.$$

上述定义可类似地推广到积分弧段为空间曲线弧的情形：函数$f(x,y,z)$在空间曲线弧$\varGamma$上的第一类曲线积分为

$$\int_\varGamma f(x,y,z)\mathrm{d}s=\lim_{\lambda\to 0}\sum_{i=1}^{n}f(\xi_i,\eta_i,\zeta_i)\cdot\Delta s_i. \tag{11.1.5}$$

第一类曲线积分也有与定积分类似的性质，下面仅列出常用的几条性质.

**性质 11.1.1** 设$a,b$为常数，则

$$\int_L[af(x,y)+bg(x,y)]\mathrm{d}s=a\int_L f(x,y)\mathrm{d}s+b\int_L g(x,y)\mathrm{d}s.$$

**性质 11.1.2** 设$L$由$L_1$和$L_2$两段光滑曲线组成(记为$L=L_1+L_2$)，则

$$\int_{L_1+L_2}f(x,y)\mathrm{d}s=\int_{L_1}f(x,y)\mathrm{d}s+\int_{L_2}f(x,y)\mathrm{d}s.$$

若曲线$L$可分成有限段光滑的小曲线，我们就称$L$是**分段光滑的**，在本书的讨论中总假定$L$是光滑的或分段光滑的.

**性质 11.1.3** 设在$L$上有$f(x,y)\leqslant g(x,y)$，则

$$\int_L f(x,y)\mathrm{d}s \leqslant \int_L g(x,y)\mathrm{d}s\,.$$

**性质 11.1.4** (中值定理)　设函数 $f(x,y)$ 在光滑曲线 $L$ 上连续, 则在 $L$ 上必存在一点 $(\xi,\eta)$, 使

$$\int_L f(x,y)\mathrm{d}s = f(\xi,\eta)\cdot s,$$

其中 $s$ 是曲线 $L$ 的长度.

## 二、第一类曲线积分的计算

设曲线 $L$ 为 $\overset{\frown}{AB}$, 参数方程为 $x=x(t)$, $y=y(t)$, $\alpha\leqslant t\leqslant\beta$, 其中 $x(t)$, $y(t)$ 具有一阶连续导数, 且 $x'^2(t)+y'^2(t)\neq 0$, 又设函数 $f(x,y)$ 在曲线弧 $L$ 上有定义且连续, 根据曲线 $L$ 的弧微分公式

$$\mathrm{d}s=\sqrt{x'^2(t)+y'^2(t)}\mathrm{d}t, \tag{11.1.6}$$

以及 $f(x,y)$ 在曲线弧 $L$ 上的第一类曲线积分的定义, 即得

$$\int_L f(x,y)\mathrm{d}s=\int_\alpha^\beta f[x(t),y(t)]\sqrt{x'^2(t)+y'^2(t)}\mathrm{d}t. \tag{11.1.7}$$

关于公式(11.1.7)要注意: ① 被积函数 $f(x,y)$ 是定义在曲线 $L$ 上的, 所以要把曲线 $L$ 的参数方程代入被积函数中; ② 弧微分 $\mathrm{d}s>0$, 所以把第一类曲线积分化为定积分计算时, **上限必须大于下限**, 这里的 $\alpha$ (或 $\beta$)可能是点 $A$ (或 $B$)对应的参数, 也可能是点 $B$ (或 $A$)对应的参数.

式(11.1.7)有下面的特殊情况:

(1) 如果曲线 $L$ 的方程 $y=y(x)$, $a\leqslant x\leqslant b$, 则

$$\int_L f(x,y)\mathrm{d}s=\int_a^b f[x,y(x)]\sqrt{1+y'^2(x)}\mathrm{d}x. \tag{11.1.8}$$

(2) 如果曲线 $L$ 的方程为 $x=x(y)$, $c\leqslant y\leqslant d$, 则

$$\int_L f(x,y)\mathrm{d}s=\int_c^d f[x(y),y]\sqrt{1+x'^2(y)}\mathrm{d}y\,. \tag{11.1.9}$$

(3) 如果曲线 $L$ 的方程为 $r=r(\theta)$, $\alpha\leqslant\theta\leqslant\beta$, 则

$$\int_L f(x,y)\mathrm{d}s=\int_\alpha^\beta f(r\cos\theta,r\sin\theta)\sqrt{r^2(\theta)+r'^2(\theta)}\mathrm{d}\theta\,. \tag{11.1.10}$$

公式(11.1.7)推广到空间曲线 $\varGamma$ 的情形: 设 $\varGamma$ 的参数方程为

$$x=x(t),\quad y=y(t),\quad z=z(t)\quad(\alpha\leqslant t\leqslant\beta),$$

则

$$\int_\varGamma f(x,y,z)\mathrm{d}s=\int_\alpha^\beta f[x(t),y(t),z(t)]\sqrt{x'^2(t)+y'^2(t)+z'^2(t)}\mathrm{d}t. \tag{11.1.11}$$

如果空间曲线 $\Gamma$ 的方程是由一般方程给出的, 则将其化为参数方程来计算.

**例 11.1.1**　计算 $\int_L y\mathrm{d}s$, 其中积分弧段 $L$ 是由折线 $OAB$ 组成, 而 $A$ 为 $(2,0)$, $B$ 为 $(2,2)$.

**解**　在 $OA$ 上, $y=0$, $\mathrm{d}s=\mathrm{d}x$, 所以

$$\int_{\overline{OA}} y\mathrm{d}s=0.$$

在 $AB$ 上, $x=2$, $\mathrm{d}s=\mathrm{d}y$, 所以

$$\int_{\overline{AB}} y\mathrm{d}s=\int_0^2 y\mathrm{d}y=\left[\frac{y^2}{2}\right]_0^2=2.$$

从而

$$\int_{OAB} y\mathrm{d}s=\int_{\overline{OA}} y\mathrm{d}s+\int_{\overline{AB}} y\mathrm{d}s=0+2=2.$$

**例 11.1.2**　计算 $\int_L \sqrt{y}\mathrm{d}s$, 其中 $L$ 是抛物线 $y=x^2$ 上点 $O(0,0)$ 与点 $B(1,1)$ 之间的一段弧.

**解**　$L$ 的方程 $y=x^2(0\leqslant x\leqslant 1)$,

$$\mathrm{d}s=\sqrt{1+(x^2)'^2}\mathrm{d}x=\sqrt{1+4x^2}\mathrm{d}x.$$

因此

$$\begin{aligned}\int_L \sqrt{y}\mathrm{d}s&=\int_0^1\sqrt{x^2}\cdot\sqrt{1+4x^2}\mathrm{d}x\\&=\int_0^1 x\sqrt{1+4x^2}\mathrm{d}x\\&=\left[\frac{1}{12}(1+4x^2)^{3/2}\right]_0^1=\frac{1}{12}(5\sqrt{5}-1).\end{aligned}$$

**例 11.1.3**　计算曲线积分 $I=\int_L (x^2+y^2)\mathrm{d}s$, 其中 $L$ 是圆心在 $(R,0)$、半径为 $R$ 的上半圆周(图 11-1-2).

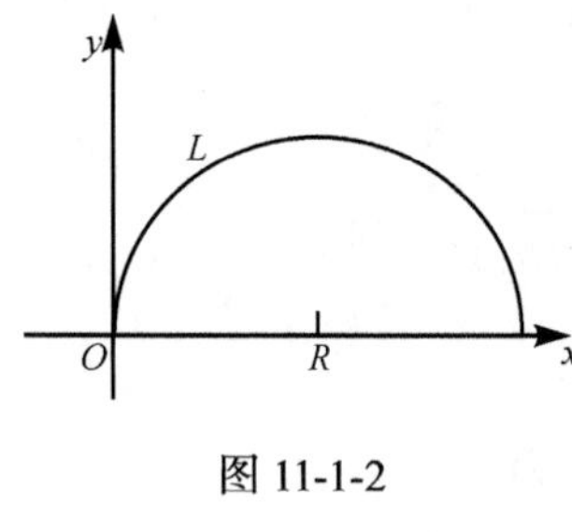


图 11-1-2

**解**　上半圆周的参数方程为

$$x=R(1+\cos t),\quad y=R\sin t\quad (0\leqslant t\leqslant \pi),$$

由式(11.1.10)得

$$\begin{aligned}I&=\int_0^\pi[R^2(1+\cos t)^2+R^2\sin^2 t]\sqrt{(-R\sin t)^2+(R\cos t)^2}\mathrm{d}t\\&=2R^3\int_0^\pi(1+\cos t)\mathrm{d}t=2R^3[t+\sin t]_0^\pi=2\pi R^3.\end{aligned}$$

**例 11.1.4**　设 $\Gamma$ 为球面 $x^2+y^2+z^2=9$ 被平面 $x+y+z=0$ 所截得的圆周, 求 $I=\int_\Gamma x^2\mathrm{d}s$.

**解**　由对称性知$\int_\Gamma x^2 ds=\int_\Gamma y^2 ds=\int_\Gamma z^2 ds$，所以

$$I=\frac{1}{3}\int_\Gamma (x^2+y^2+z^2)ds=\frac{1}{3}\int_\Gamma 9ds=3\int_\Gamma ds=3\cdot 2\pi\cdot 3=18\pi.$$

**例 11.1.5**　计算曲线积分$\int_\Gamma (x^2+y^2+z^2)ds$，其中$\Gamma$为螺旋线$x=a\cos t,\ y=a\sin t,\ z=kt$上相应于$t$从0到$2\pi$的一段弧.

**解**

$$\begin{aligned} ds&=\sqrt{(x')^2+(y')^2+(z')^2}dt\\ &=\sqrt{(-a\sin t)^2+(a\cos t)^2+k^2}dt=\sqrt{a^2+k^2}dt,\end{aligned}$$

$$原式=\int_0^{2\pi}(a^2+(kt)^2)\sqrt{a^2+k^2}dt=\frac{2}{3}\pi\sqrt{a^2+k^2}(3a^2+4\pi^2k^2).$$

## 习题 11-1

1. 计算下列对弧长的曲线积分:

(1) $\oint_L (x^2+y^2)^n ds$,其中$L$为圆周$x=a\cos t,\ y=a\sin t(0\leqslant t\leqslant 2\pi)$;

(2) $\int_L (x+y)ds$,其中$L$为连接(1, 0)及(0, 1)两点的直线段;

(3) $\oint_L x dx$,其中$L$为由直线$y=x$及抛物线$y=x^2$所围成的区域的整个边界;

(4) $\oint_L e^{\sqrt{x^2+y^2}}ds$,其中$L$为圆周$x^2+y^2=a^2$，直线$y=x$及$x$轴在第一象限内所围成的扇形的整个边界;

(5) $\int_\Gamma \frac{1}{x^2+y^2+z^2}ds$,其中$\Gamma$为曲线$x=e^t\cos t,\ y=e^t\sin t,\ z=e^t$上相应于$t$从0变到2的这段弧;

(6) $\int_\Gamma x^2yz ds$,其中$\Gamma$为折线$ABCD$, 这里$A, B, C, D$依次为点(0, 0, 0), (0, 0, 2), (1, 0, 2), (1, 3, 2);

(7) $\int_L y^2 ds$,其中$L$为摆线的一拱$x=a(t-\sin t), y=a(1-\cos t)(0\leqslant t\leqslant 2\pi)$;

(8) $\int_L (x^2+y^2)ds$,其中$L$为$x=a(\cos t+t\sin t), y=a(\sin t-t\cos t)(0\leqslant t\leqslant 2\pi)$.

2. 计算曲线积分$\int_\Gamma \frac{1}{x^2+y^2+z^2}ds$,其中$\Gamma$为曲线$x=e^t\cos t, y=e^t\sin t, z=e^t$上对应于$t$从0到2的一段弧.

3. 计算曲线积分$\oint_\Gamma \sqrt{x^2+z^2+xz}ds$，其中$\Gamma$为球面$x^2+y^2+z^2=R^2$与平面$x+y+z=0$的交线.

# 第二节　第二类曲线积分

## 一、变力所做的功

如果质点在常力 $\boldsymbol{F}$ 的作用下从点 $A$ 沿直线移动到点 $B$，则常力 $\boldsymbol{F}$ 所做的功为

$$W=\boldsymbol{F}\cdot\overrightarrow{AB}.$$

在 $xOy$ 面内，若质点受到变力

$$\boldsymbol{F}(x,y)=P(x,y)\boldsymbol{i}+Q(x,y)\boldsymbol{j} \tag{11.2.1}$$

的作用从光滑曲线弧 $L$ 的 $A$ 点移动到 $B$ 点，其中 $P(x,y)$，$Q(x,y)$ 在 $L$ 上连续，讨论变力 $\boldsymbol{F}(x,y)$ 所做的功.

类似定积分定义的讨论，用微元法来解决.

(1) **分割**　把有向曲线弧 $L$ 分成 $n$ 个小段，其分点依次记为 $A=M_0,M_1,\cdots,M_n=B$，设有向小弧段 $\widehat{M_{i-1}M_i}$ 的弧长为 $\Delta s_i$ (图 11-2-1)，在 $\widehat{M_{i-1}M_i}$ 上任取一点 $(\xi_i,\eta_i)$，记该点处的力及单位切向量分别为

$$\boldsymbol{F}_i=\boldsymbol{F}(\xi_i,\eta_i),\quad \boldsymbol{t}_i=\cos\alpha_i\boldsymbol{i}+\cos\beta_i\boldsymbol{j}.$$

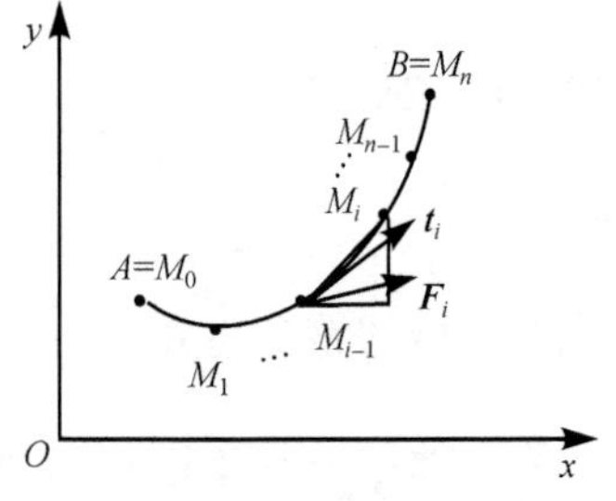


图 11-2-1

当 $\Delta s_i$ 充分小时，力 $\boldsymbol{F}$ 将质点从 $M_{i-1}$ 沿曲线移动到 $M_i$ 时所做的功近似为

$$\boldsymbol{F}_i\cdot\boldsymbol{t}_i\Delta s_i\quad(i=1,2,\cdots,n).$$

(2) **近似求和**　所求功的近似值

$$W\approx\sum_{i=1}^{n}\boldsymbol{F}_i\cdot\boldsymbol{t}_i\Delta s_i.$$

(3) **取极限**　所求功的精确值

$$W=\lim_{\lambda\to 0}\sum_{i=1}^{n}\boldsymbol{F}_i\cdot\boldsymbol{t}_i\Delta s_i，其中\ \lambda=\max\{\Delta s_1,\Delta s_2,\cdots,\Delta s_n\}. \tag{11.2.2}$$

根据第一类曲线积分的定义，上述极限可表示为

$$W=\int_L\boldsymbol{F}\cdot\boldsymbol{t}\mathrm{d}s=\int_L(P\cos\alpha+Q\cos\beta)\mathrm{d}s, \tag{11.2.3}$$

其中 $\boldsymbol{F}=P(x,y)\boldsymbol{i}+Q(x,y)\boldsymbol{j}$，$\boldsymbol{t}=\cos\alpha\boldsymbol{i}+\cos\beta\boldsymbol{j}$.

这种积分与曲线的方向有关，是一种特殊的曲线积分，若质点的运动方向与指定的曲线方向相反，则 $\boldsymbol{t}$ 的方向也相反，故所做的功 $W$ 改变符号.

## 二、第二类曲线积分的定义与性质

**定义 11.2.1**　设 $L$ 为 $xOy$ 面内从点 $A$ 到点 $B$ 的一条有向光滑曲线弧，在 $L$ 上每一点处 $(x,y)$ 作曲线的单位切向量 $\boldsymbol{t}=\cos\alpha\boldsymbol{i}+\cos\beta\boldsymbol{j}$，其方向与指定的曲线方向一致，$\alpha,\beta$ 分别是 $\boldsymbol{t}$ 与 $x$ 轴、$y$ 轴正向的夹角，又设

$$\boldsymbol{F}(x,y)=P(x,y)\boldsymbol{i}+Q(x,y)\boldsymbol{j},$$

其中 $P(x,y)$，$Q(x,y)$ 在 $L$ 上有界, 则函数

$$\boldsymbol{F}\cdot\boldsymbol{t}=P\cos\alpha+Q\cos\beta, \tag{11.2.4}$$

在曲线 $L$ 上的积分

$$\int_L \boldsymbol{F}\cdot\boldsymbol{t}\mathrm{d}s=\int_L (P\cos\alpha+Q\cos\beta)\mathrm{d}s, \tag{11.2.5}$$

称为函数 $\boldsymbol{F}(x,y)$ 沿有向曲线 $L$ 的**第二类曲线积分**.

可以证明当 $P(x,y)$，$Q(x,y)$ 在有向曲线弧 $L$ 上连续时, 上述第二类曲线积分存在. 在以后的讨论中总假定 $P(x,y)$，$Q(x,y)$ 在 $L$ 上是连续的.

记 $\mathrm{d}\boldsymbol{s}=\boldsymbol{t}\mathrm{d}s$，称为曲线 $L$ 的**有向曲线元**, 该向量在两坐标轴上的投影分别为 $\mathrm{d}x=\cos\alpha\mathrm{d}s$，$\mathrm{d}y=\cos\beta\mathrm{d}s$ (图 11-2-2),

$$\mathrm{d}\boldsymbol{s}=\boldsymbol{t}\mathrm{d}s=(\cos\alpha,\cos\beta)\mathrm{d}s=(\cos\alpha\mathrm{d}s,\cos\beta\mathrm{d}s)=(\mathrm{d}x,\mathrm{d}y),$$

因此, 第二类曲线积分可表示成下列四种形式:

$$\int_L \boldsymbol{F}\mathrm{d}\boldsymbol{s}=\int_L \boldsymbol{F}\cdot\boldsymbol{t}\mathrm{d}s=\int_L (P\cos\alpha+Q\cos\beta)\mathrm{d}s=\int_L P\mathrm{d}x+Q\mathrm{d}y. \tag{11.2.6}$$

在实际应用中平面上的第二类曲线积分常用的形式是

$$\int_L P(x,y)\mathrm{d}x+Q(x,y)\mathrm{d}y=\int_L P(x,y)\mathrm{d}x+\int_L Q(x,y)\mathrm{d}y.$$

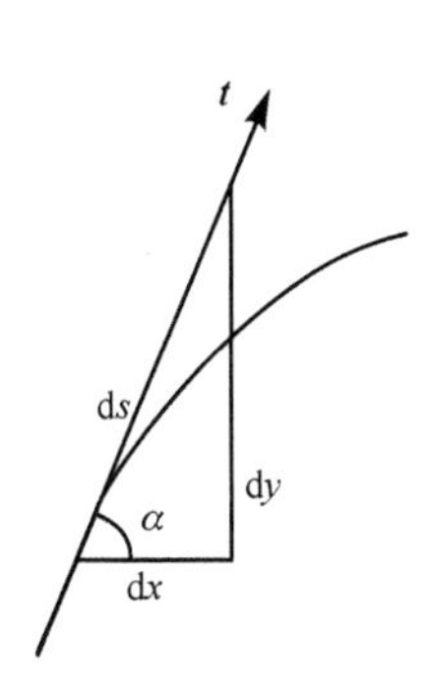

图 11-2-2

这种形式中 $\int_L P\mathrm{d}x$, $\int_L Q\mathrm{d}y$ 分别称为**对坐标** $x$，$y$ **的曲线积分**.

根据定义, 式(11.2.2)中和式的极限称为向量函数 $\boldsymbol{F}(x,y)$ 在曲线 $L$ 上的第二类曲线积分, 功可表示为

$$W=\int_L \boldsymbol{F}\cdot\boldsymbol{t}\mathrm{d}s=\int_L P(x,y)\mathrm{d}x+Q(x,y)\mathrm{d}y.$$

上述定义可以推广到积分弧段为空间有向曲线弧 $\varGamma$ 的情形:

**定义 11.2.2**　函数 $\boldsymbol{F}(x,y,z)=P(x,y,z)\boldsymbol{i}+Q(x,y,z)\boldsymbol{j}+R(x,y,z)\boldsymbol{k}$ 沿有向曲线 $\varGamma$ 的**第二类曲线积分**为

$$\begin{aligned}\int_\varGamma \boldsymbol{F}(x,y,z)\cdot\boldsymbol{t}\mathrm{d}s&=\int_\varGamma \boldsymbol{F}(x,y,z)\cdot\mathrm{d}\boldsymbol{s}\\&=\int_L (P\cos\alpha+Q\cos\beta+R\cos\gamma)\mathrm{d}s\\&=\int_L P\mathrm{d}x+Q\mathrm{d}y+R\mathrm{d}z,\end{aligned} \tag{11.2.7}$$

其中 $\boldsymbol{t}=\cos\alpha\boldsymbol{i}+\cos\beta\boldsymbol{j}+\cos\gamma\boldsymbol{k}$ 为有向曲线 $\varGamma$ 上点 $(x,y,z)$ 处的单位切向量，$\alpha,\beta,\gamma$ 为有向曲线 $\varGamma$ 上点处的切线向量的方向角，$\mathrm{d}\boldsymbol{s}=\mathrm{d}x\boldsymbol{i}+\mathrm{d}y\boldsymbol{j}+\mathrm{d}z\boldsymbol{k}$ 为**空间有向曲线元**, 它在三条坐标轴上的投影分别为

$$\mathrm{d}x=\cos\alpha\mathrm{d}s,\quad \mathrm{d}y=\cos\beta\mathrm{d}s,\quad \mathrm{d}z=\cos\gamma\mathrm{d}s.$$

**式(11.2.6)和式(11.2.7)分别给出了平面和空间中第一类与第二类曲线积分之间的联系.**

根据定义可以推出第二类曲线积分的一些性质, 下面给出两条常用的性质.

**性质 11.2.1** 设 $L$ 是有向曲线弧, $-L$ 是与 $L$ 方向相反的有向曲线弧, 则

$$\int_{-L} P(x,y)\mathrm{d}x + Q(x,y)\mathrm{d}y = -\int_{L} P(x,y)\mathrm{d}x + Q(x,y)\mathrm{d}y,$$

即第二类曲线积分与积分弧段的方向有关.

**性质 11.2.2** 如设 $L$ 由 $L_1$ 和 $L_2$ 两段光滑曲线组成, 则

$$\int_{L} P\mathrm{d}x + Q\mathrm{d}y = \int_{L_1} P\mathrm{d}x + Q\mathrm{d}y + \int_{L_2} P\mathrm{d}x + Q\mathrm{d}y.$$

如果 $L$ (或 $\Gamma$ )是分段光滑的, 则规定函数在有向曲线弧 $L$ (或 $\Gamma$ )上的第二类曲线积分等于在光滑的各段上第二类曲线积分之和.

## 三、第二类曲线积分的计算

**定理 11.2.1** 设有向曲线弧 $\widehat{AB}$ (记为 $L$ )的参数方程为 $x = x(t)$, $y = y(t)$, 其中 $x(t)$, $y(t)$ 在以 $\alpha$ 和 $\beta$ 为端点的闭区间上具有一阶连续导数, 且 $x'^2(t) + y'^2(t) \neq 0$. 当点 $M(x,y)$ 从 $L$ 的起点 $A$ 运动到终点 $B$ 时, 参数 $t$ 单调地由 $\alpha$ 变到 $\beta$. 如果 $P(x,y)$, $Q(x,y)$ 在有向曲线弧 $L$ 上有定义且连续, 则

$$\int_{L} P(x,y)\mathrm{d}x + Q(x,y)\mathrm{d}y = \int_{\alpha}^{\beta} \left\{P[x(t),y(t)]x'(t) + Q[x(t),y(t)]y'(t)\right\}\mathrm{d}t. \qquad (11.2.8)$$

特别地, 如果曲线 $L$ 的方程为 $y = y(x)$, 起点为 $a$, 终点为 $b$, 则可以看作以坐标 $x$ 为参数的情形.

$$\int_{L} P\mathrm{d}x + Q\mathrm{d}y = \int_{a}^{b} \{P[x,y(x)] + Q[x,y(x)]y'(x)\}\mathrm{d}x.$$

类似可得到曲线 $L$ 的方程为 $x = x(y)$, 起点为 $c$, 终点为 $d$ 的情况.

公式(11.2.8)可推广到空间曲线 $\Gamma$ 由参数方程 $x = x(t)$, $y = y(t)$, $z = z(t)$ 给出的情形, 此时有

$$\begin{aligned}&\int_{L} P\mathrm{d}x + Q\mathrm{d}y + R\mathrm{d}z \\ =&\int_{\alpha}^{\beta} \{P[x(t),y(t),z(t)]x'(t) + Q[x(t),y(t),z(t)]y'(t) + R\left[x(t),y(t),z(t)\right]z'(t)\}\mathrm{d}t,\end{aligned}$$

其中下限 $\alpha$ 对应 $\Gamma$ 的起点, 上限 $\beta$ 对应 $\Gamma$ 的终点.

**例 11.2.1** 求质点在力 $\boldsymbol{F}(x,y) = (x+y)\boldsymbol{i} + (x-y)\boldsymbol{j}$ 的作用下沿着曲线 $L$ (图 11-2-3): $x = \cos t$, $y = \sin t$ 从点 $A(1,0)$ 移动到点 $B(0,1)$ 时所做的功.

**解** 注意到对于 $L$ 的方向, 参数 $t$ 从 0 变到 $\pi/2$, 所以

$$\begin{aligned}W &= \int_{\widehat{AB}} (x+y)\mathrm{d}x + (x-y)\mathrm{d}y \\ &= \int_{0}^{\frac{\pi}{2}} [(\cos t + \sin t)(-\sin t) + (\cos t - \sin t)\cos t]\mathrm{d}t \\ &= \int_{0}^{\frac{\pi}{2}} (\cos 2t - \sin 2t)\mathrm{d}t = -1.\end{aligned}$$

**例 11.2.2**　计算 $\int_L xy\mathrm{d}x$, 其中 $L$ 为抛物线 $y^2=x$ 上从 $A(1,-1)$ 到 $B(1,1)$ 的一段弧(图 11-2-4).

**解法一**　取 $x$ 为参数, $y=\pm\sqrt{x}$.

$$\begin{aligned}\int_L xy\mathrm{d}x&=\int_{\overline{AO}} xy\mathrm{d}x+\int_{\overline{OB}} xy\mathrm{d}x\\&=\int_1^0 x(-\sqrt{x})\mathrm{d}x+\int_0^1 x\sqrt{x}\mathrm{d}x\\&=2\int_0^1 x^{3/2}\mathrm{d}x=\frac{4}{5}.\end{aligned}$$

**解法二**　取 $y$ 为参数, $x=y^2$, $y$ 从 $-1$ 变到 1.

$$\int_L xy\mathrm{d}x=\int_{AB} xy\mathrm{d}x=\int_{-1}^1 y^2y(y^2)'\mathrm{d}y=2\int_{-1}^1 y^4\mathrm{d}y=\frac{4}{5}.$$

易见取 $y$ 为参数时计算较为简单.

**例 11.2.3**　计算 $\int_L 2xy\mathrm{d}x+x^2\mathrm{d}y$, 其中 $L$ 分别为图 11-2-5 中的路线:

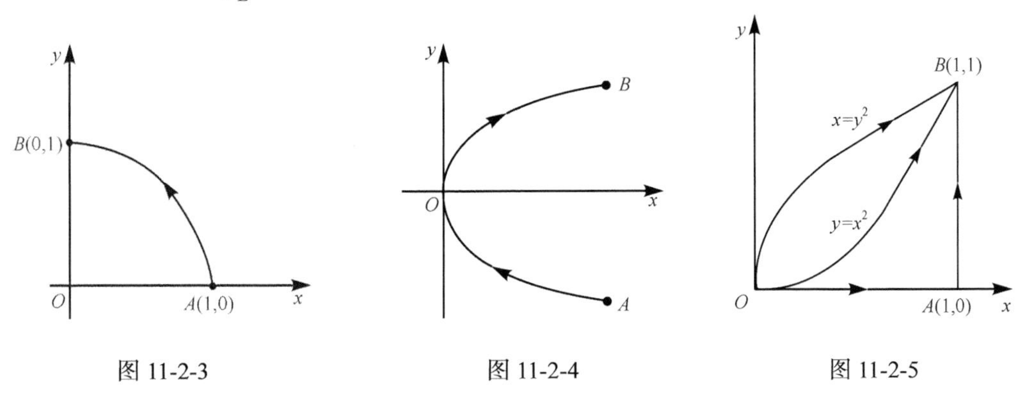


图 11-2-3　　图 11-2-4　　图 11-2-5

(1) 抛物线 $L_1: y=x^2, x:0\to 1$;

(2) 抛物线 $L_2: x=y^2, y:0\to 1$;

(3) 有向折线 $\overline{OAB}$.

**解**　(1) $\int_L 2xy\mathrm{d}x+x^2\mathrm{d}y=\int_0^1(2x\cdot x^2+x^2\cdot 2x)\mathrm{d}x=4\int_0^1 x^3\mathrm{d}x=1$;

(2) $\int_L 2xy\mathrm{d}x+x^2\mathrm{d}y=\int_0^1(2y^2y\cdot 2y+y^4)\mathrm{d}y=5\int_0^1 y^4\mathrm{d}y=1$;

(3) 有向折线 $\overline{OAB}=\overline{OA}+\overline{OB}$ 中, $\overline{OA}: y=0, x:0\to 1$; $\overline{AB}: x=1, y:0\to 1$.

$$\int_L 2xy\mathrm{d}x+x^2\mathrm{d}y=\int_{\overline{OA}}2xy\mathrm{d}x+x^2\mathrm{d}y+\int_{\overline{AB}}2xy\mathrm{d}x+x^2\mathrm{d}y=\int_0^1(2x\cdot 0)\mathrm{d}x+\int_0^1 1^2\mathrm{d}y=1.$$

本例表明沿不同路径的曲线积分的值可能相等.

**例 11.2.4**　计算 $I=\int_L (x^2-y)\mathrm{d}x+(y^2+x)\mathrm{d}y$ 的值, 其中 $L$ 分别为图 11-2-6 中的路径:

(1) 从 $A(0,1)$ 到 $B(1,1)$ 再从 $B(1,1)$ 到 $C(1,2)$ 的折线;

(2) 从 $A(0,1)$ 沿抛物线 $y=x^2+1$ 到 $C(1,2)$.

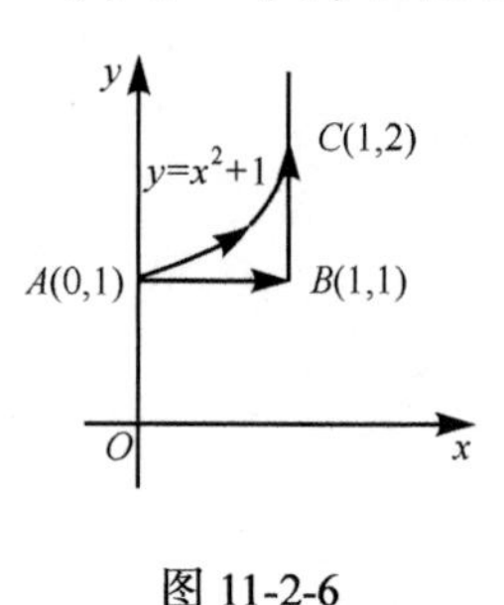


图 11-2-6

**解** (1) 从 $(0,1)$ 到 $(1,1)$ 的直线为 $y=1$，$x$ 从 0 变到 1, 且 $\mathrm{d}y=0$；又从 $(1,1)$ 到 $(1,2)$ 的直线为 $x=1$，$y$ 从 1 变到 2，且 $\mathrm{d}x=0$，于是

$$
\begin{aligned}
I&=\int_L (x^2-y)\mathrm{d}x+(y^2+x)\mathrm{d}y\\
&=\int_{\overline{AB}}(x^2-y)\mathrm{d}x+(y^2+x)\mathrm{d}y+\int_{\overline{BC}}(x^2-y)\mathrm{d}x+(y^2+x)\mathrm{d}y\\
&=\int_0^1(x^2-1)\mathrm{d}x+\int_1^2(y^2+1)\mathrm{d}y=-\frac{2}{3}+\frac{10}{3}=\frac{8}{3}.
\end{aligned}
$$

(2) 将 $I$ 化为对 $x$ 的定积分，$L: y=x^2+1$，$x$ 从 0 变到 1，$\mathrm{d}y=2x\mathrm{d}x$，于是

$$
\begin{aligned}
I&=\int_L (x^2-y)\mathrm{d}x+(y^2+x)\mathrm{d}y\\
&=\int_0^1\{[x^2-(x^2+1)]+[(x^2+1)^2+x]\cdot 2x\}\mathrm{d}x\\
&=\int_0^1(2x^5+4x^3+2x^2+2x-1)\mathrm{d}x=2.
\end{aligned}
$$

本例表明即使被积函数相同, 起点和终点也相同, 但沿不同路径的曲线积分结果并不相等.

**例 11.2.5** 计算 $\int_\Gamma x\mathrm{d}x+y\mathrm{d}y+(x+y-1)\mathrm{d}z$，$\Gamma$ 为点 $A(2,3,4)$ 至点 $B(1,1,1)$ 的空间有向线段.

**解** 直线 $\Gamma$ 的方程为

$$
\frac{x-1}{1}=\frac{y-1}{2}=\frac{z-1}{3},
$$

改写成参数方程

$$
x=t+1,\quad y=2t+1,\quad z=3t+1\quad (0\leqslant t\leqslant 1),
$$

$t=1$ 对应起点 $A$，$t=0$ 对应终点 $B$，所以

$$
\begin{aligned}
\int_\Gamma x\mathrm{d}x+y\mathrm{d}y+(x+y-1)\mathrm{d}z&=\int_1^0[(t+1)+2(2t+1)+3(3t+1)]\mathrm{d}t\\
&=\int_1^0(14t+6)\mathrm{d}t=-13.
\end{aligned}
$$

**例 11.2.6** $xOy$ 面上的定向曲线 $L$ 的参数方程为 $\begin{cases}x=12\cos t,\\ y=12\sin t,\end{cases}$ $t:\pi\to 0$. 函数 $P(x,y)$，$Q(x,y)$ 在 $L$ 上连续, 将第二类曲线积分 $\int_L P\mathrm{d}x+Q\mathrm{d}y$ 化为第一类曲线积分.

**解** 先求单位切向量的分量

$$\cos\alpha = -\frac{x'(t)}{\sqrt{x'^2(t)+y'^2(t)}} = -\frac{(12\cos t)'}{\sqrt{(12\cos t)'^2+(12\sin t)'^2}} = \sin t = \frac{y}{12},$$

$$\cos\beta = -\frac{y'(t)}{\sqrt{x'^2(t)+y'^2(t)}} = -\frac{(12\sin t)'}{\sqrt{(12\cos t)'^2+(12\sin t)'^2}} = -\cos t = -\frac{x}{12},$$

所以$\int_L P\mathrm{d}x + Q\mathrm{d}y = \int_L (P\cos\alpha + Q\cos\beta)\mathrm{d}s = \int_L \frac{1}{12}(yP - xQ)\mathrm{d}s.$

# 习题 11-2

1. 设 $L$ 为 $xOy$ 面内直线 $x=a$ 上的一段，证明$\int_L P(x,y)\mathrm{d}x = 0$.

2. 设 $L$ 为 $xOy$ 面内 $x$ 轴上从点 $(a,0)$ 到点 $(b,0)$ 的一段直线，证明

$$\int_L P(x,y)\mathrm{d}x = \int_a^b P(x,\ 0)\mathrm{d}x.$$

3. 计算下列对坐标的曲线积分:

(1) $\int_L (x^2-y^2)\mathrm{d}x$，其中 $L$ 是抛物线 $y=x^2$ 上从点(0, 0)到点(2, 4)的一段弧;

(2) $\oint_L xy\mathrm{d}x$，其中 $L$ 为圆周 $(x-a)^2+y^2=a^2(a>0)$ 及 $x$ 轴所围成的在第一象限内的区域的整个边界(按逆时针方向绕行);

(3) $\int_L y\mathrm{d}x + x\mathrm{d}y$，其中 $L$ 为圆周 $x=R\cos t, y=R\sin t$ 上对应 $t$ 从 0 到 $\frac{\pi}{2}$ 的一段弧;

(4) $\oint_L \frac{(x+y)\mathrm{d}x-(x-y)\mathrm{d}y}{x^2+y^2}$，其中 $L$ 为圆周 $x^2+y^2=a^2$ (按逆时针方向绕行);

(5) $\int_\Gamma x^2\mathrm{d}x + z\mathrm{d}y - y\mathrm{d}z$，其中$\Gamma$为曲线 $x=k\theta, y=a\cos\theta, z=a\sin\theta$ 上对应$\theta$从 0 到 $\pi$ 的一段弧;

(6) $\int_\Gamma x\mathrm{d}x + y\mathrm{d}y + (x+y-1)\mathrm{d}z$，其中$\Gamma$是从点(1, 1, 1)到点(2, 3, 4)的一段直线;

(7) $\oint_\Gamma \mathrm{d}x - \mathrm{d}y + y\mathrm{d}z$，其中$\Gamma$为有向闭折线$\overline{ABCA}$，这里的 $A$, $B$, $C$ 依次为点(1, 0, 0), (0, 1, 0), (0, 0, 1);

(8) $\int_L (x^2-2xy)\mathrm{d}x + (y^2-2xy)\mathrm{d}y$，其中 $L$ 是抛物线 $y=x^2$ 上从点(−1, 1)到点(1, 1)的一段弧.

4. 计算$\int_L (x+y)\mathrm{d}x + (y-x)\mathrm{d}y$，其中 $L$ 是:

(1) 抛物线上 $y^2=x$ 从点(1, 1)到点(4, 2) 的一段弧;

(2) 从点(1, 1)到点(4, 2) 的直线段;

(3) 先沿直线从点(1, 1)到点(1, 2), 然后再沿直线到点(4, 2)的折线;

(4) 曲线上 $x = 2t^2 + t + 1, y = t^2 + 1$ 从点(1, 1)到点(4, 2)的一段弧.

5. 把坐标的曲线积分 $\int_L P(x,y)\mathrm{d}x + Q(x,y)\mathrm{d}y$ 化成对弧长的曲线积分, 其中 $L$ 为:

(1) 在 $xOy$ 面内沿直线从点(0, 0)到点(1, 1);

(2) 沿抛物线 $y = x^2$ 从点(0, 0)到点(1, 1);

(3) 沿上半圆 $x^2 + y^2 = 2x$ 从点(0, 0)到点(1, 1).

6. 设 $\Gamma$ 为曲线 $x = t, y = t^2, z = t^3$ 上相应于 $t$ 从 0 变化到 1 的曲线弧. 把对坐标的曲线积分 $\int_\Gamma P\mathrm{d}x + Q\mathrm{d}y + R\mathrm{d}z$ 化成对弧长的曲线积分.

7. 在过点 $O(0,0)$ 和 $A(\pi,0)$ 的曲线族 $y = \alpha\sin x(\alpha > 0)$ 中, 求一条曲线 $L$, 该曲线从 $O$ 到 $A$ 的积分 $\int_L (1+y^3)\mathrm{d}x + (2x+y)\mathrm{d}y$ 的值最小.

## 第三节 格 林 公 式

牛顿-莱布尼茨公式给出了闭区间上函数的定积分与其原函数之间的关系, 格林公式给出了平面有界闭域上二重积分与第二类曲线积分之间的联系, 为计算第二类曲线积分及讨论积分与路径无关提供了条件.

下面先介绍平面区域连通性的概念.

### 一、平面区域的连通性

**定义 11.3.1** 如果平面区域 $D$ 内任一闭合曲线所围成的部分都属于 $D$, 则称 $D$ 为平面**单连通区域**, 否则称为**复连通区域**.

如平面上的圆形区域 $\left\{(x,y)\middle|x^2+y^2<1\right\}$、半平面 $\left\{(x,y)\middle|y>0\right\}$ 都是单连通区域; 而圆环形区域 $\left\{(x,y)\middle|1<x^2+y^2<9\right\}$, $\left\{(x,y)\middle|0<x^2+y^2<1\right\}$ 都是复连通区域. 从图像上看, 平面单连通区域就是不含有“洞”(包括点“洞”)的区域, 复连通区域是含有“洞”(或点“洞”)的区域.

设平面区域 $D$ 由曲线 $L$ 所围成, 当观察者沿着曲线 $L$ 的这个方向前行时, 能保持区域 $D$ 总在它的左侧, 我们称为**曲线 $L$ 的正向**; 反之称为**曲线 $L$ 的负向**.

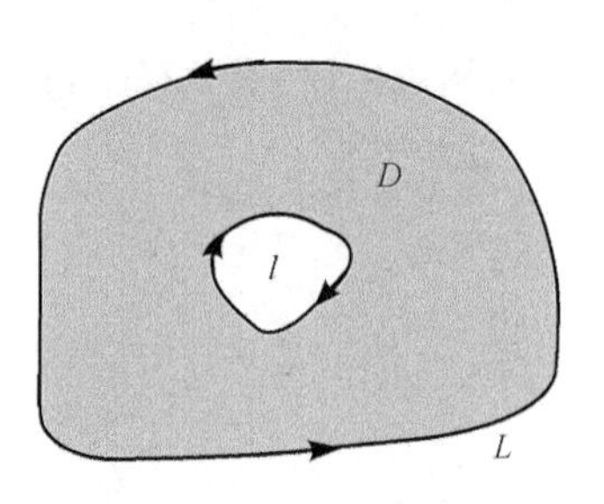

图 11-3-1

在如图 11-3-1 所示的复连通区域中, $L$ 选逆时针方向为 $D$ 的正向边界, 而 $L$ 选顺时针方向为 $D$ 的负向边界.

### 二、格林公式

**定理 11.3.1** 设闭区域 $D$ 由分段光滑的曲线 $L$ 围成, 函数 $P(x,y)$, $Q(x,y)$ 在 $D$ 上具有一阶连续偏导数, 则有

$$\iint_D \left(\frac{\partial Q}{\partial x}-\frac{\partial P}{\partial y}\right)\mathrm{d}x\mathrm{d}y=\oint_L P\mathrm{d}x+Q\mathrm{d}y, \tag{11.3.1}$$

其中 $L$ 是 $D$ 取正向的边界曲线. 公式(11.3.1)称为**格林(Green)公式**.

**证**　根据区域的不同形状, 分三种情形来证明.

(1) 若区域 $D$ 既是 $x$-型的又是 $y$-型的(图 11-3-2)单连通区域, 这时区域 $D$ 可表示为

$$a\leqslant x\leqslant b,\quad \varphi_1(x)\leqslant y\leqslant \varphi_2(x)$$

或

$$c\leqslant y\leqslant d,\quad \psi_1(y)\leqslant x\leqslant \psi_2(y),$$

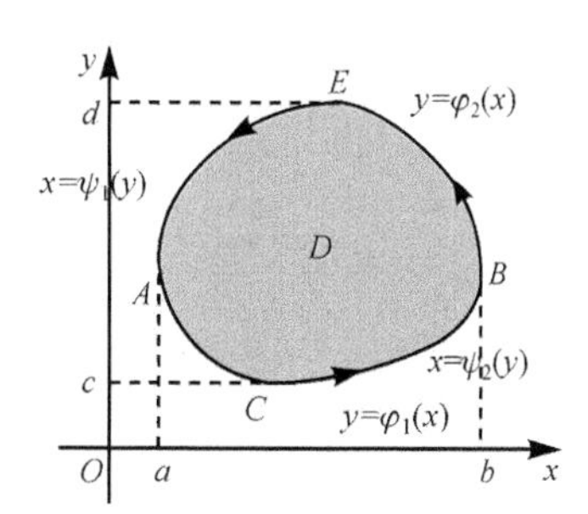


图 11-3-2

运用 $y$-型区域, 由二重积分的计算方法得到

$$\begin{aligned}\iint_D \frac{\partial Q}{\partial x}\mathrm{d}x\mathrm{d}y&=\int_c^d \mathrm{d}y\int_{\psi_1(y)}^{\psi_2(y)}\frac{\partial Q}{\partial x}\mathrm{d}x\\&=\int_c^d Q(\psi_2(y),y)\mathrm{d}y-\int_c^d Q(\psi_1(y),y)\mathrm{d}y\\&=\int_{\overset{\frown}{CBE}}Q(x,y)\mathrm{d}y-\int_{\overset{\frown}{CAE}}Q(x,y)\mathrm{d}y\\&=\int_{\overset{\frown}{CBE}}Q(x,y)\mathrm{d}y+\int_{\overset{\frown}{EAC}}Q(x,y)\mathrm{d}y=\oint_L Q(x,y)\mathrm{d}y.\end{aligned}$$

同理运用 $x$-型可证

$$-\iint_D \frac{\partial P}{\partial y}\mathrm{d}x\mathrm{d}y=\oint_L P(x,y)\mathrm{d}x,$$

两式相加, 得

$$\iint_D \left(\frac{\partial Q}{\partial x}-\frac{\partial P}{\partial y}\right)\mathrm{d}x\mathrm{d}y=\oint_L P\mathrm{d}x+Q\mathrm{d}y.$$

(2) 若区域 $D$ 由一条分段光滑的闭曲线 $L$ 所围成, 则可用几段辅助曲线将 $D$ 分成有限个单连通区域, 再将它们相加, 几条辅助曲线取向相反, 积分值正好相互抵消. 如图 11-3-3 可将区域 $D$ 分成三个单连通区域 $D_1$, $D_2$, $D_3$, 运用(1)的方法得到

$$\begin{aligned}\iint_D \left(\frac{\partial Q}{\partial x}-\frac{\partial P}{\partial y}\right)\mathrm{d}x\mathrm{d}y&=\left(\iint_{D_1}+\iint_{D_2}+\iint_{D_3}\right)\left(\frac{\partial Q}{\partial x}-\frac{\partial P}{\partial y}\right)\mathrm{d}x\mathrm{d}y\\&=\oint_{\overset{\frown}{MCBAM}}P\mathrm{d}x+Q\mathrm{d}y+\oint_{\overset{\frown}{ABPA}}P\mathrm{d}x+Q\mathrm{d}y+\oint_{\overset{\frown}{BCNB}}P\mathrm{d}x+Q\mathrm{d}y\\&=\oint_{\overset{\frown}{APBNCM}}P\mathrm{d}x+Q\mathrm{d}y=\oint_L P\mathrm{d}x+Q\mathrm{d}y.\end{aligned}$$

(3) 如果区域 $D$ 由几条闭曲线所围成的复连通区域(图 11-3-4), 可添加直线段 $AB$, $CE$, 把 $D$ 分割成几个单连通区域, 由(2)得到

$$
\begin{aligned}
&\iint\limits_D\left(\frac{\partial Q}{\partial x}-\frac{\partial P}{\partial y}\right)\mathrm{d}x\mathrm{d}y\\
&=\left\{\int_{\overline{AB}}+\int_{L_2}+\int_{\overline{BA}}+\int_{\overline{AFC}}+\int_{\overline{CE}}+\int_{L_3}+\int_{\overline{EC}}+\int_{\overline{CGA}}\right\}\cdot(P\mathrm{d}x+Q\mathrm{d}y)\\
&=\left(\oint_{L_2}+\oint_{L_3}+\oint_{L_1}\right)(P\mathrm{d}x+Q\mathrm{d}y)=\oint_L P\mathrm{d}x+Q\mathrm{d}y.
\end{aligned}
$$

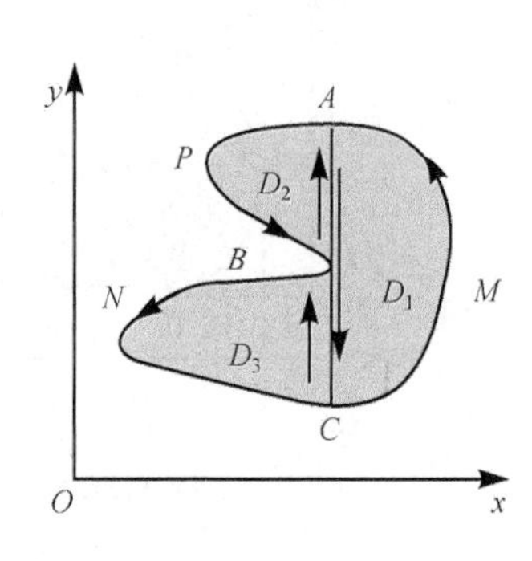

图 11-3-3

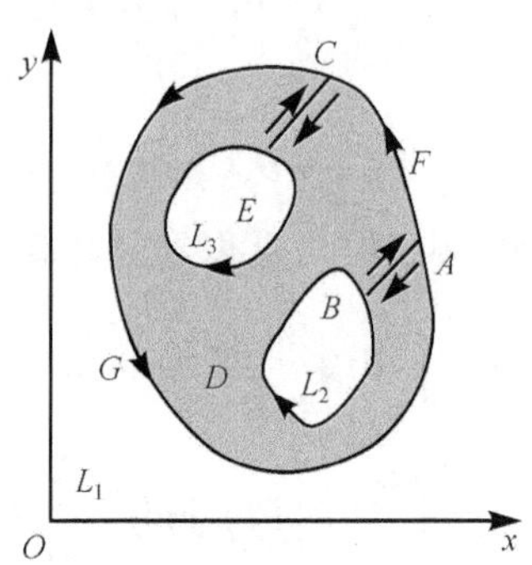

图 11-3-4

综上所述, 证明了格林公式(11.3.1).

格林公式也可以用行列式表述为

$$\iint\limits_D\begin{vmatrix}\dfrac{\partial}{\partial x} & \dfrac{\partial}{\partial y}\\ P & Q\end{vmatrix}\mathrm{d}x\mathrm{d}y=\oint_L P\mathrm{d}x+Q\mathrm{d}y.$$

格林公式沟通了曲线积分与二重积分之间的联系. 若公式(11.3.1)中取 $P=-y, Q=x$, 则平面闭区域 $D$ 的面积可表示为

$$A=\frac{1}{2}\oint_L x\mathrm{d}y-y\mathrm{d}x. \tag{11.3.2}$$

利用格林公式计算曲线积分时, 可以通过添加一段简单的辅助曲线, 使它与所给曲线构成一封闭曲线, 然后利用格林公式把所求曲线积分化为二重积分来计算.

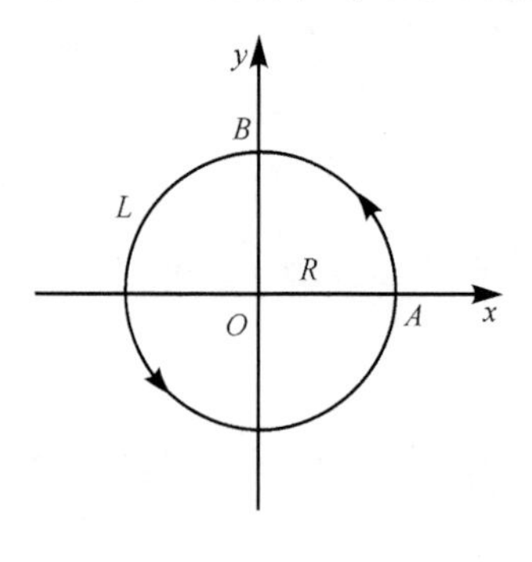

图 11-3-5

**例 11.3.1**　计算 $\int_{\overset{\frown}{AB}}x\mathrm{d}y$, 其中曲线 $\overset{\frown}{AB}$ 是半径为 $R$ 的圆在第一象限部分(图 11-3-5).

**解**　引入辅助曲线 $\overline{OA}$, $\overline{BO}$, 令 $L=\overline{OA}+\overset{\frown}{AB}+\overline{BO}$. 由格林公式, 设 $P=0$, $Q=x$, 则有

$$\iint\limits_D\mathrm{d}x\mathrm{d}y=\oint_L x\mathrm{d}y=\int_{\overline{OA}}x\mathrm{d}y+\int_{\overset{\frown}{AB}}x\mathrm{d}y+\int_{\overline{BO}}x\mathrm{d}y,$$

因为 $\int_{\overline{OA}}x\mathrm{d}y=0, \int_{\overline{BO}}x\mathrm{d}y=0$, 所以 $\int_{\overset{\frown}{AB}}x\mathrm{d}y=\iint\limits_D\mathrm{d}x\mathrm{d}y=\frac{1}{4}\pi R^2$.

**例 11.3.2**　求$\oint_L xy^2\mathrm{d}y-x^2y\mathrm{d}x$, 其中$L$为圆周$x^2+y^2=R^2$依逆时针方向(图 11-3-5).

**解**　设$P=-x^2y$，$Q=xy^2$，$L$为正向, 由格林公式得到

$$\oint_L xy^2\mathrm{d}y-x^2y\mathrm{d}x=\iint_D(y^2+x^2)\mathrm{d}x\mathrm{d}y=\int_0^{2\pi}\mathrm{d}\theta\int_0^R r^2r\mathrm{d}r=\frac{\pi R^4}{2}.$$

**例 11.3.3**　求$\int_{\overparen{ABO}}(my+\mathrm{e}^x\cos y)\mathrm{d}x+(m-\mathrm{e}^x\sin y)\mathrm{d}y$，其中$\overparen{ABO}$为由点$A(a,0)$到点$O(0,0)$的上半圆周$x^2+y^2=ax$(图 11-3-6).

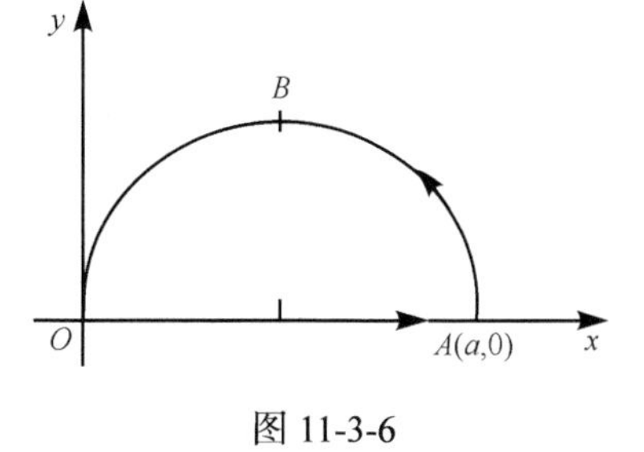

图 11-3-6

**解**　在$x$轴作连接点$O(0,0)$与点$A(a,0)$的辅助线, 它与上半圆周便构成封闭的半圆形$ABOA$，于是

$$\int_{\overparen{ABO}}=\oint_{ABOA}-\int_{\overline{OA}}.$$

根据格林公式可得

$$\begin{aligned}&\oint_{ABOA}(my+\mathrm{e}^x\cos y)\mathrm{d}x+(m-\mathrm{e}^x\sin y)\mathrm{d}y\\&=\iint_D[-(my+\mathrm{e}^x\cos y)'_y+(m-\mathrm{e}^x\sin y)'_x]\mathrm{d}x\mathrm{d}y\\&=\iint_D[-(m-\mathrm{e}^x\sin y)-\mathrm{e}^x\sin y]\mathrm{d}x\mathrm{d}y\\&=\iint_D-m\mathrm{d}x\mathrm{d}y=-m\cdot\frac{1}{2}\pi\left(\frac{a}{2}\right)^2\\&=-\frac{1}{8}m\pi a^2.\end{aligned}$$

由于$\overline{OA}$的方程为$y=0$，所以

$$\int_{\overline{OA}}(my+\mathrm{e}^x\cos y)\mathrm{d}x+(m-\mathrm{e}^x\sin y)\mathrm{d}y=0,$$

综上所述, 得到

$$\int_{\overparen{ABO}}(my+\mathrm{e}^x\cos y)\mathrm{d}x+(m-\mathrm{e}^x\sin y)\mathrm{d}y=-\frac{1}{8}m\pi a^2.$$

**例 11.3.4**　计算$\iint_D\mathrm{e}^{-y^2}\mathrm{d}x\mathrm{d}y$，其中$D$是以$O(0,0)$，$A(1,1)$，$B(0,1)$为顶点的三角形闭区域.

**解**　令$P=0$，$Q=x\mathrm{e}^{-y^2}$，则$\dfrac{\partial Q}{\partial x}-\dfrac{\partial P}{\partial y}=\mathrm{e}^{-y^2}$.

应用格林公式, 得

$$\iint_D e^{-y^2}\mathrm{d}x\mathrm{d}y=\int_{\overline{OA}+\overline{AB}+\overline{BO}} xe^{-y^2}\mathrm{d}y=\int_{\overline{OA}} xe^{-y^2}\mathrm{d}y=\int_0^1 xe^{-x^2}\mathrm{d}x=\frac{1}{2}(1-e^{-1}).$$

## 三、平面曲线积分与路径无关

从第二节的例题知道, 具有相同起点和终点但积分路径不同的第二类曲线积分的积分值可能相等, 也可能不相等. 接下来我们一起讨论在怎样的条件下平面曲线积分与积分路径无关. 首先给出平面曲线积分与积分路径无关的概念.

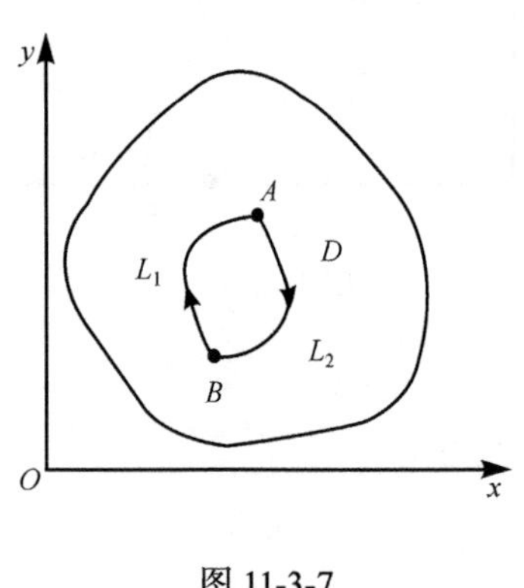


图 11-3-7

**定义 11.3.2** 设函数 $P(x,y)$, $Q(x,y)$ 在平面区域 $D$ 内具有一阶连续偏导数. 若对于 $D$ 内任意指定的两个点 $A$ 和 $B$, 以及 $D$ 内从点 $A$ 到点 $B$ 的任意两条曲线 $L_1,L_2$ (图 11-3-7), 有

$$\int_{L_1} P\mathrm{d}x+Q\mathrm{d}y=\int_{L_2} P\mathrm{d}x+Q\mathrm{d}y,$$

则称**曲线积分** $\int_L P\mathrm{d}x+Q\mathrm{d}y$ **在 $D$ 内与路径无关**, 否则称**与路径有关**.

**定理 11.3.2** 设开区域 $D$ 是一个单连通域, 函数 $P(x,y),Q(x,y)$ 在 $D$ 内具有一阶连续偏导数, 则下列四个命题等价:

(1) $\dfrac{\partial P}{\partial y}=\dfrac{\partial Q}{\partial x}$ 在 $D$ 内恒成立;

(2) 对 $D$ 内任一闭曲线 $L$, $\oint_L P\mathrm{d}x+Q\mathrm{d}y=0$;

(3) 曲线积分 $\int_L P\mathrm{d}x+Q\mathrm{d}y$ 在 $D$ 内与路径无关;

(4) $P\mathrm{d}x+Q\mathrm{d}y$ 为某二元函数 $u(x,y)$ 的全微分.

**证** (1)$\Rightarrow$(2) 设 $L$ 为 $D$ 内任一闭曲线, $L$ 所围成的区域为 $D'$, 则由格林公式得

$$\oint_L P\mathrm{d}x+Q\mathrm{d}y=\pm\iint_{D'}\left(\frac{\partial Q}{\partial x}-\frac{\partial P}{\partial y}\right)\mathrm{d}x\mathrm{d}y=0.$$

(2)$\Rightarrow$(3) 设 $A,B$ 为 $D$ 内任意两点, $L_1$ 和 $L_2$ 为 $D$ 内从点 $A$ 到点 $B$ 的任意两条曲线, 则 $L_1+L_2^-$ 形成 $D$ 内一闭曲线, 从而

$$\oint_{L_1+L_2^-} P\mathrm{d}x+Q\mathrm{d}y=0,\ \text{即}\int_{L_1} P\mathrm{d}x+Q\mathrm{d}y=\int_{L_2} P\mathrm{d}x+Q\mathrm{d}y.$$

(3)$\Rightarrow$(4) 任取 $D$ 内一点 $(x_0,y_0)$, 考虑从 $(x_0,y_0)$ 到 $D$ 内任一点 $(x,y)$ 的曲线积分 $\int_L P\mathrm{d}x+Q\mathrm{d}y$. 由于曲线积分与路径无关, 故可以把这个积分写成

$$\int_{(x_0,y_0)}^{(x,y)} P\mathrm{d}x+Q\mathrm{d}y,$$

并且它仅是终点坐标 $x$, $y$ 的函数. 记

$$u(x,y)=\int_{(x_0,y_0)}^{(x,y)}P\mathrm{d}x+Q\mathrm{d}y.$$

下面求 $\frac{\partial u}{\partial x}$. 让 $y$ 保持不动, $x$ 从 $x_1$ 变到 $x$ (图 11-3-8), 则

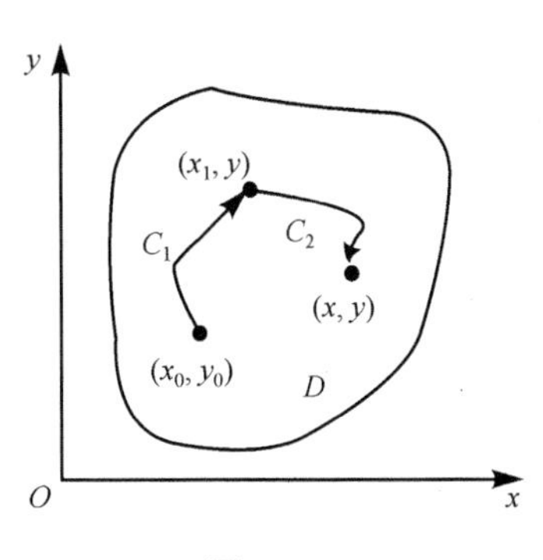

图 11-3-8

$$u(x,y)-u(x_1,y)=\int_{(x_0,y_0)}^{(x,y)}P\mathrm{d}x+Q\mathrm{d}y-\int_{(x_0,y_0)}^{(x_1,y)}P\mathrm{d}x+Q\mathrm{d}y.$$

由于积分与路径无关, 可取 $(x_0,y_0)$ 到 $(x_1,y)$ 的任一路径 $C_1$, 而 $(x_0,y_0)$ 到 $(x,y)$ 的路径则由 $C_1$ 和 $(x_1,y)$ 到 $(x,y)$ 的曲线段 $C_2$ 构成, 于是

$$u(x,y)-u(x_1,y)=\int_{C_2}P\mathrm{d}x+Q\mathrm{d}y,$$

又由于在 $C_2$ 上 $\mathrm{d}y=0$, 因此

$$\int_{C_2}P\mathrm{d}x+Q\mathrm{d}y=\int_{C_2}P\mathrm{d}x=\int_{x_1}^{x}P(x,y)\mathrm{d}x=P(\xi,y)(x-x_1),$$

$\xi$ 介于 $x_1$ 和 $x$ 之间, 于是

$$\left.\frac{\partial u}{\partial x}\right|_{(x,y)}=\lim_{x_1\to x}\frac{u(x,y)-u(x_1,y)}{x-x_1}=\lim_{x_1\to x}P(\xi,y)=P(x,y).$$

因为 $P$ 是连续函数, 上面最后一个等式成立. 由于点 $(x,y)$ 是 $D$ 内任取的一点, 所以

$$\frac{\partial u}{\partial x}=P(x,y),\quad \forall (x,y)\in D.$$

同理可证 $\frac{\partial u}{\partial y}=Q$, 从而

$$\mathrm{d}u=\frac{\partial u}{\partial x}\mathrm{d}x+\frac{\partial u}{\partial y}\mathrm{d}y=P\mathrm{d}x+Q\mathrm{d}y.$$

(4)⇒(1)　设二元函数 $u(x,y)$ 满足 $\mathrm{d}u=P(x,y)\mathrm{d}x+Q(x,y)\mathrm{d}y$, 则

$$\frac{\partial u}{\partial x}=P(x,y),\quad \frac{\partial u}{\partial y}=Q(x,y).$$

由于 $P,Q$ 的一阶偏导数连续, 因此

$$\frac{\partial P}{\partial y}=\frac{\partial^2 u}{\partial x\partial y}=\frac{\partial^2 u}{\partial y\partial x}=\frac{\partial Q}{\partial x}.$$

综上所述, 定理 11.3.2 得证.

## 四、二元函数的全微分求积与全微分方程

由定理 11.3.2 的证明过程可见, 若函数 $P(x,y),Q(x,y)$ 满足定理的条件, 则二元函数

$$u(x,y)=\int_{(x_0,y_0)}^{(x,y)} P(x,y)\mathrm{d}x+Q(x,y)\mathrm{d}y \tag{11.3.3}$$

满足

$$\mathrm{d}u(x,y)=P(x,y)\mathrm{d}x+Q(x,y)\mathrm{d}y,$$

称 $u(x,y)$ 为表达式 $P(x,y)\mathrm{d}x+Q(x,y)\mathrm{d}y$ 的**原函数**. 因为式(11.3.3)右端的曲线积分与路径无关, 故可选取从 $(x_0,y_0)$ 到 $(x,y)$ 的路径为折线 $\overline{M_0M_1M}$ (图 11-3-9), 于是

$$u(x,y)=\int_{x_0}^{x} P(x,y_0)\mathrm{d}x+\int_{y_0}^{y} Q(x,y)\mathrm{d}y+C \tag{11.3.4}$$

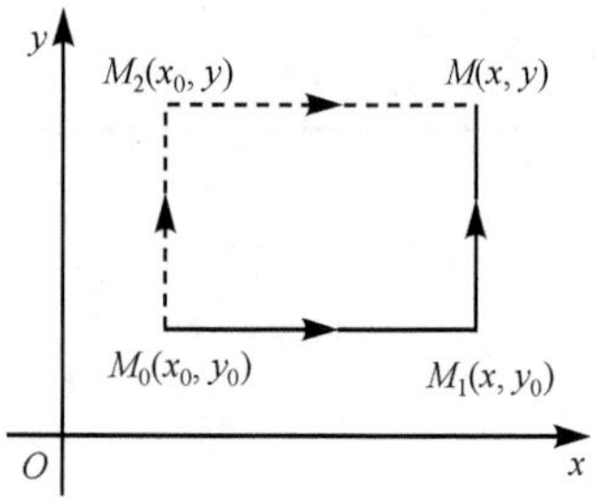

便是 $P\mathrm{d}x+Q\mathrm{d}y$ 的全体原函数.



图 11-3-9

同理也可选取积分路径折线 $\overline{M_0M_2M}$, 得

$$u(x,y)=\int_{y_0}^{y} Q(x_0,y)\mathrm{d}y+\int_{x_0}^{x} P(x,y)\mathrm{d}x+C. \tag{11.3.5}$$

若 $(0,0)\in D$, 我们常选 $(x_0,y_0)$ 为(0, 0).

由此得到**曲线积分的牛顿-莱布尼茨公式**: 设 $(x_1,y_1)$, $(x_2,y_2)$ 是 $D$ 内任意两点, $u(x,y)$ 是 $P\mathrm{d}x+Q\mathrm{d}y$ 的任一原函数, 则由式(11.3.3),

$$\int_{(x_1,y_1)}^{(x_2,y_2)} P\mathrm{d}x+Q\mathrm{d}y=u(x_2,y_2)-u(x_1,y_1). \tag{11.3.6}$$

利用二元函数的全微分的求积, 还能解决一类特殊的一阶微分方程——**全微分方程**.

如果方程

$$P(x,y)\mathrm{d}x+Q(x,y)\mathrm{d}y=0 \tag{11.3.7}$$

的左端恰好是某个函数 $u=u(x,y)$ 的全微分:

$$\mathrm{d}u(x,y)=P(x,y)\mathrm{d}x+Q(x,y)\mathrm{d}y.$$

则称方程(11.3.7)为**全微分方程**. 此时, 方程(11.3.7)可写成

$$\mathrm{d}u(x,y)=0,$$

因而

$$u(x,y)=C$$

就是方程(11.3.7)的通解, 其中 $C$ 为任意常数. 这样, 求解方程(11.3.7)实质就归结为求全微分函数 $u=u(x,y)$. 根据定理 11.3.2 及以上的论述, 有如下结论.

**定理 11.3.3** 设开区域 $D$ 是一个单连通域, 函数 $P(x,y)$ 及 $Q(x,y)$ 在 $D$ 内具有一阶连续偏导数, 则方程 $P(x,y)\mathrm{d}x+Q(x,y)\mathrm{d}y=0$ 为全微分方程的充分必要条件是在 $D$ 内处处有

$$\frac{\partial P}{\partial y}=\frac{\partial Q}{\partial x} \tag{11.3.8}$$

成立, 并且此时, 全微分方程(11.3.7)的通解为

$$u(x,y)=\int_{(x_0,y_0)}^{(x,y)}P\mathrm{d}x+Q\mathrm{d}y=\int_{x_0}^{x}P(x,y_0)\mathrm{d}x+\int_{y_0}^{y}Q(x,y)\mathrm{d}y+C \tag{11.3.9}$$

或

$$u(x,y)=\int_{(x_0,y_0)}^{(x,y)}P\mathrm{d}x+Q\mathrm{d}y=\int_{x_0}^{x}P(x,y)\mathrm{d}x+\int_{y_0}^{y}Q(x_0,y)\mathrm{d}y+C, \tag{11.3.10}$$

其中$(x_0,y_0)$是$D$内任意一点.

**例 11.3.5**　计算$\int_L(x^2+2xy)\mathrm{d}x+(x^2+y^4)\mathrm{d}y$,其中$L$为由点$O(0,0)$到点$B(1,1)$的曲线弧$y=\sin\dfrac{\pi x}{2}$.

**解**　因为$\dfrac{\partial P}{\partial y}=\dfrac{\partial}{\partial y}(x^2+2xy)=2x$，$\dfrac{\partial Q}{\partial x}=\dfrac{\partial}{\partial x}(x^2+y^4)=2x$，即$\dfrac{\partial P}{\partial y}=\dfrac{\partial Q}{\partial x}$，所以原积分与路径无关, 取点$A(1,0)$，改变路径为折线$\overline{OAB}$，故

$$原积分=\int_{\overline{OA}+\overline{AB}}(x^2+2xy)\mathrm{d}x+(x^2+y^4)\mathrm{d}y=\int_0^1 x^2\mathrm{d}x+\int_0^1(1+y^4)\mathrm{d}y=\frac{23}{15}.$$

**例 11.3.6**　计算$I=\int_L(\mathrm{e}^y+x)\mathrm{d}x+(x\mathrm{e}^y-2y)\mathrm{d}y$，其中$L$为如图 11-3-10 所示的圆弧段$\overset{\frown}{OABC}$.

**解**　因为

$$\frac{\partial P}{\partial y}=\frac{\partial}{\partial y}(\mathrm{e}^y+x)=\mathrm{e}^y,$$

$$\frac{\partial Q}{\partial x}=\frac{\partial}{\partial x}(x\mathrm{e}^y-2y)=\mathrm{e}^y,$$

故曲线积分与路径无关, 从而可选取折线$\overline{ODC}$为新路径, 因而

$$I=\int_{\overline{ODC}}(\mathrm{e}^y+x)\mathrm{d}x+(x\mathrm{e}^y-2y)\mathrm{d}y$$

$$=\int_0^1(1+x)\mathrm{d}x+\int_0^1(\mathrm{e}^y-2y)\mathrm{d}y$$

$$=\left[x+\frac{x^2}{2}\right]_0^1+[\mathrm{e}^y-y^2]_0^1=\mathrm{e}-\frac{1}{2}.$$

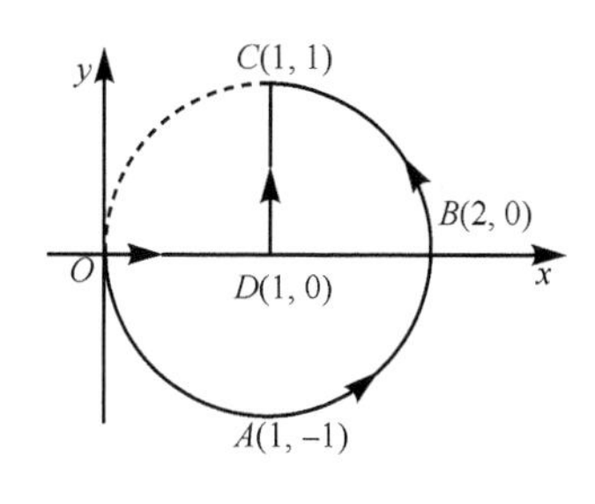


图 11-3-10

**例 11.3.7**　计算$\int_{(1,0)}^{(4,3)}\dfrac{x\mathrm{d}x+y\mathrm{d}y}{\sqrt{x^2+y^2}}$，积分沿不通过坐标原点的路径.

**解**　显然，当$(x,y)\neq(0,0)$时，$\dfrac{x\mathrm{d}x+y\mathrm{d}y}{\sqrt{x^2+y^2}}=\mathrm{d}\sqrt{x^2+y^2}$，于是

$$\int_{(1,0)}^{(4,3)}\frac{x\mathrm{d}x+y\mathrm{d}y}{\sqrt{x^2+y^2}}=\int_{(1,0)}^{(4,3)}\mathrm{d}\sqrt{x^2+y^2}=\left[\sqrt{x^2+y^2}\right]_{(1,0)}^{(4,3)}=4.$$

**例 11.3.8**　设曲线积分 $\int_L xy^2\mathrm{d}x + y\varphi(x)\mathrm{d}y$ 与路径无关，其中 $\varphi$ 具有连续的导数，且 $\varphi(0)=0$，计算 $\int_{(0,0)}^{(2,2)} xy^2\mathrm{d}x + y\varphi(x)\mathrm{d}y$.

**解**　由 $P(x,y)=xy^2$，$Q(x,y)=y\varphi(x)$，得

$$\frac{\partial P}{\partial y}=\frac{\partial}{\partial y}(xy^2)=2xy,\quad \frac{\partial Q}{\partial x}=\frac{\partial}{\partial x}[y\varphi(x)]=y\varphi'(x).$$

因积分与路径无关，有 $\frac{\partial P}{\partial y}=\frac{\partial Q}{\partial x}$，故 $y\varphi'(x)=2xy$，从而

$$\varphi(x)=x^2+C.$$

由 $\varphi(0)=0$，得 $C=0$，即 $\varphi(x)=x^2$. 所以

$$\int_{(0,0)}^{(2,2)} xy^2\mathrm{d}x + y\varphi(x)\mathrm{d}y=\int_0^2 0\mathrm{d}x+\int_0^2 y\varphi(2)\mathrm{d}y=8.$$

**例 11.3.9**　验证：在整个 $xOy$ 面内，$xy^2\mathrm{d}x+x^2y\mathrm{d}y$ 是某个函数的全微分，并求出一个这样的函数.

**证法 1**　$P=xy^2$，$Q=x^2y$，且 $\frac{\partial P}{\partial y}=2xy=\frac{\partial Q}{\partial x}$，$x\in\mathbf{R}$. 故在整个 $xOy$ 面内，$xy^2\mathrm{d}x+x^2y\mathrm{d}y$ 是某个函数的全微分. 取积分路线如图 11-3-11，则

$$\begin{aligned}u(x,y)&=\int_{(0,0)}^{(x,y)} xy^2\mathrm{d}x+x^2y\mathrm{d}y=\int_{\overline{OA}} xy^2\mathrm{d}x+x^2y\mathrm{d}y+\int_{\overline{AB}} xy^2\mathrm{d}x+x^2y\mathrm{d}y\\&=0+\int_0^y x^2y\mathrm{d}y=x^2\int_0^y y\mathrm{d}y=\frac{x^2y^2}{2}.\end{aligned}$$

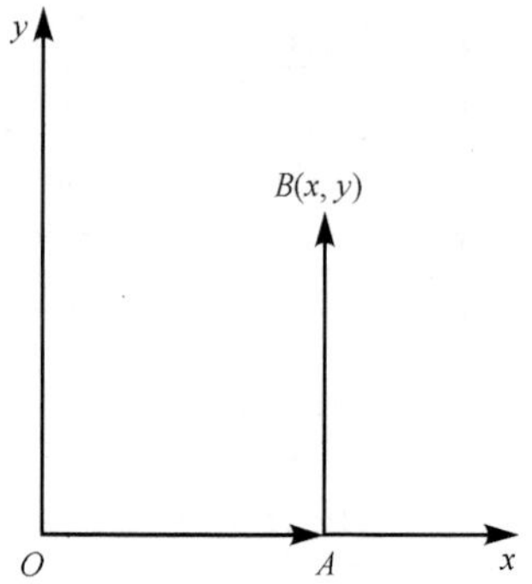

图 11-3-11

**证法 2**　利用原函数法求全微分函数 $u(x,y)$.

由 $\frac{\partial u}{\partial y}=xy^2$，得

$$u=\int xy^2\mathrm{d}x=\frac{x^2y^2}{2}+\varphi(y),$$

其中 $\varphi(y)$ 是 $y$ 的待定函数. 由此得

$$\frac{\partial u}{\partial y}=x^2y+\varphi'(y).$$

又 $u$ 必须满足 $\frac{\partial u}{\partial y}=x^2y$, 即

$$x^2y+\varphi'(y)=x^2y,$$

$$\varphi'(y)=0,$$

$$\varphi(y)=C,$$

所求函数为 $u=\frac{x^2y^2}{2}+C$.

# 习题 11-3

1. 计算下列曲线积分, 并验证格林公式的正确性:

(1) $\oint_L (2xy-x^2)\mathrm{d}x+(x+y^2)\mathrm{d}y$, 其中 $L$ 是由抛物线 $y=x^2$ 和 $x=y^2$ 所围成的区域的正向边界曲线;

(2) $\oint_L (x^2-xy^3)\mathrm{d}x+(y^2-2xy)\mathrm{d}y$, 其中 $L$ 是四个顶点分别为(0, 0), (2, 0), (2, 2)和(0, 2)的正方形区域的正向边界.

2. 利用曲线积分, 求下列曲线所围成的图形的面积:

(1) 星形线 $x=a\cos^3 t, 7=a\sin^3 t$;

(2) 椭圆 $9x^2+16y^2=144$;

(3) 圆 $x^2+y^2=2ax$.

3. 计算曲线积分 $\oint_L \dfrac{y\mathrm{d}x-x\mathrm{d}y}{2(x^2+y^2)}$, 其中 $L$ 为圆周 $(x-1)^2+y^2=2$, $L$ 的方向为逆时针方向.

4. 证明下列曲线积分在整个 $xOy$ 面内与路径无关, 并计算积分值:

(1) $\int_{(1,1)}^{(2,3)}(x+y)\mathrm{d}x+(x-y)\mathrm{d}y$;

(2) $\int_{(1,2)}^{(3,4)}(6xy^2-y^3)\mathrm{d}x+(6x^2y-3xy^2)\mathrm{d}y$;

(3) $\int_{(1,0)}^{(2,1)}(2xy-y^4+3)\mathrm{d}x+(x^2-4xy^3)\mathrm{d}y$.

5. 利用格林公式, 计算下列曲线积分:

(1) $\int_L (2x-y+4)\mathrm{d}x+(3x+5y-6)\mathrm{d}y$, 其中 $L$ 为已知三顶点坐标(0, 0), (3, 0)和(3, 2)的三角形正向边界;

(2) $\oint_L (x^2y\cos x+2xy\sin x-y^2\mathrm{e}^x)\mathrm{d}x+(x^2\sin x-2y\mathrm{e}^x)\mathrm{d}y$, 其中 $L$ 为正向星形线 $x^{\frac{2}{3}}+y^{\frac{2}{3}}=a^{\frac{2}{3}}(a>0)$;

(3) $\int_L (2xy^3-y^2\cos x)\mathrm{d}x+(1-2y\sin x+3x^2y^2)\mathrm{d}y$, 其中 $L$ 为在抛物线 $2x=\pi y^2$ 上由点(0, 0)到 $\left(\dfrac{1}{2},1\right)$ 的一段弧;

(4) $\int_L (x^2-y)\mathrm{d}x-(x+\sin^2 y)\mathrm{d}y$, 其中 $L$ 是在圆周 $y=\sqrt{2x-x^2}$ 上由点(0, 0)到点(1, 1)的一段弧.

6. 验证下列 $P(x,y)\mathrm{d}x+Q(x,y)\mathrm{d}y$ 在整个 $xOy$ 平面内是某一函数 $u(x,y)$ 的全微分, 并求这样的一个 $u(x,y)$:

(1) $(x+2y)\mathrm{d}x+(2x+y)\mathrm{d}y$;

(2) $2xy\mathrm{d}x+x^2\mathrm{d}y$;

(3) $4\sin x\sin 3y\cos x\mathrm{d}x-3\cos 3y\cos 2x\mathrm{d}y$;

(4) $(3x^2y+8xy^2)\mathrm{d}x+(x^3+8x^2y+12y\mathrm{e}^x)\mathrm{d}y$;

(5) $(2x\cos y+y^2\cos x)\mathrm{d}x+(2y\sin x-x^2\sin y)\mathrm{d}y$.

# 第四节　第一类曲面积分

## 一、第一类曲面积分的概念与性质

**定义 11.4.1**　曲面上每一点都有切平面, 且切平面的法向量随着曲面上的点的连续变动而连续变化, 这样的曲面称为**光滑曲面**. 由有限个光滑曲面逐片拼起来的曲面称为**分片光滑曲面**.

例如, 球面是光滑曲面, 圆柱体的边界面是分片光滑曲面. 本节讨论的曲面都是指光滑曲面或分片光滑曲面.

类似定积分定义的讨论给出第一类曲面积分的概念.

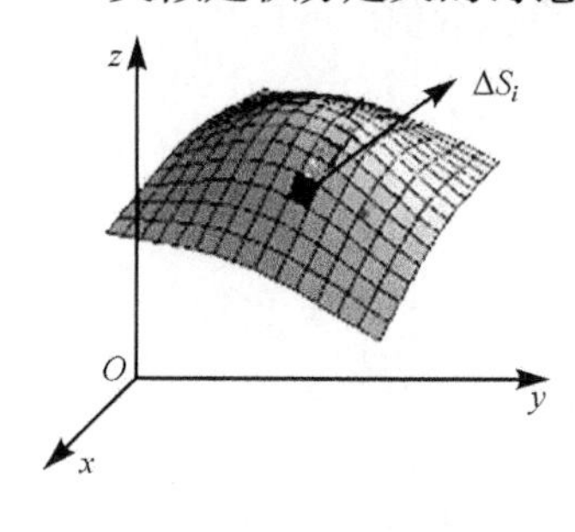


图 11-4-1

设在空间有一光滑的曲面物质 $\Sigma$, 其质量分布是不均匀的. 曲面 $\Sigma$ 的面密度函数为 $\rho(x,y,z)$, 它是曲面 $\Sigma$ 上的连续函数.

**分割**　将曲面 $\Sigma$ 任意分割成 $n$ 块小曲面片(图 11-4-1): $\Delta S_1,\Delta S_2,\cdots,\Delta S_n$ ( $\Delta S_i$ 也表示第 $i$ 小块曲面的面积).

**近似求和**　点 $(\xi_i,\eta_i,\zeta_i)$ 是 $\Delta S_i$ 上的任意一点, $\Delta S_i$ 的质量表示为

$$\Delta M_i\approx\rho(\xi_i,\eta_i,\zeta_i)\cdot\Delta S_i\quad(i=1,2,\cdots,n),$$

曲面 $\Sigma$ 的质量近似为

$$M\approx\sum_{i=1}^{n}\rho(\xi_i,\eta_i,\zeta_i)\cdot\Delta S_i.$$

**取极限**　当各小块曲面的直径最大值 $\lambda\to 0$ 时, 若该和式的极限存在, 则此极限值就是曲面 $\Sigma$ 的质量

$$M=\lim_{\lambda\to 0}\sum_{i=1}^{n}\rho(\xi_i,\eta_i,\zeta_i)\cdot\Delta S_i.\tag{11.4.1}$$

**定义 11.4.2**　设曲面 $\Sigma$ 是光滑的, 函数 $f(x,y,z)$ 在 $\Sigma$ 上有界, 把 $\Sigma$ 任意分成 $n$ 小块 $\Delta S_i$ ( $\Delta S_i$ 同时也表示第 $i$ 小块曲面的面积), 点 $(\xi_i,\eta_i,\zeta_i)$ 是 $\Delta S_i$ 上的任意一点, 作乘积

$$f(\xi_i,\eta_i,\zeta_i)\cdot\Delta S_i\quad(i=1,2,\cdots,n),$$

并求和 $\sum\limits_{i=1}^{n}f(\xi_i,\eta_i,\zeta_i)\cdot\Delta S_i$, 如果当各小块曲面的直径最大值 $\lambda\to 0$ 时, 该和式的极限存

在, 则称此极限值为 $f(x,y,z)$ 在 $\Sigma$ 上**第一类曲面积分**或**对面积的曲面积分**, 记为

$$\iint\limits_{\Sigma} f(x,y,z)\mathrm{d}S = \lim_{\lambda\to 0}\sum_{i=1}^{n} f(\xi_i,\eta_i,\zeta_i)\Delta S_i, \tag{11.4.2}$$

其中 $f(x,y,z)$ 称为**被积函数**, $\Sigma$ 称为**积分曲面**.

**积分的存在性**　当 $f(x,y,z)$ 在光滑曲面 $\Sigma$ 上连续时, 第一类曲面积分总是存在的. 我们在后面的讨论中均假定 $f(x,y,z)$ 在光滑曲面 $\Sigma$ 上连续.

根据上述定义, 式(11.4.1)中和式的极限称为函数 $\rho(x,y,z)$ 在曲面 $\Sigma$ 上的第一类曲面积分, 光滑曲面 $\Sigma$ 的质量可表示为

$$M = \iint\limits_{\Sigma} f(x,y,z)\mathrm{d}S.$$

**积分域的可加性**　如果曲面 $\Sigma$ 是由两片光滑曲面 $\Sigma_1$ 和 $\Sigma_2$ 组成, 则有

$$\iint\limits_{\Sigma} f(x,y,z)\mathrm{d}S = \iint\limits_{\Sigma_1} f(x,y,z)\mathrm{d}S + \iint\limits_{\Sigma_2} f(x,y,z)\mathrm{d}S.$$

## 二、第一类曲面积分的计算

设光滑曲面 $\Sigma$ 的方程为 $z=z(x,y)$, 曲面 $\Sigma$ 在 $xOy$ 面上的投影区域为 $D_{xy}$, 并设所求总量为 $U=\iint\limits_{\Sigma} f(x,y,z)\mathrm{d}S$, 下面讨论微元 $\mathrm{d}U = f(x,y,z)\mathrm{d}S$.

在曲面 $\Sigma$ 上任取微元面积为 $\mathrm{d}S$, 将其向 $xOy$ 面投影得小投影区域的面积为 $\mathrm{d}\sigma$, 在 $\mathrm{d}\sigma$ 上任取一点 $(x,y)$, 在微元 $\mathrm{d}S$ 内有一点 $M(x,y,f(x,y))$ 与之对应, 设曲面在点 $M$ 处的切平面为 $T$ (图 11-4-2(a)), 以小区域 $\mathrm{d}\sigma$ 的边界为准线作母线平行于 $z$ 轴的柱面, 这个柱面在切平面 $T$ 上截下一小片平面, 面积为 $\mathrm{d}A$, 由于 $\mathrm{d}\sigma$ 的直径很小, 故可用小平面的面积 $\mathrm{d}A$ 近似代替微元的面积 $\mathrm{d}S$ (图 11-4-2(b)).

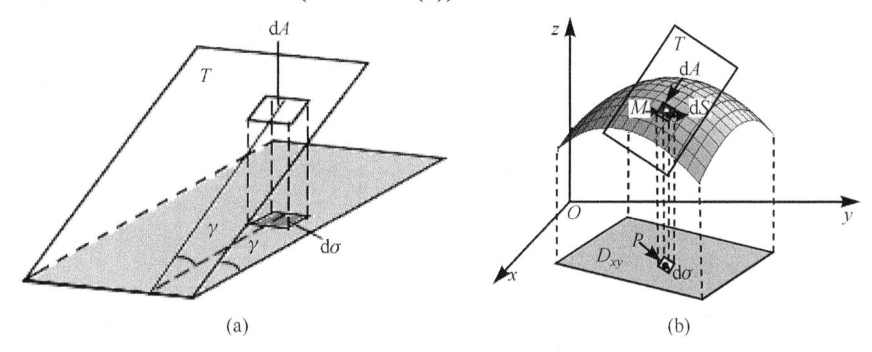


图 11-4-2

根据曲面 $\Sigma$ 的方程 $z=z(x,y)$ 可写出曲面在点 $M$ 处的法向量为 $\boldsymbol{n}=\pm(z_x,z_y,-1)$, $\boldsymbol{n}$ 与 $z$ 轴正向的夹角 $\gamma$ (取为锐角)的余弦为

$$\cos\gamma = \frac{1}{\sqrt{1+z_x^2+z_y^2}},$$

从而 $d\sigma = \cos\gamma dS$，得到曲面 $\Sigma$ 的面积微元

$$dS = \frac{1}{\cos\gamma}d\sigma = \sqrt{1+z_x^2+z_y^2}d\sigma,$$

于是，有

$$dU = f(x,y,z(x,y))\sqrt{1+z_x^2+z_y^2}d\sigma.$$

故当积分曲面 $\Sigma$ 由方程 $z=z(x,y)$ 给出时，则第一类曲面积分可转化成二重积分来计算

$$\iint_{\Sigma} f(x,y,z)dS = U = \iint_{D_{xy}} f[x,y,z(x,y)]\sqrt{1+z_x^2+z_y^2}dxdy. \tag{11.4.3}$$

特别地，若在定义 11.4.2 中令 $f(x,y,z)=1$，则得到**曲面 $\Sigma$ 的面积** $S$

$$S = \iint_{\Sigma} 1dS = \iint_{\Sigma} dS = \iint_{D_{xy}} \sqrt{1+z_x^2+z_y^2}d\sigma. \tag{11.4.4}$$

类似地，若曲面 $\Sigma$ 的方程为 $y=y(z,x)$，则

$$\iint_{\Sigma} f(x,y,z)dS = \iint_{D_{xz}} f[x,y(x,z),z]\sqrt{1+y_x^2+y_z^2}dxdz. \tag{11.4.5}$$

若曲面 $\Sigma$ 的方程为 $x=(y,z)$，则

$$\iint_{\Sigma} f(x,y,z)dS = \iint_{D_{yz}} f[x(y,z),y,z]\sqrt{1+x_y^2+x_z^2}dydz. \tag{11.4.6}$$

**例 11.4.1**　计算曲面积分 $\iint_{\Sigma}\frac{dS}{z}$，其中 $\Sigma$ 是球面 $x^2+y^2+z^2=a^2$ 被平面 $z=h(0<h<a)$ 截出的顶部.

**解**　$\Sigma$ 的方程为 $z=\sqrt{a^2-x^2-y^2}$．$\Sigma$ 在 $xOy$ 面上的投影区域

$$D_{xy}:\left\{(x,y)\middle|x^2+y^2\leqslant a^2-h^2\right\}.$$

又 $\sqrt{1+z_x^2+z_y^2}=\frac{a}{\sqrt{a^2-x^2-y^2}}$，利用极坐标交换，故有

$$\iint_{\Sigma}\frac{dS}{z} = \iint_{D_{xy}}\frac{adxdy}{a^2-r^2} = \iint_{D_{xy}}\frac{ardrd\theta}{a^2-r^2} = a\int_0^{2\pi}d\theta\int_0^{\sqrt{a^2-h^2}}\frac{rdr}{a^2-r^2}$$

$$= 2\pi a\left[-\frac{1}{2}\ln(a^2-r^2)\right]_0^{\sqrt{a^2-h^2}} = 2\pi a\ln\frac{a}{h}.$$

**例 11.4.2**　计算 $\oiint_{\Sigma} xyzdS$，其中 $\Sigma$ 是由平面 $x=0$，$y=0$，$z=0$ 及 $x+y+z=1$ 所围四

面体的整个表面(图 11-4-3). 记号$\oiint\limits_{\Sigma}$表示在闭曲面$\Sigma$上的积分.

**解**　记边界曲面$\Sigma$在$x=0,y=0,z=0$及$x+y+z=1$上的部分依次为$\Sigma_1,\Sigma_2,\Sigma_3$及$\Sigma_4$，则有

$$\oiint\limits_{\Sigma} xyz\mathrm{d}S=\iint\limits_{\Sigma_1} xyz\mathrm{d}S+\iint\limits_{\Sigma_2} xyz\mathrm{d}S+\iint\limits_{\Sigma_3} xyz\mathrm{d}S+\iint\limits_{\Sigma_4} xyz\mathrm{d}S.$$

在$\Sigma_1,\Sigma_2,\Sigma_3$上被积函数$f(x,y,z)=xyz=0$，故上式右端前三项积分等于零.

在$\Sigma_4$上，$z=1-x-y$，所以

$$\sqrt{1+z_x^2+z_y^2}=\sqrt{1+(-1)^2+(-1)^2}=\sqrt{3},$$

从而

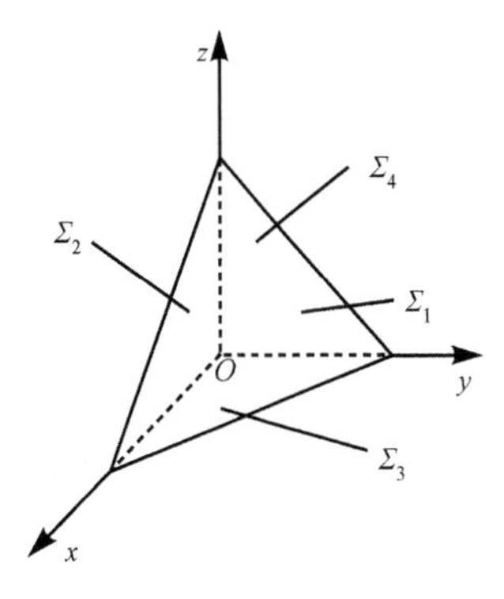


图 11-4-3

$$\oiint\limits_{\Sigma} xyz\mathrm{d}S=\iint\limits_{\Sigma_4} xyz\mathrm{d}S=\iint\limits_{D_{xy}} \sqrt{3}xy(1-x-y)\mathrm{d}x\mathrm{d}y,$$

其中$D_{xy}$是$\Sigma_4$在$xOy$面上的投影区域，是由直线$x=0$，$y=0$及$x+y+z=1$所围成的闭区域. 所以

$$\oiint\limits_{\Sigma} xyz\mathrm{d}S=\sqrt{3}\int_0^1 x\mathrm{d}x\int_0^{1-x} y(1-x-y)\mathrm{d}y=\sqrt{3}\int_0^1 x\left[(1-x)\frac{y^2}{2}-\frac{y^3}{3}\right]_0^{1-x}\mathrm{d}x$$

$$=\sqrt{3}\int_0^1 x\cdot\frac{1-x^3}{6}\mathrm{d}x=\frac{\sqrt{3}}{6}\int_0^1(x-3x^2+3x^3-x^4)\mathrm{d}x=\frac{\sqrt{3}}{120}.$$

**例 11.4.3**　计算$\oiint\limits_{\Sigma} x\mathrm{d}S$，其中$\Sigma$是圆柱面$x^2+y^2=1$，平面$z=x+2$及$z=0$所围成的空间立体的表面.

**解**　如图 11-4-4 所示，

$$\oiint\limits_{\Sigma}=\iint\limits_{\Sigma_1}+\iint\limits_{\Sigma_2}+\iint\limits_{\Sigma_3},$$

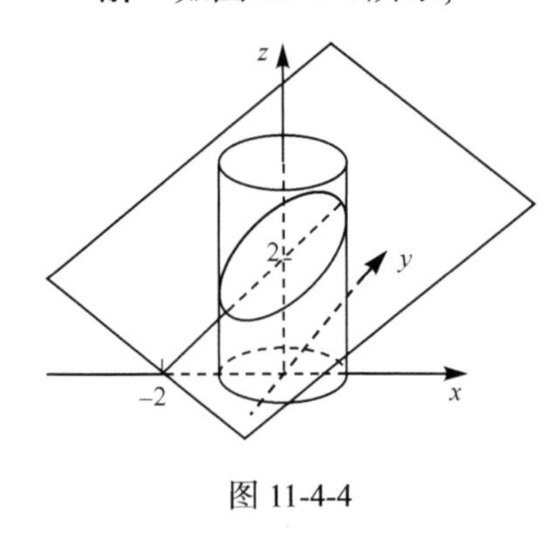


图 11-4-4

$\Sigma_1: z=0$，$\Sigma_2: z=x+2$在$xOy$面上的投影区域都为$D_{xy}: x^2+y^2\leqslant 1$.

$$\iint\limits_{\Sigma_1} x\mathrm{d}S=\iint\limits_{D_{xy}} x\mathrm{d}x\mathrm{d}y=0,$$

$$\iint\limits_{\Sigma_2} x\mathrm{d}S=\iint\limits_{D_{xy}} x\sqrt{1+z_x^2+z_y^2}\mathrm{d}x\mathrm{d}y=\iint\limits_{D_{xy}} x\sqrt{1+1}\mathrm{d}x\mathrm{d}y=0.$$

将$\Sigma_3\left(\Sigma_{31},\Sigma_{32}: y=\pm\sqrt{1-x^2}\right)$投影到$zOx$面上，得投影区域

$$D_{xz}: -1\leqslant x\leqslant 1, 0\leqslant z\leqslant x+2.$$

根据对称性,

$$\iint_{\Sigma_3} x\mathrm{d}S = \iint_{\Sigma_{31}} x\mathrm{d}S + \iint_{\Sigma_{32}} x\mathrm{d}S = 2\iint_{D_{zx}} x\sqrt{1+y_x^2+y_z^2}\,\mathrm{d}x\mathrm{d}z$$

$$= 2\iint_{D_{xz}} x\sqrt{1+\frac{x^2}{1-x^2}}\,\mathrm{d}x\mathrm{d}z = 2\int_{-1}^{1}\frac{x}{\sqrt{1-x^2}}\mathrm{d}x\int_0^{x+2}\mathrm{d}z = 2\int_{-1}^{1}\frac{x(x+2)}{\sqrt{1-x^2}}\mathrm{d}x$$

$$= 2\int_{-1}^{1}\frac{x^2+2x}{\sqrt{1-x^2}}\mathrm{d}x = 2\int_{-1}^{1}\frac{x^2}{\sqrt{1-x^2}}\mathrm{d}x + 2\boxed{\int_{-1}^{1}\frac{2x}{\sqrt{1-x^2}}\mathrm{d}x} \text{——奇函数}$$

$$= 2\int_{-1}^{1}\frac{x^2-1+1}{\sqrt{1-x^2}}\mathrm{d}x = -2\int_{-1}^{1}\sqrt{1-x^2}\,\mathrm{d}x + 2\int_{-1}^{1}\frac{1}{\sqrt{1-x^2}}\mathrm{d}x$$

$$= -2\left[\frac{x}{2}\sqrt{1-x^2}+\frac{1}{2}\arcsin x\right]_{-1}^{1} + 2\left[\arcsin x\right]_{-1}^{1}$$

$$= \pi,$$

所以

$$\oiint_{\Sigma} x\mathrm{d}S = 0 + 0 + \pi = \pi.$$

**例 11.4.4**　求球面 $x^2+y^2+z^2=a^2$ 被圆柱体 $x^2+y^2=ax$ 所截内部的面积(图 11-4-5).

**解**　根据对称性知, 所求曲面面积 $S$ 是第一卦限上面积 $S_1$ 的 4 倍. $S_1$ 的投影为

$$D_{xy}: x^2+y^2 \leqslant ax\ (x, y \geqslant 0).$$

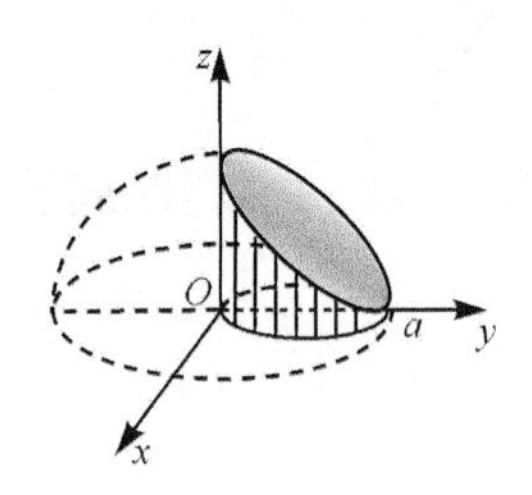

图 11-4-5

曲面方程 $z=\sqrt{a^2-x^2-y^2}$, 且

$$\sqrt{1+z_x^2+z_y^2} = \frac{a}{\sqrt{a^2-x^2-y^2}},$$

故所求面积

$$S = 4\iint_{D_{xy}}\sqrt{1+z_x^2+z_y^2}\,\mathrm{d}x\mathrm{d}y = 4\iint_{D_{xy}}\frac{a\mathrm{d}x\mathrm{d}y}{\sqrt{a^2-x^2-y^2}}$$

$$= 4a\int_0^{\frac{\pi}{2}}\mathrm{d}\theta\int_0^{a\cos\theta}\frac{r\mathrm{d}r}{\sqrt{a^2-r^2}} = -4a^2\int_0^{\frac{\pi}{2}}(\sin\theta-1)\mathrm{d}\theta = 2\pi a^2 - 4a^2.$$

## 习题 11-4

1. 当 $\Sigma$ 是 $xOy$ 面内的一个闭区域时, 曲面积分 $\iint\limits_{\Sigma} f(x,y,z)\mathrm{d}S$ 与二重积分有什么关系?

2. 计算曲面积分 $\iint\limits_{\Sigma} f(x,y,z)\mathrm{d}S$, 其中 $\Sigma$ 为抛物面 $z=2-(x^2+y^2)$ 在 $xOy$ 面上方的

部分，$f(x,y,z)$ 分别如下：

(1) $f(x,y,z)=1$;

(2) $f(x,y,z)=x^2+y^2$;

(3) $f(x,y,z)=3z$.

3. 计算 $\iint\limits_{\Sigma}(x^2+y^2)\mathrm{d}S$，其中 $\Sigma$ 是：

(1) 锥面 $z=\sqrt{x^2+y^2}$ 及平面 $z=1$ 所围成的区域的整个边界曲面；

(2) 锥面 $z^2=3(x^2+y^2)$ 被平面 $z=0$ 及 $z=3$ 所截得的部分.

4. 计算下面对面积的曲面积分：

(1) $\iint\limits_{\Sigma}\left(z+2x+\dfrac{4}{3}y\right)\mathrm{d}S$，其中 $\Sigma$ 为平面 $\dfrac{x}{2}+\dfrac{y}{3}+\dfrac{z}{4}=1$ 在第一象限中的部分；

(2) $\iint\limits_{\Sigma}(2xy-2x^2-x+z)\mathrm{d}S$，其中 $\Sigma$ 为平面 $2x+2y+z=6$ 在第一象限中的部分；

(3) $\iint\limits_{\Sigma}(x+y+z)\mathrm{d}S$，其中 $\Sigma$ 为球面 $x^2+y^2+z^2=a^2$ 上 $z\geqslant h(0<h<a)$ 的部分；

(4) $\iint\limits_{\Sigma}(xy+yz+zx)\mathrm{d}S$，其中 $\Sigma$ 为锥面 $z=\sqrt{x^2+y^2}$ 被 $x^2+y^2=2ax$ 所截得的有限部分.

# 第五节 第二类曲面积分

## 一、有向曲面：单侧曲面、双侧曲面

**定义 11.5.1** 在光滑曲面 $\Sigma$ 上任取一点 $P$(图 11-5-1)，并在该点处引一法线，该法线有两个可能的方向，选定其中一个方向，则当点 $P$ 在曲面 $\Sigma$ 上连续变动时，相应的法向量也随之连续变动. 如果点 $P$ 在曲面 $\Sigma$ 上沿任一路径连续地变动后(不跨越曲面的边界)回到原来的位置，相应的法向量的方向与原方向相同，就称 $\Sigma$ 是一个**双侧曲面**；如果相应的法向量的方向与原方向相反，就称 $\Sigma$ 是一个**单侧曲面**.

一般来说，曲面都是双侧的，如椭球面、旋转抛物面等，但是有单侧曲面，如**默比乌斯带**. 如果把一长方形纸条的一端扭转 $180°$ 后与另一端粘起来就是默比乌斯带(图 11-5-2).

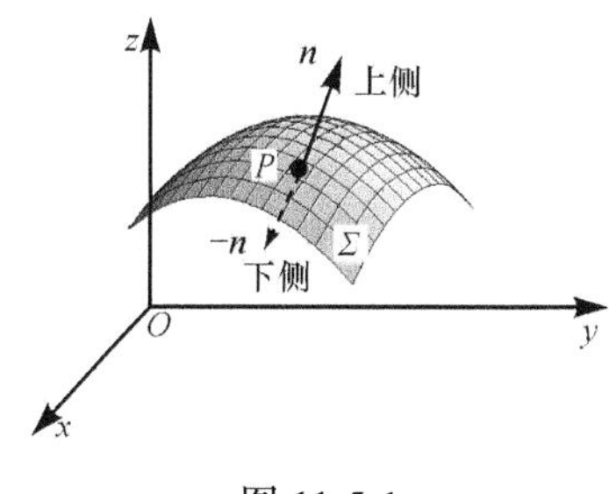


图 11-5-1

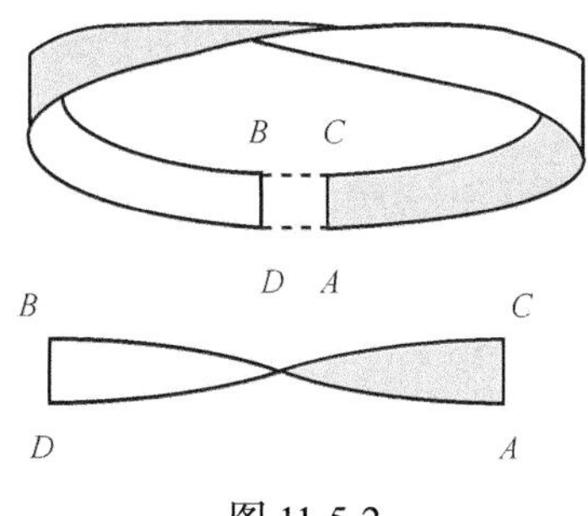


图 11-5-2

本书假定所考虑的曲面都是双侧的. 对于双侧曲面, 只要在它上面某一点处指定一个法向量后, 便可通过选定曲面上的一个法向量来规定曲面的侧. 反之, 也可通过选定曲面的侧来规定曲面上各点处的法向量的指向.

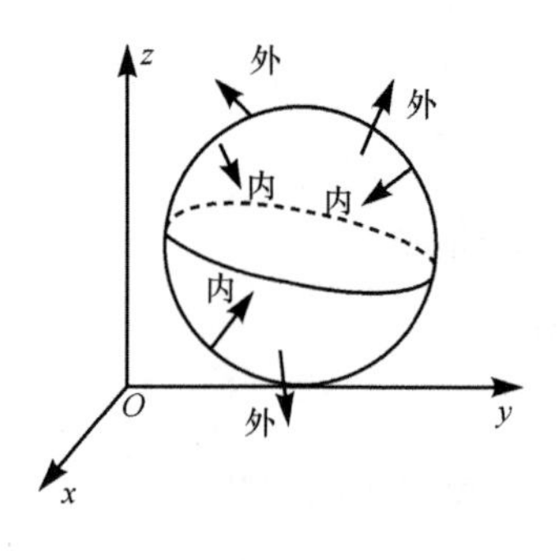


图 11-5-3

**定义 11.5.2** 取定了侧的曲面称为**有向曲面**.

如由方程 $z=z(x,y)$ 表示的图 11-5-1 的曲面, 若取它的法向量 $\boldsymbol{n}$ 指向朝上, 就认为取定曲面的上侧; 对于闭曲面, 如球面(图 11-5-3), 有外侧和内侧之分, 如果取定它的法向量指向朝外, 就认为取定曲面的外侧.

设在有向曲面 $\Sigma$ 上取一小块曲面 $\Delta S$, 把 $\Delta S$ 投影到 $xOy$ 面上的投影区域的面积为 $(\Delta\sigma)_{xy}$. 假定 $\Delta S$ 上各点处的法向量与 $z$ 轴的夹角 $\gamma$ 的余弦 $\cos\gamma$ 有相同的符号(即 $\cos\gamma$ 都是正的或都是负的).我们规定 $\Delta S$ 在 $xOy$ 面上的投影

$$(\Delta S)_{xy}=\begin{cases}(\Delta\sigma)_{xy}, & \cos\gamma>0, \quad \gamma<\dfrac{\pi}{2},\\ -(\Delta\sigma)_{xy}, & \cos\gamma<0, \quad \gamma>\dfrac{\pi}{2},\\ 0, & \cos\gamma\equiv 0, \quad \gamma=0.\end{cases}$$

类似地, 可以定义 $\Delta S$ 在 $yOz$ 及 $zOx$ 面上的投影 $(\Delta S)_{yz}$ 及 $(\Delta S)_{zx}$.

## 二、第二类曲面积分的概念与性质

设空间某个范围 $\Omega$ 有一不可压缩流体(假定密度为 1)的稳定流体流动, 速度为

$$\boldsymbol{v}(x,y,z)=P(x,y,z)\boldsymbol{i}+Q(x,y,z)\boldsymbol{j}+R(x,y,z)\boldsymbol{k},$$

称 $\Omega$ 为**流速场**, $\Sigma$ 是流速场 $\Omega$ 中的一片有向光滑曲面, 函数 $P(x,y,z),Q(x,y,z)$, $R(x,y,z)$ 在 $\Sigma$ 上连续, 从而 $\boldsymbol{v}(x,y,z)$ 也连续, 求在单位时间内流向曲面 $\Sigma$ 指定侧的流体的流量 $\Phi$.

特殊情形: 设流体流过平面上面积为 $A$ 的一个闭区域, 且流体在该闭区域上各点处的流速为常向量 $\boldsymbol{v}$, 又设 $\boldsymbol{n}$ 为该平面的单位法向量(图 11-5-4), 则单位时间内流过该闭区域的流体组成一个底面积为 $A$, 斜高为 $|\boldsymbol{v}|$ 的斜柱体, 根据第八章知识, 该斜柱体的体积为 $A|\boldsymbol{v}|\cos\theta=A\boldsymbol{v}\cdot\boldsymbol{n}$, 即在单位时间内流体通过区域 $A$ 流向 $\boldsymbol{n}$ 所指一侧的流量为

$$\Phi=A\boldsymbol{v}\cdot\boldsymbol{n}.$$

现在采用微元法来解决引例的问题.

把曲面 $\Sigma$ 任意分成小块 $\Delta S_1,\Delta S_2,\cdots,\Delta S_n$, 任取一小块面积记为 $\Delta S$, 在 $\Delta S$ 上任取一点 $(\xi_i,\eta_i,\zeta_i)$, 由于速度连续且面积很细, 可以该点处的流速(图 11-5-5)近似代替该面上任一点的流速 $\boldsymbol{v}(\xi_i,\eta_i,\zeta_i)$ 及单位法向量 $\boldsymbol{n}=\cos\alpha\boldsymbol{i}+\cos\beta\boldsymbol{j}+\cos\gamma\boldsymbol{k}$, 于是, 通过 $\Delta S$ 流向曲面指定侧的流量微元表示为

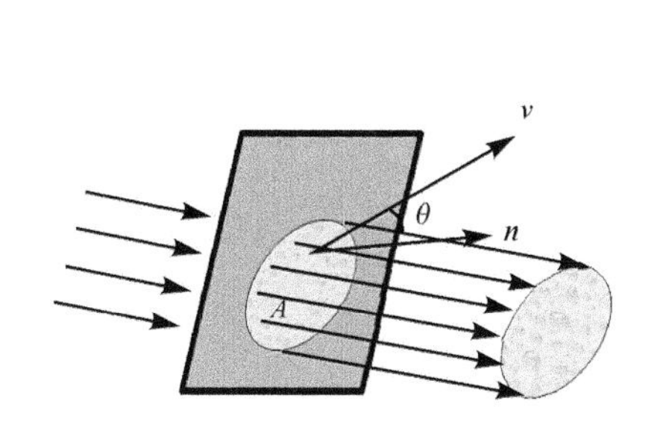


图 11-5-4

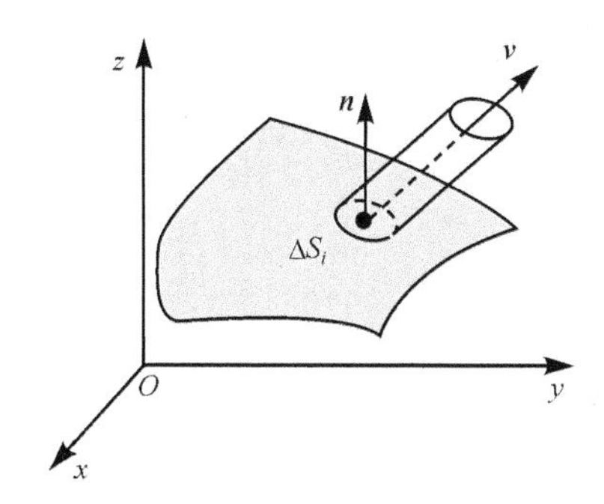


图 11-5-5

$$\mathrm{d}\varPhi = \boldsymbol{v}\cdot\boldsymbol{n}\cdot\mathrm{d}S, \tag{11.5.1}$$

故通过 $\varSigma$ 流向指定侧的流量的精确值为

$$\varPhi = \iint_{\varSigma} \boldsymbol{v}\cdot\boldsymbol{n}\mathrm{d}S = \iint_{\varSigma}\left(P\cos\alpha + Q\cos\beta + R\cos\gamma\right)\mathrm{d}S. \tag{11.5.2}$$

当 $\boldsymbol{n}$ 改为相反方向时，流量 $\varPhi$ 要改变符号.

**定义 11.5.3** 设 $\varSigma$ 为有向光滑曲面，函数 $P,Q,R$ 在 $\varSigma$ 上有界，$\varSigma$ 上任一点 $(x,y,z)$ 处的单位法向量 $\boldsymbol{n}=\cos\alpha\boldsymbol{i}+\cos\beta\boldsymbol{j}+\cos\gamma\boldsymbol{k}$，又设

$$\boldsymbol{A}(x,y,z)=P(x,y,z)\boldsymbol{i}+Q(x,y,z)\boldsymbol{j}+R(x,y,z)\boldsymbol{k},$$

则称 $\boldsymbol{A}\cdot\boldsymbol{n}$ 在曲面 $\varSigma$ 上的积分

$$\iint_{\varSigma}\boldsymbol{A}\cdot\boldsymbol{n}\mathrm{d}S = \iint_{\varSigma}(P\cos\alpha + Q\cos\beta + R\cos\gamma)\mathrm{d}S \tag{11.5.3}$$

为函数 $\boldsymbol{A}(x,y,z)$ 在有向曲面 $\varSigma$ 上的**第二类曲面积分**，其中称 $P,Q,R$ 为被积函数，$\varSigma$ 称为积分曲面.

可证明当 $P,Q,R$ 在有向光滑曲面 $\varSigma$ 上连续时，上述第二类曲面积分存在. 因此我们总假定 $P,Q,R$ 在 $\varSigma$ 上是连续的.

**有向性** 第二类曲面积分与有向曲面 $\varSigma$ 的法向量的指向有关，如果改变曲面 $\varSigma$ 的法向量的指向，则积分要改变符号，即

$$\iint_{\varSigma}\boldsymbol{A}\cdot\boldsymbol{n}\mathrm{d}S = -\iint_{-\varSigma}\boldsymbol{A}\cdot\boldsymbol{n}\mathrm{d}S. \tag{11.5.4}$$

**积分区域可加性** 若曲面 $\varSigma$ 由两片光滑的曲面 $\varSigma_1$ 和 $\varSigma_2$ 构成，则

$$\iint_{\varSigma}\boldsymbol{A}\cdot\boldsymbol{n}\mathrm{d}S = \iint_{\varSigma_1}\boldsymbol{A}\cdot\boldsymbol{n}\mathrm{d}S + \iint_{\varSigma_2}\boldsymbol{A}\cdot\boldsymbol{n}\mathrm{d}S.$$

在第二类曲面积分 $\iint\limits_{\varSigma}\boldsymbol{A}\cdot\boldsymbol{n}\mathrm{d}S$ 中，我们称 $\boldsymbol{n}\mathrm{d}S$ 为**有向曲面元**，常将其记为 $\mathrm{d}\boldsymbol{S}$. 它在三个坐标面上的投影分别记为

$$\cos\alpha\mathrm{d}S = \mathrm{d}y\mathrm{d}z, \quad \cos\beta\mathrm{d}S = \mathrm{d}z\mathrm{d}x, \quad \cos\gamma\mathrm{d}S = \mathrm{d}x\mathrm{d}y. \tag{11.5.5}$$

第二类曲面积分式便可写成

$$\iint_{\Sigma} \boldsymbol{A} \mathrm{d}\boldsymbol{S} = \iint_{\Sigma} \boldsymbol{A} \cdot \boldsymbol{n} \mathrm{d}S = \iint_{\Sigma} (P\cos\alpha + Q\cos\beta + R\cos\gamma)\mathrm{d}S$$

$$= \iint_{\Sigma} P\mathrm{d}y\mathrm{d}z + Q\mathrm{d}z\mathrm{d}x + R\mathrm{d}x\mathrm{d}y. \qquad (11.5.6)$$

在实际应用中第二类曲面积分常用的形式是

$$\iint_{\Sigma} P\mathrm{d}y\mathrm{d}z + Q\mathrm{d}z\mathrm{d}x + R\mathrm{d}x\mathrm{d}y,$$

故又称为**对坐标的曲面积分**. 其中

$\iint_{\Sigma} P\mathrm{d}y\mathrm{d}z$ 称为 $P$ 在有向曲面 $\Sigma$ 上**对坐标 $y,z$ 的曲面积分**;

$\iint_{\Sigma} Q\mathrm{d}z\mathrm{d}x$ 称为 $Q$ 在有向曲面 $\Sigma$ 上**对坐标 $z,x$ 的曲面积分**;

$\iint_{\Sigma} R\mathrm{d}x\mathrm{d}y$ 称为 $R$ 在有向曲面 $\Sigma$ 上**对坐标 $x,y$ 的曲面积分**.

式(11.5.6)给出了第一类与第二类曲面积分之间的联系.要注意这里的 $\mathrm{d}y\mathrm{d}z$, $\mathrm{d}z\mathrm{d}x$, $\mathrm{d}x\mathrm{d}y$ 可能为正也可能为负, 甚至为零, 而且当 $\boldsymbol{n}$ 改变方向时, 它们的符号随之改变, 与二重积分的面积微元 $\mathrm{d}x\mathrm{d}y$ 总取正值是有区别的.

## 三、第二类曲面积分的计算

一般是把第二类曲面积分化成二重积分, 使用**分面投影法**考察积分 $\iint_{\Sigma} R(x,y,z)\mathrm{d}x\mathrm{d}y$ 的计算问题, 其他情形可依此类推.

(1) 设光滑曲面 $\Sigma: z = z(x,y)$, 与平行于 $z$ 轴的直线至多交于一点(更复杂的情形可分片考虑), 它在 $xOy$ 面上的投影区域为 $D_{xy}$, 则

$$\iint_{\Sigma} R(x,y,z)\mathrm{d}x\mathrm{d}y = \iint_{\Sigma} R(x,y,z)\cos\gamma \mathrm{d}S$$

$$= \iint_{D_{xy}} R[x,y,z(x,y)]\frac{\cos\gamma}{|\cos\gamma|}\mathrm{d}\sigma \quad \left(\gamma \neq \frac{\pi}{2}\right).$$

于是

$$\iint_{\Sigma} R(x,y,z)\mathrm{d}x\mathrm{d}y = \pm\iint_{D_{xy}} R[x,y,z(x,y)]\mathrm{d}x\mathrm{d}y. \qquad (11.5.7)$$

$\gamma$ 是锐角时上式右端取“+”号, $\Sigma$ 取上侧, $\gamma$ 是钝角时取“−”号, $\Sigma$ 取下侧.

当 $\gamma = \dfrac{\pi}{2}$ 时,

$$\iint_{\Sigma} R(x,y,z)\mathrm{d}x\mathrm{d}y = 0\,. \tag{11.5.8}$$

(2) 设光滑曲面 $\Sigma$ 由 $x = x(y,z)$ 给出，则有

$$\iint_{\Sigma} R(x,y,z)\mathrm{d}y\mathrm{d}z = \pm\iint_{D_{yz}} P[x(y,z),y,z]\mathrm{d}y\mathrm{d}z. \tag{11.5.9}$$

$\alpha$ 是锐角时取“+”号，$\Sigma$ 为前侧，$\alpha$ 是钝角时取“–”号，$\Sigma$ 为后侧.

当 $\alpha = \dfrac{\pi}{2}$ 时，

$$\iint_{\Sigma} R(x,y,z)\mathrm{d}y\mathrm{d}z = 0. \tag{11.5.10}$$

(3) 设光滑曲面 $\Sigma$ 由 $y = y(z,x)$ 给出，则有

$$\iint_{\Sigma} Q(x,y,z)\mathrm{d}z\mathrm{d}x = \pm\iint_{D_{zx}} Q[x,y(z,x),z]\mathrm{d}z\mathrm{d}x. \tag{11.5.11}$$

当 $\beta = \dfrac{\pi}{2}$ 时，

$$\iint_{\Sigma} P(x,y,z)\mathrm{d}y\mathrm{d}z = 0. \tag{11.5.12}$$

$\beta$ 是锐角时取“+”号，$\Sigma$ 为右侧，$\beta$ 是钝角时取“–”号，$\Sigma$ 为左侧.

**例 11.5.1**　计算 $\iint\limits_{\Sigma} xyz\mathrm{d}x\mathrm{d}y$，其中 $\Sigma$ 是球面 $x^2+y^2+z^2=1$ 外侧在 $x \geqslant 0$，$y \geqslant 0$ 的部分.

**解**　如图 11-5-6，把 $\Sigma$ 分成 $\Sigma_1$ 和 $\Sigma_2$ 两部分，则

$\Sigma_1$ 的方程为 $z_1 = \sqrt{1-x^2-y^2}$；

$\Sigma_2$ 的方程为 $z_2 = -\sqrt{1-x^2-y^2}$ .

按题意，球面 $\Sigma$ 取外侧，即 $\Sigma_1$ 应取上侧，$\Sigma_2$ 应取下侧，故

$$\begin{aligned}
\iint_{\Sigma} xyz\mathrm{d}x\mathrm{d}y &= \iint_{\Sigma_1} xyz\mathrm{d}x\mathrm{d}y + \iint_{\Sigma_2} xyz\mathrm{d}x\mathrm{d}y \\
&= \iint_{D_{xy}} xy\sqrt{1-x^2-y^2}\mathrm{d}x\mathrm{d}y - \iint_{D_{xy}} xy(-\sqrt{1-x^2-y^2})\mathrm{d}x\mathrm{d}y \\
&= 2\iint_{D_{xy}} xy\sqrt{1-x^2-y^2}\mathrm{d}x\mathrm{d}y = 2\iint_{D_{xy}} r^2\sin\theta\cos\theta\sqrt{1-r^2}\,r\mathrm{d}r\mathrm{d}\theta \\
&= \int_0^{\pi/2}\sin 2\theta\mathrm{d}\theta\int_0^1 r^3\sqrt{1-r^2}\mathrm{d}r = \frac{2}{15}.
\end{aligned}$$

**例 11.5.2**　计算 $\iint\limits_{\Sigma}(z^2+x)\mathrm{d}y\mathrm{d}z - z\mathrm{d}x\mathrm{d}y$，其中 $\Sigma$ 是旋转抛物面 $z=\dfrac{1}{2}(x^2+y^2)$ 介于平

面 $z=0$ 及 $z=2$ 之间的部分的下侧(图 11-5-7).

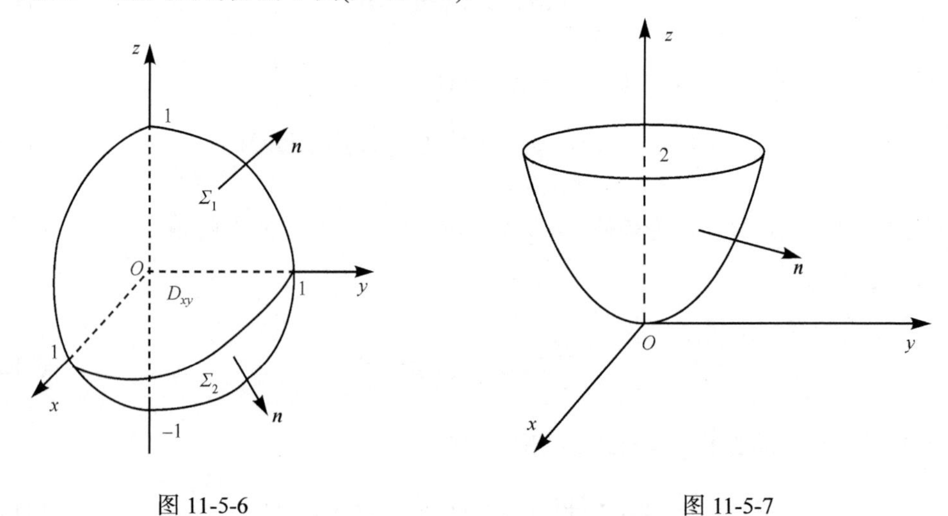


图 11-5-6　　　　图 11-5-7

**解**　因为

$$\iint_{\Sigma}(z^2+x)\mathrm{d}y\mathrm{d}z=\iint_{\Sigma}(z^2+x)\cos\alpha\mathrm{d}S=\iint_{\Sigma}(z^2+x)\frac{\cos\alpha}{\cos\gamma}\mathrm{d}x\mathrm{d}y,$$

而在曲面 $\Sigma$ 上, 有

$$\cos\alpha=\frac{x}{\sqrt{1+x^2+y^2}},\quad \cos\gamma=\frac{-1}{\sqrt{1+x^2+y^2}}.$$

所以

$$\begin{aligned}\iint_{\Sigma}(z^2+x)\mathrm{d}y\mathrm{d}z-z\mathrm{d}x\mathrm{d}y&=\iint_{\Sigma}[(z^2+x)(-x)-z]\mathrm{d}x\mathrm{d}y\\&=-\iint_{D_{xy}}\left\{\left[\frac{1}{4}(x^2+y^2)^2+x\right]\cdot(-x)-\frac{1}{2}(x^2+y^2)\right\}\mathrm{d}x\mathrm{d}y\\&=\iint_{D_{xy}}\left[\frac{1}{4}(x^2+y^2)^2x+x^2+\frac{1}{2}(x^2+y^2)\right]\mathrm{d}x\mathrm{d}y\\&=\int_0^{2\pi}\mathrm{d}\theta\int_0^2\left(r^2\cos^2\theta+\frac{1}{2}r^2\right)r\mathrm{d}r.\\&=8\pi.\end{aligned}$$

**例 11.5.3**　计算 $\iint\limits_{\Sigma}(x+y)\mathrm{d}y\mathrm{d}z+(y+z)\mathrm{d}z\mathrm{d}x+(z+x)\mathrm{d}x\mathrm{d}y$, 其中 $\Sigma$ 是以原点为中心、边长为 $a$ 的正立方体的整个表面的外侧.

**解**　如图 11-5-8 所示, 利用对称性.

$\Sigma$ 的顶部取上侧 $\Sigma_1: z=\frac{a}{2}\left(|x|\leqslant\frac{a}{2},|y|\leqslant\frac{a}{2}\right)$,

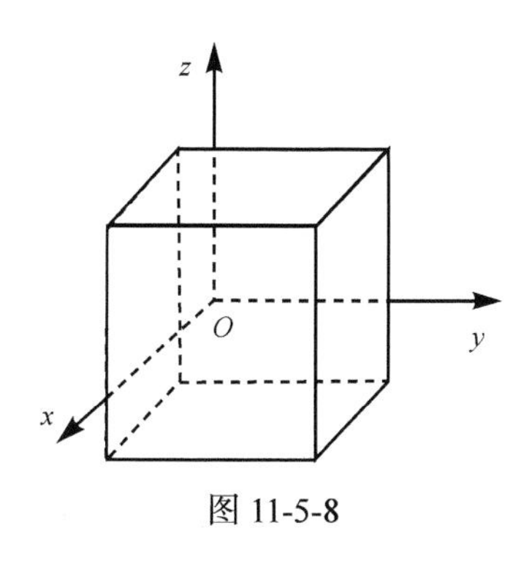

图 11-5-8

$\Sigma$ 的底部取下侧 $\Sigma_2: z=-\frac{a}{2}\left(|x|\leqslant\frac{a}{2},|y|\leqslant\frac{a}{2}\right)$,

$$
\begin{aligned}
\text{原式} &= 3\iint_{\Sigma}(z+x)\mathrm{d}x\mathrm{d}y \\
&= 3\left[\iint_{\Sigma_1}(z+x)\mathrm{d}x\mathrm{d}y+\iint_{\Sigma_2}(z+x)\mathrm{d}x\mathrm{d}y\right] \\
&= 3\left[\iint_{D_{xy}}\left(\frac{a}{2}+x\right)\mathrm{d}x\mathrm{d}y-\iint_{D_{xy}}\left(-\frac{a}{2}+x\right)\mathrm{d}x\mathrm{d}y\right] \\
&= 3a\iint_{D_{xy}}\mathrm{d}x\mathrm{d}y \\
&= 3a^3.
\end{aligned}
$$

## 习题 11-5

1. 按对坐标的曲面积分的定义证明公式

$$\iint_{\Sigma}[P_1(x,y,z)\pm P_2(x,y,z)]\mathrm{d}y\mathrm{d}z=\iint_{\Sigma}P_1(x,y,z)\mathrm{d}y\mathrm{d}z\pm\iint_{\Sigma}P_2(x,y,z)]\mathrm{d}y\mathrm{d}z.$$

2. 当 $\Sigma$ 为 $xOy$ 面内的一个闭区域时，曲面积分 $\iint_{\Sigma}R(x,y,z)\mathrm{d}x\mathrm{d}y$ 与二重积分有什么关系？

3. 计算下列对坐标的曲面积分:

(1) $\iint_{\Sigma}x^2y^2z\mathrm{d}x\mathrm{d}y$, 其中 $\Sigma$ 是球面 $x^2+y^2+z^2=R^2$ 的下半部分的下侧;

(2) $\iint_{\Sigma}z\mathrm{d}x\mathrm{d}y+x\mathrm{d}y\mathrm{d}z+y\mathrm{d}z\mathrm{d}x$, 其中 $\Sigma$ 是柱面被平面 $z=0$ 及 $z=3$ 所截得的在第一卦限内的部分的前侧;

(3) $\iint_{\Sigma}[f(x,y,z)+x]\mathrm{d}y\mathrm{d}z+[2f(x,y,z)+y]\mathrm{d}z\mathrm{d}x+[f(x,y,z)+z]\mathrm{d}x\mathrm{d}y$, 其中 $f(x,y,z)$ 为连续函数，$\Sigma$ 是平面 $x-y+z=1$ 在第四卦限部分的上侧;

(4) $\oint\!\!\!\oint_{\Sigma}xz\mathrm{d}x\mathrm{d}y+xy\mathrm{d}y\mathrm{d}z+yz\mathrm{d}z\mathrm{d}x$, 其中 $\Sigma$ 是平面 $x=0,y=0,z=0,x+y+z=1$ 所围成的空间区域的整个边界曲面的外侧.

4. 把对坐标的曲面积分 $\iint_{\Sigma}P(x,y,z)\mathrm{d}y\mathrm{d}z+Q(x,y,z)\mathrm{d}z\mathrm{d}x+R(x,y,z)\mathrm{d}x\mathrm{d}y$ 化成对面积的曲面积分，其中

(1) $\Sigma$ 是平面 $3x+2y+2\sqrt{3}z=6$ 在第一卦限的部分的上侧;

(2) $\Sigma$ 是抛物面 $z=8-(x^2+y^2)$ 在 $xOy$ 面上方的部分的上侧.

# 第六节　高斯公式　斯托克斯公式

## 一、高斯公式

**定理 11.6.1**　设空间闭区域 $\Omega$ 由分片光滑的闭曲面 $\Sigma$ 围成, 函数 $P(x,y,z)$, $Q(x,y,z)$, $R(x,y,z)$ 在 $\Omega$ 上具有一阶连续偏导数, 则有

$$\iiint\limits_{\Omega}\left(\frac{\partial P}{\partial x}+\frac{\partial Q}{\partial y}+\frac{\partial R}{\partial z}\right)\mathrm{d}v=\oint\!\!\!\oint\limits_{\Sigma}P\mathrm{d}y\mathrm{d}z+Q\mathrm{d}z\mathrm{d}x+R\mathrm{d}x\mathrm{d}y. \tag{11.6.1}$$

$\Sigma$ 是 $\Omega$ 的整个边界曲面的外侧. 式(11.6.1)式称为**高斯**(Gauss)**公式**.

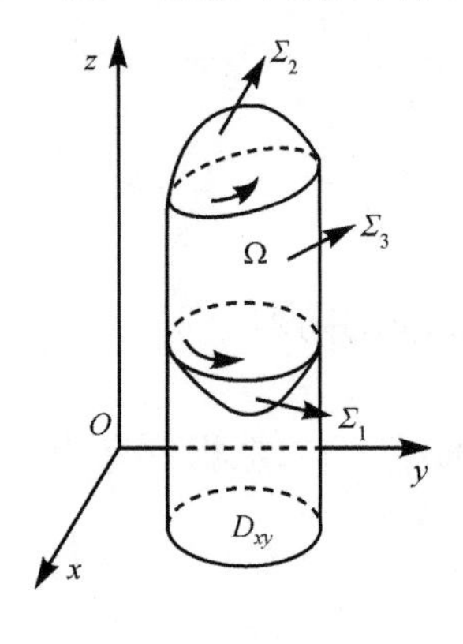

图 11-6-1

高斯公式揭示了空间闭区域边界曲面上的曲面积分与该闭区域上的三重积分之间的关系. 而格林公式揭示了平面区域边界曲线上的曲线积分与该区域上的二重积分之间的关系. 高斯公式是格林公式在三维空间中的推广.

**证明**　设闭区域 $\Omega$ 在 $xOy$ 面上的投影区域为 $D_{xy}$. 以 $D_{xy}$ 的边界为准线, 以平行于 $z$ 轴的直线为母线所做成的柱面, 把闭曲面 $\Sigma$ 分成三部分: 其一是 $\Sigma$ 的侧面 $\Sigma_3$, 另外两部分分别为 $\Sigma$ 的上底 $\Sigma_2$ 和下底 $\Sigma_1$(图 11-6-1), 其中

$\Sigma_1$: $z=z_1(x,y)$, $(x,y)\in D_{xy}$, 取下侧,

$\Sigma_2$: $z=z_2(x,y)$, $(x,y)\in D_{xy}$, 取上侧.

因为 $\Sigma_3$ 上的法向量垂直于 $z$ 轴, 由对坐标曲面积分的计算法得到

$$\iint\limits_{\Sigma_1}R\mathrm{d}x\mathrm{d}y=-\iint\limits_{D_{xy}}R[x,y,z_1(x,y)]\mathrm{d}x\mathrm{d}y,$$

$$\iint\limits_{\Sigma_2}R\mathrm{d}x\mathrm{d}y=\iint\limits_{D_{xy}}R[x,y,z_2(x,y)]\mathrm{d}x\mathrm{d}y,$$

$$\iint\limits_{\Sigma_3}R\mathrm{d}x\mathrm{d}y=0,$$

故

$$\oint\!\!\!\oint\limits_{R}R\mathrm{d}x\mathrm{d}y=\iint\limits_{D_{xy}}\{R[x,y,z_2(x,y)]-R[x,y,z_1(x,y)]\}\mathrm{d}x\mathrm{d}y. \tag{11.6.2}$$

计算三重积分

$$\iiint\limits_{\Omega}\frac{\partial R}{\partial z}\mathrm{d}v=\iint\limits_{D_{xy}}\left\{\int_{z_1(x,y)}^{z_2(x,y)}\frac{\partial R}{\partial z}\mathrm{d}z\right\}\mathrm{d}x\mathrm{d}y$$

$$=\iint\limits_{D_{xy}}\{R[x,y,z_2(x,y)]-R[x,y,z_1(x,y)]\}\mathrm{d}x\mathrm{d}y, \tag{11.6.3}$$

比较式(11.6.2)和式(11.6.3), 得

$$\iiint\limits_{\Omega}\frac{\partial R}{\partial z}\mathrm{d}z=\oiint\limits_{\Sigma}R(x,y,z)\mathrm{d}x\mathrm{d}y.$$

同理

$$\iiint\limits_{\Omega}\frac{\partial P}{\partial z}\mathrm{d}v=\oiint\limits_{\Sigma}P(x,y,z)\mathrm{d}y\mathrm{d}z,\quad \iiint\limits_{\Omega}\frac{\partial Q}{\partial y}\mathrm{d}v=\oiint\limits_{\Sigma}Q(x,y,z)\mathrm{d}z\mathrm{d}x.$$

将上述三式相加, 即得

$$\iiint\limits_{\Omega}\left(\frac{\partial P}{\partial x}+\frac{\partial Q}{\partial y}+\frac{\partial R}{\partial z}\right)\mathrm{d}v=\oiint\limits_{\Sigma}P\mathrm{d}y\mathrm{d}z+Q\mathrm{d}z\mathrm{d}x+R\mathrm{d}x\mathrm{d}y.$$

若曲面 $\Sigma$ 与平行于坐标轴的直线的交点多于两个, 则可用光滑曲面将有界闭区域 $\Omega$ 分割成若干个小区域, 使得围成每个小区域的闭曲面满足定理的条件, 在添加的曲面上的第二类曲面积分值正好相互抵消, 此时高斯公式仍是成立的.

根据两类曲面积分之间的关系, 高斯公式也可表为

$$\iiint\limits_{\Omega}\left(\frac{\partial P}{\partial x}+\frac{\partial Q}{\partial y}+\frac{\partial R}{\partial z}\right)\mathrm{d}v=\oiint\limits_{\Sigma}(P\cos\alpha+Q\cos\beta+R\cos\gamma)\mathrm{d}S, \tag{11.6.4}$$

其中 $\cos\alpha,\cos\beta,\cos\gamma$ 是 $\Sigma$ 上点 $(x,y,z)$ 处的法向量的方向余弦.

**例 11.6.1** 计算曲面积分 $\oiint\limits_{\Sigma}(x-y)\mathrm{d}x\mathrm{d}y+(y-z)x\mathrm{d}y\mathrm{d}z$, 其中 $\Sigma$ 为柱面 $x^2+y^2=1$ 及平面 $z=0,z=2$ 所围成的空间闭区域 $\Omega$ 的整个边界曲面的外侧(图 11-6-2).

**解** 设 $P=(y-z)x$, $Q=0$, $R=x-y$, 故

$$\frac{\partial P}{\partial x}=y-z,\quad \frac{\partial Q}{\partial y}=0,\quad \frac{\partial R}{\partial z}=0,$$

运用高斯公式和柱面坐标, 得

$$\oiint\limits_{\Sigma}(x-y)\mathrm{d}x\mathrm{d}y+(y-z)x\mathrm{d}y\mathrm{d}z=\iiint\limits_{\Omega}(y-z)\mathrm{d}x\mathrm{d}y\mathrm{d}z$$

$$=\int_0^{2\pi}\mathrm{d}\theta\int_0^1\mathrm{d}r\int_0^2(r\sin\theta-z)r\mathrm{d}z=-4\pi.$$

**例 11.6.2** 计算 $\iint\limits_{\Sigma}(z^2-y)\mathrm{d}z\mathrm{d}x+(x^2-z)\mathrm{d}x\mathrm{d}y$, 其中 $\Sigma$ 为旋转抛物面 $z=1-x^2-y^2$ 在 $0\leqslant z\leqslant 1$ 部分的外侧.

**解**　作辅助平面 $\Sigma_1: z=0$, 曲面 $\Sigma$ 与平面 $\Sigma_1$ 围成空间有界闭区域 $\Omega$ (图 11-6-3). 由高斯公式得

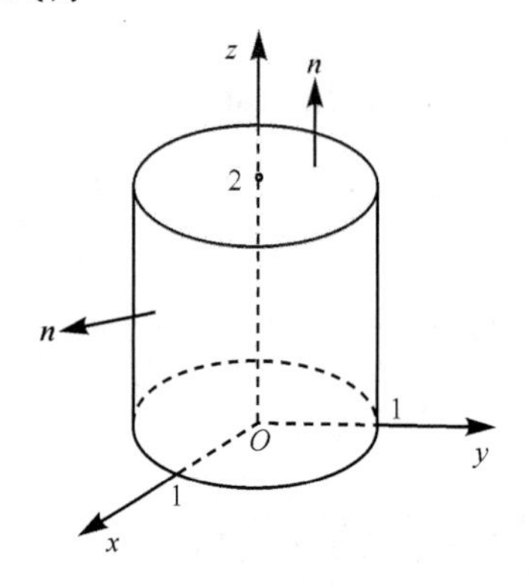


图 11-6-2

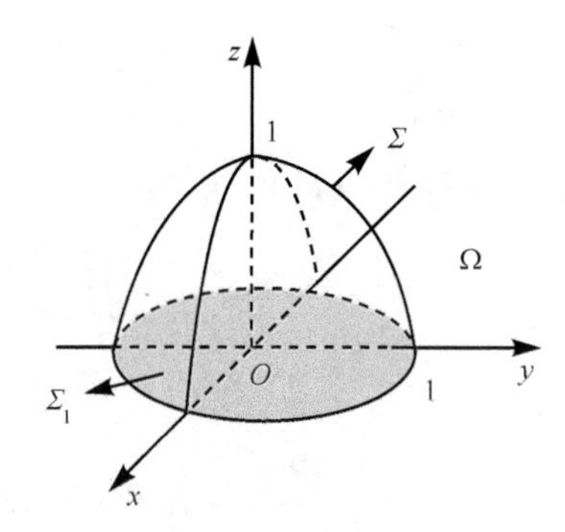


图 11-6-3

$$\begin{aligned}&\iint_{\Sigma}(z^2-y)\mathrm{d}z\mathrm{d}x+(x^2-z)\mathrm{d}x\mathrm{d}y\\&=\iint_{\Sigma+\Sigma_1}(z^2-y)\mathrm{d}z\mathrm{d}x+(x^2-z)\mathrm{d}x\mathrm{d}y-\iint_{\Sigma_1}(z^2-y)\mathrm{d}z\mathrm{d}x+(x^2-z)\mathrm{d}x\mathrm{d}y\\&=\iiint_{\Omega}(-2)\mathrm{d}v-\iint_{\Sigma_1}(x^2-z)\mathrm{d}x\mathrm{d}y=-2\int_0^{2\pi}\mathrm{d}\theta\int_0^1\mathrm{d}r\int_0^{1-r^2}r\mathrm{d}z-\iint_{D_{xy}}x^2\mathrm{d}\sigma\\&=4\pi\int_0^1 r(1-r^2)\mathrm{d}r-\int_0^{2\pi}\mathrm{d}\theta\int_0^1 r^2\cos^2\theta\cdot r\mathrm{d}r\\&=-\pi+\frac{\pi}{4}=-\frac{3\pi}{4}.\end{aligned}$$

**例 11.6.3**　计算 $\iint_{\Sigma}(x^2\cos\alpha+y^2\cos\beta+z^2\cos\gamma)\mathrm{d}S$, 其中 $\Sigma$ 为锥面 $x^2+y^2=z^2$ $(0\leqslant z\leqslant h)$ 取下侧, $\alpha,\beta,\gamma$ 为此曲面外法线向量的方向角.

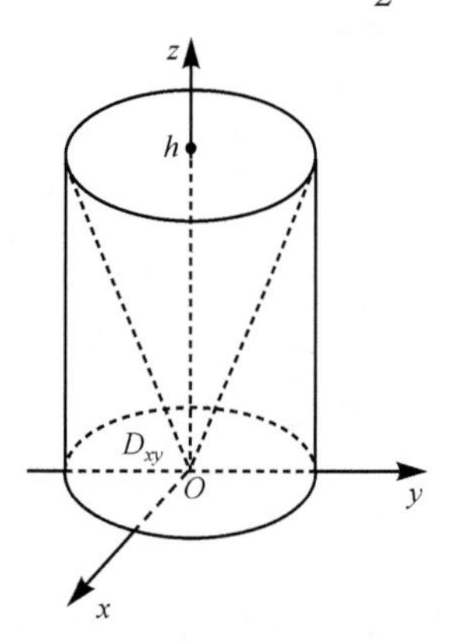


图 11-6-4

**解**　设曲面 $\Sigma$ 在 $xOy$ 面上的投影域为 $D_{xy}$, 作辅助平面

$$\Sigma_1: z=h \quad (x^2+y^2\leqslant h^2),$$

取 $\Sigma_1$ 的上侧, 则 $\Sigma+\Sigma_1$ 构成封闭曲面(图 11-6-4), 设它所围成空间区域为 $\Omega$. 应用高斯公式得

$$\begin{aligned}&\oiint_{\Sigma+\Sigma_1}(x^2\cos\alpha+y^2\cos\beta+z^2\cos\gamma)\mathrm{d}S\\&=2\iiint_{\Omega}(x+y+z)\mathrm{d}v=2\iint_{D_{xy}}\mathrm{d}x\mathrm{d}y\int_{\sqrt{x^2+y^2}}^{h}(x+y+z)\mathrm{d}z,\end{aligned}$$

因为

$$\iint\limits_{D_{xy}} \mathrm{d}x\mathrm{d}y \int_{\sqrt{x^2+y^2}}^{h} (x+y)\mathrm{d}z = 0,\quad D_{xy} = \left\{(x,y)\middle| x^2+y^2 \leqslant h^2\right\},$$

所以

$$\begin{aligned}&\oiint\limits_{\Sigma+\Sigma_1} (x^2\cos\alpha + y^2\cos\beta + z^2\cos\gamma)\mathrm{d}S \\ &= 2\iint\limits_{D_{xy}} \mathrm{d}x\mathrm{d}y \int_{\sqrt{x^2+y^2}}^{h} z\mathrm{d}z = \iint\limits_{D_{xy}} (h^2-x^2-y^2)\mathrm{d}x\mathrm{d}y = \frac{1}{2}\pi h^4.\end{aligned}$$

而

$$\iint\limits_{\Sigma_1} (x^2\cos\alpha + y^2\cos\beta + z^2\cos\gamma)\mathrm{d}S = \iint\limits_{\Sigma_1} z^2\mathrm{d}x\mathrm{d}y = \iint\limits_{D_{xy}} h^2\mathrm{d}x\mathrm{d}y = \pi h^4,$$

故

$$\iint\limits_{\Sigma} (x^2\cos\alpha + y^2\cos\beta + z^2\cos\gamma)\mathrm{d}S = \frac{1}{2}\pi h^4 - \pi h^4 = -\frac{1}{2}\pi h^4.$$

## 二、斯托克斯公式

斯托克斯(Stokes)公式建立了沿空间曲面 $\Sigma$ 的曲面积分与沿 $\Sigma$ 的边界曲线 $\Gamma$ 的曲线积分之间的联系，也是格林公式的推广.

**右手法则**　规定当观察者站在曲面 $\Sigma$ 上指定的一侧沿着 $\Gamma$ 行走，指定的侧总在观察者的左方时，观察者前进的方向就是边界曲线 $\Gamma$ 的正向(图 11-6-5).

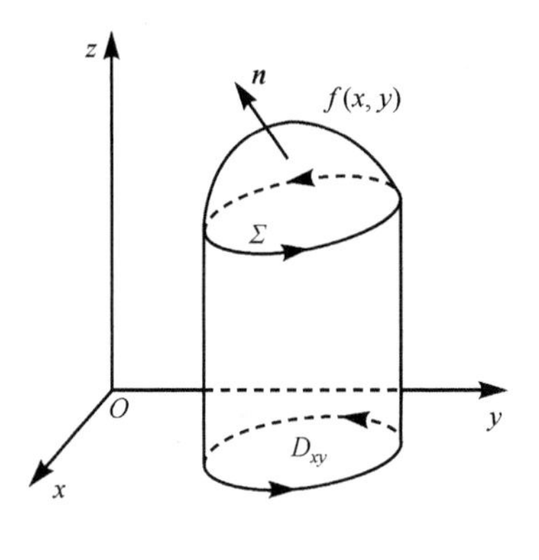


图 11-6-5

**定理 11.6.2**　设 $\Sigma$ 是以分段光滑的空间有向闭曲线 $\Gamma$ 为边界的分片光滑的有向曲面，$\Gamma$ 的正向与 $\Sigma$ 的侧符合右手法则，函数 $P(x,y,z)$，$Q(x,y,z)$，$R(x,y,z)$ 在包含曲面 $\Sigma$ 在内的一个空间区域内具有一阶连续偏导数，则有

$$\begin{aligned}&\iint\limits_{\Sigma} \left(\frac{\partial R}{\partial y} - \frac{\partial Q}{\partial z}\right)\mathrm{d}y\mathrm{d}z + \left(\frac{\partial P}{\partial z} - \frac{\partial R}{\partial x}\right)\mathrm{d}z\mathrm{d}x + \left(\frac{\partial Q}{\partial x} - \frac{\partial P}{\partial y}\right)\mathrm{d}x\mathrm{d}y \\ &= \oint_L P\mathrm{d}x + Q\mathrm{d}y + R\mathrm{d}z, \qquad (11.6.5)\end{aligned}$$

公式(11.6.5)称为**斯托克斯公式**. 借助行列式的符号可改写成

$$\iint\limits_{\Sigma} \begin{vmatrix} \mathrm{d}y\mathrm{d}z & \mathrm{d}z\mathrm{d}x & \mathrm{d}x\mathrm{d}y \\ \dfrac{\partial}{\partial x} & \dfrac{\partial}{\partial y} & \dfrac{\partial}{\partial z} \\ P & Q & R \end{vmatrix} = \oint_\Gamma P\mathrm{d}x + Q\mathrm{d}y + R\mathrm{d}z. \qquad (11.6.6)$$

**证** 设 $\Sigma$ 与平行于 $z$ 轴的直线相交不多于一点，并设 $\Sigma$ 为曲面 $z=f(x,y)$ 的上侧，$\Sigma$ 的正向边界曲线 $\Gamma$ 在 $xOy$ 的投影为有向曲线 $C$，它所围区域为 $D_{xy}$. 我们先证

$$\iint_{\Sigma}\frac{\partial P}{\partial z}\mathrm{d}z\mathrm{d}x-\frac{\partial P}{\partial y}\mathrm{d}x\mathrm{d}y=\oint_{\Gamma}P\mathrm{d}x. \tag{11.6.7}$$

因为有向曲面 $\Sigma$ 的法向量的方向余弦为

$$\cos\alpha=\frac{-f_x}{M},\quad \cos\beta=\frac{-f_y}{M},\quad \cos\gamma=\frac{1}{M},$$

其中 $M=\sqrt{1+f_x^2+f_y^2}$，由此可得

$$f_x=-\frac{\cos\alpha}{\cos\gamma},\quad f_y=-\frac{\cos\beta}{\cos\gamma},$$

于是

$$\begin{aligned}
&\iint_{\Sigma}\frac{\partial P}{\partial z}\mathrm{d}z\mathrm{d}x-\frac{\partial P}{\partial y}\mathrm{d}x\mathrm{d}y\\
&=\iint_{\Sigma}\left(\frac{\partial P}{\partial z}\cos\beta-\frac{\partial P}{\partial y}\cos\gamma\right)\mathrm{d}S\\
&=-\iint_{\Sigma}\left(\frac{\partial P}{\partial y}+\frac{\partial P}{\partial z}f_y\right)\cos\gamma\mathrm{d}S=-\iint_{\Sigma}\left(\frac{\partial P}{\partial y}+\frac{\partial P}{\partial z}f_y\right)\mathrm{d}x\mathrm{d}y\\
&=-\iint_{D_{xy}}\frac{\partial}{\partial y}P[x,y,f(x,y)]\mathrm{d}x\mathrm{d}y=\oint_{C}P[x,y,f(x,y)]\mathrm{d}x\\
&=\oint_{\Gamma}P(x,y,z)\mathrm{d}x.
\end{aligned}$$

如果曲面与平行于 $z$ 轴的直线的交点多于一个，则可利用辅助曲线把曲面分成几部分，然后利用公式(11.6.7)并相加，因为沿辅助曲线而方向相反的两个曲线积分相加时正好抵消，所以，对于这一类曲面，公式(11.6.7)也成立.

同理可证

$$\iint_{\Sigma}\frac{\partial Q}{\partial x}\mathrm{d}x\mathrm{d}y-\frac{\partial Q}{\partial z}\mathrm{d}y\mathrm{d}z=\oint_{\Gamma}Q(x,y,z)\mathrm{d}y,$$

$$\iint_{\Sigma}\frac{\partial R}{\partial y}\mathrm{d}y\mathrm{d}z-\frac{\partial R}{\partial x}\mathrm{d}z\mathrm{d}x=\oint_{\Gamma}R(x,y,z)\mathrm{d}z,$$

把它们与式(11.6.7)相加即证得斯托克斯公式.

利用两类曲面积分之间的关系，斯托克斯公式(11.6.5)也可写成

$$\iint_{\Sigma}\begin{vmatrix}\cos\alpha & \cos\beta & \cos\gamma\\ \dfrac{\partial}{\partial x} & \dfrac{\partial}{\partial y} & \dfrac{\partial}{\partial z}\\ P & Q & R\end{vmatrix}\mathrm{d}S=\oint_{\Gamma}P\mathrm{d}x+Q\mathrm{d}y+R\mathrm{d}z, \tag{11.6.8}$$

其中 $\boldsymbol{n}=(\cos\alpha,\cos\beta,\cos\gamma)$ 为有向曲面 $\Sigma$ 的单位法向量.

## *三、空间曲线积分与路径无关的条件

前面我们利用格林公式推出了平面曲线积分与路径无关的条件; 类似地可以利用斯托克斯公式推出空间曲线积分与路径无关的条件.

**空间一维单连通区域**是指: 对 $G$ 中任一封闭曲线 $\varGamma$, 若 $\varGamma$ 不越过 $G$ 的边界曲面, 则可连续收缩成 $G$ 内的一点. 例如两个同心球面所围成的区域就是空间一维单连通区域. **空间二维单连通区域**是指: 对 $G$ 中任一封闭曲面 $\Sigma$, 若 $\Sigma$ 不越过的 $G$ 边界曲面, 则可连续收缩成 $G$ 内的一点.

**定理 11.6.3**　设空间区域 $G$ 是一维单连通区域, 函数 $P,Q,R$ 在 $G$ 内具有一阶连续偏导数, 则下列四个条件是等价的:

(1) 对于 $G$ 内任一分段光滑的封闭曲线 $\varGamma$, 有

$$\oint_{\varGamma} P\mathrm{d}x+Q\mathrm{d}y+R\mathrm{d}z=0;$$

(2) 对于 $G$ 内任一分段光滑的曲线 $\varGamma$, 曲线积分

$$\int_{\varGamma} P\mathrm{d}x+Q\mathrm{d}y+R\mathrm{d}z$$

与路径无关, 仅与起点, 终点有关;

(3) $P\mathrm{d}x+Q\mathrm{d}y+R\mathrm{d}z$ 是 $G$ 内某一函数 $u(x,y,z)$ 的全微分, 即

$$\mathrm{d}u=P\mathrm{d}x+Q\mathrm{d}y+R\mathrm{d}z;$$

(4) $\dfrac{\partial P}{\partial y}=\dfrac{\partial Q}{\partial x}$, $\dfrac{\partial Q}{\partial z}=\dfrac{\partial R}{\partial y}$, $\dfrac{\partial R}{\partial x}=\dfrac{\partial P}{\partial z}$ 在 $G$ 内处处成立.

这个定理的证明和应用类似平面曲线积分与路径无关性.

若曲线积分 $I=\int_{\varGamma_{AB}} P\mathrm{d}x+Q\mathrm{d}y+R\mathrm{d}z$ 与路径无关, 则沿着折线段 $\overline{ACDB}$ (图 11-6-6)积分, 有

$$I=\int_{x_0}^{x_1} P(x,y_0,z_0)\mathrm{d}x+\int_{y_0}^{y_1} Q(x_1,y,z_0)\mathrm{d}y+\int_{z_0}^{z_1} R(x_1,y_1,z)\mathrm{d}z.$$

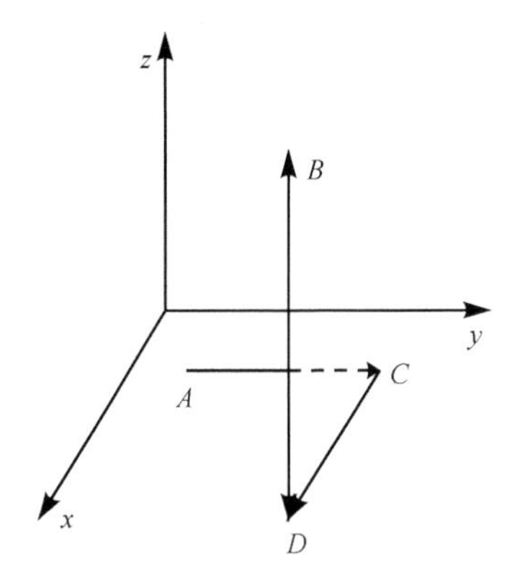


图 11-6-6

若 $P,Q,R$ 在 $G$ 在内具有连续偏导数, 且

$$\frac{\partial P}{\partial y}=\frac{\partial Q}{\partial x},\quad \frac{\partial Q}{\partial z}=\frac{\partial R}{\partial y},\quad \frac{\partial R}{\partial x}=\frac{\partial P}{\partial z},\quad (x,y,z)\in G,$$

则 $P\mathrm{d}x+Q\mathrm{d}y+R\mathrm{d}z$ 的全体原函数为

$$u=\int_{x_0}^{x} P(x,y_0,z_0)\mathrm{d}x+\int_{y_0}^{y} Q(x,y,z_0)\mathrm{d}y+\int_{z_0}^{z} R(x,y,z)\mathrm{d}z.$$

若 $(0,0,0)\in G$, 则通常取 $(x_0,y_0,z_0)=(0,0,0)$.

**例 11.6.4**　计算

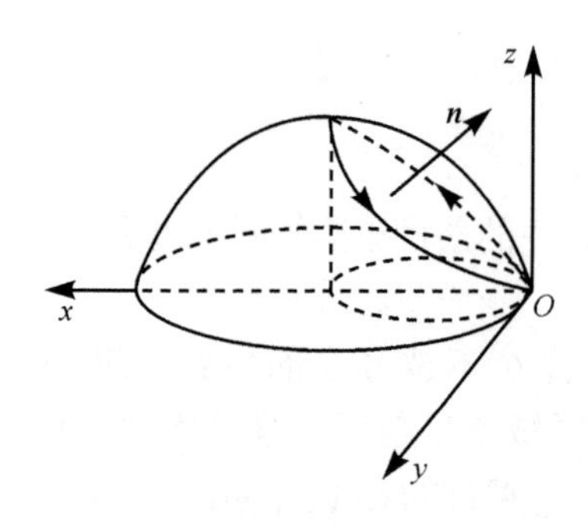

图 11-6-7

$$\oint_{\Gamma}(y^2+z^2)\mathrm{d}x+(x^2+z^2)\mathrm{d}y+(x^2+y^2)\mathrm{d}z,$$

$\Gamma$ 是 $x^2+y^2+z^2=2Rx$ 与 $x^2+y^2=2rx(0<r<R,z>0)$ 的交线. 此曲线是顺着由它所包围在球面 $x^2+y^2+z^2=2Rx$ 上的最小区域保持在左方前进的(图 11-6-7).

**解** 球面的法线的方向余弦为

$$\cos\alpha=\frac{x-R}{R},\quad \cos\beta=\frac{y}{R},\quad \cos\gamma=\frac{z}{R},$$

由斯托克斯公式, 有

$$\begin{aligned}原式&=2\iint_{\Sigma}[(y-z)\cos\alpha+(z-x)\cos\beta+(x-y)\cos\gamma]\mathrm{d}S\\&=2\iint_{\Sigma}\left[(y-z)\left(\frac{x}{R}-1\right)+(z-x)\frac{y}{R}+(x-y)\frac{z}{R}\right]\mathrm{d}S\\&=2\iint_{\Sigma}(z-y)\mathrm{d}S.\end{aligned}$$

由于曲面 $\Sigma$ 关于 $xOz$ 平面对称, 故有

$$\iint_{\Sigma}y\mathrm{d}S=0\,.$$

于是

$$原式=2\iint_{\Sigma}z\mathrm{d}S=2\iint_{\Sigma}R\cos\gamma\mathrm{d}S=2\iint_{\Sigma}R\mathrm{d}x\mathrm{d}y=2R\iint_{x^2+y^2\leqslant 2rx}\mathrm{d}\sigma=2\pi r^2R\,.$$

**例 11.6.5** 计算曲线积分 $\oint_{\Gamma}z\mathrm{d}x+x\mathrm{d}y+y\mathrm{d}z$, $\Gamma$ 是平面 $x+y+z=1$ 被三坐标面所截成的三角形的整个边界, 它的正向与这个三角形上侧的法向量之间符合右手规则(图 11-6-8).

**解** 由斯托克斯公式, 有

$$\oint_{\Gamma}z\mathrm{d}x+x\mathrm{d}y+y\mathrm{d}z=\iint_{\Sigma}\mathrm{d}y\mathrm{d}z+\mathrm{d}z\mathrm{d}x+\mathrm{d}x\mathrm{d}y,$$

因为 $\Sigma$ 的法向量的三个方向余弦都为正, 再根据对称性, 有

$$\iint_{\Sigma}\mathrm{d}y\mathrm{d}z+\mathrm{d}z\mathrm{d}x+\mathrm{d}x\mathrm{d}y=3\iint_{D_{xy}}\mathrm{d}\sigma,$$

$D_{xy}$ 为 $xOy$ 面上由直线 $x+y=1$ 与两条坐标轴所围成的三角形闭区域, 所以

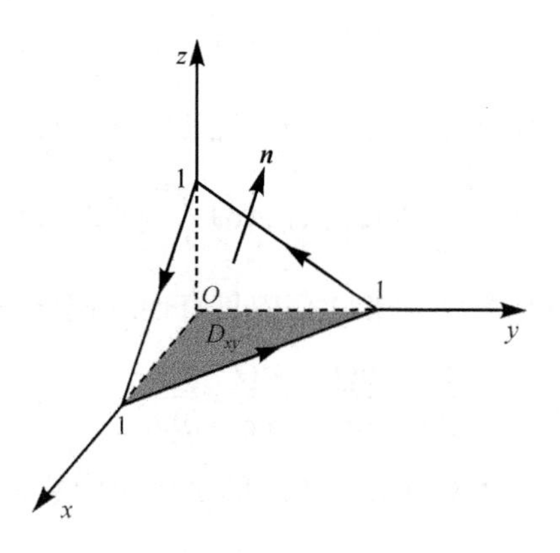

图 11-6-8

$$\oint_{\Gamma}z\mathrm{d}x+x\mathrm{d}y+y\mathrm{d}z=\frac{3}{2}.$$

# 习题 11-6

1.利用高斯公式计算曲面积分:

(1) $\oiint\limits_{\Sigma} yz\mathrm{d}x\mathrm{d}y + zx\mathrm{d}y\mathrm{d}z + xy\mathrm{d}z\mathrm{d}x$, 其中$\Sigma$是柱面$x^2+y^2=R^2(x\geqslant 0, y\geqslant 0)$、平面$z=H$及坐标平面所构成的闭曲面的外侧表面;

(2) $\iint\limits_{\Sigma} 2(1-x^2)\mathrm{d}y\mathrm{d}z + 8xy\mathrm{d}z\mathrm{d}x - 4zx\mathrm{d}x\mathrm{d}y$, 其中$\Sigma$是$yOz$平面上的曲线$z=y^2, 0\leqslant y\leqslant a$,绕$z$轴旋转而成的旋转曲面的下侧;

(3) 计算$\oiint\limits_{\Sigma} x^3\mathrm{d}y\mathrm{d}z + y^3\mathrm{d}z\mathrm{d}x + z^3\mathrm{d}x\mathrm{d}y$, 其中$\Sigma$为球面$x^2+y^2+z^2=a^2$的内侧;

(4) 计算$\oiint\limits_{\Sigma} x\mathrm{d}y\mathrm{d}z + y\mathrm{d}z\mathrm{d}x + z\mathrm{d}x\mathrm{d}y$, 其中$\Sigma$是介于平面$z=0$及$z=3$之间圆柱体$x^2+y^2\leqslant 9$的整个表面的外侧;

(5) 计算$\oiint\limits_{S^*} (x^2-yz)\mathrm{d}y\mathrm{d}z + (y^2-xz)\mathrm{d}z\mathrm{d}x + (z^2-xy)\mathrm{d}x\mathrm{d}y$, 其中$S^*$为球面$(x-a)^2+(y-b)^2+(z-c)^2=R^2$的外侧;

(6) 计算$\oiint\limits_{\Sigma} xz^2\mathrm{d}y\mathrm{d}z + (x^2y-z^3)\mathrm{d}z\mathrm{d}x + (2xy+y^2z)\mathrm{d}x\mathrm{d}y$, 其中$\Sigma$为上半球体$0\leqslant z\leqslant\sqrt{a^2-x^2-y^2}$的表面外侧;

(7) $\oiint\limits_{\Sigma} 4xz\mathrm{d}y\mathrm{d}z - y^2\mathrm{d}z\mathrm{d}x + yz\mathrm{d}x\mathrm{d}y$, 其中$\Sigma$为平面$x=0, y=0, z=0$与平面$x=1, y=1, z=1$所围立体的全表面的外侧.

2. 计算$\oint_{\Gamma}(y^2-z^2)\mathrm{d}x+(z^2-x^2)\mathrm{d}y+(x^2-y^2)\mathrm{d}z$, 其中$\Gamma$是平面$x+y+z=3/2$截立方体: $0\leqslant x\leqslant 1$, $0\leqslant y\leqslant 1$, $0\leqslant z\leqslant 1$的表面所得的截痕, 从$x$轴的正向看法, 取逆时针方向.

3. 计算$\oint_{\Gamma} 2y\mathrm{d}x+3x\mathrm{d}y-z^2\mathrm{d}z$, 其中$\Gamma$为圆周$x^2+y^2+z^2=9, z=0$, 若从$z$轴正向看去, $\Gamma$取逆时针方向.

4. 计算$\oint_{\Gamma} y\mathrm{d}x+z\mathrm{d}y+x\mathrm{d}z$, 其中$\Gamma$为圆周$x^2+y^2+z^2=a^2$, $x+y+z=0$, 若从$z$轴正向看去, $\Gamma$取逆时针方向.

5. 计算$\oint_{\Gamma} 3y\mathrm{d}x-xz\mathrm{d}y+yz^2\mathrm{d}z$, 其中$\Gamma$为圆周$x^2+y^2=2z$, $z=2$, 若从$z$轴正向看去, $\Gamma$圆周取逆时针方向.

6. 计算$\oint_{L} y^2\mathrm{d}x+x^2\mathrm{d}z$, 其中$L$为曲线$z=x^2+y^2, x^2+y^2=2ay$, 方向取从$z$正向看

去为顺时针方向.

## *第七节 数 学 应 用

本章在物理学上讨论质心和功、转动惯量等方面有广泛的应用.

### 一、质心、转动惯量

**例 11.7.1** 求半径为 $a$，中心角为 $2\varphi$ 的均匀圆弧(线密度 $\rho=1$) 的质心.

**解** 取扇形的角平分线为 $x$ 轴，顶点为原点建立平面直角坐标系，则圆弧的方程为

$$x=a\cos\theta,\quad y=a\sin\theta\quad(-\varphi\leqslant\theta\leqslant\varphi)$$

于是

$$\mathrm{d}s=\sqrt{(x')^2+(y')^2}\mathrm{d}\theta=\sqrt{(-a\sin t)^2+(a\cos t)^2}\mathrm{d}\theta=a\mathrm{d}\theta.$$

由图形的对称性和 $\rho=1$ 知 $\overline{y}=0$，而

$$\overline{x}=\frac{M_y}{M}=\frac{\int_L x\mathrm{d}s}{2a\varphi}=\frac{1}{2a\varphi}\int_{-\varphi}^{\varphi}a\cos\theta\cdot a\mathrm{d}\theta=\frac{a}{2\varphi}[\sin\theta]_{-\varphi}^{\varphi}=\frac{a}{\varphi}\sin\varphi,$$

故质心在点 $\left(\dfrac{a}{\varphi}\sin\varphi,0\right)$.

**例 11.7.2** 求螺旋线 $x=a\cos t,\ y=a\sin t, z=kt(0\leqslant t\leqslant 2\pi)$，对 $z$ 轴的转动惯量，设曲线的密度为常数 $\mu$.

**解** 因为

$$\mathrm{d}s=\sqrt{(x')^2+(y')^2+(z')^2}\mathrm{d}t=\sqrt{(-a\sin t)^2+(a\cos t)^2+k^2}\mathrm{d}t=\sqrt{a^2+k^2}\mathrm{d}t,$$

所以

$$I_z=\int_\Gamma(x^2+y^2)\mu\mathrm{d}s=\int_0^{2\pi}a^2\mu\sqrt{a^2+k^2}\mathrm{d}t=2\pi\mu a^2\sqrt{a^2+k^2}.$$

**例 11.7.3** 求面密度为 $\rho_0$ 的均匀半球壳 $x^2+y^2+z^2=a^2(z\geqslant 0)$ 对于 $z$ 轴的转动惯量.

**解** 半球壳上任一点 $(x,y,z)$ 与 $z$ 轴的距离

$$d=\sqrt{x^2+y^2},\quad \mathrm{d}I_z=(x^2+y^2)\rho_0\mathrm{d}S,$$

半球壳 $\Sigma$ 在 $xOy$ 面上的投影为

$$D_{xy}:x^2+y^2\leqslant a^2\quad(z=0),$$

用极坐标表示，则为：$0\leqslant\theta\leqslant 2\pi, 0\leqslant r\leqslant a$. 因为

$$z_x=-\frac{x}{z},\quad z_y=-\frac{y}{z},$$

所以

$$\mathrm{d}S=\sqrt{1+z_x^2+z_y^2}\mathrm{d}x\mathrm{d}y=\frac{a}{|z|}\mathrm{d}x\mathrm{d}y=\frac{a}{\sqrt{a^2-x^2-y^2}}\mathrm{d}x\mathrm{d}y,$$

$$I_z=\iint_{\Sigma}(x^2+y^2)\rho_0\mathrm{d}S=\rho_0\iint_{D_{xy}}(x^2+y^2)\frac{a}{\sqrt{a^2-x^2-y^2}}\mathrm{d}x\mathrm{d}y$$

$$=\rho_0 a\int_0^{2\pi}\mathrm{d}\theta\int_0^a\frac{r^2}{\sqrt{a^2-r^2}}r\mathrm{d}r\xlongequal{r=\sin t}2a\rho_0\pi\int_0^{\frac{\pi}{2}}\frac{a^3\sin^3 t}{a\cos t}\cdot a\cos t\mathrm{d}t$$

$$=2a^4\rho_0\pi\int_0^{\frac{\pi}{2}}\sin^3 t\mathrm{d}t\ =2a^4\rho_0\pi\cdot\frac{2}{3}=\frac{4}{3}\pi\rho_0 a^4.$$

其中 $I_n=\int_0^{\frac{\pi}{2}}\ \sin^n\theta\mathrm{d}\theta=\int_0^{\frac{\pi}{2}}\ \cos^n\theta\mathrm{d}\theta=\frac{n-1}{n}I_{n-2}$，$I_1=1$，$I_0=\frac{\pi}{2}$.

## 二、功

**例 11.7.4**　如图 11-7-1 所示，质点 $P$ 沿以 $AB$ 为直径的半圆周，从点 $A(1,2)$ 运动至点 $B(3,4)$ 的过程中，受到变力 $\boldsymbol{F}$ 的作用，$\boldsymbol{F}$ 的大小等于点 $P$ 与原点 $O$ 之间的距离，其方向垂直于线段 $OP$，且与 $y$ 轴正向的夹角小于 $\frac{\pi}{2}$，求变力 $\boldsymbol{F}$ 对质点所做的功.

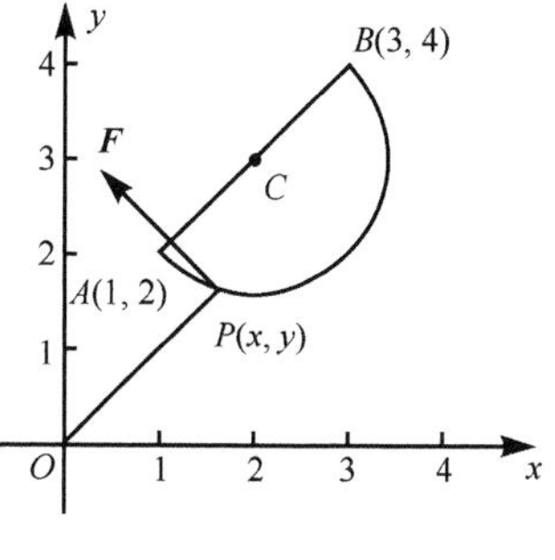

图 11-7-1

**解**　依题意 $\boldsymbol{F}=-y\boldsymbol{i}+x\boldsymbol{j}$，$\mathrm{d}\boldsymbol{r}=(\mathrm{d}x,\mathrm{d}y)$ 从 $A$ 点到 $B$ 点半圆周的方程：

$x=2+\sqrt{2}\cos\theta$，　$y=3+\sqrt{2}\sin\theta$，　$\theta$ 从 $-\frac{3}{4}\pi$ 变到 $\frac{\pi}{4}$，

则

$$W=\int_{\overline{AB}}\boldsymbol{F}\cdot\mathrm{d}\boldsymbol{r}=\int_{\overline{AB}}-y\mathrm{d}x+x\mathrm{d}y$$

$$=\int_{-\frac{3}{4}\pi}^{\frac{1}{4}\pi}-(3+\sqrt{2}\sin\theta)\cdot(-\sqrt{2}\sin\theta)\mathrm{d}\theta+(2+\sqrt{2}\cos\theta)\cdot\sqrt{2}\cos\theta\mathrm{d}\theta$$

$$=\int_{-\frac{3}{4}\pi}^{\frac{1}{4}\pi}(2+3\sqrt{2}\sin\theta+2\sqrt{2}\cos\theta)\mathrm{d}\theta$$

$$=\left[2\theta-3\sqrt{2}\cos\theta+2\sqrt{2}\sin\theta\right]_{-\frac{3}{4}\pi}^{\frac{1}{4}\pi}$$

$$=2\pi-1.$$

## 三、流量

**例 11.7.5**　求下列向量 $\boldsymbol{A}=(2x+5z)\boldsymbol{i}-(3xz+y)\boldsymbol{j}+(7y^2+2z)\boldsymbol{k}$，穿过曲面 $\Sigma$ 流向指定侧的流量：$\Sigma$ 是以点 $(3,-1,2)$ 为球心，半径 $R=3$ 的球，流向外侧.

**解** 设$\Omega$为$\Sigma$围的立体,

$$\Phi=\oiint_{\Sigma}(2x+5z)\mathrm{d}y\mathrm{d}z-(3xz+y)\mathrm{d}x\mathrm{d}z+(7y^2+2z)\mathrm{d}x\mathrm{d}y$$

$$=\iiint_{\Omega}(2-1+2)\mathrm{d}v=3\iiint_{\Omega}\mathrm{d}v=108\pi.$$

## 四、通量与散度

在第二类曲面积分中, 我们讨论过流量问题. 设有一不可压缩流体(假定密度为 1)的稳定流速场

$$\boldsymbol{v}(x,y,z)=P(x,y,z)\boldsymbol{i}+Q(x,y,z)\boldsymbol{j}+R(x,y,z)\boldsymbol{k},$$

其中函数$P,Q,R$有一阶连续偏导数, 则单位时间内流体通过有向曲面$\Sigma$指定侧的流量为

$$\Phi=\iint_{\Sigma}\boldsymbol{v}\cdot\mathrm{d}\boldsymbol{S}=\iint_{\Sigma}\boldsymbol{v}\cdot\boldsymbol{n}\mathrm{d}S=\iint_{\Sigma}P\mathrm{d}y\mathrm{d}z+Q\mathrm{d}z\mathrm{d}x+R\mathrm{d}x\mathrm{d}y.$$

这里$\boldsymbol{n}=(\cos\alpha,\cos\beta,\cos\gamma)$为曲面$\Sigma$的单位法向量.

一般地, 设有向量场

$$\boldsymbol{A}(x,y,z)=P(x,y,z)\boldsymbol{i}+Q(x,y,z)\boldsymbol{j}+R(x,y,z)\boldsymbol{k},$$

其中函数$P,Q,R$有一阶连续偏导数, $\Sigma$是场内的一片有向曲面, $\boldsymbol{n}$是曲面$\Sigma$上点$(x,y,z)$处的单位法向量, 则沿曲面$\Sigma$的第二类曲面积分

$$\Phi=\iint_{\Sigma}\boldsymbol{A}\cdot\mathrm{d}\boldsymbol{S}=\iint_{\Sigma}\boldsymbol{A}\cdot\boldsymbol{n}\mathrm{d}S=\iint_{\Sigma}P\mathrm{d}y\mathrm{d}z+Q\mathrm{d}z\mathrm{d}x+R\mathrm{d}x\mathrm{d}y$$

称为向量场$\boldsymbol{A}$通过曲面$\Sigma$流向指定侧的**通量**. 而

$$\frac{\partial P}{\partial x}+\frac{\partial Q}{\partial y}+\frac{\partial R}{\partial z}$$

称为向量场$\boldsymbol{A}$的**散度**, 记为$\mathrm{div}\boldsymbol{A}$, 即

$$\mathrm{div}\boldsymbol{A}=\frac{\partial P}{\partial x}+\frac{\partial Q}{\partial y}+\frac{\partial R}{\partial z}. \tag{11.7.1}$$

利用散度概念改写高斯公式为

$$\iiint_{\Omega}\mathrm{div}\boldsymbol{A}\mathrm{d}v=\oiint_{\Sigma}\boldsymbol{A}\cdot\boldsymbol{n}\mathrm{d}S. \tag{11.7.2}$$

在公式(11.7.2)中, 如果向量场$\boldsymbol{A}$表示一不可压缩流体的稳定流速场, 那么公式的右端可表示单位时间内离开闭区域$\Omega$的流体的总质量. 假定流体是不可压缩的和稳定的, 则在流体离开$\Omega$的同时, $\Omega$内部产生流体的“源”必须产生出同样多的流体来进行补充. 所以, 公式的左端可表示单位时间内在$\Omega$内的“源”所产生的流体的总质量.如果$\mathrm{div}\boldsymbol{A}(M)>0$, 则表明点$M$是“源”, 直观上表示有流体经由点$M$处的一个小洞流入区域$\Omega$(图 11-7-2), 其值表示源的强度; 如果$\mathrm{div}\boldsymbol{A}(M)<0$, 则表明点$M$是“汇”, 直观上表示有流体经由点$M$处的一个小洞流入区域$\Omega$(图 11-7-3), 其值表示汇的强度; 如果$\mathrm{div}\boldsymbol{A}(M)=0$, 则表明点$M$既不是“源”也不是“汇”.

由三重积分的中值定理可得式(11.7.2)左端的积分为

$$\iiint_{\Omega} \operatorname{div}\boldsymbol{A}\mathrm{d}v = \operatorname{div}\boldsymbol{A}(M^*)\cdot V,$$

其中$M^*$为$\Omega$内的一点，$V$是$\Omega$的体积. 于是，高斯公式改写为

$$\operatorname{div}\boldsymbol{A}(M^*)\cdot V = \oiint_{\Sigma} \boldsymbol{A}\cdot\boldsymbol{n}\mathrm{d}S.$$

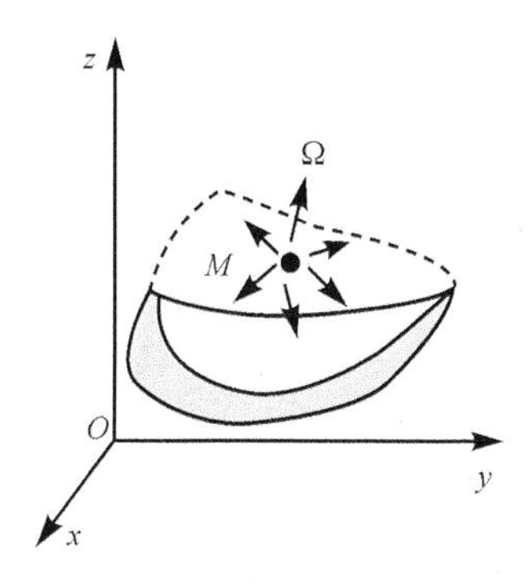


图 11-7-2

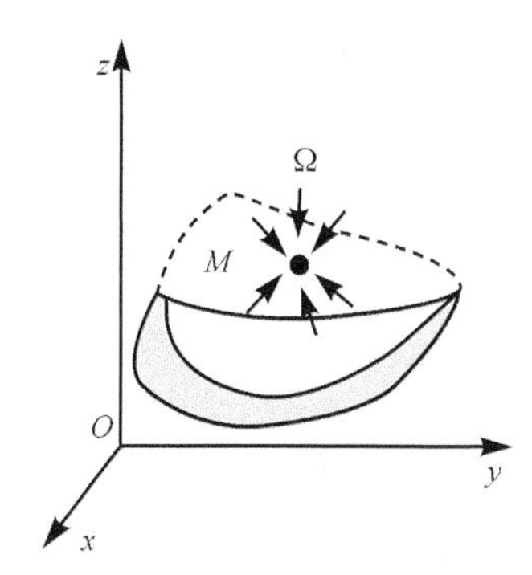


图 11-7-3

令$\Omega$收缩于点$M$(此时必有$M^*\to M$)，则

$$\operatorname{div}\boldsymbol{A}(M) = \lim_{\Omega\to M}\frac{1}{V}\oiint_{\Sigma}\boldsymbol{A}\cdot\mathrm{d}\boldsymbol{S}.$$

散度的运算性质:

(1) $\operatorname{div}(C\boldsymbol{A}) = C\operatorname{div}\boldsymbol{A}$　($C$为常数);

(2) $\operatorname{div}(\boldsymbol{A}+\boldsymbol{B}) = \operatorname{div}\boldsymbol{A}+\operatorname{div}\boldsymbol{B}$;

(3) $\operatorname{div}(u\boldsymbol{A}) = u\operatorname{div}\boldsymbol{A}+\mathbf{grad}u\cdot\boldsymbol{A}$　($u$是数量函数).

**例 11.7.6**　求向量场$\boldsymbol{r} = x\boldsymbol{i}+y\boldsymbol{j}+z\boldsymbol{k}$穿过下列曲面指定侧的通量.

(1) $\Sigma_1$为圆锥$x^2+y^2\leqslant z^2(0\leqslant z\leqslant h)$的底，取上侧;

(2) $\Sigma_2$为上述圆锥的侧表面，取外侧.

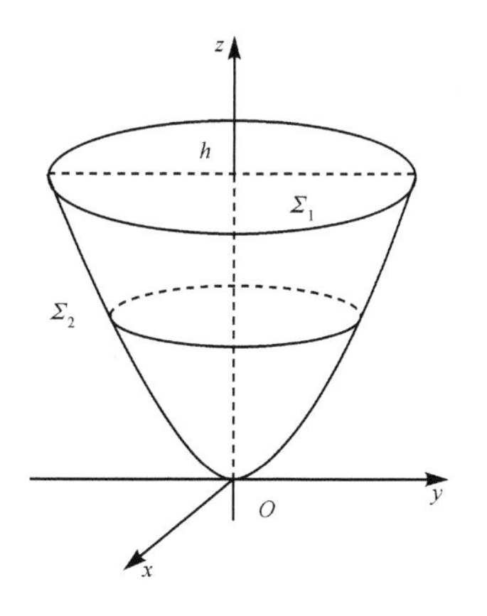


图 11-7-4

**解**　如图 11-7-4 所示，设$\Sigma,\Sigma_1,\Sigma_2$分别为圆锥的全表面及底面、侧表面，因为$\operatorname{div}\boldsymbol{r}=3$，故

(1) 穿过全表面向外的通量为

$$\Phi = \oiint_{\Sigma}\boldsymbol{r}\cdot\mathrm{d}\boldsymbol{S} = \iiint_{\Omega}\operatorname{div}\boldsymbol{r}\mathrm{d}v = 3\iiint_{\Omega}\mathrm{d}v = \pi h^3.$$

(2) 穿过底面向上的流量为

$$\Phi_1 = \iint_{\Sigma_1}\boldsymbol{r}\cdot\mathrm{d}\boldsymbol{S} = \iint_{\substack{x^2+y^2\leqslant z^2\\ z=h}} z\mathrm{d}x\mathrm{d}y = \iint_{x^2+y^2\leqslant h^2} h\mathrm{d}x\mathrm{d}y = \pi h^3.$$

(3) 穿过侧表面向外的流量为

$$\Phi_2 = \Phi - \Phi_1 = 0.$$

## 五、环流量与旋度

设向量场

$$\boldsymbol{A}(x,y,z) = P(x,y,z)\boldsymbol{i} + Q(x,y,z)\boldsymbol{j} + R(x,y,z)\boldsymbol{k},$$

则沿场 $\boldsymbol{A}$ 中某一封闭的有向曲线 $\Gamma$ 上的曲线积分

$$\oint_C P\mathrm{d}x + Q\mathrm{d}y + R\mathrm{d}z$$

称为向量场 $\boldsymbol{A}$ 沿曲线 $\Gamma$ 按所取方向的**环流量**. 而向量函数

$$\left(\frac{\partial R}{\partial y} - \frac{\partial Q}{\partial z}, \frac{\partial P}{\partial z} - \frac{\partial R}{\partial x}, \frac{\partial Q}{\partial x} - \frac{\partial P}{\partial y}\right)$$

称为向量场 $\boldsymbol{A}$ 的**旋度**, 记为 $\mathbf{rot}\boldsymbol{A}$, 即

$$\mathbf{rot}\boldsymbol{A} = \left(\frac{\partial R}{\partial y} - \frac{\partial Q}{\partial z}\right)\boldsymbol{i} + \left(\frac{\partial P}{\partial z} - \frac{\partial R}{\partial x}\right)\boldsymbol{j} + \left(\frac{\partial Q}{\partial x} - \frac{\partial P}{\partial y}\right)\boldsymbol{k}.$$

此旋度也可以写成如下便于记忆的形式:

$$\mathbf{rot}\boldsymbol{A} = \begin{vmatrix} \boldsymbol{i} & \boldsymbol{j} & \boldsymbol{k} \\ \dfrac{\partial}{\partial x} & \dfrac{\partial}{\partial y} & \dfrac{\partial}{\partial z} \\ P & Q & R \end{vmatrix}.$$

旋度有下列运算性质:

(1) $\mathbf{rot}(C\boldsymbol{A}) = C\mathbf{rot}\boldsymbol{A}$ ($C$ 为常数);

(2) $\mathbf{rot}(\boldsymbol{A} \pm \boldsymbol{B}) = \mathbf{rot}\boldsymbol{A} \pm \mathbf{rot}\boldsymbol{B}$;

(3) $\mathbf{rot}(u\boldsymbol{A}) = u\mathbf{rot}\boldsymbol{A} + \mathbf{grad}u \times \boldsymbol{A}$ ($u$ 为数量函数).

下面我们来导出斯托克斯公式的另一种形式, 以便给出斯托克斯公式的一个物理解释.

设有向曲面上点 $(x,y,z)$ 的单位法向量为

$$\boldsymbol{n} = \cos\alpha\boldsymbol{i} + \cos\beta\boldsymbol{j} + \cos\gamma\boldsymbol{k};$$

而 $\Sigma$ 的正向边界曲线 $\Gamma$ 上点 $(x,y,z)$ 的单位切向量为

$$\boldsymbol{t} = \cos\lambda\boldsymbol{i} + \cos\mu\boldsymbol{j} + \cos\nu\boldsymbol{k}.$$

则斯托克斯公式可表示为

$$\iint_\Sigma \left[\left(\frac{\partial R}{\partial y} - \frac{\partial Q}{\partial z}\right)\cos\alpha + \left(\frac{\partial P}{\partial z} - \frac{\partial R}{\partial x}\right)\cos\beta + \left(\frac{\partial Q}{\partial x} - \frac{\partial P}{\partial y}\right)\cos\gamma\right]\mathrm{d}S$$

$$= \oint_\Gamma (P\cos\lambda + Q\cos\mu + R\cos\nu)\mathrm{d}s.$$

用 $(\mathbf{rot}\boldsymbol{A})_{\boldsymbol{n}} = \mathbf{rot}\boldsymbol{A} \cdot \boldsymbol{n}$ 表示 $\mathbf{rot}\boldsymbol{A}$ 在 $\boldsymbol{n}$ 上的投影, $A_{\boldsymbol{t}} = \boldsymbol{A} \cdot \boldsymbol{t}$ 表示向量 $\boldsymbol{A}$ 在 $\boldsymbol{t}$ 上的投影, 则斯托克斯公式可表为下列向量形式

$$\iint\limits_{\Sigma}\mathbf{rot}\boldsymbol{A}\cdot\boldsymbol{n}\mathrm{d}S=\oint_{\Gamma}\boldsymbol{A}\cdot\boldsymbol{t}\mathrm{d}s\text{或}\iint\limits_{\Sigma}(\mathbf{rot}\boldsymbol{A})_{\boldsymbol{n}}\mathrm{d}s=\oint_{\Gamma}A_{t}\mathrm{d}s.$$

环流量反映了流体沿 $\Gamma$ 旋转时的强弱程度，$\oint_{\Gamma}\boldsymbol{A}\cdot\boldsymbol{t}\mathrm{d}s$ 表示流速为 $\boldsymbol{A}$ 的不可压缩流体在单位时间内沿曲线 $\Gamma$ 的流体总量. 当 $\mathbf{rot}\boldsymbol{A}=0$ 时，沿任意封闭曲线的环流量为零，此时流体流动没形成旋涡，这时称向量场 $\boldsymbol{A}$ 为**无旋场**. 斯托克斯公式表明：向量场 $\boldsymbol{A}$ 的旋度场通过 $\Gamma$ 所张的通量与向量场 $\boldsymbol{A}$ 沿有向闭曲线 $\Gamma$ 的环流量相等，这里 $\Gamma$ 和 $\Sigma$ 的正向符合右手法则(图 11-7-5).

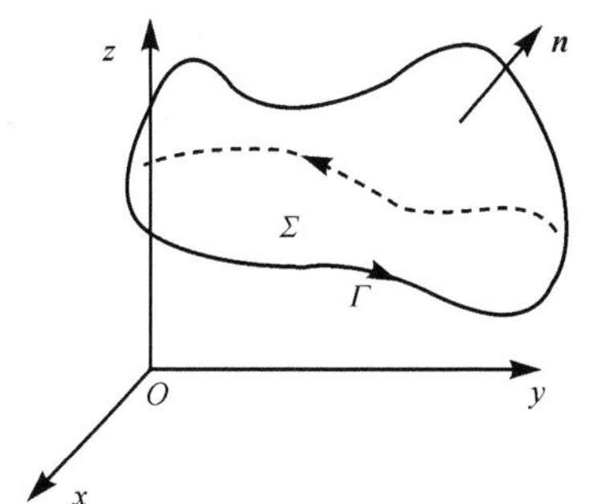

图 11-7-5

## 六、向量微分算子

定义向量微分算子

$$\nabla=\frac{\partial}{\partial x}\boldsymbol{i}+\frac{\partial}{\partial y}\boldsymbol{j}+\frac{\partial}{\partial z}\boldsymbol{k},$$

称为**哈密顿**(Hamilton)**算子**. 利用向量微分算子，可得到

(1) 设 $u=u(x,y,z)$，则

$$\nabla u=\frac{\partial u}{\partial x}\boldsymbol{i}+\frac{\partial u}{\partial y}\boldsymbol{j}+\frac{\partial u}{\partial z}\boldsymbol{k}=\mathbf{grad}u;$$

$$\nabla^2 u=\nabla\cdot\nabla u=\nabla\cdot\mathbf{grad}u=\frac{\partial^2 u}{\partial x^2}+\frac{\partial^2 u}{\partial y^2}+\frac{\partial^2 u}{\partial z^2}=\Delta u,$$

其中 $\Delta=\frac{\partial^2}{\partial x^2}+\frac{\partial^2}{\partial y^2}+\frac{\partial^2}{\partial z^2}$ 称为**拉普拉斯**(Laplace)**算子**.

(2) 设 $\boldsymbol{A}=P(x,y,z)\boldsymbol{i}+Q(x,y,z)\boldsymbol{j}+R(x,y,z)\boldsymbol{k}$，则

$$\nabla\cdot\boldsymbol{A}=\left(\frac{\partial}{\partial x}\boldsymbol{i}+\frac{\partial}{\partial y}\boldsymbol{j}+\frac{\partial}{\partial z}\boldsymbol{k}\right)\cdot(P\boldsymbol{i}+Q\boldsymbol{j}+R\boldsymbol{k})=\frac{\partial P}{\partial x}+\frac{\partial Q}{\partial y}+\frac{\partial R}{\partial z}=\mathrm{div}\boldsymbol{A}.$$

$$\nabla\times\boldsymbol{A}=\begin{vmatrix}\boldsymbol{i}&\boldsymbol{j}&\boldsymbol{k}\\\frac{\partial}{\partial x}&\frac{\partial}{\partial y}&\frac{\partial}{\partial z}\\P&Q&R\end{vmatrix}=\mathbf{rot}\boldsymbol{A}.$$

于是，高斯公式和斯托克斯公式可分别改写为

$$\iiint\limits_{\Omega}\nabla\cdot\boldsymbol{A}\mathrm{d}v=\oiint\limits_{\Sigma}A_{n}\mathrm{d}S,\quad\iint\limits_{\Sigma}(\nabla\times\boldsymbol{A})_{\boldsymbol{n}}\mathrm{d}S=\oiint\limits_{\Gamma}A_{t}\mathrm{d}S.$$

**例 11.7.7**　求矢量场 $\boldsymbol{A}=x^2\boldsymbol{i}-2xy\boldsymbol{j}+z^2\boldsymbol{k}$ 在点 $M_0(1,1,2)$ 处的散度及旋度.

**解**　$\mathrm{div}\boldsymbol{A}=\frac{\partial A_x}{\partial x}+\frac{\partial A_y}{\partial y}+\frac{\partial A_z}{\partial z}=2x+(-2x)+2z=2z$，故 $\mathrm{div}\boldsymbol{A}\big|_{M_0}=4$.

$$\begin{aligned}\mathbf{rot}\boldsymbol{A}&=\left(\frac{\partial A_z}{\partial y}-\frac{\partial A_x}{\partial z}\right)\boldsymbol{i}+\left(\frac{\partial A_x}{\partial z}-\frac{\partial A_z}{\partial x}\right)\boldsymbol{j}+\left(\frac{\partial A_y}{\partial x}-\frac{\partial A_x}{\partial y}\right)\boldsymbol{k}\\&=(0-0)\boldsymbol{i}+(0-0)\boldsymbol{j}+(-2y-0)\boldsymbol{k}\\&=-2y\boldsymbol{k}.\end{aligned}$$

故 $\mathbf{rot}\boldsymbol{A}\big|_{M_0}=-2\boldsymbol{k}$ .

**例 11.7.8**　设 $u=x^2y+2xy^2-3yz^2$，求 $\mathbf{grad}u$，$\mathrm{div}(\mathbf{grad}u)$，$\mathbf{rot}(\mathbf{grad}u)$.

**解**

$$\mathbf{grad}u=\left(\frac{\partial u}{\partial x},\frac{\partial u}{\partial y},\frac{\partial u}{\partial z}\right)=(2xy+2y^2,x^2+4xy-3z^2,-6yz).$$

$$\begin{aligned}\mathrm{div}(\mathbf{grad}u)&=\frac{\partial(2xy+2y^2)}{\partial x}+\frac{\partial(x^2+4xy-3z^2)}{\partial y}+\frac{\partial(-6yz)}{\partial z}\\&=2y+4x-6y=4(x-y).\end{aligned}$$

$$\mathbf{rot}(\mathbf{grad}u)=\left(\frac{\partial^2u}{\partial y\partial z}-\frac{\partial^2u}{\partial z\partial y},\frac{\partial^2u}{\partial z\partial x}-\frac{\partial^2u}{\partial x\partial z},\frac{\partial^2u}{\partial x\partial y}-\frac{\partial^2u}{\partial y\partial x}\right).$$

因为 $u=x^2y+2xy^2-3yz^2$ 有二阶连续导数，故二阶混合偏导数与求导次序无关，所以

$$\mathbf{rot}(\mathbf{grad}u)=0.$$

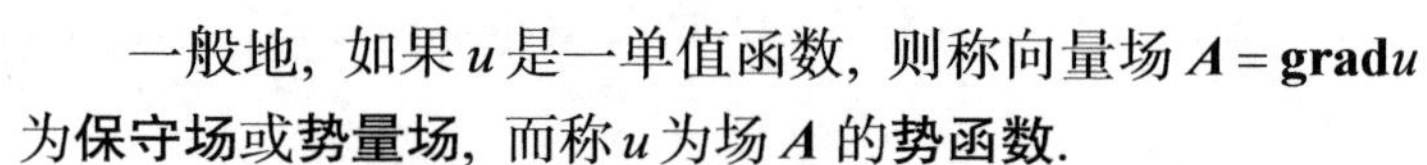

一般地，如果 $u$ 是一单值函数，则称向量场 $\boldsymbol{A}=\mathbf{grad}u$ 为**保守场或势量场**，而称 $u$ 为场 $\boldsymbol{A}$ 的**势函数**.

**例 11.7.9**　设一刚体以等角速度 $\boldsymbol{\omega}=\omega_x\boldsymbol{i}+\omega_y\boldsymbol{j}+\omega_z\boldsymbol{k}$ 绕定轴 $L$ 旋转，求刚体内任意一点 $M$ 的线速度 $\boldsymbol{v}$ 的旋度.

图 11-7-6

**解**　取定轴 $l$ 为 $z$ 轴(图 11-7-6)，点 $M$ 的向径

$$\boldsymbol{r}=\overrightarrow{OM}=x\boldsymbol{i}+y\boldsymbol{j}+z\boldsymbol{k},$$

则点 $M$ 的线速度

$$\boldsymbol{v}=\boldsymbol{\omega}\times\boldsymbol{r}=\begin{vmatrix}\boldsymbol{i}&\boldsymbol{j}&\boldsymbol{k}\\\omega_x&\omega_y&\omega_z\\x&y&z\end{vmatrix}=(\omega_yz-\omega_zy)\boldsymbol{i}+(\omega_zx-\omega_xz)\boldsymbol{j}+(\omega_xy-\omega_yx)\boldsymbol{k},$$

于是

$$\mathbf{rot}\boldsymbol{v}=\begin{vmatrix}\boldsymbol{i}&\boldsymbol{j}&\boldsymbol{k}\\\dfrac{\partial}{\partial x}&\dfrac{\partial}{\partial y}&\dfrac{\partial}{\partial z}\\\omega_yz-\omega_zy&\omega_zx-\omega_xz&\omega_xy-\omega_yx\end{vmatrix}=2(\omega_x\boldsymbol{i}+\omega_y\boldsymbol{j}+\omega_z\boldsymbol{k})=2\boldsymbol{\omega},$$

即速度场 $\boldsymbol{v}$ 的旋度为角速度 $\boldsymbol{\omega}$ 的 2 倍.

**例 11.7.10**　求向量场 $A=-y\boldsymbol{i}+x\boldsymbol{j}+c\boldsymbol{k}$ ($c$ 为常数)沿闭曲线 $\Gamma:x^2+y^2=1,\ z=0$ (从 $z$ 轴正向看去，$\Gamma$ 依逆时针方向)的环流量.

**解法一**　$\Gamma$ 是 $xOy$ 面上的正向圆周: $x=\cos\theta,\ y=\sin\theta,\ z=0\ (0\leqslant\theta\leqslant 2\pi)$. 环流量为

$$\oint_\Gamma P\mathrm{d}x+Q\mathrm{d}y+R\mathrm{d}z=\oint_\Gamma -y\mathrm{d}x+x\mathrm{d}y+c\mathrm{d}z$$
$$=\int_0^{2\pi}(\sin^2\theta+\cos^2\theta+0)\mathrm{d}\theta=\int_0^{2\pi}\mathrm{d}\theta=2\pi.$$

**解法二**　记 $\Sigma$ 为平面 $z=0$ 被 $\Gamma$ 所围部分的上侧, 因为平面 $z=0$ 的法向量

$$\boldsymbol{n}=(\cos\alpha,\cos\beta,\cos\gamma)=(0,0,1),$$

所以由斯托克斯公式得环流量

$$\oint_\Gamma P\mathrm{d}x+Q\mathrm{d}y+R\mathrm{d}z=\oint_\Gamma -y\mathrm{d}x+x\mathrm{d}y+c\mathrm{d}z$$
$$=\iint_\Sigma\begin{vmatrix}0&0&1\\ \dfrac{\partial}{\partial x}&\dfrac{\partial}{\partial y}&\dfrac{\partial}{\partial z}\\ -y&x&c\end{vmatrix}\mathrm{d}S=\iint_\Sigma(1-(-1))\mathrm{d}S$$
$$=2\iint_\Sigma\mathrm{d}S=2\cdot\pi\cdot 1^2=2\pi.$$

## 习题 11-7

1. 设螺旋形弹簧一圈的方程为 $x=a\cos t,\ y=a\sin t,\ z=kt$, 其中 $0\leqslant t\leqslant 2\pi$, 它的线密度 $\rho(x,y,z)=x^2+y^2+z^2$. 求:

(1) 螺旋形弹簧关于 $z$ 轴的转动惯量 $I_z$;

(2) 螺旋形弹簧的重心.

2. 设在 $xOy$ 面内有一分布着质量的曲线弧 $L$, 在点 $(x,y)$ 处它的线密度为 $\mu(x,y)$, 用对弧长的曲线积分分别表达:

(1) 该曲线弧对 $x$ 轴、$y$ 轴的转动惯量 $I_x$ 和 $I_y$;

(2) 该曲线弧的质心坐标 $\overline{x}$ 和 $\overline{y}$.

3. 设 $z$ 轴与重力的方向一致, 求质量为 $m$ 的质点从位置 $(x_1,y_1,z_1)$ 沿直线移到 $(x_2,y_2,z_2)$ 时重力所做的功.

4. 设有一变力在坐标轴上的投影为 $X=x+y^2$, $Y=2xy-8$, 此变力确定了一个力场. 证明质点在此场内移动时, 场力所做的功与路径无关.

5. 求抛物面壳 $z=\dfrac{1}{2}(x^2+y^2)\ (0\leqslant z\leqslant 1)$ 的质量, 此壳的面密度的大小 $\rho=z$.

6. 试求半径为 $a$ 的上半球壳的重心, 已知其上各处密度等于该点到铅垂直径的距离.

7. 求向量 $\boldsymbol{A}=3yz\boldsymbol{i}+3yz\boldsymbol{j}+3yz\boldsymbol{k}$ 穿过曲面 $\Sigma$ 流向指定侧的流量, $\Sigma$ 为圆柱 $x^2+y^2\leqslant a^2(0\leqslant z\leqslant h)$ 的全表面, 流向外侧.

8. 求下列向量场 $\boldsymbol{A}$ 的散度:

(1) $\boldsymbol{A}=(x^2y+y^3)\boldsymbol{i}+(x^3-xy^2)\boldsymbol{j}+(x^3-xy^2)\boldsymbol{k}$;

(2) $\boldsymbol{A}=\mathrm{e}^{xy}\boldsymbol{i}+\cos(xy)\boldsymbol{j}+\cos(xz^2)\boldsymbol{k}$.

9. 证明若 $S$ 为包围有界域 $V$ 的光滑曲面, 则

$$\oint\!\!\!\oint_S \frac{\partial u}{\partial \boldsymbol{n}}\mathrm{d}S=\iiint_V \Delta u\mathrm{d}x\mathrm{d}y\mathrm{d}z,$$

其中 $\Delta u=\dfrac{\partial^2 u}{\partial x^2}+\dfrac{\partial^2 u}{\partial y^2}+\dfrac{\partial^2 u}{\partial z^2}$ 称为拉普拉斯算子, $\dfrac{\partial}{\partial \boldsymbol{n}}$ 是关于曲面 $S$ 沿外法线 $\boldsymbol{n}$ 方向的方向导数.

10. 利用高斯公式推证阿基米德原理: 浸没在液体中的物体所受体液压力(及浮力)的合力的方向铅直向上, 其大小等于该物体所排开的液体的重力.

11. 求向量场 $\boldsymbol{A}=x^2\boldsymbol{i}-2xy\boldsymbol{j}+z^2\boldsymbol{k}$ 在点 $M_0(1,1,2)$ 处的散度及旋度.

12. 物体以一定的角速度 $\omega$ 以逆时针方向绕 $z$ 轴旋转, 求在空间点 $M(x,y,z)$ 与时刻 $t$ 处的速度 $\boldsymbol{v}$ 和加速度 $\boldsymbol{w}$ 的散度与旋度.

13. 求向量 $\boldsymbol{H}=-\dfrac{y}{x^2+y^2}\boldsymbol{i}-\dfrac{x}{x^2+y^2}\boldsymbol{j}$ 沿着闭曲线 $C$ 的环流量, 其中 $C$ 不围绕 $z$ 轴.

## *第八节　MATLAB 软件应用

掌握用 MATLAB 计算曲线积分、曲面积分的概念和计算方法, 可以提高应用曲线、曲面积分解决各种实际问题的能力.

**计算曲面围成的体积**

**例 11.8.1**　求曲面 $f(x,y)=1-x-y$ 与 $g(x,y)=2-x^2-y^2$ 所围成的空间区域 $\Omega$ 的体积.

**解**　输入:

```
clear
syms x y z
ezsurf('1-x-y')
pause
clf
ezsurf('2-x^2-y^2')
pause
clf
[x, y]=meshgrid(-1: 0.05: 2)
z=1-x-y
surf(z)
```

```
hold on
z=2-x^2-y^2;
surf(z)
colormap([0 0 1])
```

一共输出三个图形, 最后一个图形如图 11-8-1 所示.

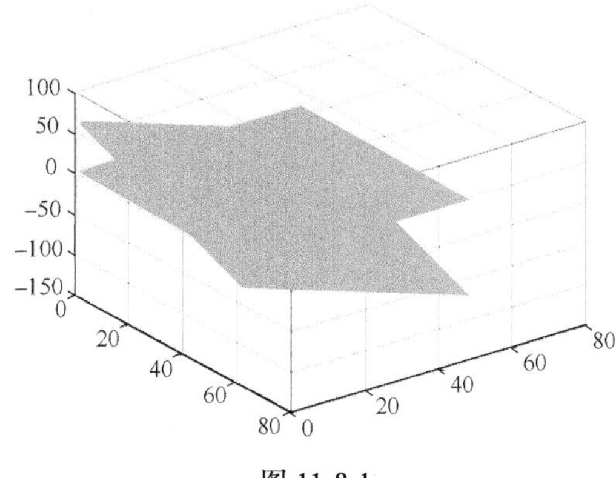


图 11-8-1

首先观察到Ω的形状. 为了确定积分限, 要把两曲面的交线投影到 $xOy$ 平面上.

输入:

```
syms x y
solve('1-x-y=2-x^2-y^2', 'y')
```

得到输出:

```
ans =
1/2-(4*x^2+4*x+5)^(1/2)/2
(-4*x^2+4*x+5)^(1/2)/2+1/2
```

再输入:

```
x=-1: 0.01: 2
y1=1/2-1/2*(5+4*x-4*x.^2).^(1/2);
tu1=plot(x, y1, 'r')
hold on
y2=1/2+1/2*(5+4*x-4*x.^2).^(1/2);
tu2=plot(x, y2, 'b')
```

输出如图 11-8-2 所示. 由此可见, $y_1$ 是下半圆(屏幕上显示为虚线), $y_2$ 是上半圆(实线). 因此投影区域是一个圆. 设 $y_1$=$y_2$ 的解为 $x_1$ 与 $x_2$, 则 $x_1$,$x_2$ 为 $x$ 的积分限.

输入:

```
solve('1/2+1/2*(5+4*x-4*x^2)^(1/2)=1/2-1/2*(5+4*x-4*x^2)^
(1/ 2)', 'x')
```

输出:

```
ans =
```

```
6^(1/2)/2+1/2
1/2-6^(1/2)/2
```

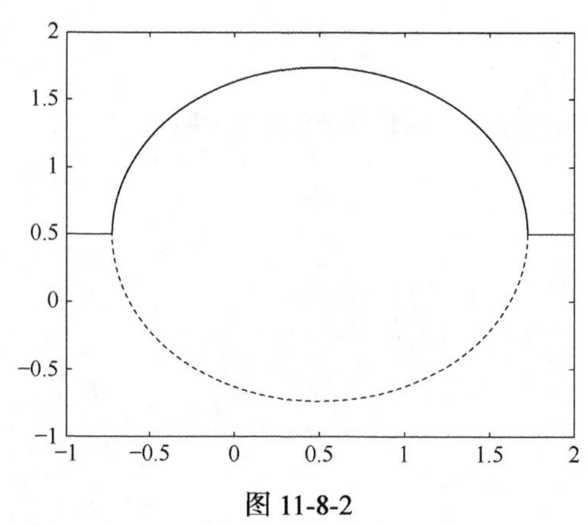

图 11-8-2

这时可以做最后的计算了. 输入:

```
clear
syms x y
f='(2-x^2 -Y^2)-(1-x-y)'
volume=int(int(f, y, 1/2*(1-(5+4*x-4*x^2)^(1/2)), 1/2*(1+(5+4*x
-4*x^2)^(1/2))), x, (1-sqrt(6))/2, (1+sqrt(6))/2)
```

输出结果:

```
volume =
(9*asin((2757880273211543*24^(1/2))/13510798882111488))/4+
(3146425725324785568945741918457658644950330751 3*13467529
90791407^(1/2))/385665130622157666130070902161879024605328
71850787028047233024
```

这是符号积分的结果, 实际上它应是$\frac{9\pi}{8}$, 输入:

```
eval(volume)
```

输出:

```
3.5343
```

它是$\frac{9\pi}{8}$的近似值. 可以在 MATLAB 中调用 maple 进行符号运算

输入:

```
volume=maple('int(int((2-x^2-y^2)-(1-x-y),
y=1/2*(1-(5+4*-4*x^2)^(1/2)),1/2*(1+(5+4*x-4*x^2)^(1/2))),
x=(1-sqrt(6))/2,(1+ sqrt(6))/2)')
```

结果直接得到

```
9/8*pi
```

# 第十二章　数 项 级 数

## 第一节　数项级数的概念与性质

第一章第二节提到“一尺之棰，日取其半，万世不竭”，把每天截下那一部分的长度“加”起来为“1”，也可以从右图看出这一事实，

$$\frac{1}{2}+\frac{1}{4}+\frac{1}{8}+\frac{1}{16}+\cdots=1.$$

有时无穷个数的和没有确定的结果，如

$$1-1+1-1+1-1+\cdots=\begin{cases}1+[(-1)+1]+[(-1)+1]+\cdots=1+0+0+\cdots,\\(1-1)+(1-1)+(1-1)+\cdots=0+0+0+\cdots,\end{cases}$$

我们无法确定其结果是 0 还是 1．这些都是无限个数相加，那么和是否存在？什么时候存在呢？

### 一、数项级数的概念

**定义 12.1.1**　给定一个数列

$$\{u_n\}=u_1,u_2,u_3,\cdots,u_n,\cdots,$$

则由这数列各项构成的表达式

$$u_1+u_2+u_3+\cdots+u_n+\cdots$$

叫做**常数项无穷级数**，简称**数项级数(或级数)**，记为 $\sum\limits_{n=1}^{\infty}u_n$，简记为 $\sum u_n$，即

$$\sum_{n=1}^{\infty}u_n=u_1+u_2+u_3+\cdots+u_n+\cdots,$$

其中第 $n$ 项 $u_n$ 叫做级数的**一般项(或通项)**.

作级数 $\sum\limits_{n=1}^{\infty}u_n$ 的前 $n$ 项和

$$s_n=u_1+u_2+\cdots u_n,$$

称为级数 $\sum\limits_{n=1}^{\infty}u_n$ 的**前 $n$ 项部分和**.

**定义 12.1.2**　如果级数 $\sum\limits_{n=1}^{\infty}u_n$ 的部分和数列 $\{s_n\}$ 收敛于 $s$，即 $\lim\limits_{n\to\infty}s_n=s$，则称级数

$\sum_{n=1}^{\infty}u_n$ **收敛**, 称极限 $s$ 为该级数的**和**, 记作

$$s=\sum_{n=1}^{\infty}u_n=u_1+u_2+u_3+\cdots+u_n+\cdots;$$

如果 $\{s_n\}$ 没有极限, 则称级数 $\sum_{n=1}^{\infty}u_n$ **发散**. 级数 $\sum_{n=1}^{\infty}u_n$ 的收敛或发散简称为**敛散性**.

**定义 12.1.3**　当级数 $\sum_{n=1}^{\infty}u_n$ 收敛时, 其部分和 $s_n$ 是级数 $\sum_{n=1}^{\infty}u_n$ 的和 $s$ 的近似值, 差值

$$r_n=s-s_n=u_{n+1}+u_{n+2}+\cdots$$

称为级数 $\sum_{n=1}^{\infty}u_n$ 的**余项**. 它表示以 $s_n$ 代替 $s$ 时所产生的误差.

**例 12.1.1**　写出级数 $\frac{1}{2}+\frac{3}{2\cdot4}+\frac{5}{2\cdot4\cdot6}+\frac{7}{2\cdot4\cdot6\cdot8}+\cdots$ 的一般项.

**解**　分母是偶数的连乘积, 而且第一项为偶数, 第二项是两个偶数之积, 第三项是三个偶数之积, …, 第 $n$ 项是 $n$ 个偶数之积, 故可写成 $(2n)!!$, 而分子为奇数, 故第 $n$ 项为 $2n-1$. 于是该级数的一般项为

$$u_n=\frac{2n-1}{(2n)!!}.$$

**例 12.1.2**　讨论**等比级数(几何级数)**

$$\sum_{n=0}^{\infty}aq^n=a+aq+aq^2+\cdots+aq^n+\cdots$$

的敛散性, 其中 $a\neq0$, $q$ 叫做级数的公比.

**解**　如果 $q\neq1$, 则部分和

$$s_n=a+aq+aq^2+\cdots+aq^{n-1}=\frac{a-aq^n}{1-q}=\frac{a}{1-q}-\frac{aq^n}{1-q}.$$

(1) 当 $|q|<1$ 时, 因为 $\lim\limits_{n\to\infty}s_n=\frac{a}{1-q}$, 所以此时级数 $\sum_{n=0}^{\infty}aq^n$ 收敛, 其和为 $\frac{a}{1-q}$.

(2) 当 $|q|>1$ 时, 因为 $\lim\limits_{n\to\infty}s_n=\infty$, 所以此时级数 $\sum_{n=0}^{\infty}aq^n$ 发散.

(3) 如果 $|q|=1$, 则当 $q=1$ 时, $s_n=na\to\infty$, 因此级数 $\sum_{n=0}^{\infty}aq^n$ 发散.

当 $q=-1$ 时, 级数 $\sum_{n=0}^{\infty}aq^n$ 成为

$$a-a+a-a+\cdots,$$

此时, 因为 $s_n$ 随着 $n$ 为奇数或偶数而等于 $a$ 或零, 所以 $s_n$ 的极限不存在, 从而这时级数 $\sum_{n=0}^{\infty}aq^n$ 也发散.

综上所述，如果$|q|<1$，则级数$\sum_{n=0}^{\infty}aq^n$收敛，其和为$\frac{a}{1-q}$；如果$|q|\geqslant 1$，则级数$\sum_{n=0}^{\infty}aq^n$发散.

几何级数是收敛级数中最著名的一个级数，在判断无穷级数的收敛性，求无穷级数的和以及将一个函数展开为无穷级数等方面都有广泛而重要的应用，是判断正项级数收敛的一个“标准”.

**例 12.1.3** 判别无穷级数$\frac{1}{1\cdot 2}+\frac{1}{2\cdot 3}+\frac{1}{3\cdot 4}+\cdots+\frac{1}{n(n+1)}+\cdots$的收敛性.

**解** 由于

$$u_n=\frac{1}{n(n+1)}=\frac{1}{n}-\frac{1}{n+1},$$

因此

$$\begin{aligned}s_n&=\frac{1}{1\cdot 2}+\frac{1}{2\cdot 3}+\frac{1}{3\cdot 4}+\cdots+\frac{1}{n(n+1)}\\&=\left(1-\frac{1}{2}\right)+\left(\frac{1}{2}-\frac{1}{3}\right)+\cdots+\left(\frac{1}{n}-\frac{1}{n+1}\right)=1-\frac{1}{n+1},\end{aligned}$$

从而

$$\lim_{n\to\infty}s_n=\lim_{n\to\infty}\left(1-\frac{1}{n+1}\right)=1,$$

所以原级数收敛，它的和是 1.

**例 12.1.4** 证明级数$1+2+3+\cdots+n+\cdots$是发散的.

**证** 此级数的部分和为

$$s_n=1+2+3+\cdots+n=\frac{n(n+1)}{2}.$$

显然，$\lim_{n\to\infty}s_n=\infty$，因此原级数是发散的.

## 二、收敛级数的性质

**性质 12.1.1** 如果级数$\sum_{n=1}^{\infty}u_n$，$\sum_{n=1}^{\infty}v_n$分别收敛于和$A, B$，则对任意常数$\alpha,\beta$，级数$\sum_{n=1}^{\infty}(\alpha u_n+\beta v_n)$收敛，且$\sum_{n=1}^{\infty}(\alpha u_n+\beta v_n)=\alpha A+\beta B$.

**性质 12.1.2** 改变、去掉或增加级数中有限项，敛散性不改.

**证** 这里只证明“改变级数的有限项不会改变级数的敛散性”，其他两种情况容易由此结果推出.

设有级数

$$\sum_{n=1}^{\infty}u_n = u_1 + u_2 + \cdots + u_k + u_{k+1} + \cdots + u_n + \cdots, \tag{12.1.1}$$

不妨设改变的是前面有限项, 得到一个新的级数

$$v_1 + v_2 + \cdots + v_k + u_{k+1} + \cdots + u_n + \cdots, \tag{12.1.2}$$

设级数(12.1.1)的前 $n$ 项和为 $A_n$, $u_1 + u_2 + \cdots + u_k = a$, 则

$$A_n = a + u_{k+1} + \cdots + u_n .$$

设级数(12.1.2)的前 $n$ 项和为 $B_n$, $v_1 + v_2 + \cdots + v_k = b$, 则

$$\begin{aligned} B_n &= v_1 + v_2 + \cdots + v_k + u_{k+1} + \cdots + u_n \\ &= u_1 + u_2 + \cdots + u_k + u_{k+1} + \cdots + u_n - a + b = A_n - a + b, \end{aligned}$$

于是, 数列 $\{B_n\}$ 与 $\{A_n\}$ 具有相同的敛散性, 即级数(12.1.1)与(12.1.2)具有相同的敛散性.

**性质 12.1.3** 在一个收敛级数中任意添加括号得到的新级数收敛性与和不变.

**证** 设级数 $\sum\limits_{n=1}^{\infty}u_n = s$, 其部分和为 $s_n$. 将这个级数的项任意加括号, 得新级数

$$(u_1 + \cdots + u_{n_1}) + (u_{n_1+1} + \cdots + u_{n_2}) + \cdots + (u_{n_{k-1}+1} + \cdots + u_{n_k}) + \cdots = \sum_{k=1}^{\infty}v_k .$$

设它的前 $k$ 项和为 $\sigma_k$, 则

$$\sigma_k = (u_1 + \cdots + u_{n_1}) + (u_{n_1+1} + \cdots + u_{n_2}) + \cdots + (u_{n_{k-1}+1} + \cdots + u_{n_k}) + \cdots = \sum_{k=1}^{\infty}v_k .$$

于是

$$\lim_{k\to\infty}\sigma_k = \lim_{k\to\infty}s_{n_k} = s,$$

所以 $\sum\limits_{k=1}^{\infty}v_k$ 收敛, 且 $\sum\limits_{k=1}^{\infty}v_k = s$.

性质 12.1.3 成立的前提是级数收敛, 否则结论不成立, 即加括号后收敛不能推出它没加括号前收敛, 如级数

$$\sum_{k=1}^{\infty}(-1)^{n-1} = 1 - 1 + 1 - 1 + \cdots + (-1)^{n-1} + \cdots$$

是发散的, 但加括号后所得到的级数

$$(1-1) + (1-1) + \cdots + (1-1) + \cdots$$

是收敛的.

**推论** 如果加括号后所成的级数发散, 则原来的级数也发散.

**性质 12.1.4** (级数收敛的必要条件) 若 $\sum\limits_{n=1}^{\infty}u_n$ 收敛, 则 $\lim\limits_{n\to\infty}u_n = 0$.

**证**　设级数$\sum_{n=1}^{\infty}u_n$的部分和为$s_n$，且$\lim_{n\to\infty}s_n=s$，则

$$\lim_{n\to\infty}u_n=\lim_{n\to\infty}(s_n-s_{n-1})=\lim_{n\to\infty}s_n-\lim_{n\to\infty}s_{n-1}=s-s=0.$$

应注意级数的一般项趋于零并不是级数收敛的充分条件.

**定理 12.1.1** (级数收敛的柯西准则)　级数$\sum_{n=1}^{\infty}u_n$收敛的充分必要条件是：对于任给的正数$\varepsilon$，总存在正整数$N$，使得当$n>N$时，对于任意的自然数$p$，恒有

$$\left|u_{n+1}+u_{n+2}+\cdots+u_{n+p}\right|<\varepsilon.$$

定理 12.1.1 深刻地指出级数收敛意味着某项$N$后续的无数项的累加和的绝对值趋近于零. 定理 12.1.1 可由数列收敛性质证明(结合$\varepsilon$-$N$定义)，且性质 12.1.4 也可由定理 12.1.1 证明.

**例 12.1.5**　证明**调和级数**$\sum_{n=1}^{\infty}\frac{1}{n}=1+\frac{1}{2}+\frac{1}{3}+\cdots+\frac{1}{n}+\cdots$是发散的.

**证**　假若级数$\sum_{n=1}^{\infty}\frac{1}{n}$收敛且其和为$s,s_n$是它的部分和. 显然有$\lim_{n\to\infty}s_n=s$及$\lim_{n\to\infty}s_{2n}=s$. 于是$\lim_{n\to\infty}(s_{2n}-s_n)=0$.

但另一方面，

$$s_{2n}-s_n=\frac{1}{n+1}+\frac{1}{n+2}+\cdots+\frac{1}{2n}>\frac{1}{2n}+\frac{1}{2n}+\cdots+\frac{1}{2n}=\frac{1}{2},$$

故$\lim_{n\to\infty}(s_{2n}-s_n)\neq 0$，矛盾. 这说明级数$\sum_{n=1}^{\infty}\frac{1}{n}$必定发散.

该结论也可用定理 12.1.1 进行证明. 调和级数在正项级数的收敛判断中起到极大的作用，要熟练掌握！

**例 12.1.6**　判别级数 $\frac{1}{3}+\frac{1}{10}+\frac{1}{3^2}+\frac{1}{2\times 10}+\cdots+\frac{1}{3^n}+\frac{1}{10n}+\cdots$是否收敛.

**解**　将所给级数每相邻两项加括号得到新级数$\sum_{n=1}^{\infty}\left(\frac{1}{3^n}+\frac{1}{10n}\right)$.

因为$\sum_{n=1}^{\infty}\frac{1}{3^n}$收敛，而级数$\sum_{n=1}^{\infty}\frac{1}{10n}=\frac{1}{10}\sum_{n=1}^{\infty}\frac{1}{n}$发散，所以级数$\sum_{n=1}^{\infty}\left(\frac{1}{3^n}+\frac{1}{10n}\right)$发散，根据性质 12.1.3 的推论，去括号后的级数

$$\frac{1}{3}+\frac{1}{10}+\frac{1}{3^2}+\frac{1}{2\times 10}+\cdots+\frac{1}{3^n}+\frac{1}{10n}+\cdots$$

也发散.

**例 12.1.7**　证明级数 $\sum_{n=1}^{\infty}\frac{1}{n^2}$收敛.

**证**　由于

$$
\begin{aligned}
&\left|u_{n+1}+u_{n+2}+\cdots+u_{n+p}\right| \\
&=\frac{1}{(n+1)^2}+\frac{1}{(n+2)^2}+\cdots+\frac{1}{(n+p)^2} \\
&\leqslant \frac{1}{n(n+1)}+\frac{1}{(n+1)(n+2)}+\cdots+\frac{1}{(n+p-1)(n+p)} \\
&=\frac{1}{n}-\frac{1}{n+p}<\frac{1}{n},
\end{aligned}
$$

因此对$\forall \varepsilon>0$，取$N=\left[\dfrac{1}{\varepsilon}\right]$，当$n>N$时及对任意的正整数$p$，有$\left|u_{n+1}+u_{n+2}+\cdots+u_{n+p}\right|<\dfrac{1}{n}<\varepsilon$，由定理 12.1.1 知级数$\sum\limits_{n=1}^{\infty}\dfrac{1}{n^2}$收敛.

## 习题 12-1

1. 写出下列级数的前五项:

(1) $\sum\limits_{n=1}^{\infty}\dfrac{(-1)^{n-1}}{2^n}$;　(2) $\sum\limits_{n=1}^{\infty}\dfrac{n!}{n^3}$;

(3) $\sum\limits_{n=1}^{\infty}\dfrac{1\cdot 3\cdot\cdots\cdot(2n-1)}{2\cdot 4\cdot\cdots\cdot 2n}$;　(4) $\sum\limits_{n=2}^{\infty}\dfrac{n-1}{n^2+1}$.

2. 写出下列级数的一般项:

(1) $\dfrac{1}{2}-\dfrac{2}{3}+\dfrac{3}{4}-\dfrac{4}{5}+\dfrac{5}{6}-\cdots$;　(2) $1-\dfrac{1}{2}+3-\dfrac{1}{4}+5-\dfrac{1}{6}+\cdots$;

(3) $-\dfrac{4}{1}+\dfrac{5}{4}-\dfrac{6}{9}+\dfrac{7}{16}-\dfrac{8}{27}+\dfrac{9}{36}+\cdots$;　(4) $\dfrac{a}{3}-\dfrac{a^2}{5}+\dfrac{a^3}{7}-\dfrac{a^4}{9}+\cdots$;

(5) $\dfrac{3}{2}x+\dfrac{3^2}{5}x^2+\dfrac{3^3}{10}x^3+\dfrac{3^4}{17}x^4+\cdots$;　(6) $\dfrac{\sqrt{x}}{1}+\dfrac{x}{1\cdot 3}+\dfrac{x\sqrt{x}}{1\cdot 3\cdot 5}+\dfrac{x^2}{1\cdot 3\cdot 5\cdot 7}+\cdots$.

3. 判定下列级数的敛散性:

(1) $\sum\limits_{n=0}^{\infty}(\sqrt{n+3}-2\sqrt{n+2}+\sqrt{n+1})$;

(2) $\dfrac{1}{1\cdot 4}+\dfrac{1}{4\cdot 7}+\cdots+\dfrac{1}{(3n-2)(3n+1)}+\cdots$;

(3) $\sum\limits_{n=1}^{\infty}\dfrac{2n^n}{(1+n)^n}$;

(4) $\sin\dfrac{\pi}{6}+\sin\dfrac{2\pi}{6}+\sin\dfrac{3\pi}{6}+\cdots+\sin\dfrac{n\pi}{6}+\cdots$;

(5) $-\dfrac{7}{9}+\dfrac{7^2}{9^2}-\dfrac{7^3}{9^3}+\cdots+(-1)^n\dfrac{7^n}{9^n}+\cdots$;　(6) $\dfrac{1}{2}+\dfrac{1}{4}+\dfrac{1}{6}+\dfrac{1}{8}+\cdots+\dfrac{1}{2n}+\cdots$;

(7) $\sum_{n=1}^{\infty} n^2\left(1-\cos\frac{1}{n}\right)$;　　(8) $\sum_{n=1}^{\infty}\left(\frac{\ln^n 2}{2^n}+\frac{1}{5^n}\right)$.

4. 求下列数项级数的和:

(1) $\sum_{n=0}^{\infty}\frac{1}{(n+1)(n+2)(n+3)}$;　　(2) $\sum_{n=1}^{\infty}\frac{n}{5^n}$;

(3) $\sum_{n=1}^{\infty}\frac{1}{9n^2+3n-2}$.

5. 讨论级数 $\sum_{n=1}^{\infty}\frac{1}{(2n+1)(2n+3)}$ 以下问题.

(1) 写出此级数的前二项 $u_1, u_2$;

(2) 计算部分和 $s_1, s_2$;

(3) 计算第 $n$ 项部分和 $s_1$;

(4) 用级数敛散性定义验证这个级数是收敛的, 并求其和.

6. 利用柯西准则判别下列级数的敛散性:

(1) $\sum_{n=1}^{\infty}\frac{(-1)^{n-1}}{n}$;　　(2) $\sum_{n=1}^{\infty}\frac{\sin nx}{3^n}$;　　(3) $\sum_{n=1}^{\infty}\frac{1}{n}\cos\frac{1}{n}$.

7. 利用性质判定下列级数的敛散性:

(1) $\sum_{n=1}^{\infty}\left(\frac{1}{3^n}+\frac{1}{n}\right)$;　　(2) $\sum_{n=1}^{\infty}\sqrt[n]{2}\sin\left(n\pi+\frac{\pi}{2}\right)$.

## 第二节　正 项 级 数

**定义 12.2.1**　如果 $u_n \geqslant 0(n=1,2,3,\cdots)$, 则称级数 $\sum_{n=1}^{\infty}u_n$ 为**正项级数**.

如果级数每项均为负数, 即**负项级数**, 只要每项乘以−1 便转化为正项级数, 所以本节讨论正项级数的方法也可应用到负项级数.

**定理 12.2.1**　正项级数 $\sum_{n=1}^{\infty}u_n$ 收敛的充分必要条件是部分和数列 $\{s_n\}$ 有界.

因为 $u_n \geqslant 0(n=1,2,3,\cdots)$, 所以正项级数 $\sum_{n=1}^{\infty}u_n$ 的部分和数列 $\{s_n\}$ 是单调增加数列, 即

$$s_1 \leqslant s_2 \leqslant \cdots \leqslant s_n \leqslant \cdots.$$

根据数列的单调有界准则, 单调递增有上界必有极限, 故 $\{s_n\}$ 收敛的充分必要条件是 $\{s_n\}$ 有界. 上述定理是证明下面一系列判别法的基础.

**定理 12.2.2** (比较判别法)　设 $\sum_{n=1}^{\infty}u_n$, $\sum_{n=1}^{\infty}v_n$ 均为正项级数, 且 $u_n \leqslant v_n(n=1,2,\cdots)$, 有

(1) 若$\sum_{n=1}^{\infty}v_n$收敛, 则$\sum_{n=1}^{\infty}u_n$收敛; (2) 若$\sum_{n=1}^{\infty}u_n$发散, 则$\sum_{n=1}^{\infty}v_n$发散.

**证** 设$\sum_{n=1}^{\infty}u_n$, $\sum_{n=1}^{\infty}v_n$的部分和分别为$A_n, B_n$, 则有

(1) 若$\sum_{n=1}^{\infty}v_n$收敛, 则其部分和数列$\{B_n\}$有界, 从而$\sum_{n=1}^{\infty}u_n$的部分和数列$\{A_n\}$有界, 故由定理 12.2.1 知$\sum_{n=1}^{\infty}u_n$收敛.

(2) 若$\sum_{n=1}^{\infty}u_n$发散, 则$\sum_{n=1}^{\infty}v_n$发散. 假若不然, $\sum_{n=1}^{\infty}v_n$收敛, 则由(1)知$\sum_{n=1}^{\infty}u_n$也收敛, 与条件$\sum_{n=1}^{\infty}u_n$发散相矛盾, 故$\sum_{n=1}^{\infty}v_n$发散.

由级数的每一项同乘不为零的常数$k$, 以及去掉级数前面有限项不改变级数的收敛性可知, 定理 12.2.2 的条件可减弱为

$$u_n \leqslant Cv_n \quad (C>0\text{ 为常数}, \ n=k,k+1,\cdots).$$

**例 12.2.1** 讨论$p$-**级数**$\sum_{n=1}^{\infty}\frac{1}{n^p}$的收敛性(常数$p>0$).

**解** 当$p\leqslant 1$时, $\frac{1}{n^p}\geqslant\frac{1}{n}$, 而调和级数$\sum_{n=1}^{\infty}\frac{1}{n}$是发散的, 故由比较判别法知, 此时$p$-级数是发散的.

当$p>1$时, 由$n-1\leqslant x<n$, 有$\frac{1}{n^p}<\frac{1}{x^p}$, 所以

$$\frac{1}{n^p}=\int_{n-1}^{n}\frac{1}{n^p}\mathrm{d}x<\int_{n-1}^{n}\frac{1}{x^p}\mathrm{d}x \quad (n=2,3,\cdots),$$

从而级数$\sum_{n=1}^{\infty}\frac{1}{n^p}$的部分和

$$\begin{aligned} s_n &= 1+\frac{1}{2^p}+\frac{1}{3^p}+\cdots+\frac{1}{n^p}<1+\int_1^2\frac{\mathrm{d}x}{x^p}+\cdots+\int_{n-1}^{n}\frac{\mathrm{d}x}{x^p} \\ &= 1+\int_1^n\frac{\mathrm{d}x}{x^p}=1+\frac{1}{p-1}\left(1-\frac{1}{n^{p-1}}\right)<1+\frac{1}{p-1}, \end{aligned}$$

即部分和数列$\{s_n\}$有界, 故此时$p$-级数是收敛的.

综上所述, 当$p>1$时, $p$-级数收敛; 当$0<p\leqslant 1$时, $p$-级数发散.

只有知道一些重要级数的收敛性, 并加以灵活应用, 才能熟练掌握比较判别法.

**例 12.2.2** 判断级数$\sum_{n=1}^{\infty}\frac{1}{\sqrt{n(n+1)}}$的敛散性.

**解** 因为$\frac{1}{\sqrt{n(n+1)}}>\frac{1}{n+1}$, 而级数$\sum_{n=1}^{\infty}\frac{1}{n+1}$发散, 所以, 根据比较判别法知, 原级数

是发散的.

**例 12.2.3** 讨论级数 $\sum\frac{1}{n^2-n+1}$ 的敛散性.

**解** 由于当 $n\geqslant 2$ 时,

$$\frac{1}{n^2-n+1}\leqslant\frac{1}{n^2-n}=\frac{1}{n(n-1)}\leqslant\frac{1}{(n-1)^2},$$

由例 12.1.7 知 $\sum_{n=2}^{\infty}\frac{1}{(n-1)^2}$ 收敛, 故 $\sum\frac{1}{n^2-n+1}$ 也收敛.

**例 12.2.4** 设 $a_n\leqslant c_n\leqslant b_n\ (n=1,2,\cdots)$, 且 $\sum_{n=1}^{\infty}a_n$ 及 $\sum_{n=1}^{\infty}b_n$ 均收敛, 证明级数 $\sum_{n=1}^{\infty}c_n$ 收敛.

**证** 依题意有 $0\leqslant c_n-a_n\leqslant b_n-a_n$, 由 $\sum_{n=1}^{\infty}a_n$, $\sum_{n=1}^{\infty}b_n$ 均收敛, 知级数 $\sum_{n=1}^{\infty}(b_n-a_n)$ 收敛, 由比较判别法知级数 $\sum_{n=1}^{\infty}(c_n-a_n)$ 也收敛. 因此级数

$$\sum_{n=1}^{\infty}c_n=\sum_{n=1}^{\infty}[a_n+(c_n-a_n)]$$

收敛.

为应用方便, 我们给出**比较判别法的极限形式**.

**定理 12.2.2′** 设 $\sum_{n=1}^{\infty}u_n$, $\sum_{n=1}^{\infty}v_n$ 均为正项级数, 且 $\lim_{n\to\infty}\frac{u_n}{v_n}=l$.

(1) 当 $0<l<+\infty$ 时, 两个级数有相同的敛散性;

(2) 当 $l=0$ 时, 若 $\sum_{n=1}^{\infty}v_n$ 收敛, 则 $\sum_{n=1}^{\infty}u_n$ 收敛;

(3) 当 $l=+\infty$ 时, 若 $\sum_{n=1}^{\infty}v_n$ 发散, 则 $\sum_{n=1}^{\infty}u_n$ 发散.

**证** (1) 由 $\lim_{n\to\infty}\frac{u_n}{v_n}=l>0$, 对于 $\varepsilon=\frac{l}{2}>0$, 存在正数 $N$, 当 $n>N$ 时, 有

$$\left|\frac{u_n}{v_n}-l\right|<\frac{l}{2},\ 即\ l-\frac{l}{2}<\frac{u_n}{v_n}<l+\frac{l}{2},$$

从而

$$\frac{l}{2}v_n<u_n<\frac{3l}{2}v_n,$$

所以, 由比较判别法知 $\sum_{n=1}^{\infty}u_n$ 与 $\sum_{n=1}^{\infty}v_n$ 有相同的敛散性.

(2) 当 $l=0$ 时, 取 $\varepsilon=1$, 则存在正数 $N$, 当 $n>N$ 时, 有

$$\left|\frac{u_n}{v_n}\right|<1，得\frac{u_n}{v_n}<1，即 u_n<v_n，$$

由比较判别法即可得证.

(3) 当 $l=+\infty$ 时，取 $M=1$，则存在正数 $N$，当 $n>N$ 时，有 $\dfrac{u_n}{v_n}>1$，即 $u_n>v_n$，由比较判别法即可得证.

**例 12.2.5** 判定级数 $\sum\limits_{n=1}^{\infty}\ln\left(1+\dfrac{1}{n^2}\right)$ 的敛散性.

**解** 因为 $\ln\left(1+\dfrac{1}{n^2}\right)\sim\dfrac{1}{n^2}(n\to\infty)$, 所以

$$\lim_{n\to\infty}\frac{\ln\left(1+\frac{1}{n^2}\right)}{\frac{1}{n^2}}=\lim_{n\to\infty}n^2\ln\left(1+\frac{1}{n^2}\right)=\lim_{n\to\infty}n^2\cdot\frac{1}{n^2}=1,$$

故由定理 12.2.2′知原级数收敛.

**例 12.2.6** 判别级数 $\sum\limits_{n=1}^{\infty}\left(\dfrac{1}{n}-\ln\dfrac{n+1}{n}\right)$ 的敛散性.

**解** 令 $u(x)=x-\ln(1+x)>0(x>0)$, $v(x)=x^2$. 由于

$$\lim_{x\to0^+}\frac{x-\ln(1+x)}{x^2}=\lim_{x\to0^+}\frac{1-\frac{1}{1+x}}{2x}=\lim_{x\to0^+}\frac{1}{2(1+x)}=\frac{1}{2},$$

从而

$$\lim_{n\to\infty}\frac{\frac{1}{n}-\ln\left(1+\frac{1}{n}\right)}{\frac{1}{n^2}}=\lim_{n\to\infty}n^2\left(\frac{1}{n}-\ln\frac{n+1}{n}\right)=\frac{1}{2}.$$

由 $p=2>1$ 知, 原级数收敛.

使用比较判别法或其极限形式, 需要找到一个已知级数作比较, 这有些困难. 下面介绍几个利用级数自身来判别级数收敛性的判别法.

**定理 12.2.3** (比式判别法或达朗贝尔判别法) 设 $\sum\limits_{n=1}^{\infty}u_n$ 是正项级数, 且存在某正整数 $N_0$ 及常数 $q,0<q<1$.

(1) 当 $\forall n>N_0$ 时, $\dfrac{u_{n+1}}{u_n}\leqslant q$，则级数收敛;

(2) 当 $\forall n>N_0$ 时, $\dfrac{u_{n+1}}{u_n}\geqslant1$, 则级数发散.

**定理 12.2.3′** (比式判别法极限形式) 设 $\sum\limits_{n=1}^{\infty}u_n$ 是正项级数, 且 $\lim\limits_{n\to\infty}\dfrac{u_{n+1}}{u_n}=q$(或 $+\infty$), 则

(1) 当$q<1$时，级数收敛；

(2) 当$q>1$或$q=\infty$时，级数发散；

(3) 当$q=1$时，本判别法失效.

比式判别法适合$u_{n+1}$与$u_n$有公因式且$\lim\limits_{n\to\infty}\dfrac{u_{n+1}}{u_n}$存在或等于$+\infty$的情形. 当$q=1$时，比式判别法失效. 例如，对于级数$\sum\limits_{n=1}^{\infty}\dfrac{1}{n}$和$\sum\limits_{n=1}^{\infty}\dfrac{1}{n^2}$，分别有

$$\lim_{n\to\infty}\frac{\dfrac{1}{n+1}}{\dfrac{1}{n}}=\lim_{n\to\infty}\frac{n}{n+1},\quad \lim_{n\to\infty}\frac{\dfrac{1}{(n+1)^2}}{\dfrac{1}{n^2}}=\lim_{n\to\infty}\frac{n^2}{(n+1)^2}=1,$$

但级数$\sum\limits_{n=1}^{\infty}\dfrac{1}{n}$发散，而级数$\sum\limits_{n=1}^{\infty}\dfrac{1}{n^2}$收敛. 因此，如果$q=1$，就应利用其他判别法进行判断.

**例 12.2.7**　判别下列级数的收敛性:

(1) $\sum\limits_{n=1}^{\infty}\dfrac{1}{kn!}$, $k$为正整数；　　(2) $\sum\limits_{n=1}^{\infty}\dfrac{n!}{5^n}$.

**解**　(1) $u_n=\dfrac{1}{kn!}$，由于

$$\frac{u_{n+1}}{u_n}=\frac{\dfrac{1}{(n+1)!}}{\dfrac{1}{n!}}=\frac{1}{n+1}\to 0\quad (n\to\infty),$$

所以级数$\sum\limits_{n=1}^{\infty}\dfrac{1}{kn!}$收敛.

(2) $u_n=\dfrac{n!}{5^n}$，由于

$$\frac{u_{n+1}}{u_n}=\frac{(n+1)!}{5^{n+1}}\cdot\frac{5^n}{n!}\to+\infty\quad (n\to\infty),$$

所以级数$\sum\limits_{n=1}^{\infty}\dfrac{n!}{5^n}$发散.

**例 12.2.8**　判别级数$\sum\limits_{n=1}^{\infty}\dfrac{n^2}{(3+1/n)^n}$的收敛性.

**解**　因为$\dfrac{n^2}{(3+1/n)^n}<\dfrac{n^2}{3^n}$, 先判别级数$\sum\limits_{n=1}^{\infty}\dfrac{n^2}{3^n}$的敛散性. 因

$$\lim_{n\to\infty}\frac{u_{n+1}}{u_n}=\lim_{n\to\infty}\frac{(n+1)^2}{3^{n+1}}\cdot\frac{3^n}{n^2}=\lim_{n\to\infty}\frac{1}{3}\left(1+\frac{1}{n}\right)^2=\frac{1}{3}<1,$$

根据比式判别法知级数$\sum_{n=1}^{\infty}\frac{n^2}{3^n}$收敛，再根据比较判别法知原级数收敛.

**定理 12.2.4** (根式判别法或柯西判别法) 设$\sum_{n=1}^{\infty}u_n$是正项级数，且存在某正整数$N_0$及正常数$p$，

(1) 当$\forall n>N_0$时，$\sqrt[n]{u_n}\leqslant p<1$，则级数收敛;

(2) 当$\forall n>N_0$时，$\sqrt[n]{u_n}\geqslant 1$，则级数发散.

**定理 12.2.4′** (根式判别法的极限形式) 设$\sum_{n=1}^{\infty}u_n$是正项级数，且$\lim\limits_{n\to\infty}\sqrt[n]{u_n}=p$(或$+\infty$)，则

(1) 当$p<1$时，级数收敛;

(2) 当$p>1$(包括$p=\infty$)时，级数发散;

(3) 当$p=1$时，本判别法失效.

根式判别法适合$u_n$中含有表达式的$n$次幂，且$\lim\limits_{n\to\infty}\sqrt[n]{u_n}$存在或等于$+\infty$的情形. 当$p=1$时，本判别法失效. 如级数$\sum_{n=1}^{\infty}\frac{1}{n}$和$\sum_{n=1}^{\infty}\frac{1}{n^2}$，分别有

$$\lim_{n\to\infty}\sqrt[n]{\frac{1}{n}}=1,\quad \lim_{n\to\infty}\sqrt[n]{\frac{1}{n^2}}=1,$$

但级数$\sum_{n=1}^{\infty}\frac{1}{n}$发散，而级数$\sum_{n=1}^{\infty}\frac{1}{n^2}$收敛.

**例 12.2.9** 判别级数$\sum_{n=1}^{\infty}7^{-n-(-1)^n}$的收敛性.

**解** 因为

$$\lim_{n\to\infty}\sqrt[n]{u_n}=\lim_{n\to\infty}\sqrt[n]{7^{-n-(-n)^n}}=\lim_{n\to\infty}7^{-1-\frac{(-1)^n}{n}}=\frac{1}{7}<1,$$

由根式判别法知原级数收敛.

**例 12.2.10** 判别级数$\sum_{n=1}^{\infty}\frac{2+(-1)^n}{5^n}$的收敛性.

**解** 由于$\frac{1}{5^n}\leqslant\frac{2+(-1)^n}{5^n}\leqslant\frac{3}{5^n}$，且$\lim\limits_{n\to\infty}\sqrt[n]{\frac{1}{5^n}}=\frac{1}{5}$，$\lim\limits_{n\to\infty}\sqrt[n]{\frac{3}{5^n}}=\frac{1}{5}$，所以

$$\lim_{n\to\infty}\sqrt[n]{\frac{2+(-1)^n}{5^n}}=\frac{1}{5}<1,$$

由根式判别法知原级数收敛.

对于给定的正项级数$\sum_{n=1}^{\infty}a_n$，若$\{a_n\}$可看作由一个在$[1,+\infty)$上单调递减的函数$f(x)$

所产生，即有 $a_n = f(n)$，则可用下述积分判别法来判定正项级数 $\sum_{n=1}^{\infty} a_n$ 的敛散性.

**定理 12.2.5** (积分判别法) 对于给定的正项级数 $\sum_{n=1}^{\infty} a_n$，若存在区间 $[1,+\infty)$ 上单调递减的连续函数 $f(x)$，使得 $a_n = f(n)$，则

(1) $\sum_{n=1}^{\infty} a_n$ 收敛的充要条件是对应的反常积分 $\int_1^{+\infty} f(x)\mathrm{d}x$ 收敛；

(2) $\sum_{n=1}^{\infty} a_n$ 发散的充要条件是对应的反常积分 $\int_1^{+\infty} f(x)\mathrm{d}x$ 发散.

注意到在使用定理 12.2.5 时，若将积分下限和级数的开始项号改成某个正整数 $N$，函数 $f(x)$ 改为在 $[N,+\infty)$ 上单调减少连续，并且当 $n > N$ 时 $a_n = f(n)$ 成立，则定理的结论仍然正确.

**例 12.2.11** 试确定级数 $\sum_{n=1}^{\infty} \frac{\ln n}{n}$ 的敛散性.

**解** 若设 $f(x) = \frac{\ln x}{x}$，则显然 $f(x)$ 在 $x > 1$ 时非负且连续. 因

$$f'(x) = \frac{1-\ln x}{x^2},$$

所以当 $x > \mathrm{e}$ 时有 $f'(x) < 0$，函数 $f(x)$ 单调递减. 于是对级数 $\sum_{n=1}^{\infty} \frac{\ln n}{n}$ 应用积分判别法.

$$\int_{\mathrm{e}}^{\infty} \frac{\ln x}{x}\mathrm{d}x = \lim_{b\to+\infty} \int_{\mathrm{e}}^{b} \frac{\ln x}{x}\mathrm{d}x = \lim_{b\to+\infty} \left[\frac{\ln^2 x}{2}\right]_{\mathrm{e}}^{b} = \lim_{b\to+\infty} \frac{\ln^2 b - \ln^2 \mathrm{e}}{2} = +\infty,$$

即反常积分发散，所以级数 $\sum_{n=1}^{\infty} \frac{\ln n}{n}$ 发散，从而级数 $\sum_{n=1}^{\infty} \frac{\ln n}{n}$ 发散.

**例 12.2.12** 判别级数 $\sum_{n=1}^{\infty} \frac{1}{(n+1)\ln(n+1)}$ 的敛散性.

**解** 设 $f(x) = \frac{1}{(x+1)\ln(x+1)}$ 则显然 $f(x)$ 在 $x > 1$ 时非负且连续，因

$$f'(x) = -\frac{\ln(x+1)+1}{[(x+1)\ln(x+1)]^2} < 0 \quad (x > 1),$$

故在 $x > 1$ 时 $f(x)$ 单调减少. 因为

$$\int_1^{+\infty} \frac{1}{(x+1)\ln(x+1)}\mathrm{d}x = \int_1^{+\infty} \frac{1}{\ln(x+1)}\mathrm{d}\ln(x+1) = \left[\ln(\ln(x+1))\right]_1^{+\infty} = +\infty,$$

所以由积分判别法知 $\sum_{n=1}^{\infty} \frac{1}{(n+1)\ln(n+1)}$ 发散.

## 习题 12-2

1. 用比较判别法或其极限形式判别下列级数的敛散性:

(1) $\sum\limits_{n=1}^{\infty}\frac{1}{n^2+3}$; (2) $\sum\limits_{n=1}^{\infty}\frac{1}{3n+2}$; (3) $\sum\limits_{n=1}^{\infty}\frac{2n+1}{(n+1)^2(n+2)^2}$;

(4) $\sum\limits_{n=1}^{\infty}\frac{1+n}{2+n^2}$; (5) $\sum\limits_{n=1}^{\infty}\frac{1}{(n+1)\sqrt{n}}$; (6) $\sum\limits_{n=1}^{\infty}\frac{1}{(n+2)(n+3)}$;

(7) $\sum\limits_{n=1}^{\infty}\tan\frac{\pi}{3^n}$; (8) $\sum\limits_{n=1}^{\infty}\frac{3+(-1)^n}{3^n}$;

(9) $\sum\limits_{n=1}^{\infty}\frac{1}{\sqrt{n}}\sin\frac{3}{\sqrt{n}}$; (10) $\sum\limits_{n=1}^{\infty}\frac{1}{\ln(1+n)}$.

2. 用比式判别法判别下列级数的敛散性:

(1) $\sum\limits_{n=1}^{\infty}\frac{2^n}{n\cdot 3^n}$; (2) $\sum\limits_{n=1}^{\infty}\frac{5}{2^n}$; (3) $\sum\limits_{n=1}^{\infty}\frac{1\cdot 3\cdot 5\cdot\cdots\cdot(2n+1)}{3^n\cdot n!}$;

(4) $1+\frac{3}{2!}+\frac{3^2}{3!}+\frac{3^3}{4!}+\cdots$; (5) $\sum\limits_{n=1}^{\infty}\frac{1}{n^2(\sqrt{3}+1)^n}$; (6) $\sum\limits_{n=1}^{\infty}\frac{3^n}{5^n-4^n}$;

(7) $\frac{2}{1\cdot 2}+\frac{2^2}{2\cdot 3}+\frac{2^3}{3\cdot 4}+\frac{2^4}{4\cdot 5}+\cdots$; (8) $\sum\limits_{n=1}^{\infty}\frac{a^n}{n^k}\ (a>0)$.

3. 用根式判别法判别下列级数的敛散性:

(1) $\sum\limits_{n=1}^{\infty}\frac{1}{[\ln(n+1)]^n}$; (2) $\sum\limits_{n=1}^{\infty}\left(\frac{n}{3n+1}\right)^n$; (3) $\sum\limits_{n=1}^{\infty}\left(\frac{5n^2}{n^2+1}\right)^n$;

(4) $\sum\limits_{n=1}^{\infty}\frac{7^n}{1+e^n}$; (5) $\sum\limits_{n=1}^{\infty}\left(\frac{n}{2n-1}\right)^{3n-1}$; (6) $\sum\limits_{n=1}^{\infty}\frac{2^n}{\left(\frac{n+1}{n}\right)^{n^2}}$.

4. 用积分判别法判别下列级数的敛散性:

(1) $\sum\limits_{n=3}^{\infty}\frac{1}{n(\ln n)^p}$; (2) $\sum\limits_{n=3}^{\infty}\frac{\ln n}{n^p}(p\geqslant 1)$.

5. 设 $u_n>0, v_n>0(n=1,2,\cdots)$, 且 $\frac{u_{n+1}}{u_n}\leqslant\frac{v_{n+1}}{v_n}$, 试证明: 若 $\sum\limits_{n=1}^{\infty}v_n$ 收敛, 则 $\sum\limits_{n=1}^{\infty}u_n$ 也收敛.

6. 若 $\sum\limits_{n=1}^{\infty}u_n^2$ 及 $\sum\limits_{n=1}^{\infty}v_n^2$ 收敛, 证明下列级数也收敛:

(1) $\sum\limits_{n=1}^{\infty}|u_nv_n|$; (2) $\sum\limits_{n=1}^{\infty}(u_n+v_n)^2$; (3) $\sum\limits_{n=1}^{\infty}\frac{|u_n|}{n}$.

7. 判别级数 $\sum\limits_{n=1}^{\infty}\left(\frac{b}{u_n}\right)^n$ 的敛散性, 其中 $u_n\to a(n\to\infty)$, 且 $u_n,b,a$ 均为正数.

# 第三节 一般项级数

上一节我们讨论了正项级数敛散性的判别法，本节讨论一般项级数的敛散性，“一般项级数”是指级数的各项可以是正数、负数或零.

## 一、交错级数

**定义 12.3.1** 若 $u_n > 0(n=1,2,\cdots)$，则称级数 $\sum\limits_{n=1}^{\infty}(-1)^{n-1}u_n$ 为**交错级数**.

对交错级数，我们有下面的判别法.

**定理 12.3.1** (莱布尼茨定理) 若交错级数 $\sum\limits_{n=1}^{\infty}(-1)^{n-1}u_n$ 满足:

(1) $u_n \geqslant u_{n+1}(n=1,2,\cdots)$，即数列 $\{u_n\}$ 单调递减，

(2) $\lim\limits_{n\to\infty} u_n = 0$，

则级数 $\sum\limits_{n=1}^{\infty}(-1)^{n-1}u_n$ 收敛，并且它的和 $s \leqslant u_1$.

**证** 设原级数的部分和为 $s_n$，由

$$0 \leqslant s_{2n} = (u_1-u_2)+(u_3-u_4)+\cdots+(u_{2n-1}-u_{2n}),$$

易见数列 $\{s_{2n}\}$ 是单调递增的；又由条件(1)，有

$$s_{2n} = u_1-(u_2+u_3)-\cdots-(u_{2n-2}-u_{2n-1})-u_{2n} \leqslant u_1,$$

即数列 $\{s_{2n}\}$ 是单调递增有上界的，故 $\{s_{2n}\}$ 的极限存在. 设 $\lim\limits_{n\to\infty} s_{2n} = s$，由条件(2)，有

$$\lim_{n\to\infty} s_{2n+1} = \lim_{n\to\infty}(s_{2n}+u_{2n+1}) = s,$$

所以 $\lim\limits_{n\to\infty} s_n = s$，从而原级数收敛于和 $s$，且 $s \leqslant u_1$.

**推论** 若交错级数满足莱布尼茨定理的条件，则以部分和 $s_n$ 作为级数和的近似值时，其余项(误差) $r_n$ 不超过 $u_{n+1}$，即 $|r_n| = |s-s_n| \leqslant u_{n+1}$.

**证** 交错级数 $\sum\limits_{n=1}^{\infty}(-1)^{n-1}u_n$ 的余项的绝对值

$$|r_n| = \left|(-1)^n u_{n+1} + (-1)^{n+1}u_{n+2}+\cdots\right| = u_{n+1}-u_{n+2}+u_{n+3}-u_{n+4}+\cdots \leqslant u_{n+1}.$$

**例 12.3.1** 判断级数 $\sum\limits_{n=1}^{\infty}\dfrac{(-1)^{n+1}}{n}$ 的敛散性.

**解** 易见原级数的一般项 $(-1)^{n+1}u_n = \dfrac{(-1)^{n+1}}{n}$ 满足

(1) $\dfrac{1}{n} \geqslant \dfrac{1}{n+1}\ (n=1,2,3,\cdots)$； (2) $\lim\limits_{n\to\infty}\dfrac{1}{n} = 0$.

所以级数$\sum_{n=1}^{\infty}\frac{(-1)^{n+1}}{n}$收敛，其和$s\leqslant 1$，用$s_n$近似$s$产生的误差为$|r_n|\leqslant\frac{1}{n+1}$.

**例 12.3.2** 判断$\sum_{n=1}^{\infty}(-1)^{n+1}\frac{\ln n}{n}$的敛散性.

**解** 易知$\sum_{n=1}^{\infty}(-1)^{n+1}\frac{\ln n}{n}$是交错级数. 令$f(x)=\frac{\ln x}{x}\ (x>3)$，则

$$f'(x)=\frac{1-\ln x}{x^2}<0\quad (x>3),$$

即当$n>3$时，$\left\{\frac{\ln n}{n}\right\}$是递减数列，又利用洛必达法则，有

$$\lim_{x\to\infty}\frac{\ln n}{n}=\lim_{x\to+\infty}\frac{\ln x}{x}=\lim_{x\to+\infty}\frac{1}{x}=0,$$

故由莱布尼茨定理知该级数收敛.

判别交错级数$\sum_{n=1}^{\infty}(-1)^{n+1}f(n)$（其中$f(n)>0$）的敛散性时，如果数列$\{f(n)\}$的单调性不容易判断，可通过讨论当$x$充分大时$f'(x)$的符号，来判断当$n$充分大时数列$\{f(n)\}$是否单调递减；如果直接求极限$\lim_{n\to\infty}f(n)$有困难，亦可通过求$\lim_{x\to+\infty}f(x)$（假定它存在）来求$\lim_{n\to\infty}f(n)$.

交错级数的莱布尼茨判别法只是一个充分条件，并非必要条件，当莱布尼茨定理的条件不满足时，不能由此断定交错级数是发散的. 例如，级数$\sum_{n=1}^{\infty}\frac{(-1)^{n-1}}{\sqrt{n+(-1)^n}}$不满足$u_{n+1}<u_n$，但易知该级数是收敛的.

## 二、绝对收敛与条件收敛

**定义 12.3.2** 由一般项级数

$$\sum_{n=1}^{\infty}u_n=u_1+u_2+u_3+\cdots+u_n+\cdots,$$

各项绝对值构造的正项级数($u_n$可以是正数，负数或零)

$$\sum_{n=1}^{\infty}|u_n|=|u_1|+|u_2|+|u_3|+\cdots+|u_n|+\cdots$$

称为原级数的**绝对级数**.

**定理 12.3.2** 若$\sum_{n=1}^{\infty}|u_n|$收敛，则$\sum_{n=1}^{\infty}u_n$收敛.

**证** 由于$0\leqslant u_n+|u_n|\leqslant 2|u_n|$，且级数$\sum_{n=1}^{\infty}2|u_n|$收敛，故由比较判别法知$\sum_{n=1}^{\infty}(u_n+|u_n|)$收敛，又根据极限运算性质得到

$$\sum_{n=1}^{\infty}u_n=\sum_{n=1}^{\infty}\left[(u_n+|u_n|)-|u_n|\right],$$

所以级数 $\sum\limits_{n=1}^{\infty}u_n$ 收敛.

由此定理可以将许多一般项级数的敛散性判别问题转化为正项级数的敛散性判别问题.

**定义 12.3.3** 设 $\sum\limits_{n=1}^{\infty}u_n$ 为一般常数项级数, 则

(1) 当 $\sum\limits_{n=1}^{\infty}|u_n|$ 收敛时, 称 $\sum\limits_{n=1}^{\infty}u_n$ 为**绝对收敛**;

(2) 当 $\sum\limits_{n=1}^{\infty}|u_n|$ 发散, 但 $\sum\limits_{n=1}^{\infty}u_n$ 收敛时, 称 $\sum\limits_{n=1}^{\infty}u_n$ 为**条件收敛**.

对于一般项级数, 应当判别它是绝对收敛、条件收敛, 还是发散.

**例 12.3.3** 判别级数 $\sum\limits_{n=1}^{\infty}\dfrac{(-1)^{n+1}}{n^p}\ (p>0)$ 的敛散性.

**解** 由 $\sum\limits_{n=1}^{\infty}\left|\dfrac{(-1)^{n+1}}{n^p}\right|=\sum\limits_{n=1}^{\infty}\dfrac{1}{n^p}$, 易见当 $p>1$ 时, 原级数绝对收敛; 当 $0<p\leqslant 1$ 时, 由莱布尼茨定理知 $\sum\limits_{n=1}^{\infty}\dfrac{(-1)^{n+1}}{n^p}$ 收敛, 但 $\sum\limits_{n=1}^{\infty}\dfrac{1}{n^p}$ 发散, 故原级数条件收敛.

**例 12.3.4** 判别级数 $\sum\limits_{n=1}^{\infty}\dfrac{\cos n}{n^2}$ 的敛散性.

**解** 因为 $\left|\dfrac{\cos n}{n^2}\right|\leqslant\dfrac{1}{n^2}$, 而级数 $\sum\limits_{n=1}^{\infty}\dfrac{1}{n^2}$ 收敛, 故 $\sum\limits_{n=1}^{\infty}\dfrac{\cos n}{n^2}$ 收敛, 从而原级数绝对收敛.

**例 12.3.5** 判别级数 $\sum\limits_{n=1}^{\infty}(-1)^{n+1}\dfrac{n^{n+1}}{(n+1)!}$ 的敛散性.

**解** 该级数是交错级数, 一般项为 $u_n=(-1)^{n+1}\dfrac{n^{n+1}}{(n+1)!}$. 首先, 判断 $\sum\limits_{n=1}^{\infty}|u_n|$ 是否绝对收敛, 利用比式判别法. 因为

$$\begin{aligned}\lim_{n\to\infty}\frac{|u_{n+1}|}{|u_n|}&=\lim_{n\to\infty}\frac{(n+1)^{n+2}}{[(n+1)+1]!}\frac{(n+1)!}{n^{n+1}}\\&=\lim_{n\to\infty}\left(\frac{n+1}{n}\right)^n\cdot\frac{(n+1)^2}{n(n+2)}=\lim_{n\to\infty}\left(1+\frac{1}{n}\right)^n=\mathrm{e}>1,\end{aligned}$$

所以级数 $\sum\limits_{n=1}^{\infty}|u_n|$ 发散, 即原级数非绝对收敛.

其次, 由 $\lim\limits_{n\to\infty}\dfrac{|u_{n+1}|}{|u_n|}>1$, 当 $n$ 充分大时, 有 $|u_{n+1}|>|u_n|$, 故 $\lim\limits_{n\to\infty}u_n\neq 0$, 所以原级数发散.

## 三、绝对收敛级数的性质

1. 级数的重排

设有级数 $\sum_{n=1}^{\infty}u_n$，我们把改变该级数的项的位置后得到的新级数 $\sum_{n=1}^{\infty}u_n'$ 称为 $\sum_{n=1}^{\infty}u_n$ 的一个**重排级数**.

**定理 12.3.3** 设级数 $\sum_{n=1}^{\infty}u_n$ 绝对收敛, 则重排的级数 $\sum_{n=1}^{\infty}u_n'$ 也绝对收敛, 且和不变, 即

$$\sum_{n=1}^{\infty}u_n=\sum_{n=1}^{\infty}u_n'.$$

**证** (1) 先设 $\sum_{n=1}^{\infty}u_n$ 为正项级数, 由条件知 $\sum_{n=1}^{\infty}u_n$ 收敛, 设其和为 $s$. 这时显然有

$$\sum_{n=1}^{\infty}u_n'\leqslant\sum_{n=1}^{\infty}u_n=s.$$

又 $\sum_{n=1}^{\infty}u_n'$ 也是正项级数, 由正项级数收敛的充分必要条件是其部分和有界知, $\sum_{n=1}^{\infty}u_n'$ 也是收敛的正项级数, 并且有

$$\sum_{n=1}^{\infty}u_n'\leqslant s=\sum_{n=1}^{\infty}u_n.$$

又因为 $\sum_{n=1}^{\infty}u_n$ 也可以看成级数 $\sum_{n=1}^{\infty}u_n'$ 的一个重排级数, 同理有

$$\sum_{n=1}^{\infty}u_n\leqslant\sum_{n=1}^{\infty}u_n',$$

所以

$$\sum_{n=1}^{\infty}u_n'=\sum_{n=1}^{\infty}u_n=s.$$

(2) 现在设 $\sum_{n=1}^{\infty}u_n$ 为一般的绝对收敛级数. 记

$$p_n=\frac{|u_n|+u_n}{2},\quad q_n=\frac{|u_n|-u_n}{2},\ n=1,2,3,\cdots,$$

显然有

$$0\leqslant p_n\leqslant|u_n|,\quad 0\leqslant q_n\leqslant|u_n|,\ n=1,2,3,\cdots.$$

而

$$|u_n|=p_n+q_n,\quad u_n=p_n-q_n,\ n=1,2,3,\cdots,$$

由比较判别法知, 正项级数 $\sum_{n=1}^{\infty}p_n$, $\sum_{n=1}^{\infty}q_n$ 均收敛. 由(1)知重排后的级数 $\sum_{n=1}^{\infty}p_n'$, $\sum_{n=1}^{\infty}q_n'$ 也

都收敛, 并且有

$$\sum_{n=1}^{\infty} p_n' = \sum_{n=1}^{\infty} p_n, \quad \sum_{n=1}^{\infty} q_n' = \sum_{n=1}^{\infty} q_n .$$

由此可知, 级数 $\sum_{n=1}^{\infty} |u_n'| = \sum_{n=1}^{\infty} (p_n' + q_n')$ 也收敛, 即 $\sum_{n=1}^{\infty} u_n'$ 绝对收敛, 并且有

$$\sum_{n=1}^{\infty} u_n' = \sum_{n=1}^{\infty} (p_n' - q_n') = \sum_{n=1}^{\infty} p_n' - \sum_{n=1}^{\infty} q_n' = \sum_{n=1}^{\infty} p_n - \sum_{n=1}^{\infty} q_n = \sum_{n=1}^{\infty} (p_n - q_n) = \sum_{n=1}^{\infty} u_n.$$

绝对收敛的级数有很多性质是条件收敛所没有的. 该定理的结论表明, 可数无限多个数相加在满足绝对收敛的条件下满足加法的交换律.

***定理 12.3.4** 设 $\sum_{n=1}^{\infty} a_n$ 是条件收敛级数, 则对任意给定的一个常数 $c \in \mathbf{R}$, 都必定存在级数 $\sum_{n=1}^{\infty} a_n$ 的一个重排级数 $\sum_{n=1}^{\infty} a_n'$, 使得 $\sum_{n=1}^{\infty} a_n' = c$.

***定理 12.3.5** 设 $\sum_{n=1}^{\infty} a_n$ 是条件收敛级数, 则存在 $\sum_{n=1}^{\infty} a_n$ 的重排级数 $\sum_{n=1}^{\infty} a_n'$, 使得

$$\sum_{n=1}^{\infty} a_n' = +\infty \quad (\text{或} -\infty).$$

该定理表明, 条件收敛的级数不满足加法的交换律.

2. 级数的乘积

根据收敛级数的线性运算法则, 若 $c$ 为常数, 且级数 $\sum_{n=1}^{\infty} u_n$ 收敛, 则 $c\sum_{n=1}^{\infty} u_n = \sum_{n=1}^{\infty} cu_n$. 利用数学归纳法可以推广到级数 $\sum_{n=1}^{\infty} u_n$ 与有限项常数和的乘积, 例如, 有

$$(c_1 + c_2 + \cdots + c_m)\sum_{n=1}^{\infty} u_n = \sum_{n=1}^{\infty}\sum_{k=1}^{m} c_k u_n \quad (c_k \text{ 为常数}).$$

如何将这一法则推广到无穷级数之间的乘积上去?

设级数 $\sum_{n=1}^{\infty} u_n$ 与 $\sum_{n=1}^{\infty} v_n$ 均收敛, 我们可仿照有限项之和相乘的规则, 来作出两个级数的项所有可能的乘积, 将其排成下表:

$$\begin{array}{cccccc}
u_1v_1 & u_1v_2 & u_1v_3 & \cdots & u_1v_n & \cdots \\
u_2v_1 & u_2v_2 & u_2v_3 & \cdots & u_2v_n & \cdots \\
u_3v_1 & u_3v_2 & u_3v_3 & \cdots & u_3v_n & \cdots \\
\vdots & \vdots & \vdots & & \vdots & \\
u_nv_1 & u_nv_2 & u_nv_3 & \cdots & u_nv_n & \cdots \\
\vdots & \vdots & \vdots & & \vdots &
\end{array}$$

这些乘积可以用很多方法将它们排成不同的级数. 这里我们介绍两种常用的方法, 即“对角线法”和“正方形法”.

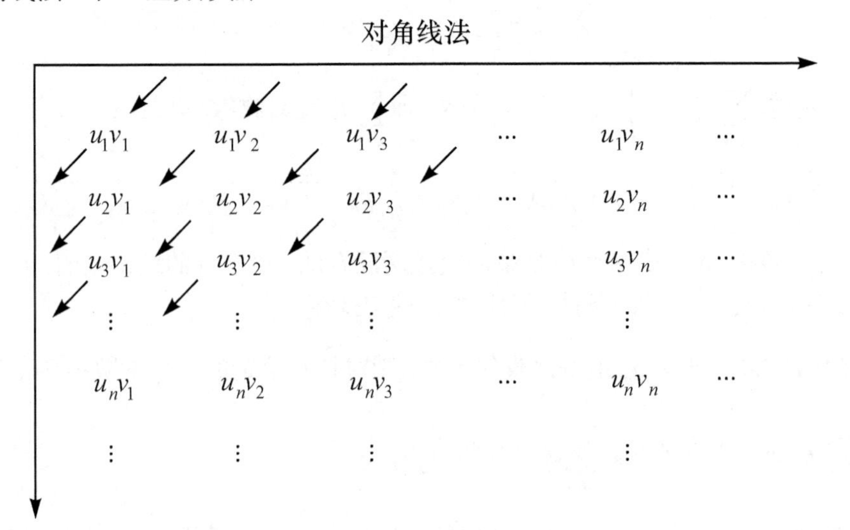


按“对角线法”排列所组成的级数

$$u_1v_1+(u_1v_2+u_2v_1)+\cdots+(u_1v_n+u_2v_{n-1}+\cdots+u_nv_1)+\cdots$$

称为级数 $\sum_{n=1}^{\infty}u_n$ 与 $\sum_{n=1}^{\infty}v_n$ 的**柯西乘积**.

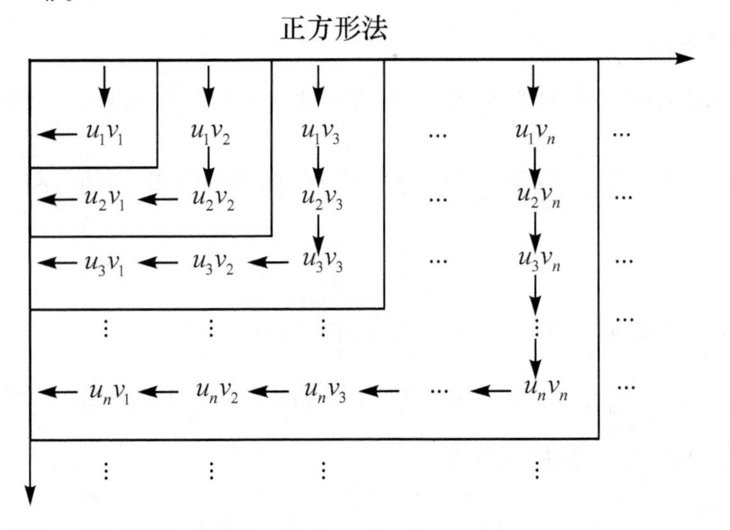


按“正方形法”排列所组成的级数为

$$u_1v_1+(u_1v_2+u_2v_2+u_2v_1)+\cdots+(u_1v_n+u_2v_n+\cdots+u_nv_n+u_nv_{n-1}+\cdots+u_nv_1)+\cdots.$$

***定理 12.3.6** (柯西定理) 设级数 $\sum_{n=1}^{\infty}u_n$ 和 $\sum_{n=1}^{\infty}v_n$ 绝对收敛, 其和分别为 $s$ 和 $\sigma$, 则它们的柯西乘积

$$u_1v_1+(u_1v_2+u_2v_1)+\cdots+(u_1v_n+u_2v_{n-1}+\cdots+u_nv_1)+\cdots \tag{12.3.1}$$

也是绝对收敛的, 且其和为 $s\cdot\sigma$.

**证** 考虑把级数(12.3.1)的括号去掉后所成的级数

$$u_1v_1+u_1v_2+u_2v_1+\cdots+u_1v_n+\cdots+u_nv_1+\cdots. \tag{12.3.2}$$

如果级数(12.3.2)绝对收敛且其和为 $w$, 则由第一节中收敛级数的基本性质及比较判别法可知, 级数(12.3.1)也绝对收敛且其和为 $w$. 因此只要证明级数(12.3.2)绝对收敛且其和 $w=s\cdot\sigma$ 即可.

(1) 先证级数(12.3.2)绝对收敛.

设 $w_m$ 为级数(12.3.2)的前 $m$ 项分别取绝对值后的和, 又设

$$\sum_{n=1}^{\infty}|u_n|=A,\quad \sum_{n=1}^{\infty}|v_n|=B,$$

则显然有

$$w_m\leqslant\sum_{n=1}^{\infty}|u_n|\cdot\sum_{n=1}^{\infty}|v_n|=A\cdot B.$$

由此可见单调增加数列 $\{w_m\}$ 有上界 $AB$, 所以级数(12.3.2)绝对收敛.

(2) 再证级数(12.3.2)的和 $w=s\cdot\sigma$.

把级数(12.3.2)的各项位置重新排列并加上括号, 使它成为按“正方形法”排列所组成的级数

$$u_1v_1+(u_1v_2+u_2v_2+u_2v_1)+\cdots+(u_1v_n+u_2v_n+\cdots+u_nv_n+u_nv_{n-1}+\cdots+u_nv_1)+\cdots. \tag{12.3.3}$$

根据定理 12.3.3 及收敛级数的基本性质可知, 对于绝对收敛级数(12.3.2), 这样的做法是不会改变其和的. 容易看出, 级数(12.3.3)的前 $n$ 项的和恰好为

$$(u_1+u_2+\cdots+u_n)\cdot(v_1+v_2+\cdots+v_n)=s_n\cdot\sigma_n,$$

因此 $w=\lim\limits_{n\to\infty}(s_n\cdot\sigma_n)$.

**例 12.3.6** 证明 $\left(\sum\limits_{n=0}^{\infty}q^n\right)^2=\sum\limits_{n=0}^{\infty}(n+1)q^n$, $|q|<1$.

**证** 由 $|q|<1$, 知级数 $\sum\limits_{n=0}^{\infty}q^n$ 绝对收敛, 故可将其写成 $\left(\sum\limits_{n=0}^{\infty}q^n\right)^2=\sum\limits_{n=0}^{\infty}c_n$, 其中

$$c_n=\sum_{k=0}^{n}q^kq^{n-k}=q^n\sum_{k=0}^{n}1=(n+1)q^n,\qquad n=0,1,2,3,\cdots.$$

由定理 12.3.6, 得

$$\left(\sum_{n=0}^{\infty}q^n\right)^2=\sum_{n=0}^{\infty}(n+1)q^n.$$

如果抛开绝对收敛的假设, 定理 12.3.6 不一定成立. 例如, 已知级数 $\sum\limits_{n=1}^{\infty}(-1)^{n-1}\dfrac{1}{\sqrt{n}}$ 收敛, 此级数自乘的柯西乘积是

$$\left(\sum_{n=1}^{\infty}(-1)^{n-1}\frac{1}{\sqrt{n}}\right)^2=\sum_{k=1}^{\infty}(-1)^{k-1}c_k, \tag{12.3.4}$$

其中

$$c_k=\frac{1}{1\cdot\sqrt{k}}+\frac{1}{\sqrt{2}\cdot\sqrt{k-1}}+\cdots+\frac{1}{\sqrt{i}\cdot\sqrt{k-i+1}}+\cdots+\frac{1}{\sqrt{k}\cdot 1},$$

由于

$$\frac{1}{\sqrt{i}\cdot\sqrt{k-i+1}}\geqslant\frac{1}{\sqrt{k}\cdot\sqrt{k}}=\frac{1}{k},$$

从而

$$c_k\geqslant\frac{1}{k}\cdot k=1,$$

即级数(12.3.4)的一般项不收敛于 0，故级数(12.3.4)发散.

## 习题 12-3

1. 判别下列级数的敛散性, 若收敛, 是条件收敛还是绝对收敛?

(1) $\sum_{n=1}^{\infty}(-1)^{n+1}\frac{1}{\sqrt{n}}$;　(2) $\sum_{n=1}^{\infty}(-1)^{n-1}\frac{3n-1}{2^n}$;　(3) $\sum_{n=1}^{\infty}\frac{\cos n\alpha}{(n+1)^2}$;

(4) $\frac{1}{2}-\frac{7}{10}+\frac{1}{2^2}-\frac{7}{10^2}+\frac{1}{2^3}-\frac{7}{10^3}+\cdots$;

(5) $\sum_{n=1}^{\infty}(-1)^{\frac{n(n-1)}{2}}\frac{(2n+1)^2}{2^{n+1}}$;

(6) $\sum_{n=1}^{\infty}\frac{(-1)^n}{nk^n}(k>0)$.

2. 级数 $\sum_{n=1}^{\infty}\sin\left(n\pi+\frac{1}{\ln n}\right)$ 是绝对收敛、条件收敛, 还是发散?

3. 讨论 $x$ 取何值时, 级数 $\sum_{n=1}^{\infty}2^n x^{2n}$ 绝对收敛, 条件收敛.

4. 若级数 $\sum_{n=1}^{\infty}a_n$ 绝对收敛, 试证级数 $\sum_{n=1}^{\infty}a_n^2$, $\sum_{n=1}^{\infty}\frac{a_n}{1+a_n}$, $\sum_{n=1}^{\infty}\frac{a_n^2}{1+a_n^2}$ 绝对收敛.

# 第十三章　函数项级数

## 第一节　幂　级　数

### 一、函数项级数的概念

**定义 13.1.1**　设$\{u_n(x)\}$是定义在数集$I$上的函数列，称表达式

$$u_1(x)+u_2(x)+\cdots+u_n(x)+\cdots=\sum_{n=1}^{\infty}u_n(x)$$

为在$I$上的**函数项级数**，而

$$s_n(x)=u_1(x)+u_2(x)+\cdots+u_n(x)$$

称为函数项级数$\sum\limits_{n=1}^{\infty}u_n(x)$的**部分和**.

**定义 13.1.2**　对$x_0\in I$，如果数项级数$\sum\limits_{n=1}^{\infty}u_n(x_0)$收敛，即$\lim\limits_{n\to\infty}s_n(x_0)$存在，则称函数项级数$\sum\limits_{n=1}^{\infty}u_n(x)$在点$x_0$处**收敛**，$x_0$称为该函数项级数的**收敛点**. 如果$\lim\limits_{n\to\infty}s_n(x_0)$不存在，则称函数项级数$\sum\limits_{n=1}^{\infty}u_n(x)$在点$x_0$处**发散**. 函数项级数$\sum\limits_{n=1}^{\infty}u_n(x)$全体收敛点的集合称为该函数项级数的**收敛域**，而全体发散点的集合称为**发散域**.

**定义 13.1.3**　设函数项级数$\sum\limits_{n=1}^{\infty}u_n(x)$的收敛域为$D$，则对$D$内的每一点$x$，$\lim\limits_{n\to\infty}s_n(x)$存在，记$\lim\limits_{n\to\infty}s_n(x)=s(x)$，它是$x$的函数，称为函数项$\sum\limits_{n=1}^{\infty}u_n(x)$的**和函数**，称

$$r_n(x)=s(x)-s_n(x)=u_{n+1}(x)+u_{n+2}(x)+\cdots$$

为函数项级数$\sum\limits_{n=1}^{\infty}u_n(x)$的**余项**.

对于收敛域上的每一点$x$，有$\lim\limits_{n\to\infty}r_n(x)=0$.

根据上述定义，函数项级数在某区域的收敛性问题，实质上是数项级数的收敛问题，仍可利用数项级数的收敛性判别法来判断函数项级数的收敛性.

**例 13.1.1**　求级数$\sum\limits_{n=1}^{\infty}\dfrac{2n-1}{2^n}x^{2n-2}$的收敛域.

**解法一** $\lim\limits_{n\to\infty}\dfrac{|u_{n+1}|}{|u_n|}=\lim\limits_{n\to\infty}\left|\dfrac{2n+1}{2^{n+1}}x^{2n}\cdot\dfrac{2^n}{2n-1}\dfrac{1}{x^{2n-2}}\right|=\lim\limits_{n\to\infty}\dfrac{1}{2}\cdot\dfrac{2n+1}{2n-1}\cdot x^2=\dfrac{1}{2}x^2$.

当$\dfrac{1}{2}x^2<1$，即$-\sqrt{2}<x<\sqrt{2}$时，级数绝对收敛；

当$\dfrac{1}{2}x^2>1$，即$-\infty<x<-\sqrt{2},\sqrt{2}<x<\infty$时，级数发散；

当$x^2=2$时，级数$\sum\limits_{n=1}^{\infty}\dfrac{2n-1}{2}$发散.

综上所述，原幂级数的收敛域为$(-\sqrt{2},\sqrt{2})$.

**解法二** 令$y=x^2$，则原幂级数变为$\sum\limits_{n=1}^{\infty}\dfrac{2n-1}{2^n}y^{n-1}$，因为

$$R=\lim_{n\to\infty}\frac{|a_n|}{|a_{n+1}|}=\lim_{n\to\infty}\frac{2n-1}{2^{n-1}}\cdot\frac{2^n}{2n+1}=\lim_{n\to\infty}\left(2\cdot\frac{2n-1}{2n+1}\right)=2,$$

所以$-2<y<2, 0\leqslant x^2<2$，所以$-\sqrt{2}<x<\sqrt{2}$.

当$x=\pm\sqrt{2}$时，级数为$\dfrac{1}{2}\sum\limits_{n=1}^{\infty}(2n-1)$发散. 故原幂级数的收敛域为$(-\sqrt{2},\sqrt{2})$.

**例 13.1.2** 求级数$\sum\limits_{n=1}^{\infty}\dfrac{(n+x)^n}{n^{n+x}}$的收敛域.

**解** 因为

$$u_n=\frac{(n+x)^n}{n^{n+x}}=\frac{\left(1+\dfrac{x}{n}\right)^n}{n^x},$$

易见，当$x=0$时，$u_n=1\ (n=1,2,3,\cdots)$，所以原级数发散.

当$x\neq0$时，原级数去掉前面的有限项后为正级数，而

$$\lim_{n\to\infty}\frac{u_n}{\dfrac{1}{n^x}}=\lim_{n\to\infty}\left(1+\frac{x}{n}\right)^n=\lim_{n\to\infty}\left[\left(1+\frac{x}{n}\right)^{n/x}\right]^x=\mathrm{e}^x,$$

因为$p$-级数$\sum\limits_{n=1}^{\infty}\dfrac{1}{n^x}$在$x>1$时收敛，在$x\leqslant1$时发散，故由比较判别法的极限形式知，原级数当$x>1$时收敛，即收敛域为$(1,+\infty)$.

## 二、幂级数及敛散性

幂级数是函数项级数中最简单且最常见的一类级数.

**定义 13.1.4** 形式为

$$\sum_{n=0}^{\infty}a_nx^n=a_0+a_1x+a_2x^2+\cdots+a_nx^n+\cdots$$

或

$$\sum_{n=0}^{\infty}a_n(x-x_0)^n=a_0+a_1(x-x_0)+a_2(x-x_0)^2+\cdots+a_n(x-x_0)^n+\cdots$$

的函数项级数称为**幂级数**，其中常数 $a_0,a_1,a_2,\cdots,a_n,\cdots$ 称为**幂级数的系数**. 例如

$$\sum_{n=0}^{\infty}x^n=1+x+x^2+x^3+\cdots+x^n+\cdots,$$

$$\sum_{n=0}^{\infty}\frac{(x-3)^n}{n!}=1+(x-3)+\frac{(x-3)^2}{2!}+\frac{(x-3)^3}{3!}+\cdots+\frac{(x-3)^n}{n!}+\cdots$$

都是幂级数.

对于形如 $\sum_{n=0}^{\infty}a_n(x-x_0)^n$ 的幂级数，通过作变量代换 $t=x-x_0$ 可转化为 $\sum_{n=0}^{\infty}a_nt^n$ 的形式，所以我们主要针对形如 $\sum_{n=0}^{\infty}a_nx^n$ 的级数展开讨论.

对于给定的幂级数，它的收敛域是怎样的呢？我们有下面重要的定理.

**定理 13.1.1** (阿贝尔定理)　如果级数 $\sum_{n=0}^{\infty}a_nx_0{}^n\,(x_0\neq 0)$ 收敛，则对于满足不等式 $|x|<|x_0|$ 的一切 $x$，级数 $\sum_{n=0}^{\infty}a_nx^n$ 绝对收敛；反之，如果级数 $\sum_{n=0}^{\infty}a_nx_0^n$ 发散，则对于满足不等式 $|x|>|x_0|$ 的一切 $x$，级数 $\sum_{n=0}^{\infty}a_nx^n$ 发散.

**证**　(1) 设点 $x_0$ 是收敛点，即 $\sum_{n=0}^{\infty}a_nx_0^n$ 收敛，根据级数收敛的必要条件有 $\lim\limits_{n\to\infty}a_nx_0^n=0$，于是，存在常数 $M$，使得 $\left|a_nx_0^n\right|\leqslant M(n=0,1,2,\cdots)$，因为

$$\left|a_nx^n\right|=\left|a_nx_0^n\cdot\frac{x^n}{x_0^n}\right|=\left|a_nx_0^n\right|\cdot\left|\frac{x}{x_0}\right|^n\leqslant M\left|\frac{x}{x_0}\right|^n,$$

而当 $\left|\frac{x}{x_0}\right|<1$ 时，等比级数 $\sum_{n=0}^{\infty}M\left|\frac{x}{x_0}\right|^n$ 收敛，所以，根据比较判别法知级数 $\sum_{n=0}^{\infty}\left|a_nx^n\right|$ 收敛，即级数 $\sum_{n=0}^{\infty}a_nx^n$ 绝对收敛.

(2) 采用反证法. 设 $x=x_0$ 时发散，而存在另一点 $x_1$ 满足 $|x_1|>|x_0|$，并使得级数 $\sum_{n=0}^{\infty}a_nx_1^n$ 收敛，则根据(1)的结论，当 $x=x_0$ 时级数也应收敛，这与假设矛盾. 从而得证.

定理 13.1.1 表明，若幂级数在 $x=x_0\neq 0$ 处收敛，则对于开区间 $\left(-|x_0|,|x_0|\right)$ 内的任何 $x$，幂级数必收敛；若幂级数在点 $x=x_1$ 处发散，则对闭区间 $\left[-|x_0|,|x_0|\right]$ 外的任何 $x$，幂级数必发散. 这样，如果幂级数在数轴上既有收敛点(不仅是原点)也有发散点，则从数轴的原点出发沿正向走去，最初只遇到收敛点，越过一个分界点后，就只遇到发散点，这个分界

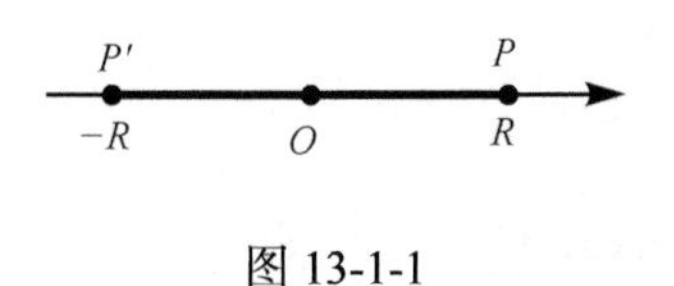

图 13-1-1

点可能是收敛点, 也可能是发散点. 从原点出发沿负向走去的情形也是如此, 且两个边界点 $P$ 与 $P'$ 关于原点对称(图 13-1-1). 据此分析可得到以下推论.

**推论** 如果幂级数 $\sum\limits_{n=0}^{\infty} a_n x^n$ 不仅是在 $x=0$ 一点收敛, 也不是在整个数轴上都收敛, 则必存在一个完全确定的正数 $R$, 使得

(1) 当 $|x|<R$ 时, 幂级数绝对收敛;

(2) 当 $|x|>R$ 时, 幂级数发散;

(3) 当 $x=R$ 与 $x=-R$ 时, 幂级数可能收敛也可能发散.

上述推论中的正数 $R$ 称为幂级数的**收敛半径**, $(-R,R)$ 称为幂级数的**收敛区间**. 若幂级数的收敛域为 $D$, 则

$$(-R,R)\subseteq D\subseteq[-R,R].$$

所以幂级数的收敛域 $D$ 是收敛区间 $(-R,R)$ 与收敛端点的并集.

**规定 13.1.1** 如果幂级数只在 $x=0$ 处收敛, 则收敛半径 $R=0$, 收敛域只有一个点 $x=0$;

**规定 13.1.2** 如果幂级数对一切 $x$ 都收敛, 则收敛半径 $R=+\infty$, 此时收敛域为 $(-\infty,+\infty)$.

**定理 13.1.2** 设幂级数 $\sum\limits_{n=0}^{\infty} a_n x^n$ 的所有系数 $a_n\neq 0$, 如果 $\lim\limits_{n\to\infty}\left|\dfrac{a_{n+1}}{a_n}\right|=\rho$, 则

(1) 当 $\rho\neq 0$ 时, 此幂级数的收敛半径 $R=\dfrac{1}{\rho}$;

(2) 当 $\rho=0$ 时, 此幂级数的收敛半径 $R=+\infty$;

(3) 当 $\rho=+\infty$ 时, 此幂级数的收敛半径 $R=0$.

**证** 对绝对值级数 $\sum\limits_{n=0}^{\infty}\left|a_n x^n\right|$ 应用比式判别法, 有

$$\lim_{n\to\infty}\frac{\left|a_{n+1}x^{n+1}\right|}{\left|a_n x^n\right|}=\lim_{n\to\infty}\frac{\left|a_{n+1}\right|}{\left|a_n\right|}|x|=\rho|x|.$$

(1) 若 $\lim\limits_{n\to\infty}\dfrac{\left|a_{n+1}\right|}{\left|a_n\right|}=\rho(\rho\neq 0)$ 存在, 则当 $|x|<\dfrac{1}{\rho}$ 时, 原级数绝对收敛; 当 $|x|>\dfrac{1}{\rho}$ 时, 级数 $\sum\limits_{n=0}^{\infty}\left|a_n x^n\right|$ 发散, 且当 $n$ 充分大时有 $\left|a_{n+1}x^{n+1}\right|>\left|a_n x^n\right|$, 故一般项 $\left|a_n x^n\right|$ 不趋于零, 从而原级数发散, 即收敛半径 $R=\dfrac{1}{\rho}$.

(2) 若 $\rho=0$, 则对任何 $x\neq 0$, 有

$$\frac{|a_{n+1}x^{n+1}|}{|a_n x^n|} \to 0 \quad (n \to 0),$$

所以级数 $\sum_{n=0}^{\infty} |a_n x^n|$ 收敛，从而原级数绝对收敛，收敛半径 $R=+\infty$.

(3) 若 $\rho=+\infty$，则对任何非零的 $x$，有 $\rho|x|=+\infty$，所以幂级数 $\sum_{n=0}^{\infty} |a_n x^n|$ 发散，于是 $R=0$.

根据幂级数的系数的形式，有时我们也可用根式判别法来求收敛半径.

**定理 13.1.3**　设幂级数 $\sum_{n=0}^{\infty} a_n x^n$ 的所有系数 $a_n \neq 0$，如果 $\lim_{n\to\infty} \sqrt[n]{|a_n|}=\rho$，则

(1) 当 $\rho \neq 0$ 时，此幂级数的收敛半径 $R=\frac{1}{\rho}$；

(2) 当 $\rho=0$ 时，此幂级数的收敛半径 $R=+\infty$；

(3) 当 $\rho=+\infty$ 时，此幂级数的收敛半径 $R=0$.

在定理 13.1.2 与定理 13.1.3 中，我们假设幂级数 $\sum_{n=0}^{\infty} a_n x^n$ 的所有系数 $a_n \neq 0$，这样幂级数的各项是依幂次 $n$ 连续的. 如果幂级数有缺项，如缺少奇数次幂的项等，则应直接利用比式判别法或根式判别法来判断幂级数的敛散性.

求幂级数 $\sum_{n=0}^{\infty} a_n x^n$ 收敛域的基本步骤:

(1) 求出收敛半径 $R$；

(2) 判别数项级数 $\sum_{n=0}^{\infty} a_n R^n$，$\sum_{n=0}^{\infty} a_n (-R)^n$ 的敛散性;

(3) 写出幂级数的收敛域.

**例 13.1.3**　求下列幂级数的收敛域:

(1) $\sum_{n=1}^{\infty} \frac{x^n}{n}$;　　(2) $\sum_{n=1}^{\infty} (-nx)^n$;　　(3) $\sum_{n=1}^{\infty} (-1)^n \frac{x^n}{n!}$.

**解**　(1) 因为

$$\rho=\lim_{n\to\infty} \frac{a_{n+1}}{a_n}=\lim_{n\to\infty} \frac{\frac{1}{n+1}}{\frac{1}{n}}=\lim_{n\to\infty} \frac{n}{n+1}=1,$$

所以收敛半径 $R=1$.

当 $x=-1$ 时，级数成为 $\sum_{n=1}^{\infty} \frac{(-1)^n}{n}$, 该级数收敛；当 $x=1$ 时，级数成为 $\sum_{n=1}^{\infty} \frac{1}{n}$, 该级数发散. 从而所求收敛域为 $[-1,1)$.

(2) 因为$\rho=\lim\limits_{n\to\infty}\sqrt[n]{|a_n|}=\lim\limits_{n\to\infty}n=+\infty$, 故收敛半径 $R=0$, 即原级数只在 $x=0$ 处收敛.

(3) 因为

$$\rho=\lim_{n\to\infty}\left|\frac{a_{n+1}}{a_n}\right|=\lim_{n\to\infty}\frac{\dfrac{1}{(n+1)!}}{\dfrac{1}{n!}}=\lim_{n\to\infty}\frac{1}{n+1}=0,$$

所以收敛半径 $R=+\infty$, 所求收敛域为 $(-\infty,+\infty)$.

**例 13.1.4** 求幂级数$\sum\limits_{n=1}^{\infty}(-1)^n\dfrac{2^n}{\sqrt{n}}\left(x-\dfrac{1}{2}\right)^n$的收敛域.

**解** 令$t=x-\dfrac{1}{2}$, 原级数化为$\sum\limits_{n=1}^{\infty}(-1)^n\dfrac{2^n}{\sqrt{n}}t^n$, 因为

$$\rho=\lim_{n\to\infty}\left|\frac{a_{n+1}}{a_n}\right|=\lim_{n\to\infty}\frac{2^{n+1}}{\sqrt{n+1}}\cdot\frac{\sqrt{n}}{2^n}=2,$$

所以收敛半径 $R=\dfrac{1}{2}$, 收敛区间为$|t|<\dfrac{1}{2}$, 即 $0<x<1$.

当 $x=0$ 时, 级数成为$\sum\limits_{n=1}^{\infty}\dfrac{1}{\sqrt{n}}$, 该级数发散; 当 $x=1$ 时, 级数成为$\sum\limits_{n=1}^{\infty}\dfrac{(-1)^n}{\sqrt{n}}$, 该级数收敛. 从而所求收敛域为 $(0,1]$.

**例 13.1.5** 求幂级数$\sum\limits_{n=1}^{\infty}\dfrac{x^{2n-1}}{2^n}$的收敛域.

**解** 原级数缺少偶数次幂, 不能用定理 13.1.2 中的方法求收敛半径, 但可直接利用比式判别法来求, 由于

$$\lim_{n\to\infty}\left|\frac{u_{n+1}(x)}{u_n(x)}\right|=\lim_{n\to\infty}\frac{x^{2n+1}}{2^{n+1}}\cdot\frac{2^n}{x^{2n-1}}=\frac{1}{2}|x|^2,$$

当$\dfrac{1}{2}\left|x^2\right|<1$, 即$|x|<\sqrt{2}$时, 级数收敛; 当$\dfrac{1}{2}|x|^2>1$, 即$|x|>\sqrt{2}$时, 级数发散, 所以收敛半径 $R=\sqrt{2}$.

当 $x=\pm\sqrt{2}$ 时, 级数分别为$\sum\limits_{n=1}^{\infty}\dfrac{1}{\sqrt{2}}$, $\sum\limits_{n=1}^{\infty}\dfrac{-1}{\sqrt{2}}$, 两个级数都发散, 故所求收敛域为 $(-\sqrt{2},\sqrt{2})$.

## 三、幂级数的运算

根据数项级数的相应运算性质可得下列运算性质.

**定理 13.1.4** 设幂级数$\sum\limits_{n=0}^{\infty}a_nx^n$和$\sum\limits_{n=0}^{\infty}b_nx^n$的收敛半径分别为 $R_1$ 和 $R_2$, 记

$$R = \min\{R_1, R_2\},$$

则有

(1) 代数和:

$$\sum_{n=0}^{\infty} a_n x^n \pm \sum_{n=0}^{\infty} b_n x^n = \sum_{n=0}^{\infty} c_n x^n,$$

其中 $c_n = a_n \pm b_n$，$x \in (-R, R)$.

(2) 乘法:

$$\lambda\left(\sum_{n=0}^{\infty} a_n x^n\right) = \sum_{n=0}^{\infty} \lambda a_n x^n, \quad |x| < R_1;$$

$$\left(\sum_{n=0}^{\infty} a_n x^n\right) \cdot \left(\sum_{n=0}^{\infty} b_n x^n\right) = \sum_{n=0}^{\infty} c_n x^n,$$

其中 $c_n = a_0 \cdot b_n + a_1 \cdot b_{n-1} + \cdots + a_n \cdot b_0$，$x \in (-R, R)$. 这里的乘法是这两个幂级数的柯西乘积.

(3) 除法:

$$\frac{\sum_{n=0}^{\infty} a_n x^n}{\sum_{n=0}^{\infty} b_n x^n} = \sum_{n=0}^{\infty} c_n x^n \quad (b_0 \neq 0),$$

为了确定系数 $c_n (n = 0, 1, 2, \cdots)$，可将级数 $\sum_{n=0}^{\infty} b_n x^n$ 与 $\sum_{n=0}^{\infty} c_n x^n$ 相乘，并令乘积中各项的系数分别等于级数 $\sum_{n=0}^{\infty} a_n x^n$ 中同次幂的系数，即得

$$a_0 = b_0 c_0,\ a_1 = b_1 c_0 + b_0 c_1,\ a_2 = b_2 c_0 + b_1 c_1 + b_0 c_2,\ \cdots,$$

由这些方程就可以依次求出系数 $c_n (n = 0, 1, 2, \cdots)$. 一般来说，相除后得到的幂级数 $\sum_{n=0}^{\infty} c_n x^n$ 的收敛半径可能比原来两级数的收敛半径小得多.

**例 13.1.6**　求幂级数 $\sum_{n=1}^{\infty}\left[\frac{(-1)^n}{n} + \frac{1}{3^n}\right] x^n$ 的收敛域.

**解**　先讨论级数 $\sum_{n=1}^{\infty} \frac{(-1)^n}{n} x^n$.

因为 $\rho = \lim_{n\to\infty}\left|\frac{a_{n+1}}{a_n}\right| = \lim_{n\to\infty} \frac{\frac{1}{n+1}}{\frac{1}{n}} = \lim_{n\to\infty} \frac{n}{n+1} = 1$, 所以收敛半径 $R = 1$.

当 $x = 1$ 时，级数成为 $\sum_{n=1}^{\infty} \frac{(-1)^n}{n}$, 该级数收敛；当 $x = -1$ 时，级数成为 $\sum_{n=1}^{\infty} \frac{1}{n}$, 该级数发

散. 从而$\sum_{n=1}^{\infty}\frac{(-1)^n}{n}x^n$的收敛域为$(-1,1]$.

对级数$\sum_{n=1}^{\infty}\frac{1}{3^n}x^n$, 有

$$\rho=\lim_{n\to\infty}\left|\frac{a_{n+1}}{a_n}\right|=\lim_{n\to\infty}\frac{1}{3^{n+1}}\cdot\frac{3^n}{1}=\frac{1}{3}.$$

所以, 其收敛半径为$R_2=3$. 易见当$x=\pm 3$时, 该级数发散. 因此级数$\sum_{n=1}^{\infty}\frac{1}{3^n}x^n$的收敛域为$(-3,3)$.

根据幂级数的运算性质, 原级数的收敛域为$(-1,1]$.

**定理 13.1.5** 设幂级数$\sum_{n=0}^{\infty}a_nx^n$的收敛半径$R$, 则

(1) 幂级数的和函数$s(x)$在其收敛域上连续;

(2) 幂级数的和函数$s(x)$在其收敛域$I$上可积, 并在$I$上有逐项积分公式

$$\int_0^x s(x)\mathrm{d}x=\int_0^x\left(\sum_{n=0}^{\infty}a_nx^n\right)\mathrm{d}x=\sum_{n=0}^{\infty}\int_0^x a_nx^n\mathrm{d}x=\sum_{n=0}^{\infty}\frac{a_n}{n+1}x^{n+1},$$

且逐项积分后得到的幂级数和原级数有相同的收敛半径;

(3) 幂级数的和函数$s(x)$在其收敛域$(-R,R)$内可导, 并在$(-R,R)$内有逐项求导公式

$$s'(x)=\left(\sum_{n=0}^{\infty}a_nx^n\right)'=\sum_{n=0}^{\infty}\left(a_nx^n\right)'=\sum_{n=1}^{\infty}na_nx^{n-1},$$

且逐项求导后得到的幂级数和原级数有相同的收敛半径.

上述运算性质称为幂级数的**分析运算性质**, 常用于求幂级数的和函数. 反复应用结论(3)可得: 幂级数的和函数$s(x)$在其收敛域$(-R,R)$内具有任意阶导数.

**例 13.1.7** 求幂级数$\sum_{n=1}^{\infty}(-1)^n\frac{x^n}{n}$的和函数.

**解** 由例 13.1.6 知, 原级数的收敛域为$(-1,1]$, 设其和函数为$s(x)$, 即

$$s(x)=x-\frac{x^2}{2}+\frac{x^3}{3}-\frac{x^4}{4}+\cdots+(-1)^n\frac{x^n}{n}+\cdots,$$

显然$s(0)=0$, 且

$$s'(x)=1-x+x^2-x^3+\cdots+(-1)^nx^{n-1}+\cdots=\frac{1}{1-(-x)}=\frac{1}{1+x}\quad(-1<x<1).$$

由积分公式$\int_0^x s'(x)\mathrm{d}x=s(x)-s(0)$, 得

$$s(x)=s(0)+\int_0^x s'(x)\mathrm{d}x=\int_0^x\frac{1}{1+x}\mathrm{d}x=\ln(1+x),$$

因原级数在 $x=1$ 时收敛，所以

$$\sum_{n=1}^{\infty}(-1)^{n-1}\frac{x^n}{n}=\ln(1+x)\qquad(-1<x\leqslant 1).$$

**例 13.1.8**　求幂级数 $\sum\limits_{n=0}^{\infty}(n+1)x^n$ 的收敛域及和函数，并求级数 $\sum\limits_{n=0}^{\infty}\frac{n+1}{2^{n+1}}$.

**分析**　先求收敛域，再用幂级数的性质及 $\sum\limits_{n=0}^{\infty}x^n=\frac{1}{1-x}, x\in(-1,1)$ 求和函数 $s(x)$，最后利用 $s(x)=\sum\limits_{n=0}^{\infty}(n+1)x^n$，选取适当的 $x$ 值计算 $\sum\limits_{n=0}^{\infty}\frac{n+1}{2^{n+1}}$.

**解**　(1) 求 $\sum\limits_{n=0}^{\infty}(n+1)x^n$ 的收敛域.

因为 $R=\lim\limits_{n\to\infty}\frac{|a_n|}{|a_{n+1}|}=\lim\limits_{n\to\infty}\frac{n+2}{n+1}=1$，且当 $x=\pm1$ 时，数项级数 $\sum\limits_{n=0}^{\infty}(\pm1)^n(n+1)$ 发散. 所以原幂级数的收敛域为 $(-1,1)$.

(2) 求 $\sum\limits_{n=0}^{\infty}(n+1)x^n$ 的和函数 $s(x)$.

设 $s(x)=\sum\limits_{n=0}^{\infty}(n+1)x^n$，$x\in(-1,1)$，则

$$s(x)=\sum_{n=0}^{\infty}(n+1)x^n=\left(\sum_{n=0}^{\infty}x^{n+1}\right)'=\left(\frac{x}{1-x}\right)'=\frac{1}{(1-x)^2}.$$

也可如下计算：因为

$$\int_0^x s(t)\mathrm{d}t=\int_0^x\sum_{n=0}^{\infty}(n+1)t^n\mathrm{d}t=\sum_{n=0}^{\infty}\int_0^x(n+1)t^n\mathrm{d}t=\sum_{n=0}^{\infty}x^{n+1}=\frac{x}{1-x},$$

所以

$$\frac{\mathrm{d}}{\mathrm{d}x}\left[\int_0^x s(t)\mathrm{d}t\right]=\left(\frac{x}{1-x}\right)'=\frac{1}{(1-x)^2}.$$

因此

$$s(x)=\frac{1}{(1-x)^2},\qquad x\in(-1,1).$$

(3) 求级数 $\sum\limits_{n=0}^{\infty}\frac{n+1}{2^{n+1}}$ 的和.

取 $x=\frac{1}{2}$，则

$$s\left(\frac{1}{2}\right)=\sum_{n=0}^{\infty}(n+1)\left(\frac{1}{2}\right)^{n}=\frac{1}{\left(1-\frac{1}{2}\right)^{2}}=4,$$

故$\sum\limits_{n=0}^{\infty}\frac{n+1}{2^{n+1}}=\frac{1}{2}s\left(\frac{1}{2}\right)=2$.

几何级数的和函数

$$1+x+x^{2}+\cdots+x^{n}+\cdots=\frac{1}{1-x}\quad(-1<x<1)$$

是幂级数求和中的一个基本结果. 许多级数求和的问题都可以利用幂级数的运算性质转化为几何级数的求和问题来解决.

## 习题 13-1

1. 求下列幂级数的收敛域:

(1) $\sum\limits_{n=1}^{\infty}(-1)^{n+1}\frac{x^{n}}{n^{3}}$;　(2) $\sum\limits_{n=1}^{\infty}\frac{x^{n}}{n\cdot 2^{n}}$;　(3) $\sum\limits_{n=1}^{\infty}\frac{x^{n}}{(2n)!!}$;

(4) $\sum\limits_{n=1}^{\infty}\frac{3^{n}}{n^{2}+1}x^{n}$;　(5) $\sum\limits_{n=0}^{\infty}(-1)^{n}\frac{x^{n}}{2^{n}\sqrt{n+1}}$;　(6) $\sum\limits_{n=1}^{\infty}\frac{\ln(n+1)}{n+1}x^{n+1}$;

(7) $\sum\limits_{n=1}^{\infty}(-1)^{n}5^{n+1}x^{n}$;　(8) $\sum\limits_{n=1}^{\infty}\frac{(x-5)^{n}}{n^{2}}$;　(9) $\sum\limits_{n=1}^{\infty}(-1)^{n+1}\frac{x^{2n+1}}{2n+1}$;

(10) $\sum\limits_{n=1}^{\infty}\frac{(x-1)^{n}}{n\cdot 3^{n}}$.

2. 求下列幂级数的和函数:

(1) $\sum\limits_{n=1}^{\infty}nx^{n-1}$;　(2) $\sum\limits_{n=1}^{\infty}\frac{x^{n}}{n(n+1)}$;　(3) $\sum\limits_{n=1}^{\infty}\frac{x^{2n-1}}{2n-1}$;　(4) $\sum\limits_{n=0}^{\infty}\frac{x^{n}}{n+1}$.

3. 求幂级数$\sum\limits_{n=0}^{\infty}\frac{x^{2n+1}}{n!}$的和函数, 并求数项级数$\sum\limits_{n=0}^{\infty}\frac{2n+1}{n!}$的和.

4. 若幂级数$\sum\limits_{n=0}^{\infty}a_{n}x^{n}$的收敛半径为3, 求幂级数$\sum\limits_{n=0}^{\infty}na_{n}(x-1)^{n+1}$的收敛区间.

5. 求级数$\sum\limits_{n=0}^{\infty}\frac{(-1)^{n}(n^{2}-n+1)}{2^{n}}$的和.

## 第二节　函数展开成幂级数

在第三章泰勒公式中, 我们学习了一些常见初等函数可展开为$x$的多项式累加和, 实际上是级数形式, 这样我们可以利用算法编程计算这些函数在某点的函数值, 本节学习泰勒级数和函数的幂级数展开式, 以及幂级数的一些应用.

## 一、泰勒级数

由泰勒公式知, 若函数 $f(x)$ 在点 $x_0$ 的某邻域内有 $n+1$ 阶导数, 则对于该邻域内的任意一点, 有

$$f(x)=f(x_0)+f'(x_0)(x-x_0)+\frac{f''(x_0)}{2!}(x-x_0)^2+\cdots+\frac{f^{(n)}(x_0)}{n!}(x-x_0)^n+R_n(x),$$

其中 $R_n(x)$ 是拉格朗日型余项

$$R_n(x)=\frac{f^{(n+1)}(\xi)}{(n+1)!}(x-x_0)^{n+1},$$

$\xi$ 是介于 $x_0$ 与 $x$ 之间的某个值.

如果 $f(x)$ 存在任意阶导数, 且 $\sum\limits_{n=0}^{\infty}\frac{f^{(n)}(x_0)}{n!}(x-x_0)^n$ 的收敛半径为 $R$, 则

$$f(x)=\lim_{n\to\infty}\left[f(x_0)+f'(x_0)(x-x_0)+\frac{f''(x_0)}{2!}(x-x_0)^2+\cdots+\frac{f^{(n)}(x_0)}{n!}(x-x_0)^n+R_n(x)\right].$$

于是, 有下面的定理.

**定理 13.2.1**　设 $f(x)$ 在区间 $|x-x_0|<R$ 内存在任意阶的导数, 幂级数 $\sum\limits_{n=0}^{\infty}\frac{f^{(n)}(x_0)}{n!}(x-x_0)^n$ 的收敛区间为 $|x-x_0|<R$, 则在该收敛区间内,

$$f(x)=\sum_{n=0}^{\infty}\frac{f^{(n)}(x_0)}{n!}(x-x_0)^n \tag{13.2.1}$$

成立的充分必要条件是: 在该区间内,

$$\lim_{n\to\infty}R_n(x)=0, \tag{13.2.2}$$

这里 $R_n(x)$ 是泰勒公式余项.

**证**　由泰勒公式知

$$f(x)=\sum_{n=0}^{k}\frac{f^{(n)}(x_0)}{n!}(x-x_0)^n+R_k(x),$$

令 $k\to\infty$, 有

$$f(x)=\lim_{k\to\infty}\left[\sum_{n=0}^{k}\frac{f^{(n)}(x_0)}{n!}(x-x_0)^n+R_k(x)\right],$$

其中, 级数 $\sum\limits_{n=0}^{\infty}\frac{f^{(n)}(x_0)}{n!}(x-x_0)^n$ 在 $|x-x_0|<R$ 内收敛, 即

$$\lim_{k\to\infty}\sum_{n=0}^{k}\frac{f^{(n)}(x_0)}{n!}(x-x_0)^n=\sum_{n=0}^{\infty}\frac{f^{(n)}(x_0)}{n!}(x-x_0)^n,$$

且当$|x-x_0|<R$时，$\lim\limits_{k\to\infty}R_k(x)=0$. 故由极限运算法则知

$$f(x)=\sum_{n=0}^{\infty}\frac{f^{(n)}(x_0)}{n!}(x-x_0)^n.$$

反之亦然.

**定义 13.2.1** 等式(13.2.1)右端的级数$\sum\limits_{n=0}^{\infty}\frac{f^{(n)}(x_0)}{n!}(x-x_0)^n$称为$f(x)$在点$x=x_0$处的**泰勒级数**，也叫**泰勒展开式**或**幂级数展开式**.

由$f$在$x=x_0$处生产的$n$**阶泰勒多项式**为$P_n(x)=\sum\limits_{i=0}^{n}\frac{f^{(k)}(x_0)}{k!}(x-x_0)^k$.

当$x_0=0$时，泰勒级数化为

$$f(0)+f'(0)x+\frac{f''(0)}{2!}x^2+\cdots+\frac{f^{(n)}(0)}{n!}x^n+\cdots, \tag{13.2.3}$$

称为$f(x)$的**麦克劳林级数**.

由函数$f(x)$展开式的唯一性可知，如果$f(x)$能展开成$x$的幂级数，则这个幂级数就是$f(x)$的麦克劳林级数. 当$f(x)$在$x_0=0$处具有各阶导数时，虽然$f(x)$的麦克劳林级数能被作出来，但是，如果$f(x)$的麦克劳林级数在点$x_0=0$的某邻域内收敛，它却不一定收敛于$f(x)$. 如函数

$$f(x)=\begin{cases}e^{-\frac{1}{x^4}}, & x\neq 0,\\ 0, & x=0\end{cases}$$

在点$x_0=0$处任意阶可导，且$f^{(n)}(0)=0(n=0,1,2,\cdots)$，所以$f(x)$的麦克劳林级数为$\sum\limits_{n=0}^{\infty}0\cdot x^n$，该级数在$(-\infty,+\infty)$内的和函数$s(x)\equiv 0$. 显然，除$x=0$外，$f(x)$的麦克劳林级数处处不收敛于$f(x)$.

事实上，如果$f(x)$在点$x_0=0$的某邻域$(-R,R)$内能展开成$x$的幂级数，即在$(-R,R)$内恒有

$$f(x)=a_0+a_1x+a_2x^2+\cdots+a_nx^n+\cdots,$$

则根据幂级数在收敛区间内可逐项求导，有

$$f'(x)=a_1+2a_2x+3a_3x^2+\cdots+na_nx^{n-1}+\cdots,$$

$$f''(x)=2!a_2+3\cdot 2a_3x+\cdots+n(n-1)a_nx^{n-2}+\cdots,$$

$$f'''(x)=3!a_3+\cdots+n(n-1)(n-2)a_nx^{n-3}+\cdots,$$

……

$$f^{(n)}(x)=n!a_n+(n+1)n\cdots 3\cdot 2a_{n+1}x+\cdots,$$

把 $x=0$ 代入以上各式，得

$$a_n=\frac{1}{n!}f^{(n)}(0)\quad (n=0,1,2,\cdots). \tag{13.2.4}$$

下面我们讨论把函数 $f(x)$ 展开成 $x$ 的幂级数的方法.

## 二、初等函数展开成幂级数的方法

**直接法**　函数 $f(x)$ 展开成泰勒级数步骤:

(1) 计算 $f^{(n)}(x_0),n=0,1,2,\cdots$;

(2) 写出对应的泰勒级数 $f(x)=\sum\limits_{n=0}^{\infty}\dfrac{f^{(n)}(x_0)}{n!}(x-x_0)^n$，并求出该级数的收敛区间

$$|x-x_0|<R;$$

(3) 验证在 $|x-x_0|<R$ 内，$\lim\limits_{n\to\infty}R_n(x)=0$.

**例 13.2.1**　将函数 $f(x)=\mathrm{e}^x$ 展开成 $x$ 的幂级数.

**解**　由 $f^{(n)}(x)=\mathrm{e}^x$，得 $f^{(n)}(0)=1\ (n=0,1,2,\cdots)$，于是 $f(x)$ 的麦克劳林级数为

$$1+x+\frac{1}{2!}x^2+\cdots+\frac{1}{n!}x^n+\cdots,$$

该级数的收敛半径为 $R=+\infty$.

对于任何有限的数 $x$，有

$$|R^{(n)}(x)|=\left|\frac{\mathrm{e}^{\xi}}{(n+1)!}x^{n+1}\right|<\mathrm{e}^{|x|}\cdot\frac{|x|^{n+1}}{(n+1)!},\quad \xi\text{ 介于 }0\text{ 与 }x\text{ 之间}.$$

因 $\mathrm{e}^{|x|}$ 有限，而 $\dfrac{|x|^{n+1}}{(n+1)!}$ 是收敛级数 $\sum\limits_{n=0}^{\infty}\dfrac{|x|^{n+1}}{(n+1)!}$ 的一般项，所以 $\mathrm{e}^{|x|}\cdot\dfrac{|x|^{n+1}}{(n+1)!}\to 0\ (n\to\infty)$，即 $\lim\limits_{n\to\infty}R_n(x)=0$，于是

$$\mathrm{e}^x=1+x+\frac{1}{2!}x^2+\cdots+\frac{1}{n!}x^n+\cdots,\quad x\in(-\infty,+\infty).$$

$$n=1,\quad f_1(x)=1+x,$$

$$n=2,\quad f_2(x)=1+x+\frac{1}{2!}x^2,$$

$$n=3,\quad f_3(x)=1+x+\frac{1}{2!}x^2+\frac{1}{3!}x^3,$$

……

$\mathrm{e}^x$ 的麦克劳林展开式的部分和逼近过程如图 13-2-1 所示.

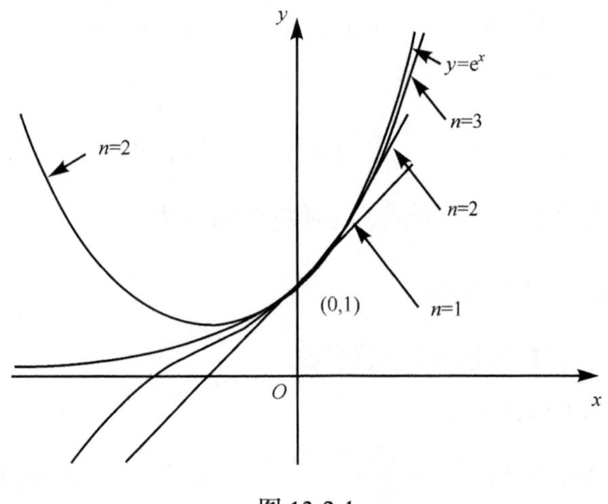


图 13-2-1

**例 13.2.2** 将函数 $f(x)=\sin x$ 展成 $x$ 的幂级数.

**解** 原函数的各阶导数

$$f^{(n)}(x)=\sin\left(x+\frac{n\pi}{2}\right)\quad (n=0,1,2,\cdots),$$

$f^{(n)}(0)$ 循环地取 $0,1,0,-1,\cdots$ $(n=0,1,2,\cdots)$, 于是 $f(x)$ 的麦克劳林级数为

$$x-\frac{1}{3!}x^3+\frac{1}{5}x^5-\cdots+(-1)^n\frac{x^{2n+1}}{(2n+1)!}+\cdots,$$

该级数的收敛半径为 $R=+\infty$.

对于任何有限的数 $x$，有

$$\left|R_n(x)\right|=\left|\frac{\sin\left[\xi+\frac{(n+1)\pi}{2}\right]}{(n+1)!}x^{n+1}\right|<\frac{|x|^{n+1}}{(n+1)!}\to 0\quad (n\to\infty)，\xi\text{ 介于 }0\text{ 与 }x\text{ 之间},$$

于是

$$\sin x=x-\frac{1}{3!}x^3+\cdots+(-1)^n\frac{x^{2n+1}}{(2n+1)!}+\cdots,\qquad x\in(-\infty,+\infty).$$

对 $\sin x$ 展开式逐项求导并利用幂级数的运算性质可将函数 $\cos x$ 展成 $x$ 的幂级数

$$\cos x=1-\frac{x^2}{2!}+\frac{x^4}{4!}-\cdots+(-1)^n\frac{x^{2n}}{(2n)!}+\cdots,\qquad x\in(-\infty,+\infty).$$

**例 13.2.3** 将函数 $f(x)=\ln(1+x)$ 展成 $x$ 的幂级数.

**解** 因为 $f'(x)=\dfrac{1}{1+x}$, 而

$$\frac{1}{1+x}=1-x+x^2-x^3+\cdots+(-1)^n x^n+\cdots,\qquad x\in(-1,1).$$

在上式两端从 0 到 $x$ 逐项积分，得

$$\ln(1+x)=x-\frac{x^2}{2}+\frac{x^3}{3}-\cdots+(-1)^n\frac{x^{n+1}}{n+1}+\cdots,\quad x\in(-1,1].$$

上式对 $x=1$ 也成立．因为上式右端的幂级数当 $x=1$ 时收敛，而左端的函数 $\ln(1+x)$ 在 $x=1$ 处有定义且连续．

**例 13.2.4**　将函数 $f(x)=(1+x)^\alpha$（$\alpha$为实数）展开成 $x$ 的幂级数．

**解**　原函数的各阶导数为

$$f'(x)=\alpha(1+x)^{\alpha-1},\quad f''(x)=\alpha(\alpha-1)(1+x)^{\alpha-2},\cdots,$$
$$f^{(n)}(x)=\alpha(\alpha-1)(\alpha-2)\cdots(\alpha-n+1)(1+x)^{\alpha-n},\cdots,$$

所以

$$f(0)=1,\quad f'(0)=\alpha,\quad f''(0)=\alpha(\alpha-1),\cdots,$$
$$f^{(n)}(0)=\alpha(\alpha-1)\cdots(\alpha-n+1),\cdots.$$

于是 $f(x)$ 的麦克劳林级数为

$$1+\alpha x+\frac{\alpha(\alpha-1)}{2!}x^2+\cdots+\frac{\alpha(\alpha-1)\cdots(\alpha-n+1)}{n!}x^n+\cdots.$$

该级数相邻两项的系数之比的绝对值

$$\left|\frac{a_{n+1}}{a_n}\right|=\left|\frac{\alpha-n}{n+1}\right|\to1\quad(n\to\infty).$$

因此，该级数的收敛半径 $R=1$，收域区间为 $(-1,1)$．

为避免研究余项，设该级数在区间 $(-1,1)$ 内收敛于函数 $s(x)$，即有

$$s(x)=1+\alpha x+\cdots+\frac{\alpha(\alpha-1)\cdots(\alpha-n+1)}{n!}x^n+\cdots,$$

逐项求导，得

$$s'(x)=\alpha+\alpha(\alpha-1)x+\cdots+\frac{\alpha(\alpha-1)\cdots(\alpha-n+1)}{(n-1)!}x^{n-1}+\cdots,$$

$$xs'(x)=\alpha x+\alpha(\alpha-1)x^2+\cdots+\frac{\alpha(\alpha-1)\cdots(\alpha-n+1)}{(n-1)!}x^n+\cdots.$$

利用

$$\frac{(m-1)\cdots(m-n+1)}{(n-1)!}+\frac{(m-1)\cdots(m-n)}{n!}=\frac{m(m-1)\cdots(m-n+1)}{n!},\quad n=1,2,\cdots$$

就得到

$$(1+x)s'(x)=\alpha+\alpha^2x+\frac{\alpha^2(\alpha-1)}{2!}x^2+\cdots$$
$$+\frac{\alpha^2(\alpha-1)\cdots(\alpha-n+1)}{n!}x^n+\cdots=\alpha s(x),$$

即 $\dfrac{s'(x)}{s(x)}=\dfrac{\alpha}{1+x}$，故有

$$\int_0^x \frac{s'(t)}{s(t)}\mathrm{d}t = \int_0^x \frac{\alpha}{1+t}\mathrm{d}t, \quad x\in(-1,1), \quad \ln s(x) - \ln s(0) = \alpha\ln(1+x).$$

因为$s(0)=1$，有$\ln s(x)=\ln(1+x)^{\alpha}$，所以$s(x)=(1+x)^{\alpha}$，$x\in(-1,1)$，于是

$$(1+x)^{\alpha} = 1+\alpha x+\frac{\alpha(\alpha-1)}{2!}x^2+\cdots + \frac{\alpha(\alpha-1)\cdots(\alpha-n+1)}{n!}x^n+\cdots, \quad x\in(-1,1). \tag{13.2.5}$$

在区间的端点$x=\pm 1$处，展开式(13.2.4)是否成立要看$\alpha$的取值而定．可以证明：当$\alpha\leqslant -1$时，收敛域为$(-1,1)$；当$-1<\alpha<0$时，收敛域为$(-1,1]$；当$\alpha>0$时，收敛域为$[-1,1]$.

公式(13.2.5)称为**二项展开式**．特别地，当$\alpha$为正整数时，级数成为$x$的$\alpha$次多项式，它就是初等代数中的二项式定理.

对应$\alpha=-1$，$x=-t$的二项展开式为

$$\frac{1}{1-t} = 1+t+t^2+t^3+\cdots+t^n+\cdots, \quad t\in(-1,1),$$

对应$\alpha=-1$，$\alpha=\frac{1}{2}$，$\alpha=-\frac{1}{2}$的二项展开式分别为

$$\frac{1}{1+x} = 1-x+x^2-x^3+\cdots+(-1)^n x^n+\cdots, \quad x\in(-1,1),$$

$$\sqrt{1+x} = 1+\frac{1}{2}x-\frac{1}{2\cdot 4}x^2+\frac{1\cdot 3}{2\cdot 4\cdot 6}x^3+\cdots, \quad x\in[-1,1],$$

$$\frac{1}{\sqrt{1+x}} = 1-\frac{1}{2}x+\frac{1\cdot 3}{2\cdot 4}x^2-\frac{1\cdot 3\cdot 5}{2\cdot 4\cdot 6}x^3+\cdots, \quad x\in(-1,1].$$

## 三、间接法将函数展开成幂级数

一般地，只有少数简单函数的幂级数展开式能直接从定义求出，而更多的是利用已知函数的展开式，通过**间接法**：线性运算法则、变量代换、恒等变形、逐项求导或逐项积分等方法间接地求得幂级数的展开式.

**例 13.2.5** 将函数$f(x)=\arctan x$展开成$x$的幂级数.

**解** 
$$\arctan x = \int_0^x \frac{\mathrm{d}x}{1+x^2} = \int_0^x [1-x^2+x^4-\cdots+(-1)^n x^{2n}+\cdots]\mathrm{d}x$$
$$= x-\frac{1}{3}x^3+\frac{1}{5}x^5-\cdots+(-1)^n\frac{x^{2n+1}}{2n+1}+\cdots, \quad x\in(-1,1).$$

当$x=1$时，级数$\sum_{n=0}^{\infty}\frac{(-1)^n}{2n+1}$收敛；当$x=-1$时，级数$\sum_{n=0}^{\infty}\frac{(-1)^{n+1}}{2n+1}$也收敛．且当$x=\pm 1$时，函数$\arctan x$连续，所以

$$\arctan x = x-\frac{1}{3}x^3+\frac{1}{5}x^5-\cdots+(-1)^n\frac{x^{2n+1}}{2n+1}+\cdots, \quad x\in[-1,1].$$

**例 13.2.6**　将函数 $f(x)=\dfrac{1}{x^2+4x+3}$ 展开成 $x-1$ 的幂级数.

**解**
$$f(x)=\frac{1}{x^2+4x+3}=\frac{1}{(x+1)(x+3)}=\frac{1}{2(1+x)}-\frac{1}{2(3+x)}$$
$$=\frac{1}{4\left(1+\dfrac{x-1}{2}\right)}-\frac{1}{8\left(1+\dfrac{x-1}{4}\right)},$$

而
$$\frac{1}{4\left(1+\dfrac{x-1}{2}\right)}=\frac{1}{4}\sum_{n=0}^{\infty}\frac{(-1)^n}{2^n}(x-1)^n \quad (-1<x<3),$$
$$\frac{1}{8\left(1+\dfrac{x-1}{4}\right)}=\frac{1}{8}\sum_{n=0}^{\infty}\frac{(-1)^n}{4^n}(x-1)^n \quad (-3<x<5),$$

所以
$$\frac{1}{x^2+4x+3}=\sum_{n=0}^{\infty}(-1)^n\left(\frac{1}{2^{n+2}}-\frac{1}{2^{2n+3}}\right)(x-1)^n \quad (-1<x<3).$$

**例 13.2.7**　将函数 $f(x)=\arctan\dfrac{1-2x}{1+2x}$ 展开成 $x$ 的幂级数, 并求 $\sum\limits_{n=1}^{\infty}\dfrac{(-1)^n}{2n+1}$ 的和.

**解**　因为 $f'(x)=-\dfrac{1}{1+4x^2}=-\sum\limits_{n=0}^{\infty}(-1)^n4^nx^{2n}, x\in(-1,1)$，又 $f(0)=\dfrac{\pi}{4}$，所以
$$f(x)=f(0)+\int_0^x f'(x)\mathrm{d}x=\frac{\pi}{4}-\int_0^x\sum_{n=0}^{\infty}(-1)^n4^nx^{2n}\mathrm{d}x$$
$$=\frac{\pi}{4}-\sum_{n=0}^{\infty}\frac{(-1)^n4^n}{2n+1}x^{2n+1}, \quad x\in\left(-\frac{1}{2},\frac{1}{2}\right).$$

因为当 $x=\dfrac{1}{2}$ 时, 有 $\sum\limits_{n=1}^{\infty}\dfrac{(-1)^n}{2n+1}$ 收敛, 所以 $f(x)=\dfrac{\pi}{4}-\sum\limits_{n=0}^{\infty}\dfrac{(-1)^n4^n}{2n+1}x^{2n+1}$，$x\in\left(-\dfrac{1}{2},\dfrac{1}{2}\right]$.

令 $x=\dfrac{1}{2}$, 得
$$f\left(\frac{1}{2}\right)=\frac{\pi}{4}-\frac{1}{2}\sum_{n=0}^{\infty}\frac{(-1)^n}{2n+1},$$

又 $f\left(\dfrac{1}{2}\right)=0$，故 $\sum\limits_{n=0}^{\infty}\dfrac{(-1)^n}{2n+1}=2\left(\dfrac{\pi}{4}-f\left(\dfrac{1}{2}\right)\right)=\dfrac{\pi}{2}$.

## 四、幂级数的应用

利用函数的幂级数展开式可以求函数 $f(x)$ 在点 $x=x_0$ 处的高阶导数和进行近似计算,

以及求常数项级数的和.

**例 13.2.8** 将 $f(x)=\dfrac{x-1}{4-x}$ 展开成 $x-1$ 的幂级数, 并求 $f^{(n)}(1)$.

**解** 因为

$$\frac{1}{4-x}=\frac{1}{3-(x-1)}=\frac{1}{3\left(1-\dfrac{x-1}{3}\right)},$$

$$=\frac{1}{3}\left[1+\frac{x-1}{3}+\left(\frac{x-1}{3}\right)^2+\cdots+\left(\frac{x-1}{3}\right)^n+\cdots\right],\quad |x-1|<3,$$

所以

$$\frac{x-1}{4-x}=(x-1)\frac{1}{4-x}=\frac{1}{3}(x-1)+\frac{(x-1)^2}{3^2}+\frac{(x-1)^3}{3^3}+\cdots+\frac{(x-1)^n}{3^n}+\cdots,\quad |x-1|<3.$$

根据函数的麦克劳林级数展开式的系数公式, 得

$$\frac{f^{(n)}(1)}{n!}=\frac{1}{3^n},\text{ 即 } f^{(n)}(1)=\frac{n!}{3^n}.$$

**例 13.2.9** 求 $\int_0^1 \mathrm{e}^{-x^2}\mathrm{d}x$ 的近似值, 使误差小于 $0.01$.

**解** 先将 $\mathrm{e}^{-x^2}$ 展开成 $x$ 的幂级数, 因为

$$\mathrm{e}^{-x^2}=\sum_{n=0}^{\infty}\frac{(-1)^n}{n!}x^{2n},\qquad x\in(-\infty,\infty),$$

求 $\int_0^1 \mathrm{e}^{-x^2}\mathrm{d}x$ 的幂级数展开式,

$$\int_0^1 \mathrm{e}^{-x^2}\mathrm{d}x=\int_0^1\sum_{n=0}^{\infty}\frac{(-1)^n}{n!}x^{2n}\mathrm{d}x=\sum_{n=0}^{\infty}\frac{(-1)^n}{n!}\int_0^1 x^{2n}\ \mathrm{d}x=\sum_{n=0}^{\infty}\frac{(-1)^n}{n!}\ \frac{1}{2n+1},$$

此为交错级数, 故 $|r_n|<u_{n+1}$, 逐项计算 $u_{n+1}$, 直到 $|u_{n+1}|<0.01$ 即可计算近似值.

因为

$$u_2=\frac{1}{2!}\frac{1}{5}=0.1,\quad u_3=\frac{1}{3!}\frac{1}{7}\approx 0.0238,\quad u_4=\frac{1}{4!}\frac{1}{9}=0.0046<0.01,$$

取 $n=3$, 所以

$$\int_0^1 \mathrm{e}^{-x^2}\mathrm{d}x\approx\sum_{n=0}^{3}\frac{(-1)^n}{n!}\ \frac{1}{2\mathrm{n}+1}=1-\frac{1}{3}+\frac{1}{10}-\frac{1}{42}+\frac{1}{216}\approx 0.7432.$$

**例 13.2.10** 求级数 $\sum\limits_{n=1}^{\infty}\dfrac{n^2}{n!2^n}$ 的和.

**解** 构造幂级数 $\sum\limits_{n=1}^{\infty}\dfrac{n^2}{n!}x^n$, 利用比值判别法知, 该级数的收敛区间为 $(-\infty,+\infty)$, 设

$$s(x)=\sum_{n=1}^{\infty}\frac{n^2}{n!}x^n,\quad x\in(-\infty,+\infty),$$

因为

$$s(x)=\sum_{n=1}^{\infty}\frac{n(n-1)+n}{n!}x^n=\sum_{n=1}^{\infty}\frac{n(n-1)}{n!}x^n+\sum_{n=1}^{\infty}\frac{1}{(n-1)!}x^n,$$

而$\sum\limits_{n=1}^{\infty}\frac{n(n-1)}{n!}x^n$和$\sum\limits_{n=1}^{\infty}\frac{1}{(n-1)!}x^n$的收敛区间为$(-\infty,+\infty)$，则

$$\begin{aligned}s(x)&=\sum_{n=1}^{\infty}\frac{n(n-1)+n}{n!}x^n=\sum_{n=1}^{\infty}\frac{n(n-1)}{n!}x^n+\sum_{n=1}^{\infty}\frac{1}{(n-1)!}x^n\\&=x^2\left(\sum_{n=1}^{\infty}\frac{x^n}{n!}\right)''+x\sum_{n=0}^{\infty}\frac{x^n}{n!}=x^2(\mathrm{e}^x-1)''+x\mathrm{e}^x=\mathrm{e}^x(x+1)x,\end{aligned}$$

所以

$$\sum_{n=1}^{\infty}\frac{n^2}{n!2^n}=s\left(\frac{1}{2}\right)=\mathrm{e}^{1/2}\left(\frac{1}{2}+1\right)\frac{1}{2}=\frac{3}{4}\sqrt{\mathrm{e}}.$$

## *五、欧拉公式

当$x$为实数时，有

$$\mathrm{e}^x=1+x+\frac{x^2}{2!}+\frac{x^3}{3!}+\frac{x^4}{4!}+\cdots+\frac{x^n}{n!}+\cdots.$$

把它推广到纯虚数情形，定义$\mathrm{e}^{\mathrm{i}x}$如下(其中$x$为实数):

$$\begin{aligned}\mathrm{e}^{\mathrm{i}x}&=1+\mathrm{i}x+\frac{(\mathrm{i}x)^2}{2!}+\frac{(\mathrm{i}x)^3}{3!}+\frac{(\mathrm{i}x)^4}{4!}+\cdots+\frac{(\mathrm{i}x)^n}{n!}+\cdots\\&=\left(1-\frac{x^2}{2!}+\frac{x^4}{4!}-\cdots\right)+\mathrm{i}\left(x-\frac{x^3}{3!}+\frac{x^5}{5!}-\cdots\right),\end{aligned}$$

则

$$\mathrm{e}^{\mathrm{i}x}=\cos x+\mathrm{i}\sin x,\tag{13.2.6}$$

用$-x$替换$x$，得

$$\mathrm{e}^{-\mathrm{i}x}=\cos x-\mathrm{i}\sin x,\tag{13.2.7}$$

从而

$$\cos x=\frac{\mathrm{e}^{\mathrm{i}x}+\mathrm{e}^{-\mathrm{i}x}}{2},\qquad \sin x=\frac{\mathrm{e}^{\mathrm{i}x}-\mathrm{e}^{-\mathrm{i}x}}{2\mathrm{i}},\tag{13.2.8}$$

式(13.2.6)～(13.2.8)统称为**欧拉公式.**在式(13.2.6)中，令$x=\pi$，即得到著名的欧拉公式

$$e^{i\pi}+1=0.$$

在这个简单的方程中，把算数基本常数0和1、几何基本常数π、分析常数e和复数i联系在一起，被认为是数学领域中最优美的结果之一.

将本节主要公式总结如下:

**泰勒级数** $\sum\limits_{n=0}^{\infty}\dfrac{f^{(n)}(x_0)}{n!}\cdot(x-x_0)^n$，$|x-x_0|<R$；

**麦克劳林级数** $\sum\limits_{n=0}^{\infty}\dfrac{f^{(n)}(0)}{n!}\cdot x^n$，$|x|<R$.

**常用的幂级数展开式**

$$e^x=1+x+\frac{1}{2!}x^2+\cdots+\frac{1}{n!}x^n+\cdots,\quad x\in(-\infty,+\infty);$$

$$\sin x=x-\frac{1}{3!}x^3+\cdots+(-1)^n\frac{x^{2n+1}}{(2n+1)!}+\cdots,\quad x\in(-\infty,+\infty);$$

$$\cos x=1-\frac{x^2}{2!}+\frac{x^4}{4!}-\cdots+(-1)^n\frac{x^{2n}}{(2n)!}+\cdots,\quad x\in(-\infty,+\infty);$$

$$\ln(1+x)=x-\frac{x^2}{2}+\frac{x^3}{3}-\cdots+(-1)^n\frac{x^{n+1}}{n+1}+\cdots,\quad x\in(-1,1];$$

$$(1+x)^\alpha=1+\alpha x+\frac{\alpha(\alpha-1)}{2!}x^2+\cdots+\frac{\alpha(\alpha-1)\cdots(\alpha-n+1)}{n!}x^n+\cdots,\quad x\in(-1,1);$$

$$\frac{1}{1-x}=1+x+x^2+x^3+\cdots+x^n+\cdots,\quad x\in(-1,1);$$

$$\frac{1}{1+x}=1-x+x^2-x^3+\cdots+(-1)^nx^n+\cdots,\quad x\in(-1,1).$$

欧拉公式

$$e^{ix}=\cos x+i\sin x;\quad e^{-ix}=\cos x-i\sin x;$$

$$\cos x=\frac{e^{ix}+e^{-ix}}{2};\quad \sin x=\frac{e^{ix}-e^{-ix}}{2i}.$$

## 习题 13-2

1. 将下列函数展开成$x$的幂级数, 并求其成立的区间:

(1) $f(x)=e^{-x^2}$；　(2) $f(x)=\cos^2 x$；　(3) $f(x)=a^x$；

(4) $f(x)=\ln(a+x)$；　(5) $f(x)=\dfrac{1}{(1+x)^2}$；　(6) $f(x)=\dfrac{x}{2-x-x^2}$；

(7) $f(x)=\dfrac{x}{x^2-2x-3}$；　(8) $f(x)=\dfrac{x}{\sqrt{1+x^2}}$.

2. 将$\ln x$展开成$x-1$的幂级数.

3. 将 $\sin x$ 展开成 $x-\frac{\pi}{4}$ 的幂级数.

4. 将函数 $\sqrt[3]{x}$ 展开成 $x+1$ 的幂级数.

5. 将函数 $f(x)=\frac{1}{1+x}$ 展开成 $x-3$ 的幂级数.

6. 将函数 $f(x)=\ln(3x-x^2)$ 在 $x=1$ 展开成 $x$ 的幂级数.

7. 将下列函数展开成 $x$ 的幂级数:

(1) $f(x)=\frac{1}{(1+x)(1+x^2)(1+x^4)(1+x^8)}$;

(2) $f(x)=\frac{1+x}{(1-x)^3}$;

(3) $f(x)=\arcsin x$.

8. 利用函数的幂级数展开式求下列各数的近似值:

(1) e(误差不超过 $0.00001$);　　(2) $\cos 2^\circ$ (精确到 $0.0001$);

(3) $\ln 2$ (误差小于 $0.0001$).

9. 利用被积函数的幂级数展开式求下列定积分的近似值:

(1) $\int_0^{0.5}\frac{1}{1+x^4}\mathrm{d}x$ (精确到 $0.0001$);　　(2) $\int_0^{0.1}\cos\sqrt{t}\mathrm{d}t$ (精确到 $0.0001$).

10. 求下列级数的和:

(1) $\sum_{n=1}^{\infty}\frac{n(n+1)}{2^n}$;　　(2) $\sum_{n=1}^{\infty}\frac{1}{n\cdot 2^n}$.

## 第三节　傅里叶级数

### 一、三角级数及正交性

傅里叶级数及其衍生的傅里叶变换是信号分析的重要理论工具. 在科学工程技术领域中, 经常会遇到如交流电的变化、发动机活塞运动等周期现象, 常需要用正弦函数和余弦函数描述. 如用函数

$$y=A\sin(\omega t+\varphi)$$

来描述周期振动, 称这种振动称为**简谐振动**, $y$ 表示动点的位置, $t$ 表示时间, $A$ 称为**振幅**, $\varphi$ 称为**初相**, $\omega$ 称为**角频率**, $T=\frac{2\pi}{\omega}$ 称为**周期**.

又如, 在电子技术中常用到的周期为 $2\pi$ 的矩形波(图 13-3-1)也是一种周期现象.

较为复杂的振动常可以分解成一系列简谐振动

$$f_k(x)=A_k\sin(k\omega x+\varphi_k),\quad k=0,1,2,\cdots,n$$

的叠加

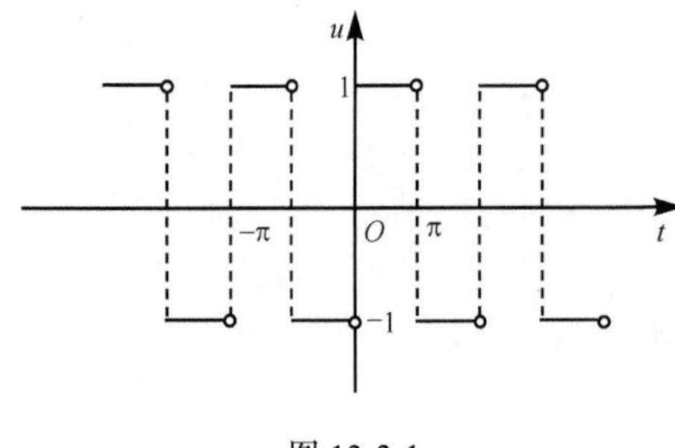


图 13-3-1

$$\sum_{k=1}^{n} f_k(x) = \sum_{k=1}^{n} A_k \sin(k\omega x + \varphi_k),$$

那么对无穷多个简谐运动叠加就得到函数项级数

$$A_0 + \sum_{n=1}^{\infty} A_n \sin(n\omega x + \varphi_n), \qquad (13.3.1)$$

其中 $A_0, A_n, \varphi_n (n=1,2,3,\cdots)$ 都是常数. 例如, 对如图 13-3-1 所示的矩形波

$$u(t) = \begin{cases} -1, & -\pi \leqslant t < 0, \\ 1, & 0 \leqslant t < \pi \end{cases}$$

就可用一系列不同频率的正弦函数

$$\frac{4}{\pi}\sin t, \frac{4}{\pi}\cdot\frac{1}{3}\sin 3t, \frac{4}{\pi}\cdot\frac{1}{5}\sin 5t, \frac{4}{\pi}\cdot\frac{1}{7}\sin 7t, \cdots$$

所组成的级数来表示. 在图 13-3-2(a), (b)中分别给出了取前 3 项和前 5 项函数的和来近似 $u(t)$ 的情况.

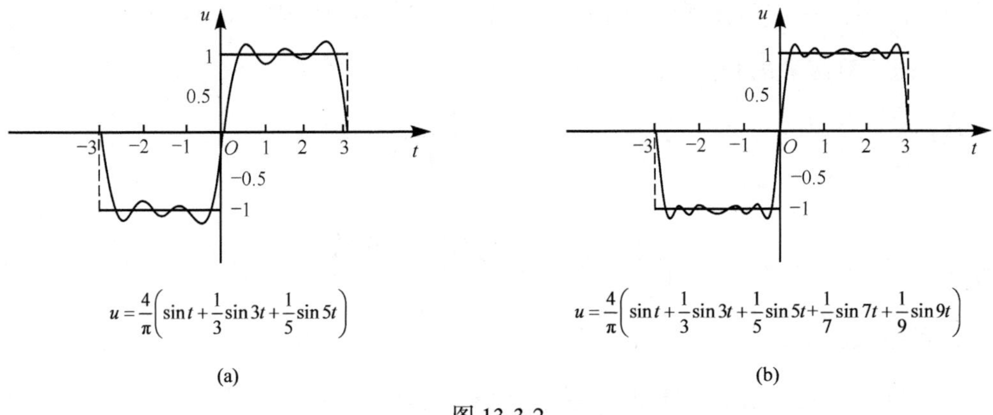


图 13-3-2

式(13.3.1)中如果 $\omega \neq 1$, 可用 $\omega x$ 代换 $x$, 故只要讨论 $\omega = 1$ 的情况. 将式(13.3.1)中的正弦函数作如下变形:

$$A_n \sin(nx + \varphi_n) = a_n \cos nx + b_n \sin nx,$$

其中 $a_n = A_n \sin\varphi_n$, $b_n = A_n \cos\varphi_n$, 再记 $A_0 = \frac{a_0}{2}$, 则式(13.3.1)的右端可写成

$$\frac{a_0}{2} + \sum_{n=1}^{\infty}(a_n \cos nx + b_n \sin nx). \qquad (13.3.2)$$

**定义 13.3.1** 形如 $\frac{a_0}{2} + \sum_{n=1}^{\infty}(a_n \cos nx + b_n \sin nx)$ 的级数称为**三角级数**, 其中 $a_0$, $a_n$, $b_n$

$(n=1,2,3,\cdots)$ 均为常数.

称函数列 $1,\ \cos x,\ \sin x,\ \cos 2x,\ \sin 2x,\ \cdots,\ \cos nx,\ \sin nx,\ \cdots$ 为**三角函数系**.

为了深入研究三角函数的性态, 我们介绍正交性的概念.

**定义 13.3.2**　若两个函数 $u(x)$ 与 $v(x)$ 在 $[a,b]$ 上可积, 且 $\int_a^b u(x)v(x)\mathrm{d}x=0$, 则称函数 $u(x)$ 与 $v(x)$ 在 $[a,b]$ 上是**正交**的.

由此三角函数系在 $[-\pi,\pi]$ 上具有**正交性**, 或称是**正交函数系**.

三角函数系中任何两个不同函数的乘积在该区间上的积分等于零, 即

(1) $\int_{-\pi}^{\pi}\cos nx\mathrm{d}x=0\ \ (n=1,2,3,\cdots)$;

(2) $\int_{-\pi}^{\pi}\sin nx\mathrm{d}x=0\ \ (n=1,2,3,\cdots)$;

(3) $\int_{-\pi}^{\pi}\sin mx\sin nx\mathrm{d}x=0\ \ (m\neq n,\ m,n=1,2,3,\cdots)$;

(4) $\int_{-\pi}^{\pi}\cos mx\cos nx\mathrm{d}x=0\ \ (m\neq n,\ m,n=1,2,3,\cdots)$;

(5) $\int_{-\pi}^{\pi}\sin mx\cos nx\mathrm{d}x=0\ \ (m,n=1,2,3,\cdots)$.

在三角函数系中, 两个相同函数的乘积在区间 $[-\pi,\pi]$ 上的积分不等于零, 即

(6) $\int_{-\pi}^{\pi}\sin^2 nx\mathrm{d}x=\pi\quad(n=1,2,3,\cdots)$;

(7) $\int_{-\pi}^{\pi}\cos^2 nx\mathrm{d}x=\pi\quad(n=1,2,3,\cdots)$.

以上等式都可以通过直接计算定积分来验证. 如利用三角函数中的积化和差公式, 有

$$\begin{aligned}\int_{-\pi}^{\pi}\cos mx\cos nx\mathrm{d}x&=\frac{1}{2}\int_{-\pi}^{\pi}\left[\cos(m+n)x+\cos(m-n)x\right]\mathrm{d}x\\&=\frac{1}{2}\left[\frac{\sin(m+n)x}{m+n}+\frac{\sin(m-n)}{m-n}\right]_{-\pi}^{\pi}=0\quad(m\neq n,\ m,n=1,2,3,\cdots).\end{aligned}$$

当然, 和讨论幂级数时一样, 我们必须讨论三角函数的收敛性问题.

## 二、傅里叶级数

要将函数 $f(x)$ 展开成三角级数

$$\frac{a_0}{2}+\sum_{n=1}^{\infty}(a_n\cos nx+b_n\sin nx),$$

首先要确定系数 $a_0,a_n,b_n(n=1,2,3,\cdots)$, 然后讨论用这样的系数构造出的三角级数的收敛性. 如果级数收敛, 还要考虑它的和函数与函数 $f(x)$ 是否相同, 如果在某个范围内两者相同, 则在这个范围内函数 $f(x)$ 可以展开成这个三角级数.

设 $f(x)$ 是周期为 $2\pi$ 的周期函数, 且能展开成三角级数, 即

$$f(x)=\frac{a_0}{2}+\sum_{k=1}^{\infty}(a_k\cos kx+b_k\sin kx), \tag{13.3.3}$$

现在我们来求系数 $a_0,a_n,b_n(n=1,2,3,\cdots)$.

首先求 $a_0$. 为此在式(13.3.3)的两端从 $-\pi$ 到 $\pi$ 逐项积分:

$$\int_{-\pi}^{\pi}f(x)\mathrm{d}x=\int_{-\pi}^{\pi}\frac{a_0}{2}\mathrm{d}x+\sum_{k=1}^{\infty}\left[a_k\int_{-\pi}^{\pi}\cos kx\mathrm{d}x+b_k\int_{-\pi}^{\pi}\sin kx\mathrm{d}x\right].$$

根据三角函数系的正交性, 等式右端除第 1 项外, 其余各项均为零, 所以

$$\int_{-\pi}^{\pi}f(x)\mathrm{d}x=\frac{a_0}{2}\cdot 2\pi,$$

于是

$$a_0=\frac{1}{\pi}\int_{-\pi}^{\pi}f(x)\mathrm{d}x.$$

其次求 $a_n$. 为此用 $\cos nx$ 乘式(13.3.3)的两端, 再从 $-\pi$ 到 $\pi$ 逐项积分, 可得

$$\int_{-\pi}^{\pi}f(x)\cos nx\mathrm{d}x=\frac{a_0}{2}\int_{-\pi}^{\pi}\cos nx\mathrm{d}x+\sum_{k=1}^{\infty}\left[a_k\int_{-\pi}^{\pi}\cos nx\cos kx\mathrm{d}x+b_k\int_{-\pi}^{\pi}\cos nx\sin kx\mathrm{d}x\right].$$

根据三角函数系的正交性, 并类比上述向量的正交性质, 等式右端除第 $k=n$ 的一项外, 其余各项均为零, 所以

$$\int_{-\pi}^{\pi}f(x)\cos nx\mathrm{d}x=a_n\int_{-\pi}^{\pi}\cos^2 nx\mathrm{d}x=a_n\pi,$$

于是

$$a_n=\frac{1}{\pi}\int_{-\pi}^{\pi}f(x)\cos nx\mathrm{d}x\quad(n=1,2,3,\cdots).$$

类似地, 用 $\sin nx$ 乘式(13.3.3)的两端, 再从 $-\pi$ 到 $\pi$ 逐项积分, 可得

$$b_n=\frac{1}{\pi}\int_{-\pi}^{\pi}f(x)\sin nx\mathrm{d}x\quad(n=1,2,3,\cdots).$$

由于当 $n=0$ 时, $a_n$ 的表达式正好给出 $a_0$, 因此所求系数为

$$\begin{cases}a_n=\dfrac{1}{\pi}\displaystyle\int_{-\pi}^{\pi}f(x)\cos nx\mathrm{d}x\quad(n=0,1,2,3,\cdots),\\ b_n=\dfrac{1}{\pi}\displaystyle\int_{-\pi}^{\pi}f(x)\sin nx\mathrm{d}x\quad(n=1,2,3,\cdots).\end{cases} \tag{13.3.4}$$

如果公式(13.3.4)中的积分都存在, 则称由式(13.3.4)确定的系数 $a_0,a_n,b_n\ (n=1,2,3,\cdots)$ 为函数 $f(x)$ 的**傅里叶系数**, 而这些系数类似于一个向量在不同维度的投影值, 只是这些系数通过定积分来定义的内积运算得出而已, 运算中 $\cos nx$ 等这些还不是标准正交向量(类似单位向量), 前面要乘以系数 $\dfrac{1}{\pi}$.

将这些系数代入式(13.3.3)的右端, 所得的三角级数

$$\frac{a_0}{2}+\sum_{n=1}^{\infty}(a_n\cos nx+b_n\sin nx) \tag{13.3.5}$$

称为函数 $f(x)$ 的**傅里叶级数**.

问题: 函数 $f(x)$ 在怎样的条件下, 它的傅里叶级数收敛到函数 $f(x)$? 即函数 $f(x)$ 满足什么条件就可以展开成傅里叶级数? 狄利克雷给出了这个问题的一个充分条件——**狄利克雷充分条件**, 也简称**收敛定理**.

**定理 13.3.1** (收敛定理)　设 $f(x)$ 是周期为 $2\pi$ 的周期函数. 如果 $f(x)$ 满足在一个周期内连续或只有有限个第一类间断点, 并且至多只有有限个极值点, 则 $f(x)$ 的傅里叶级数收敛, 并且收敛于 $\dfrac{f(x-0)+f(x+0)}{2}$.

收敛定理指出: 只要函数 $f(x)$ 在区间 $[-\pi,\pi]$ 上至多只有有限个第一类间断点, 并且不做无限次振动, 则

(1) 函数 $f(x)$ 的傅里叶级数在函数的连续点处收敛于该点的函数值;

(2) 函数 $f(x)$ 的傅里叶级数在函数的间断点处收敛于该点处的函数的左极限与右极限的算术平均值.

**例 13.3.1**　设 $f(x)$ 是周期为 $2\pi$ 的周期函数, 它在 $(-\pi,\pi]$ 的表达式为

$$f(x)=\begin{cases}-1, & -\pi<x\leqslant 0,\\ 1+x^2, & 0<x\leqslant\pi,\end{cases}$$

写出 $f(x)$ 的傅里叶级数展开式在区间 $(-\pi,\pi]$ 上的和函数 $s(x)$.

**解**　此题只求 $f(x)$ 的傅里叶级数的和函数, 因此不需要求出 $f(x)$ 的傅里叶级数.

因为函数 $f(x)$ 满足收敛定理的条件, 在 $(-\pi,\pi]$ 上的第一类间断点为 $x=0,\pi$, 在其余点处均连续. 故由收敛定理知, 在间断点 $x=0$ 处, 和函数为

$$s(x)=\frac{f(0-0)+f(0+0)}{2}=\frac{-1+1}{2}=0,$$

在间断点 $x=\pi$ 处, 和函数为

$$s(x)=\frac{f(\pi-0)+f(-\pi+0)}{2}=\frac{(1+\pi^2)+(-1)}{2}=\frac{\pi^2}{2}.$$

因此, 所求和函数是

$$s(x)=\begin{cases}-1, & -\pi<x<0,\\ 1+x^2, & 0<x<\pi,\\ 0, & x=0,\\ \pi^2/2, & x=\pi.\end{cases}$$

对于非周期函数 $f(x)$, 如果它只在区间 $[-\pi,\pi]$ 上有定义, 并且在该区间上满足收敛定理的条件, 那么函数 $f(x)$ 也可以展开成它的傅里叶级数: 只要在区间 $[-\pi,\pi)$ 或 $(-\pi,\pi]$ 外补充 $f(x)$ 的定义, 就能使它拓广成一个周期为 $2\pi$ 的周期函数 $F(x)$, 这种拓广函数定

义域的方法称为**周期延拓**. 将作周期延拓后的函数展开成傅里叶级数, 然后再限制 $x$ 在区间 $(-\pi,\pi)$ 内, 此时显然有 $F(x)=f(x)$, 这样便得到了 $f(x)$ 的傅里叶级数展开式, 这个级数在区间端点 $x=\pm\pi$ 处收敛于 $\dfrac{f(\pi-0)+f(-\pi+0)}{2}$. 另外, $[a,b)$ 上定义的函数 $F(x)$ 也可周期延拓后展开成傅里叶级数.

**例 13.3.2** 将函数 $f(x)=\begin{cases}-x, & -\pi\leqslant x<0,\\ x, & 0\leqslant x\leqslant\pi\end{cases}$ 展开成傅里叶级数.

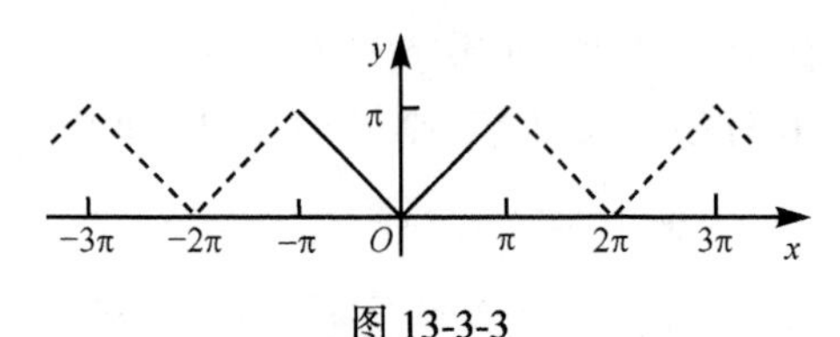


图 13-3-3

**解** 在区间 $[-\pi,\pi]$ 上函数 $f(x)$ 满足收敛定理的条件, 拓广为周期函数时, 在每点 $x$ 处都连续(图 13-3-3), 因此拓广的周期函数的傅里叶级数展开式在 $[-\pi,\pi]$ 收敛于 $f(x)$.

计算傅里叶系数:

$$
\begin{aligned}
a_n&=\frac{1}{\pi}\int_{-\pi}^{\pi}f(x)\cos nx\mathrm{d}x=\frac{1}{\pi}\int_{-\pi}^{0}(-x)\cos nx\mathrm{d}x+\frac{1}{\pi}\int_{0}^{\pi}x\cos nx\mathrm{d}x\\
&=-\frac{1}{\pi}\left[\frac{x\sin nx}{n}+\frac{\cos nx}{n^2}\right]_{-\pi}^{0}+\frac{1}{\pi}\left[\frac{x\sin nx}{n}+\frac{\cos nx}{n^2}\right]_{0}^{\pi}\\
&=\frac{2}{n^2\pi}(\cos n\pi-1)=\begin{cases}-\dfrac{4}{n^2\pi}, & n=1,3,5,\cdots,\\ 0, & n=2,4,6,\cdots.\end{cases}
\end{aligned}
$$

$$
a_0=\frac{1}{\pi}\int_{-\pi}^{\pi}f(x)\mathrm{d}x=\frac{1}{\pi}\int_{-\pi}^{0}(-x)\mathrm{d}x+\frac{1}{\pi}\int_{0}^{\pi}x\mathrm{d}x=\frac{1}{\pi}\left[-\frac{x^2}{2}\right]_0^{\pi}=\pi.
$$

$$
\begin{aligned}
b_n&=\frac{1}{\pi}\int_{-\pi}^{\pi}f(x)\sin nx\mathrm{d}x=\frac{1}{\pi}\int_{-\pi}^{0}(-x)\sin nx\mathrm{d}x+\frac{1}{\pi}\int_{0}^{\pi}x\sin nx\mathrm{d}x\\
&=-\frac{1}{\pi}\left[-\frac{x\cos nx}{n}+\frac{\sin nx}{n^2}\right]_{-\pi}^{0}+\frac{1}{\pi}\left[-\frac{x\cos nx}{n}+\frac{\sin nx}{n^2}\right]_{0}^{\pi}=0\quad(n=1,2,3,\cdots).
\end{aligned}
$$

所给函数 $f(x)$ 的傅里叶级数为

$$
f(x)=\frac{\pi}{2}-\frac{4}{\pi}\left(\cos x+\frac{1}{3^2}\cos 3x+\frac{1}{5^2\cos 5x}+\cdots\right)\quad(-\pi\leqslant x\leqslant\pi).
$$

我们可以利用函数的傅里叶级数展开式, 求出某些特殊的常数项级数的和. 如在例 13.3.2 的展开式中, 令 $x=0$, 则由 $f(0)=0$, 得

$$
\frac{\pi^2}{8}=1+\frac{1}{3^2}+\frac{1}{5^2}+\cdots.
$$

设

$$
s=1+\frac{1}{2^2}+\frac{1}{3^2}+\frac{1}{4^2}+\cdots,\qquad s_1=1+\frac{1}{3^2}+\frac{1}{5^2}+\frac{1}{7^2}+\cdots,
$$

$$
s_2=\frac{1}{2^2}+\frac{1}{4^2}+\frac{1}{6^2}+\cdots,\qquad s_3=1-\frac{1}{2^2}+\frac{1}{3^2}-\frac{1}{4^2}+\cdots,
$$

因为 $s_2=\frac{s}{4}=\frac{s_1+s_2}{4}$，所以

$$s_2=\frac{s_1}{3}=\frac{\pi^2}{24},\quad s=s_1+s_2=\frac{\pi^2}{8}+\frac{\pi^2}{24}=\frac{\pi^2}{6},\quad s_3=2s_1-s=\frac{\pi^2}{4}-\frac{\pi^2}{6}=\frac{\pi^2}{12}.$$

## 三、正弦级数与余弦级数

根据在对称区间上奇偶函数的性质，易得到下列结论.

设 $f(x)$ 是周期为 $2\pi$ 的周期函数，则

(1) 当 $f(x)$ 为奇函数时，其傅里叶系数为

$$a_n=0\ (n=0,1,2,\cdots),\qquad b_n=\frac{2}{\pi}\int_0^{\pi}f(x)\sin nx\mathrm{d}x\ (n=1,2,\cdots),$$

即奇函数的傅里叶级数是只含有正弦项的**正弦级数**

$$\sum_{n=1}^{\infty}b_n\sin nx.$$

(2) 当 $f(x)$ 为偶函数时，其傅里叶系数为

$$a_n=\frac{2}{\pi}\int_0^{\pi}f(x)\cos nx\mathrm{d}x\ (n=0,1,2,\cdots),\qquad b_n=0\ (n=1,2,\cdots),$$

即偶函数的傅里叶级数是只含有余弦项的**余弦级数**

$$\frac{a_0}{2}+\sum_{n=1}^{\infty}a_n\cos nx.$$

**例 13.3.3** 试将函数 $f(x)=x\ (-\pi\leqslant x\leqslant\pi)$ 展开成傅里叶级数.

**解** 原函数满足收敛定理的条件，但作周期延拓后的函数 $f(x)$ 在区间的端点 $x=-\pi$ 和 $x=\pi$ 处不连续. 故 $f(x)$ 的傅里叶级数在区间 $(-\pi,\pi)$ 内收敛于 $f(x)$，在端点收敛于

$$\frac{f(-\pi+0)+f(\pi-0)}{2}=\frac{(-\pi)+\pi}{2}=0,$$

和函数的图形如图 13-3-4 所示.

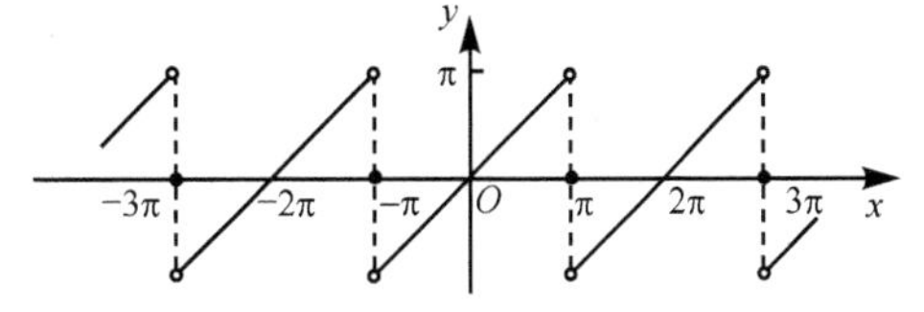

图 13-3-4

$f(x)$ 是奇函数，故其傅里叶系数为

$$a_n=0\quad(n=0,1,2,\cdots),$$

$$b_n=\frac{2}{\pi}\int_0^{\pi}f(x)\sin nx\mathrm{d}x=\frac{2}{\pi}\int_0^{\pi}x\sin nx\mathrm{d}x$$

$$=\frac{2}{\pi}\left[-\frac{x\cos nx}{n}+\frac{\sin nx}{n^2}\right]_0^{\pi}=-\frac{2}{n}\cos n\pi=\frac{2}{n}(-1)^{n-1}\quad(n=1,2,3,\cdots).$$

所以

$$f(x)=2\sum_{n=1}^{\infty}\frac{(-1)^{n-1}}{n}\sin nx\qquad(-\pi<x<\pi).$$

在实际应用中，有时还需要把定义在区间 $[0,\pi]$ 上的函数 $f(x)$ 展开成正弦函数或余弦函数. 为此，设函数 $f(x)$ 定义在区间 $[0,\pi]$ 上且满足收敛定理的条件，可用以下两种方

式把函数 $f(x)$ 的定义延拓到区间 $(-\pi, 0]$ 上得到定义在 $(-\pi, \pi]$ 上的函数 $F(x)$.

(1) **奇延拓**　令

$$F(x)=\begin{cases} f(x), & 0<x\leqslant\pi, \\ 0, & x=0, \\ -f(-x), & -\pi<x<0, \end{cases}$$

则 $F(x)$ 是定义在 $(-\pi, \pi]$ 上的奇函数，将 $F(x)$ 在 $(-\pi, \pi]$ 上展开成傅里叶级数，所得级数必是正弦级数. 再限制 $x$ 在 $(0, \pi]$ 上，就得到 $f(x)$ 的正弦级数展开式.

(2) **偶延拓**　令

$$F(x)=\begin{cases} f(x), & 0\leqslant x\leqslant\pi, \\ f(-x), & -\pi<x<0, \end{cases}$$

则 $F(x)$ 是定义在 $(-\pi, \pi]$ 上的偶函数，将 $F(x)$ 在 $(-\pi,\pi]$ 上展开成傅里叶级数，所得级数必是余弦级数. 再限制 $x$ 在 $(0, \pi]$ 上，就得到 $f(x)$ 的余弦级数展开式.

**例 13.3.4**　将函数 $f(x)=x+1(0\leqslant x\leqslant\pi)$ 分别展开成正弦级数和余弦级数.

**解**　先求正弦级数. 为此对 $f(x)$ 进行奇延拓(图 13-3-5)，则

$$\begin{aligned} b_n &= \frac{2}{\pi}\int_0^{\pi} f(x)\sin nx\mathrm{d}x = \frac{2}{\pi}\int_0^{\pi}(x+1)\sin nx\mathrm{d}x \\ &= \frac{2}{\pi}\left[-\frac{(x+1)\cos nx}{n}+\frac{\sin nx}{n^2}\right]_0^{\pi} = \frac{2}{n\pi}[1-(\pi+1)\cos n\pi] \\ &= \begin{cases} \dfrac{2}{\pi}\cdot\dfrac{\pi+2}{n}, & n=1,3,5,\cdots, \\ -\dfrac{2}{n}, & n=2,4,6,\cdots. \end{cases} \end{aligned}$$

于是

$$x+1=\frac{2}{\pi}\left[(\pi+2)\sin x-\frac{\pi}{2}\sin 2x+\frac{1}{3}(\pi+2)\sin 3x-\cdots\right]\quad(0<x<\pi).$$

再求余弦级数. 为此对 $f(x)$ 进行偶延拓(图 13-3-6)，则

$$a_0=\frac{2}{\pi}\int_0^{\pi}(x+1)\mathrm{d}x=\pi+2,$$

$$\begin{aligned} a_n &= \frac{2}{\pi}\int_0^{\pi}(x+1)\cos nx\mathrm{d}x = \frac{2}{\pi}\left[\frac{(x+1)\sin nx}{n}+\frac{\cos nx}{n^2}\right]_0^{\pi} \\ &= \frac{2}{n^2\pi}(\cos n\pi-1) = \begin{cases} 0, & n=2,4,6,\cdots, \\ -\dfrac{4}{n^2\pi}, & n=1,3,5,\cdots. \end{cases} \end{aligned}$$

于是

$$x+1=\frac{\pi}{2}+1-\frac{4}{\pi}\left(\cos x+\frac{1}{3^2}\cos 3x+\frac{1}{5^2}\cos 5x+\cdots\right)\quad(0\leqslant x\leqslant\pi).$$

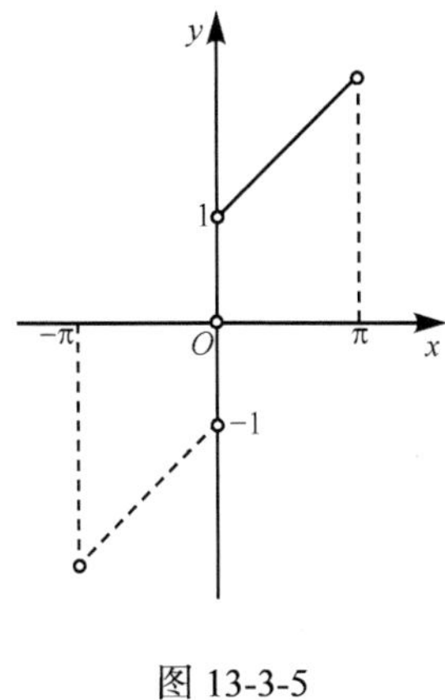


图 13-3-5

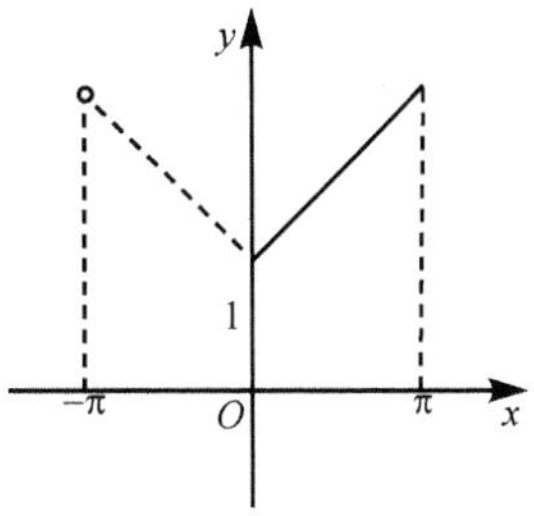

图 13-3-6

**例 13.3.5**　如何把在给定区间$\left(0,\dfrac{\pi}{2}\right)$内满足收敛定理且连续的函数$f(x)$延拓到区间$(-\pi,\pi)$内，而使它的傅里叶级数展开式为

$$f(x)=\sum_{n=1}^{\infty}a_{2n-1}\cos(2n-1)x,\qquad -\pi<x<\pi,\ x\neq 0,\pm\frac{\pi}{2}.$$

**解**　由于展开式中无正弦项，故$f(x)$延拓到$(-\pi,\pi)$内应满足$f(-x)=f(x)$. 设函数$f(x)$延拓到$\left(\dfrac{\pi}{2},\pi\right)$的部分记为$g(x)$, 则按题意，有

$$a_{2n}=\int_0^{\frac{\pi}{2}}f(x)\cos 2nx\mathrm{d}x+\int_{\frac{\pi}{2}}^{\pi}g(x)\cos 2nx\mathrm{d}x=0,\qquad n=0,1,2,\cdots.$$

令$y=\pi-x$，则

$$\int_0^{\frac{\pi}{2}}f(x)\cos 2nx\mathrm{d}x=-\int_{\pi}^{\frac{\pi}{2}}f(\pi-y)\cos 2ny\mathrm{d}y=\int_{\frac{\pi}{2}}^{\pi}f(\pi-x)\cos 2nx\mathrm{d}x,$$

于是

$$\int_{\frac{\pi}{2}}^{\pi}[f(\pi-x)+g(x)]\cos 2nx\mathrm{d}x=0,\qquad n=0,1,2,\cdots.$$

若要上式成立，只要对每一个$x\in\left(\dfrac{\pi}{2},\pi\right)$, 使$f(\pi-x)+g(x)=0$, 即

$$g(x)=-f(\pi-x).$$

因此，首先要在$\left(\dfrac{\pi}{2},\pi\right)$内定义一个函数，使它等于$-f(\pi-x)$, 然后把$f(x)$偶延拓到$(-\pi,0)$, 不妨将延拓到$(-\pi,\pi)$上的函数仍记为$f(x)$, 则

$$f(\pi-x)=-f(x),\ \frac{\pi}{2}<x<\pi;\quad f(-x)=f(x),\ -\pi<x<\pi,\ x\neq 0,\ \pm\frac{\pi}{2}.$$

## 四、一般周期的傅里叶级数

前面所讨论的函数都是以 $2\pi$ 为周期的周期函数. 但在很多实际问题中, 常常会遇到周期不是 $2\pi$ 的周期函数, 根据前面的讨论, 只需经过适当的变量代换, 就可以得到下面的结果.

作变量替换 $z=\frac{\pi x}{l}$, 则区间 $-l\leqslant x\leqslant l$ 变成 $-\pi\leqslant x\leqslant\pi$, 设函数

$$f(x)=f\left(\frac{lz}{\pi}\right)=F(z),$$

从而 $F(z)$ 是周期为 $2\pi$ 的周期函数, 并且在区间 $-\pi\leqslant x\leqslant\pi$ 上满足收敛定理的条件. 将 $F(z)$ 展开成傅里叶级数

$$F(z)=\frac{a_0}{2}+\sum_{n=1}^{\infty}(a_n\cos nz+b_n\sin nz),$$

其中

$$a_n=\frac{1}{\pi}\int_{-\pi}^{\pi}F(z)\cos nz\mathrm{d}z,\quad b_n=\frac{1}{\pi}\int_{-\pi}^{\pi}F(z)\sin nz\mathrm{d}z.$$

注意到变换关系 $z=\frac{\pi x}{l}$ 及 $F(z)=f(x)$, 则有

$$f(x)=\frac{a_0}{2}+\sum_{n=1}^{\infty}\left(a_n\cos\frac{n\pi x}{l}+b_n\sin\frac{n\pi x}{l}\right),$$

而且

$$a_n=\frac{1}{l}\int_{-l}^{l}f(x)\cos\frac{n\pi x}{l}\mathrm{d}x,\quad b_n=\frac{1}{l}\int_{-l}^{l}f(x)\sin\frac{n\pi x}{l}\mathrm{d}x.$$

因此, 设周期为 $2l$ 的周期函数 $f(x)$ 在区间 $[-l,l]$ 上满足收敛定理的条件, 则它的傅里叶级数展开式为

$$f(x)=\frac{a_0}{2}+\sum_{n=1}^{\infty}\left(a_n\cos\frac{n\pi x}{l}+b_n\sin\frac{n\pi x}{l}\right),\tag{13.3.6}$$

其中

$$\begin{cases}a_n=\dfrac{1}{l}\displaystyle\int_{-l}^{l}f(x)\cos\frac{n\pi x}{l}\mathrm{d}x & (n=0,1,2,\cdots),\\ b_n=\dfrac{1}{l}\displaystyle\int_{-l}^{l}f(x)\sin\frac{n\pi x}{l}\mathrm{d}x & (n=1,2,3,\cdots).\end{cases}\tag{13.3.7}$$

如果函数 $f(x)$ 为奇函数, 则

$$f(x)=\sum_{n=1}^{\infty}b_n\sin\frac{n\pi x}{l},\tag{13.3.8}$$

其中

$$b_n=\frac{2}{l}\int_0^l f(x)\sin\frac{n\pi x}{l}\mathrm{d}x \quad (n=1,2,3,\cdots). \tag{13.3.9}$$

如果函数 $f(x)$ 为偶函数，则

$$f(x)=\frac{a_0}{2}+\sum_{n=1}^{\infty}a_n\cos\frac{n\pi x}{l}, \tag{13.3.10}$$

其中

$$a_n=\frac{2}{l}\int_0^l f(x)\cos\frac{n\pi x}{l}\mathrm{d}x \quad (n=0,1,2,\cdots). \tag{13.3.11}$$

当 $x$ 为函数 $f(x)$ 的间断点时，公式(13.3.6)，(13.3.8)和(13.3.10)的左端应用 $\frac{1}{2}\left[f(x-0)+f(x+0)\right]$ 代替.

**例 13.3.6**　设 $f(x)$ 是周期为 4 的周期函数，它在 $[-2,2)$ 上的表达式为

$$f(x)=\begin{cases}0, & -2\leqslant x<0,\\ 3, & 0\leqslant x<2,\end{cases}$$

试将 $f(x)$ 展开成傅里叶级数.

**解**　这里 $l=2$, 且 $f(x)$ 满足收敛定理的条件，根据公式(13.3.7)，有

$$a_0=\frac{1}{2}\int_{-2}^{0}0\mathrm{d}x+\frac{1}{2}\int_0^2 3\mathrm{d}x=3;$$

$$a_n=\frac{1}{2}\int_0^2 3\cdot\cos\frac{n\pi}{2}x\mathrm{d}x=0 \quad (n=1,2,\cdots);$$

$$b_n=\frac{1}{2}\int_0^2 3\cdot\sin\frac{n\pi}{2}x\mathrm{d}x=\left[-\frac{3}{n\pi}\cos\frac{n\pi x}{2}\right]_0^2$$

$$=\frac{3}{n\pi}(1-\cos n\pi)=\begin{cases}\frac{6}{n\pi}, & n=1,3,5,\cdots,\\ 0, & n=2,4,6,\cdots.\end{cases}$$

将所求系数代入式(13.3.6)中，得

$$f(x)=\frac{3}{2}+\frac{6}{\pi}\left(\sin\frac{\pi x}{2}+\frac{1}{3}\sin\frac{3\pi x}{2}+\frac{1}{5}\sin\frac{5\pi x}{2}+\cdots\right)$$

$$(-\infty<x<+\infty;\ x\neq 0,\pm 2,\pm 4,\cdots).$$

$f(x)$ 的傅里叶级数的和函数的图形如图 13-3-7 所示.

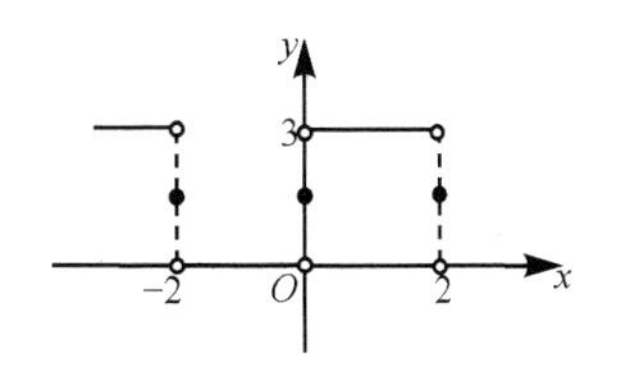


图 13-3-7

**本节主要内容归纳如下：**

(1) 周期为 $2\pi$ 的傅里叶级数

$$\frac{a_0}{2}+\sum_{n=1}^{\infty}(a_n\cos nx+b_n\sin nx);$$

傅里叶系数

$$a_n=\frac{1}{\pi}\int_{-\pi}^{\pi}f(x)\cos nx\mathrm{d}x \quad (n=0,1,2,\cdots),$$

$$b_n=\frac{1}{\pi}\int_{-\pi}^{\pi}f(x)\sin nx\mathrm{d}x \quad (n=1,2,\cdots);$$

$f(x)$ 为奇函数

$$a_n=0,\quad b_n=\frac{2}{\pi}\int_{0}^{\pi}f(x)\sin nx\mathrm{d}x;$$

$f(x)$ 为偶函数

$$b_n=0,\quad a_n=\frac{2}{\pi}\int_{0}^{\pi}f(x)\cos nx\mathrm{d}x;$$

狄利克雷充分条件(收敛定理)

$$\frac{a_0}{2}+\sum_{n=1}^{\infty}(a_n\cos nx+b_n\sin nx)=\begin{cases}f(x), & x\text{为连续点},\\ \dfrac{f(x+0)+f(x-0)}{2}, & x\text{为间断点}.\end{cases}$$

(2) 周期为 $2l$ 的傅里叶级数

$$\frac{a_0}{2}+\sum_{n=1}^{\infty}\left(a_n\cos\frac{n\pi x}{l}+b_n\sin\frac{n\pi x}{l}\right);$$

傅里叶系数

$$a_n=\frac{1}{l}\int_{-l}^{l}f(x)\cos\frac{n\pi x}{l}\mathrm{d}x \quad (n=0,1,2,\cdots),$$

$$b_n=\frac{1}{l}\int_{-l}^{l}f(x)\sin\frac{n\pi x}{l}\mathrm{d}x \quad (n=1,2,\cdots);$$

$f(x)$ 为奇函数

$$a_n=0,\quad b_n=\frac{2}{l}\int_{0}^{l}f(x)\sin\frac{n\pi x}{l}\mathrm{d}x;$$

$f(x)$ 为偶函数

$$b_n=0,\quad a_n=\frac{2}{l}\int_{0}^{l}f(x)\cos\frac{n\pi x}{l}\mathrm{d}x;$$

狄利克雷充分条件(收敛定理)

$$\frac{a_0}{2}+\sum_{n=1}^{\infty}\left(a_n\cos\frac{n\pi x}{l}+b_n\sin\frac{n\pi x}{l}\right)=\begin{cases}f(x), & x\text{为连续点},\\ \dfrac{f(x+0)+f(x-0)}{2}, & x\text{为间断点}.\end{cases}$$

### *五、傅里叶级数应用简介

在实际问题中，傅里叶级数的应用主要是通过将复杂函数表示成三角函数的线性组合，以此来了解和研究复杂函数的性质，或解释分析复杂函数.傅里叶级数可用于如铁路客运量、自然灾害损失等现象的预测. 傅里叶变换被誉为描述图像信息的第二种语言，可用于数字信号与图像处理，如心电信号等. 在时空域和频率域来回切换图像，从而实现对图像信息特征的提取和分析，故而傅里叶级数是数字图像处理技术的基础.

傅里叶级数与心电信号(尚宇和武小燕, 2016):

心电信号属于一种常见的微弱生物医学信号，它源自于心脏，是在心脏活动过程中神经电活动和心脏肌肉的综合表现，具有一定的周期性，由心电信号的基础知识所知，其满足狄利克雷充分条件，在一个周期内无间断点，并且有有限个极大值和极小值，因此，心电信号的模拟可以采用傅里叶级数来展开.

一个完整的心电信号波形是由P波、Q波、R波、S波、T波、U波以及P-R间期，S-T段，Q-T间期等组成，其基本构成如图 13-3-8 所示(尚宇和武小燕, 2016).

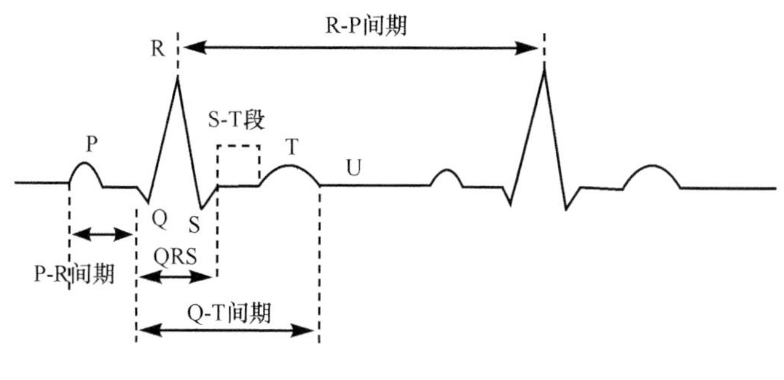


图 13-3-8

心电信号的一个周期是形似三角波形和正弦波相互叠加的一个波形. 心电信号的每个显著波群和间期均可通过叠加得到的波形再移动和缩放得到. 首先可以用傅里叶级数进行 QRS 波形模拟:心电信号中, QRS 波与三角波有一定相似度，通过三角波模拟；然后进行 PTU 波形模拟:P，T，U部分的波形幅值较小，近似于一个的圆拱形，用正弦波模拟. 模拟产生的Q，R，S，P，T，U波经过叠加，构成完整的心电信号.

# 习题 13-3

1. 把函数 $f(x)=\begin{cases}0, & -\pi<x<0,\\ 2, & 0\leqslant x\leqslant\pi\end{cases}$ 展开为傅里叶级数.

2. 设下列 $f(x)$ 的周期为 $2\pi$，试将其展开为傅里叶级数:

(1) $f(x)=\pi^2-x^2,\ x\in(-\pi,\pi)$;　　(2) $f(x)=\mathrm{e}^{2x},\ x\in[-\pi,\pi)$;

(3) $f(x)=\sin^4 x,\ x\in[-\pi,\pi]$.

3. 将下列周期为 $2\pi$ 的函数展开为傅里叶级数，讨论其敛散性，并求 $\sum\limits_{n=1}^{\infty}\dfrac{2}{n^2}$.

(1) $f(x)=x^2,\ x\in[-\pi,\pi]$;　　(2) $f(x)=x^2,\ x\in(0,2\pi)$.

4. 在区间 $(-\pi,\pi)$ 内将函数 $f(x)=\begin{cases}x, & -\pi<x<0,\\ 1, & x=0,\\ 2x, & 0<x<\pi\end{cases}$ 展开为傅里叶级数.

5. 将函数 $f(x)=2x^2\ (0\leqslant x\leqslant\pi)$ 分别展开成正弦级数和余弦级数.

6. 将函数 $f(x)=1-\frac{x}{\pi}(0\leqslant x\leqslant\pi)$ 展开成以 $2\pi$ 为周期的余弦级数，求级数的和函数、$s(-2)$ 和 $s(8)$.

7. 设 $f(x)$ 是周期为 $2\pi$ 的周期函数，证明:

(1) 如果 $f(x-\pi)=-f(x)$，则 $f(x)$ 的傅里叶系数 $a_0=0,\ a_{2k}=0,\ b_{2k}=0(k=1,2,\cdots)$;

(2) 如果 $f(x-\pi)=f(x)$，则 $f(x)$ 的傅里叶系数 $a_{2k+1}=0,\ b_{2k+1}=0(k=0,1,2,\cdots)$.

8. 把函数 $f(x)=\frac{\pi}{4}$ 在 $[0,\pi]$ 上展开成正弦级数，并由它推导出：$1-\frac{1}{3}+\frac{1}{5}-\frac{1}{7}+\cdots=\frac{\pi}{4}$.

9. 将函数 $f(x)=|x|,x\in[-l,l]$ 展开成以 $2l$ 为周期的傅里叶级数.

10. 将函数 $f(x)=2+|x|(-1\leqslant x\leqslant1)$ 展开成以 2 为周期的傅里叶级数.

11. 设周期函数在一个周期内的表达式为：$f(x)=\begin{cases}2x+1, & -3\leqslant x<0,\\ 1, & 0\leqslant x<3,\end{cases}$ 试将其展开成傅里叶级数.

12. 设函数 $f(x)=\begin{cases}x, & 0\leqslant x<l/2,\\ l-x, & l/2\leqslant x\leqslant l,\end{cases}$ 试将其展开成正弦级数和余弦级数.

13. 将函数 $f(x)=x-1(0\leqslant x\leqslant2)$ 展开成周期为 4 的余弦级数.

## *第四节　MATLAB 软件应用

利用 MATLAB 语言可以求解无穷级数的和、幂级数的收敛域，可以展开函数为幂级数以及展开周期函数为傅里叶级数.

### 一、MATLAB 命令

1. 符号表达式求和函数

symsum(f)　求一般项为 f 的级数(有穷或无穷的)之和，之前首先要用 syms 命令定义符号变量，求和是对表达式 f 中的符号变量进行，例如 x 为符号变量，则从 0 到 x-1 求和;

symsum(f, x)　返回对符号表达式 f 中的符号变量 x 从 0 到 x-1 求和;

symsum(f, x, a, b)，symsum(f, x, [a, b])，symsum(f, x, [a b])，symsum(f, x, [a: b])　返回对符号表达式 f 中的符号变量 x 从 a 到 b 求和;

symsum(f, a, b)，symsum(f, [a, b])，symsum(f, [a b])或 symsum(f, [a: b])　返回对符号表达式 f 中的缺省变量从 a 到 b 求和.

2. 符号函数的泰勒级数展开式函数

taylor(f)或 taylor(f, x)　返回函数 y=f(x)的 5 阶麦克劳林逼近多项式;

taylor(f, x, a)　返回函数 f(x)在 x=a 处的 5 阶泰勒逼近多项式;

taylor(f, x, a, ' Order', n)　返回函数 f(x)在 x=a 处的 n-1 阶泰勒逼近多项式;

taylor(f, x, 'ExpansionPoint, a, Order, n)　返回函数 f(x)在 x=a 处的 n-1 阶泰勒逼近多项式.

3. 泰勒级数计算器函数

taylortool('f')　对指定的函数 f，用图形用户界面显示出泰勒展开式.

4. 在符号表达式或矩阵中进行符号替换的函数

subs(S, old, new)　将符号表达式 S 中的符号变量 old 用 new 代替.

5. 符号表达式的化简函数

simplify(expr)与 simple(expr)　用于化简符号表达式 expr.

## 二、应用实例

1. 级数求和

当符号变量的和存在时，可以用 symsum 命令来求无穷级数和.

**例 13.4.1**　求$\sum_{n=1}^{\infty}\frac{1}{4n^2+8n+3}$的值.

**解**　输入:

```
syms n
s1= symsum(1/(4*n^2+8*n+3), n, 1, inf)
```

得到该级数的和为

s1=1/6.

**例 13.4.2**　设$a_n=\frac{10^n}{n!}$，求$\sum_{n=1}^{\infty}a_n$.

**解**　输入:

```
syms n
s3=symsum(10^n/factorial(n), n, 1, Inf)
```

得到其和为

```
s3=exp(10)-1
```

**例 13.4.3**　求级数$\sum_{k=1}^{\infty}x^{3k}$的和函数.

**解**　输入:

```
syms kx
s2=symsum(x^(3*k), k, 1, inf)
```

输出:

```
s2=piecewise( [x^3=1 or 1<abs(x)and 1<x, Inf], [x^3~=1 and
abs(x) in Dom:: In-terval(0, 1), -x^3/((x-1)*(x^2+x+1))],
[x^3~=1 and(abs(x)=1 or 1<=abs(x)
and not 1<x), (limit(x^(3*k), k=Inf)-x^3)/((x-1)*(x^2+x
+1))]])
```

即当$-1\leqslant x<1$时, 和函数为$\dfrac{-x^3}{(x-1)(x^2+x+1)}$.

2. 求幂级数的收敛域

**例 13.4.4**　求$\sum\limits_{n=0}^{\infty}\dfrac{4^{2n}(x-3)^n}{n+1}$的收敛域与和函数.

**解**　输入:

```
clear:
syms n x
s4=symsum(simplify (4^(2*n)*(x-3)^n/(n+1), n, 0, inf)
```

输出:

```
s4= piecewise([49/16<=x, Inf], [x~=49/16 and abs(16*x-48)<=1,
-log(49-16*x)/(16*x-48)])
```

即级数$\sum\limits_{n=0}^{\infty}\dfrac{4^{2n}(x-3)^n}{n+1}$当$x\geqslant\dfrac{49}{16}$时发散, 当$\dfrac{47}{16}\leqslant x<\dfrac{49}{16}$时收敛, 和函数为

$$\frac{-\ln(49-16x)}{16x-48}.$$

3. 将函数展开为幂级数

MATLAB 求一元函数泰勒展开式的命令为 taylor, 其格式已经在本实验的学习 MATLAB 命令中说明.

**例 13.4.5**　求 $\cos x$ 的 6 阶麦克劳林展开式.

**解**　输入:

```
syms x
ser1= taylor(cos(x), x, 'ExpansionPoint, 0, 'Order', 7)
```

输出:

```
ser1=
-x^6/720+x^4/24-x^2/2+1
```

**例 13.4.6**　求 $\ln x$ 在 $x$=1 处的 6 阶泰勒展开式.

**解**　输入:

```
syms x
```

```
ser2=taylor(log(x), x, 'ExpansionPoint', 1, 'Order', 7)
```

则有输出:

```
ser2=
x-(x-1)^2/2+(x-1)^3/3-(x-1)^4/4+(x-1)^5/5-(x-1)^6/6-1
```

**例 13.4.7**　求 arctan*x* 的 5 阶麦克劳林展开式.

**解**　输入:

```
syms x
ser3=taylor(atan(x), 'ExpansionPoint', 0, 'Order', 6)
```

输出:

```
ser3=
x^5/5-x^3/3+x
```

这就得到了 arctan*x* 的近似多项式 ser3.

通过作图把 arctan*x* 和它的近似多项式进行比较

输入:

```
x=-1.5:0.01:1.5
y1=atan(x);
y2=x.^5/5-x.^3/3+x;
plot(x, y1, 'r--', x, y2, 'b')
```

输出为图 13-4-1, 其中虚线为函数 `y1 = arctanx`, 实线为它的近似多项式 `y2`.

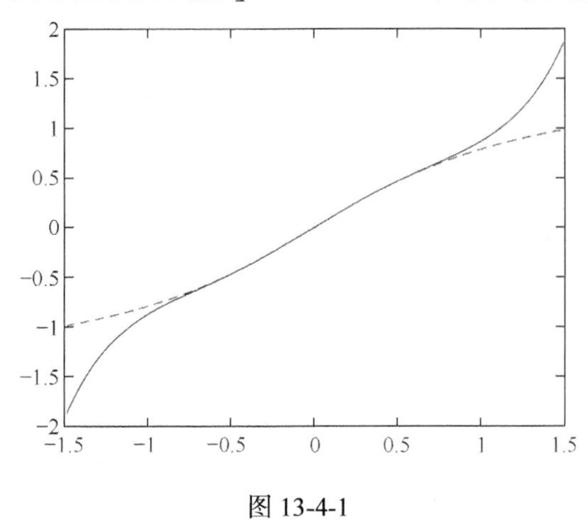


图 13-4-1

**例 13.4.8**　求 $e^{-(x-1)^2(x+1)^2}$ 在 $x$=1 处的 8 阶泰勒展开, 并通过作图比较函数和它的近似多项式.

**解**　输入:

```
clear:
syms x
fun='exp(-(x2-1)2)';
y2= taylor(fun, x, 'ExpansionPoint', 1, 'Order', 9)
```

```
fplot(fun, [-2, 2])
```

则得到近似多项式:

```
y2=7*(x-1)^4-4*(x-1)^3-4*(x-1)^2+16*(x-1)^5+(4*(x-1)^6)/3-28*(x
-1)^7-(173*(x-1)^8)/6+1
```

输入比较函数和它的近似多项式的作图命令:

```
clear clf
x=0.5:0.01:1.5;
y1=exp(-(x.^2-1).^2);
y2=7*(x-1).^4-4*(x-1).^3-4*(x-1).^2+16*(x-1).^5+(4*(x-1).^
6)/3-28*(x-1).^7-(173*(x-1).^8)/6+1;
plot(x, y1, 'r--', x, y2, 'b')
```

输出为图 13-4-2.

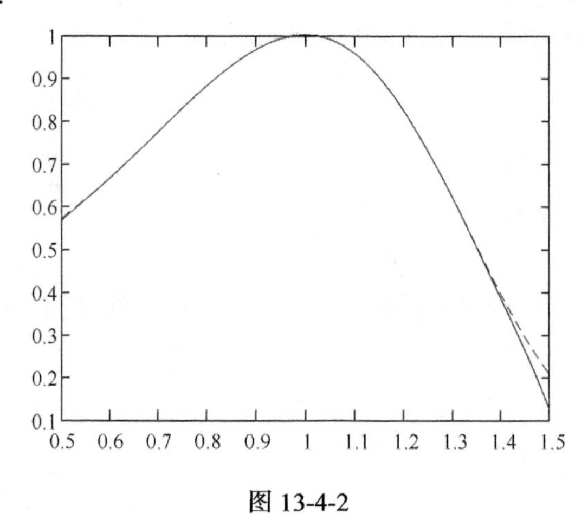


图 13-4-2

在 MATLAB 语言中, 使用 taylortool 函数来调用图示化泰勒级数逼近计算器. 在命令窗口中直接输入 taylortool 命令, 即可将图示泰勒级数逼近计算器调出.

# 部分习题答案

## 习题 8-1

1. $5\boldsymbol{a}-3\boldsymbol{b}-8\boldsymbol{c}$.

2. $\overrightarrow{AD_1}=\boldsymbol{c}+\frac{1}{5}\boldsymbol{a}$， $\overrightarrow{D_2A}=-\left(\boldsymbol{c}+\frac{2}{5}\boldsymbol{a}\right)$，$\overrightarrow{AD_3}=\boldsymbol{c}+\frac{3}{5}\boldsymbol{a}$，$\overrightarrow{D_4A}=-\left(\boldsymbol{c}+\frac{4}{5}\boldsymbol{a}\right)$.

3. 证明略.

## 习题 8-2

1. (1) $\boldsymbol{a}\perp\boldsymbol{b}$. (2) $\boldsymbol{a}//\boldsymbol{b}$.

2. $\overrightarrow{OR}=\frac{n\boldsymbol{r}_1+m\boldsymbol{r}_2}{m+n}$.

3. $A(3,-1,6)$ 在第四卦限，$B(2,1,-1)$ 在第五卦限，$C(4,-3,-1)$ 在第八卦限，$D(-2,-3,4)$ 在第三卦限.

4. $\left(2,\frac{7}{6},0\right)$.

5. $\overrightarrow{AB}=(-1,-4,1)$；$-3\overrightarrow{AB}=(3,12,-3)$.

6. $\left|\overrightarrow{AB}\right|=2$; $\cos\alpha=\frac{1}{2}$，$\cos\beta=\frac{\sqrt{2}}{2}$，$\cos\gamma=-\frac{1}{2}$；$\alpha=\frac{\pi}{3}$，$\beta=\frac{\pi}{4}$，$\gamma=\frac{2\pi}{3}$.

7. $-\left(\frac{7}{11},-\frac{6}{11},\frac{6}{11}\right)$.

8. $\left(\frac{3\sqrt{3}}{2},\frac{3\sqrt{2}}{2},\frac{3\sqrt{3}}{2}\right)$.

9. (1) $\cos\alpha=0$ 表示向量和 $x$ 轴正向夹角为 $\frac{\pi}{2}$，因此该向量和 $x$ 轴垂直，或平行于 $yOz$ 面.

(2) $\cos\beta=1$ 表示向量和 $y$ 轴正向夹角为零，因此该向量和 $y$ 轴平行且方向相同.

(3) $\cos\alpha=\cos\beta=0$ 表示向量和 $x,y$ 轴正向夹角都为 $\frac{\pi}{2}$，说明该向量和 $x,y$ 轴都垂直，因此平行于 $z$ 轴.

10. $\frac{3\sqrt{2}}{2}$.

11. $(1,1,1)$.

12. $\left(4\sqrt{2},-\frac{5\sqrt{2}}{2},\frac{3\sqrt{2}}{2}\right)$.

## 习题 8-3

1. $3\sqrt{3}-19$.
2. $\frac{\sqrt{6}}{6}$.
3. $10(\mathrm{N}\cdot\mathrm{m})$.
4. $\pm\left(\frac{3}{\sqrt{17}},-\frac{2}{\sqrt{17}},-\frac{2}{\sqrt{17}}\right)$.
5. $\lambda=-\frac{2}{3}\mu$.
6. $|\boldsymbol{M}_1|=|\boldsymbol{M}_2|\Rightarrow x_1|\boldsymbol{F}_1|\sin\theta_1=x_2|\boldsymbol{F}_2|\sin\theta_2$.
7. (1) $(14,-17,27)$； (2) $(0,-1,-1)$； (3) 2.
8. $10\sqrt{2}$.
9. $\boldsymbol{a}+\boldsymbol{b}+\boldsymbol{c}=\boldsymbol{0}$.
10. (1) $\mu=\frac{9}{8}$； (2) $-\frac{4}{3}$ 或 $-\frac{10}{3}$.
11. 证明略.
12. 证明略，$\boldsymbol{c}=5\boldsymbol{a}+\boldsymbol{b}$.

## 习题 8-4

1. $3(x-3)+7(y-7)-5(z+5)=0\Rightarrow 3x+7y-5z=83$.
2. $2(x-1)+2(y-2)-5(z+3)=0\Rightarrow 2x+2y-5z=21$.
3. $2(x-3)-(y-1)-3(z-2)=0\Rightarrow 2x-y-3z+1=0$.
4. $x+y-z=0$.
5. $11x-2y+10z+71=0$ 或 $11x-2y+10z-9=0$.
6. $\cos\alpha=\frac{2}{3}$，$\cos\beta=-\frac{2}{3}$，$\cos\gamma=\frac{1}{3}$.
7. (1) 该平面平行于 $xOz$ 面； (2) 该平面平行于 $yOz$ 面； (3) 该平面平行于 $y$ 轴；
   (4) 该平面平行于 $z$ 轴且过原点，即过 $z$ 轴； (5) 该平面平行于 $z$ 轴；
   (6) 该平面平行于 $y$ 轴且过原点，即过 $y$ 轴； (7)该平面过原点.
8. $-8x-20y-4z+112=0$ 或 $28x-20y+44z+28=0$.
9. $\frac{11}{3}$.

10. $x+y+z\pm3\sqrt{3}=0$.

11. (1) $k=1$; (2) $k=\pm\sqrt{3}$; (3) $k=2$; (4) $k=\frac{5}{4}$; (5) $k=7$; (6) $k=\frac{3\pm3\sqrt{21}}{2}$.

## 习题 8-5

1. $\frac{x-2}{5}=\frac{y+3}{1}=\frac{z-1}{3}$.

2. $\frac{x-3}{-3}=y=\frac{z-6}{1}$.

3. 证明略.

4. $L$ 的对称式方程: $\frac{x-\frac{7}{5}}{7}=\frac{y-\frac{43}{10}}{1}=\frac{z}{5}$,

   $L$ 的参数方程: $x=7t+\frac{7}{5}$, $y=t+\frac{43}{10}$, $z=5t$.

5. $(x-3)-(y+2)+(z-1)=0\Rightarrow x-y+z=6$.

6. $\frac{x+2}{-2}=\frac{y}{3}=\frac{z-4}{1}$.

7. $-5(x-2)+2(y-1)+21(z+1)=0$, 即 $-5x+2y+21z+29=0$.

8. $\left(-\frac{5}{9},\frac{13}{9},\frac{25}{9}\right)$.

9. (1) $L\perp\Pi$; (2) $L//\Pi$; (3) $L$ 在 $\Pi$ 上.

10. $\theta=0$.

11. 证明略.

12. $\begin{cases}x+y+z=0,\\ y-z=4.\end{cases}$

13. (1) $\begin{cases}y+z-3=0,\\ x=0;\end{cases}$ (2) $\begin{cases}x-y+4=0,\\ z=0;\end{cases}$ (3) $\begin{cases}x-y+3z+6=0,\\ x-2y-z+7=0.\end{cases}$

## 习题 8-6

1. $(x-2)^2+(y+2)^2+(z+3)^2=17$.

2. $3x^2+3y^2+3z^2-14x-26y-38z+105=0$.

3. 该方程表示以 $(2,-3,2)$ 为球心、半径为 $\sqrt{22}$ 的球面.

4. (1) $y=0$ 在平面解析几何中表示 $x$ 轴, 在空间解析几何中表示 $xOz$ 坐标面.

   (2) $y=z+1$ 在平面解析几何中表示一条直线, 在空间解析几何中表示平行于 $x$ 轴,

在 $yOz$ 坐标面上投影为 $y=z+1$ 的一个平面.

(3) $x^2+z^2=16$ 在平面解析几何中表示 $xOz$ 面上，原点为圆心、半径为 4 的圆线，在空间解析几何中表示准线为 $xOz$ 面上的圆线 $x^2+z^2=16$，母线平行于 $y$ 轴的圆柱面.

(4) $x^2-y^2=1$ 在平面解析几何中表示 $xOy$ 面上的双曲线，在空间解析几何中表示准线为 $xOy$ 面上的双曲线 $x^2-y^2=1$，母线平行于 $z$ 轴的双曲柱面.

(5) 方程组 $\begin{cases} y=2x+3, \\ y=5x-4 \end{cases}$ 在平面几何中表示两条直线的交点，在空间解析几何中表示垂直于 $xOy$ 坐标面的两平面的交线.

5. 方程表达的是: $xOy$ 坐标面上的曲线 $\dfrac{x^2}{5}+\dfrac{y^2}{3}=1$ 绕 $x$ 轴旋转一周所得的旋转曲面.

6. (1) $x^2+y^2+z^2=4$； (2) $y^2+z^2=3x$.

7. $\begin{cases} 3x^2=6z, \\ y=0. \end{cases}$

8. $5x^2+7z^2=11$.

9. $\begin{cases} y^2+2z^2-4z=1, \\ x=0. \end{cases}$

10. $\begin{cases} x^2+6z^2-4x+3=0, \\ y=0. \end{cases}$

11. (1) $\begin{cases} x=\dfrac{5\sqrt{2}}{2}\cos\theta, \\ y=-\dfrac{5\sqrt{2}}{2}\cos\theta, \\ z=5\sin\theta; \end{cases}$ (2) $\begin{cases} x=-1+3\cos\theta, \\ y=3\sin\theta, \\ z=0. \end{cases}$

12. (1) $\begin{cases} x^2+y^2\leqslant 9, \\ z=0; \end{cases}$ (2) $\begin{cases} y^2\leqslant z\leqslant 9, \\ x=0; \end{cases}$ (3) $\begin{cases} x^2\leqslant z\leqslant 9, \\ y=0. \end{cases}$

13. $\begin{cases} 2x+3y=7, \\ z=0. \end{cases}$

14. 图略.

15. (1) $x=2$ 平面上的圆 $y^2+z^2=32$；

(2) $y=3$ 平面上的椭圆 $4x^2+9z^2=27$；

(3) $x=-2$ 平面上的双曲线 $z^2-4y^2=21$；

(4) $y=4$ 平面上的抛物线 $z^2-4x+25=0$.

16. $x^2+y^2=z^2+4(z-1)^2$.

# 习题 9-1

1. (1) $D=\{(x,y)\mid 3y^2-x>0\}$;

(2) $D=\left\{(x,y,z)\middle| -\frac{1}{3}\sqrt{x^2+y^2}\leqslant z\leqslant \frac{1}{3}\sqrt{x^2+y^2}\right\}$;

(3) $D=\left\{(x,y)\middle| z\geqslant\sqrt{x-\sqrt{y}}, x\geqslant\sqrt{y}, y\geqslant 0\right\}$;

(4) $D=\{(x,y)\mid 0<x^2+y^2<1, y^2\leqslant 3x\}$.

2. $f(x)=x^2-x+1$.

3. $\dfrac{8xy}{2x^2+y^2}$.

4. $(x+y)^2+(ty)^2+(x+y)(x-y)^{ty}$.

5. (1) 2; (2) ln2; (3) 0; (4) $-\dfrac{1}{6}$; (5) 0; (6) e; (7) 0; (8) $-\dfrac{1}{6}$; (9) 0; (10) 0.

6. 不连续.

7. 连续.

8. 证明略.

# 习题 9-2

1. (1) $\dfrac{\partial z}{\partial x}=2xy-15x^2y^2$, $\dfrac{\partial z}{\partial y}=x^2-10x^3y+3y^2$;

(2) $\dfrac{\partial z}{\partial x}=\dfrac{-xy}{(x^2+y^2)^{\frac{3}{2}}}$, $\dfrac{\partial z}{\partial y}=\dfrac{x^2}{(x^2+y^2)^{\frac{3}{2}}}$;

(3) $\dfrac{\partial z}{\partial x}=y[3\cos(3xy)-2\cos(xy)\sin(xy)]$, $\dfrac{\partial z}{\partial y}=x[3\cos(3xy)-2\cos(xy)\sin(xy)]$;

(4) $\dfrac{\partial z}{\partial x}=\dfrac{1}{y}-\dfrac{y}{x^2}+y^3$, $\dfrac{\partial z}{\partial y}=\dfrac{1}{x}-\dfrac{x}{y^2}+3xy^2$;

(5) $\dfrac{\partial z}{\partial x}=\dfrac{1}{2x\sqrt{\ln(xy)}}$, $\dfrac{\partial z}{\partial y}=\dfrac{1}{2y\sqrt{\ln(xy)}}$;

(6) $\dfrac{\partial z}{\partial x}=\dfrac{y}{x^2}\tan\dfrac{y}{x}\csc^2\dfrac{y}{x}$ 或 $\dfrac{\partial z}{\partial x}=\dfrac{2y}{x^2}\csc\dfrac{2y}{x}$;

$\dfrac{\partial z}{\partial y}=-\dfrac{1}{x}\tan\dfrac{y}{x}\csc^2\dfrac{y}{x}$ 或 $\dfrac{\partial z}{\partial y}=-\dfrac{2}{x}\csc\dfrac{2y}{x}$.

(7) $\frac{\partial u}{\partial x}=\frac{z}{y}\left(\frac{x}{y}\right)^{z-1}$；$\frac{\partial u}{\partial y}=-\frac{z}{y}\left(\frac{x}{y}\right)^{z}$；$\frac{\partial u}{\partial z}=\left(\frac{x}{y}\right)^{z}\cdot\ln\frac{x}{y}$.

2. $\frac{\pi}{4}$.

3. $f_u(u,2)=1$.

4. (1) $\frac{\partial^2 z}{\partial x^2}=12x^2-8y^2$，　$\frac{\partial^2 z}{\partial xy}=-16xy$，　$\frac{\partial^2 z}{\partial y^2}=12y^2-8x^2$；

(2) $\frac{\partial^2 z}{\partial x^2}=y^x(\ln y)^2$，　$\frac{\partial^2 z}{\partial y^2}=x(x-1)y^{x-2}$，　$\frac{\partial^2 z}{\partial x\partial y}=y^{x-1}(x\ln y+1)$；

(3) $\frac{\partial^2 z}{\partial x^2}=\frac{2xy}{(x^2+y^2)^2}$；　$\frac{\partial^2 z}{\partial x\partial y}=\frac{y^2-x^2}{(x^2+y^2)^2}$；　$\frac{\partial^2 z}{\partial y^2}=\frac{-2xy}{(x^2+y^2)^2}$.

5. $\frac{\partial^3 z}{\partial x^2\partial y}=-\frac{1}{x^2}$；　$\frac{\partial^3 z}{\partial y\partial x^2}=-\frac{1}{x^2}$.

6. $f_{xx}(0,1,1)=2$, $f_{xz}(0,1,2)=0$, $f_{yz}(2,-1,0)=0$，$f_{zz}(2,0,1)=0$.

7. (1) 当$(x,y)=(0,0)$时，$f_x(0,0)=0$，$f_y(0,0)$不存在.

当$(x,y)\neq(0,0)$时，$f_x(x,y)=2x\sin\frac{1}{\sqrt{x^2+y^2}}-\frac{x(x^2+3y)}{\sqrt{(x^2+y^2)^3}}\cos\frac{1}{\sqrt{x^2+y^2}}$，

$f_y(x,y)=3\sin\frac{1}{\sqrt{x^2+y^2}}-\frac{y(x^2+3y)}{\sqrt{(x^2+y^2)^3}}\cos\frac{1}{\sqrt{x^2+y^2}}$.

(2) $f_x(x,y)=\begin{cases}\frac{2xy^3}{(x^2+y^2)^2}, & x^2+y^2\neq 0,\\ 0, & x^2+y^2=0,\end{cases}$　$f_y(x,y)=\begin{cases}\frac{x^2(x^2-y^2)}{(x^2+y^2)^2}, & x^2+y^2\neq 0,\\ 0, & x^2+y^2=0.\end{cases}$

8. 证明略.

9. 证明略.

## 习题 9-3

1. (1) $\mathrm{d}z=\frac{3}{23}\mathrm{d}x+\frac{6}{23}\mathrm{d}y$；

(2) $\mathrm{d}f(x,y,z)=\mathrm{d}x-\mathrm{d}y$；

(3) $\mathrm{d}z=\left(4xy^3-\frac{y}{x^2}\right)\mathrm{d}x+\left(6x^2y^2+\frac{1}{x}\right)\mathrm{d}y$；

(4) $\mathrm{d}z=-y\sin(y\sin x)\cos x\mathrm{d}x--y\sin(y\sin x)\sin x\mathrm{d}y$；

(5) $\mathrm{d}u=yzx^{yz-1}\mathrm{d}x+zx^{yz}\ln x\mathrm{d}y+yx^{yz}\ln x\mathrm{d}z$.

2. 全增量$\Delta z\approx-0.1042$，　全微分$\mathrm{d}z\approx-0.1111$.

3. $\mathrm{d}z=\frac{2}{7}\mathrm{d}x+\frac{4}{7}\mathrm{d}y$.

4. $\Delta z\approx \mathrm{d}z=-0.0105$，即矩形的对角线近似减少 1.05 cm.

5. 最大误差为$0.24\,\Omega$，最大相对误差是$4.4\%$.

6. (1) 函数在点$(0,0)$处偏导数存在且都等于 0.

   (2) 偏导数在点$(0,0)$不连续.

   (3) 函数在$(0,0)$可微.

7. (1) 1.024 ; (2) 3.025 .

## 习题 9-4

1. (1) $\frac{4}{\mathrm{e}^{2t}}$; (2) $\mathrm{e}^{\sin t-6t^3}(\cos t-18t^2)$ ; (3) $\frac{\mathrm{e}^t+1}{1+(t+\mathrm{e}^t)^2}$.

2. (1) $\frac{\partial z}{\partial x}=4x+2y$, $\frac{\partial z}{\partial y}=2x+10y$;

   (2) $\frac{\partial z}{\partial x}=(x^2+y^2)^{xy}\left(\frac{2x^2y}{x^2+y^2}+y\ln(x^2+y^2)\right)$,

   $\frac{\partial z}{\partial y}=(x^2+y^2)^{xy}\left(\frac{2xy^2}{x^2+y^2}+x\ln(x^2+y^2)\right)$.

3. (1) 令$u=x^2-3y^2$, $v=\mathrm{e}^{xy}$, $\frac{\partial z}{\partial x}=2xf_u+y\mathrm{e}^{xy}f_v$, $\frac{\partial z}{\partial y}=-6yf_u+x\mathrm{e}^{xy}f_v$.

   (2) 令$s=2xy$, $t=3xyz$, $\frac{\partial u}{\partial x}=f_x+2yf_s+3yzf_t$, $\frac{\partial u}{\partial y}=2xf_s+3xzf_t$, $\frac{\partial u}{\partial z}=3xyf_t$.

   (3) 令$s=\frac{x}{y}$, $t=\frac{y}{z}$, $\frac{\partial u}{\partial x}=\frac{1}{y}f_s$, $\frac{\partial u}{\partial y}=-\frac{x}{y}f_s+\frac{1}{z}f_t$, $\frac{\partial u}{\partial z}=-\frac{y}{z^2}f_t$.

4. $-\frac{z}{y^2}$.

5. 证明略.

6. 令$u=3x+y$, $v=y\cos x$, $\frac{\partial^2 z}{\partial x\partial y}=-3f_{uu}+(3\cos x+y\sin x)f_{uv}-y\cos x\sin xf_{vv}$

   $-f_v\sin x$.

7. 令$u=x$, $v=\frac{x}{y}$, $\frac{\partial^2 z}{\partial x^2}=f_{uu}+\frac{1}{y^2}f_{vv}+\frac{2}{y}f_{uv}$,

   $\frac{\partial^2 z}{\partial x\partial y}=-\frac{x}{y^2}\left(f_{uv}+\frac{1}{y}f_{vv}\right)-\frac{1}{y^2}f_v$,

   $\frac{\partial^2 z}{\partial y^2}=\frac{2x}{y^3}f_v+\frac{x^2}{y^4}f_{vv}$.

8. 令 $u=xy,\ v=\dfrac{y}{x}$，$\dfrac{\partial^2 z}{\partial x\partial y}=f_u+xyf_{uu}+yf_{uy}-\dfrac{1}{x^2}g'(v)-\dfrac{y}{x^3}g''(v)-\dfrac{4xy}{(x^2+y^2)^2}$.

9. $\dfrac{\partial^2 z}{\partial x^2}=f''(t)(y\varphi_1+2x\varphi_2)^2+f'(t)(y^2\varphi_{11}+4xy\varphi_{12}+4x^2\varphi_{22}+2\varphi_2)$.

10. 令 $v=x+y$，$\dfrac{\partial^2 u}{\partial x^2}=2\varphi'(v)+x\varphi''(v)+y\phi''(v)$，

$$\frac{\partial^2 u}{\partial x\partial y}=\varphi'(v)+x\varphi''(v)+\phi'(v)+y\phi''(v)\,,$$

$$\frac{\partial^2 u}{\partial y^2}=x\varphi''(v)+2\phi'(v)+y\phi''(v)\,.$$

## 习题 9-5

1. $\dfrac{-2}{5\sqrt{6}}$.

2. $\dfrac{6}{7}\sqrt{14}$.

3. $\dfrac{14}{\sqrt{11}}$.

4. $\dfrac{4\sqrt{2}}{27}$.

5. $\mathbf{grad}f(0,0,0)=3\boldsymbol{i}-2\boldsymbol{j}-6\boldsymbol{k}$，　$\mathbf{grad}f(1,2,3)=7\boldsymbol{i}+7\boldsymbol{j}+12\boldsymbol{k}$.

6. 夹角为 $\dfrac{\pi}{2}$.

7. 满足 $\sqrt{(x-a)^2+(y-b)^2+(z-c)^2}=1$ 任一点处 $|\mathbf{grad}u|=1$.

8. 最大的方向导数为 $\sqrt{x^2+y^2}$，最小的方向导数为 $-\sqrt{x^2+y^2}$.

9. $\dfrac{x_0+y_0+z_0}{3}$.

## 习题 9-6

1. $\dfrac{\mathrm{d}y}{\mathrm{d}x}=\dfrac{y-x}{x+y}$.

2. $\dfrac{\partial z}{\partial x}=\dfrac{yz-2\sqrt{xyz}}{6\sqrt{xyz}-xy}$，$\dfrac{\partial z}{\partial y}=\dfrac{xz-4\sqrt{xyz}}{6\sqrt{xyz}-xy}$.

3. $\dfrac{\partial z}{\partial x}=y^2(1+xy)^{y-1}$，$\dfrac{\partial z}{\partial y}=(1+xy)^y\left[\ln(1+xy)+\dfrac{xy}{1+xy}\right]$.

4. $\dfrac{\partial z}{\partial x}=-\dfrac{2x^2-xf\left(\dfrac{z}{x}\right)+zf'\left(\dfrac{z}{x}\right)}{2xz-xf'\left(\dfrac{z}{x}\right)}$；$\dfrac{\partial z}{\partial y}=\dfrac{2y}{f'\left(\dfrac{z}{x}\right)-2z}$.

5. $\dfrac{\partial^2 z}{\partial x\partial y}=\dfrac{-5z^8+32xz^7-5yz^4}{(5z^4-4xz^3+y)^3}$.

6. $\left.\dfrac{\partial^2 z}{\partial x^2}\right|_{(0,1)}=0$，$\left.\dfrac{\partial^2 z}{\partial y^2}\right|_{(0,1)}=-\dfrac{2}{9}$.

7. 证明略.

8. $\dfrac{\mathrm{d}y}{\mathrm{d}x}=\dfrac{-x(6z+1)}{2y(3z+1)}$，$\dfrac{\mathrm{d}z}{\mathrm{d}x}=\dfrac{x}{3z+1}$.

9. $\dfrac{\mathrm{d}z}{\mathrm{d}x}=\dfrac{2y-3y^2}{3y^2-4yz-2z+1}$；$\dfrac{\mathrm{d}y}{\mathrm{d}x}=\dfrac{2z-1}{3y^2-4yz-2z+1}$.

10. $\dfrac{\partial u}{\partial s}=\dfrac{\sin v}{\mathrm{e}^u(\sin v-\cos v)+1}$；$\dfrac{\partial v}{\partial s}=\dfrac{\cos v-\mathrm{e}^u}{u\mathrm{e}^u(\sin v-\cos v)+u}$；

$\dfrac{\partial u}{\partial t}=\dfrac{-\cos v}{\mathrm{e}^u(\sin v-\cos v)+1}$；$\dfrac{\partial v}{\partial t}=\dfrac{\sin v+\mathrm{e}^u}{u\mathrm{e}^u(\sin v-\cos v)+u}$.

11. $\dfrac{\mathrm{d}^2 y}{\mathrm{d}x^2}=-\dfrac{y[(x-1)^2+(y-1)^2]}{x^2(y-1)^3}$.

## 习题 9-7

1. 切线方程为$\dfrac{x-\dfrac{1}{3}}{\dfrac{4}{9}}=\dfrac{y-3}{-4}=\dfrac{z-\dfrac{1}{4}}{1}$，

法平面方程为$\dfrac{4}{9}\left(x-\dfrac{1}{3}\right)-4(y-3)+\left(z-\dfrac{1}{4}\right)=0$.

2. 切平面方程为 $2\cdot\left(x\mp\sqrt{\dfrac{8}{17}}\right)-1\cdot\left(y\pm\dfrac{1}{\sqrt{34}}\right)+2\cdot\left(z\mp\sqrt{\dfrac{8}{17}}\right)=0$.

3. 切线方程为$\begin{cases}x=0,\\z=k,\end{cases}$法平面方程为$-2k^2(y-0)=0$，即 $y=0$.

4. $M(-1,1,-1)$ 或 $M\left(-\dfrac{1}{3},\dfrac{1}{9},-\dfrac{1}{27}\right)$.

5. 切线方程为 $\dfrac{x-x_0}{1}=\dfrac{y-y_0}{\dfrac{3k}{2y_0}}=\dfrac{z-z_0}{\dfrac{1}{2z_0}}$，

法平面方程为 $(x-x_0)+\frac{3k}{2y_0}(y-y_0)+\frac{1}{2z_0}(z-z_0)=0$.

6. 切平面方程为 $6(x-1)+8(y-2)-1(z-2)=0$，即 $6x+8y-z-20=0$，

法线方程为 $\frac{x-1}{6}=\frac{y-2}{8}=\frac{z-2}{-1}$.

7. 证明略.

8. $x-y+2z=\pm\sqrt{\frac{11}{2}}$.

9. $\frac{x-3}{2}=\frac{y+2}{-3}=\frac{z+6}{1}$.

## 习题 9-8

1. 函数在点 $(1,-1)$ 处取得极大值 2.
2. 函数在点 $(-1,0)$ 取得极小值 $-1$，在点 $(1,0)$ 也取得极小值 $-1$.
3. 函数在点 $\left(\frac{1}{2},-1\right)$ 处取得极小值 $-\frac{1}{2}\mathrm{e}$.
4. 函数在 $\left(\frac{\pi}{3},\frac{\pi}{6}\right)$ 处取得极大值 $\frac{3}{2}\sqrt{3}$.
5. 极小值 $-3$；极大值 $7$.
6. 当长为 $\frac{2}{3}p$，宽为 $\frac{1}{3}p$ 时圆柱体取得最大体积 $\frac{4}{27}\pi p^3$.
7. 当长为 $\frac{10\sqrt{6}}{3}$，宽为 $5\sqrt{6}$ 时所用材料费最省.
8. 函数在 $(0,0)$ 处取得极小值 1.

## 习题 9-9

1. $y=f(t)=-0.3036t+27.125$.
2. 食物由 $\frac{10}{3}$ 份粮食和 $\frac{5}{6}$ 份肉组成时，所要求的食物有最低价格 $141\frac{2}{3}$ 分.
3. $\begin{cases} a\sum\limits_{i=1}^{n}x_i^4+b\sum\limits_{i=1}^{n}x_i^3+\sum\limits_{i=1}^{n}x_i^2=\sum\limits_{i=1}^{n}y_ix_i^2, \\ a\sum\limits_{i=1}^{n}x_i^3+b\sum\limits_{i=1}^{n}x_i^2+c\sum\limits_{i=1}^{n}x_i=\sum\limits_{i=1}^{n}y_ix_i, \\ a\sum\limits_{i=1}^{n}x_i^2+b\sum\limits_{i=1}^{n}x_i+nc=\sum\limits_{i=1}^{n}y_i \end{cases}$ 为所求三元一次方程.

4. 点距离范围为$\left(\sqrt{9-5\sqrt{3}},\sqrt{9+5\sqrt{3}}\right)$.

5. 当生产 120 件产品 $A$, 80 件产品 $B$ 时所得利润最大.

6. (1) 收入函数为 $R(x_1,x_2)=15+13x_1+31x_2-8x_1x_2-2x_1{}^2-10x_2{}^2$,

函数在 $x_1=\dfrac{3}{4}=0.75, x_2=\dfrac{5}{4}=1.25$ 处取得最大值.

(2) 将广告费用全部用于报纸广告, 可获得最大利润.

# 习题 10-1

1. $Q=\iint\limits_D \mu(x,y)\mathrm{d}\sigma$.

2. $V=4V_1$, 即 $I_1=4I_2$.

3. 证明略.

4. (1) $\iint\limits_D (x+y)^3\mathrm{d}\sigma \leqslant \iint\limits_D (x+y)^2\mathrm{d}\sigma$; (2) $\iint\limits_D (x+y)^2\mathrm{d}\sigma \leqslant \iint\limits_D (x+y)^3\mathrm{d}\sigma$;

(3) $\iint\limits_D [\ln(x+y)]^2\mathrm{d}\sigma < \iint\limits_D \ln(x+y)\mathrm{d}\sigma$; (4) $\iint\limits_D \ln^3(x+y)\mathrm{d}x\mathrm{d}y < \iint\limits_D (x+y)^3\mathrm{d}x\mathrm{d}y$.

5. (1) $0\leqslant \iint\limits_D xy(x+y)\mathrm{d}\sigma \leqslant 2$; (2) $0\leqslant \iint\limits_D \sin^2 x\sin^2 y\mathrm{d}\sigma \leqslant \pi^2$;

(3) $2\leqslant \iint\limits_D (x+y+1)\mathrm{d}\sigma \leqslant 8$; (4) $36\pi \leqslant \iint\limits_D (x^2+4y^2+9)\mathrm{d}\sigma \leqslant 100\pi$.

# 习题 10-2

1. (1) $\iint\limits_D (x^2+y^2)\mathrm{d}\sigma=\dfrac{8}{3}$; (2) $\iint\limits_D (3x+2y)\mathrm{d}\sigma=\dfrac{20}{3}$;

(3) $\iint\limits_D (x^3+3x^2y+y^2)\mathrm{d}\sigma=1$; (4) $\iint\limits_D x\cos(x+y)\mathrm{d}\sigma=-\dfrac{3}{2}\pi$.

2. 画图略.

(1) $\iint\limits_D x\sqrt{y}\mathrm{d}\sigma=\dfrac{6}{55}$; (2) $\iint\limits_D xy^2\mathrm{d}\sigma=\dfrac{64}{15}$;

(3) $\iint\limits_D \mathrm{e}^{x+y}\mathrm{d}\sigma=\mathrm{e}-\mathrm{e}^{-1}$; (4) $\iint\limits_D (x^2+y^2-x)\mathrm{d}\sigma=\dfrac{13}{6}$.

3. 证明略.

4. (1) $I=\int_0^4\mathrm{d}x\int_x^{2\sqrt{x}} f(x,y)\mathrm{d}y$ 或 $I=\int_0^4\mathrm{d}y\int_{\frac{y^2}{4}}^{y} f(x,y)\mathrm{d}x$;

(2) $I=\int_{-r}^{r}\mathrm{d}x\int_{0}^{\sqrt{r^2-x^2}}f(x,y)\mathrm{d}y$ 或 $I=\int_{0}^{r}\mathrm{d}y\int_{-\sqrt{r^2-y^2}}^{\sqrt{r^2-y^2}}f(x,y)\mathrm{d}x$；

(3) $I=\int_{1}^{2}\mathrm{d}x\int_{\frac{1}{x}}^{x}f(x,y)\mathrm{d}y$ 或 $I=\int_{\frac{1}{2}}^{1}\mathrm{d}y\int_{\frac{1}{y}}^{2}f(x,y)\mathrm{d}x+\int_{1}^{2}\mathrm{d}y\int_{y}^{2}f(x,y)\mathrm{d}x$；

(4)
$$\begin{aligned}I&=\iint\limits_{D_1}f(x,y)\mathrm{d}\sigma+\iint\limits_{D_2}f(x,y)\mathrm{d}\sigma+\iint\limits_{D_3}f(x,y)\mathrm{d}\sigma+\iint\limits_{D_4}f(x,y)\mathrm{d}\sigma\\&=\int_{-2}^{-1}\mathrm{d}x\int_{-\sqrt{4-x^2}}^{\sqrt{4-x^2}}f(x,y)\mathrm{d}y+\int_{-1}^{1}\mathrm{d}x\int_{\sqrt{1-x^2}}^{\sqrt{4-x^2}}f(x,y)\mathrm{d}y\\&\quad+\int_{-1}^{1}\mathrm{d}x\int_{-\sqrt{4-x^2}}^{-\sqrt{1-x^2}}f(x,y)\mathrm{d}y+\int_{1}^{2}\mathrm{d}x\int_{-\sqrt{4-x^2}}^{\sqrt{4-x^2}}f(x,y)\mathrm{d}y.\end{aligned}$$

5. 证明略.

6. (1) $\int_{0}^{1}\mathrm{d}y\int_{0}^{y}f(x,y)\mathrm{d}x=\int_{0}^{1}\mathrm{d}x\int_{x}^{1}f(x,y)\mathrm{d}y$；

(2) $\int_{0}^{2}\mathrm{d}y\int_{y^2}^{2y}f(x,y)\mathrm{d}x=\int_{0}^{4}\mathrm{d}x\int_{\frac{x}{2}}^{\sqrt{x}}f(x,y)\mathrm{d}y$；

(3) $\int_{0}^{1}\mathrm{d}y\int_{-\sqrt{1-y^2}}^{\sqrt{1-y^2}}f(x,y)\mathrm{d}x=\int_{-1}^{1}\mathrm{d}x\int_{0}^{\sqrt{1-x^2}}f(x,y)\mathrm{d}y$；

(4) $\int_{1}^{2}\mathrm{d}x\int_{2-x}^{\sqrt{2x-x^2}}f(x,y)\mathrm{d}y=\int_{0}^{1}\mathrm{d}y\int_{2-y}^{1+\sqrt{1-y^2}}f(x,y)\mathrm{d}x$；

(5) $\int_{1}^{\mathrm{e}}\mathrm{d}x\int_{0}^{\ln x}f(x,y)\mathrm{d}y=\int_{0}^{1}\mathrm{d}y\int_{\mathrm{e}^y}^{\mathrm{e}}f(x,y)\mathrm{d}x$；

(6) $\int_{0}^{\pi}\mathrm{d}x\int_{-\sin\frac{x}{2}}^{\sin x}f(x,y)\mathrm{d}y=\int_{-1}^{0}\mathrm{d}y\int_{-2\arcsin y}^{\pi}f(x,y)\mathrm{d}x+\int_{0}^{1}\mathrm{d}y\int_{\arcsin y}^{\pi-\arcsin y}f(x,y)\mathrm{d}x$.

7. $\dfrac{4}{3}$.

8. $\dfrac{7}{2}$.

9. $\dfrac{17}{6}$.

10. $6\pi$.

## 习题 10-3

1. (1) $\iint\limits_{D}f(x,y)\mathrm{d}x\mathrm{d}y==\int_{0}^{2\pi}\mathrm{d}\theta\int_{0}^{a}f(\rho\cos\theta,\rho\sin\theta)\rho\mathrm{d}\rho$；

(2) $\iint\limits_{D}f(x,y)\mathrm{d}x\mathrm{d}y=\int_{-\frac{\pi}{2}}^{\frac{\pi}{2}}\mathrm{d}\theta\int_{0}^{2\cos\theta}f(\rho\cos\theta,\rho\sin\theta)\rho\mathrm{d}\rho$；

(3) $\iint\limits_D f(x,y)\mathrm{d}x\mathrm{d}y=\int_0^{2\pi}\mathrm{d}\theta\int_a^b f(\rho\cos\theta,\rho\sin\theta)\rho\mathrm{d}\rho$;

(4) $\iint\limits_D f(x,y)\mathrm{d}x\mathrm{d}y=\int_0^{\frac{\pi}{2}}\mathrm{d}\theta\int_0^{\frac{1}{\cos\theta+\sin\theta}} f(\rho\cos\theta,\rho\sin\theta)\rho\mathrm{d}\rho$.

2. (1) $\int_0^{\frac{\pi}{4}}\mathrm{d}\theta\int_0^{\sec\theta} f(\rho\cos\theta,\rho\sin\theta)\rho\mathrm{d}\rho+\int_{\frac{\pi}{4}}^{\frac{\pi}{2}}\mathrm{d}\theta\int_0^{\csc\theta} f(\rho\cos\theta,\rho\sin\theta)\rho\mathrm{d}\rho$;

(2) $\int_{\frac{\pi}{4}}^{\frac{\pi}{3}}\mathrm{d}\theta\int_0^{2\sec\theta} f(\rho)\rho\mathrm{d}\rho$;

(3) $\int_0^{\frac{\pi}{2}}\mathrm{d}\theta\int_{\frac{1}{\cos\theta+\sin\theta}}^1 f(\rho\cos\theta,\rho\sin\theta)\rho\mathrm{d}\rho$;

(4) $\int_0^{\frac{\pi}{4}}\mathrm{d}\theta\int_{\sec\theta\tan\theta}^{\sec\theta} f(\rho\cos\theta,\rho\sin\theta)\rho\mathrm{d}\rho$.

3. (1) $\frac{3}{4}\pi a^4$; (2) $\frac{a^3}{6}\left[\sqrt{2}+\ln(\sqrt{2}+1)\right]$; (3) $\sqrt{2}-1$; (4) $\frac{\pi}{8}a^4$.

4. (1) $\iint\limits_D \mathrm{e}^{x^2+y^2}\mathrm{d}\sigma=\pi(\mathrm{e}^4-1)$;

(2) $\iint\limits_D \ln(1+x^2+y^2)\mathrm{d}\sigma=\frac{\pi}{4}(2\ln 2-1)$;

(3) $\iint\limits_D \arctan\frac{y}{x}\mathrm{d}\sigma=\frac{3\pi^2}{64}$.

5. (1) $\frac{9}{4}$; (2) $\frac{\pi}{8}(\pi-2)$; (3) $14a^4$; (4) $\frac{2}{3}\pi(b^3-a^3)$.

6. $\frac{3}{32}a^4\pi$.

7. $\frac{1}{3}R^3\arctan k$.

## 习题 10-4

1. (1) $I=\int_0^1\mathrm{d}x\int_0^{1-x}\mathrm{d}y\int_0^{xy} f(x,y,z)\mathrm{d}z$;

(2) $I=\int_{-1}^1\mathrm{d}x\int_{-\sqrt{1-x^2}}^{\sqrt{1-x^2}}\mathrm{d}y\int_{x^2+y^2}^1 f(x,y,z)\mathrm{d}z$;

(3) $I=\int_{-1}^1\mathrm{d}x\int_{-\sqrt{1-x^2}}^{\sqrt{1-x^2}}\mathrm{d}y\int_{x^2+2y^2}^{2-x^2} f(x,y,z)\mathrm{d}z$;

(4) $I=\int_0^a \mathrm{d}x\int_0^{\frac{b}{a}\sqrt{a^2-x^2}} \mathrm{d}y\int_0^{\frac{xy}{c}} f(x,y,z)\mathrm{d}z$ .

2. $\dfrac{3}{2}$.

3. 证明略.

4. $\dfrac{1}{2}\left(\ln 2-\dfrac{5}{8}\right)$.

5. $\dfrac{1}{364}$.

6. $\dfrac{1}{48}$.

7. 0.

8. $\dfrac{\pi R^2h^2}{4}$.

9. (1) $\iiint\limits_{\Omega} z\mathrm{d}v=\dfrac{7}{12}\pi$； (2) $\iiint\limits_{\Omega}(x^2+y^2)\mathrm{d}v=\dfrac{16}{3}\pi$ .

10. (1) $\iiint\limits_{\Omega}(x^2+y^2+z^2)\mathrm{d}v=\dfrac{4}{5}\pi$； (2) $\iiint\limits_{\Omega} z\mathrm{d}v=\dfrac{7}{6}\pi a^4$ .

11. (1) $\iiint\limits_{\Omega} xy\mathrm{d}v=\dfrac{1}{8}$； (2) $\iiint\limits_{\Omega}\sqrt{x^2+y^2+z^2}\mathrm{d}v=\dfrac{\pi}{10}$；

(3) $\iiint\limits_{\Omega}(x^2+y^2)\mathrm{d}v=8\pi$； (4) $\iiint\limits_{\Omega}(x^2+y^2)\mathrm{d}v=\dfrac{4\pi}{15}(A^5-a^5)$ .

12. (1) $V=\iiint\limits_{\Omega}\mathrm{d}v=\dfrac{32}{3}\pi$； (2) $V=\iiint\limits_{\Omega}\mathrm{d}v=\pi a^3$；

(3) $V=\iiint\limits_{\Omega}\mathrm{d}v=\dfrac{\pi}{6}$； (4) $V=\dfrac{2}{3}\pi(5\sqrt{5}-4)$ .

13. $M=\iiint\limits_{\Omega} k\sqrt{x^2+y^2+z^2}\mathrm{d}v=k\pi R^4$ .

## 习题 10-5

1. $\dfrac{\pi^5}{40}$.

2. (1) $I_y=\dfrac{1}{4}\pi a^3 b$； (2) $I_x=\dfrac{72}{5}$，$I_y=\dfrac{96}{7}$； (3) $I_x=\dfrac{ab^3}{3}$，$I_y=\dfrac{a^3b}{3}$ .

3. $I_x=\dfrac{1}{12}\mu bh^3$，$I_y=\dfrac{1}{12}\mu hb^3$ .

4. (1) 质心为$\left(\frac{3}{5}x_0,\ \frac{3}{8}y_0\right)$； (2) 质心为$\left(0,\ \frac{4b}{3\pi}\right)$； (3) 质心是$\left(\frac{a^2+b^2+ab}{2(a+b)},\ 0\right)$.

5. 质心坐标为$\left(\frac{35}{48},\ \frac{35}{54}\right)$.

6. 质心坐标为$\left(\frac{2}{5}a,\ \frac{2}{5}a\right)$.

7. (1) 质心为$\left(0,\ 0,\ \frac{3}{4}\right)$； (2) 质心为$\left(0,\ 0,\ \frac{3(A^4-a^4)}{8(A^3-a^3)}\right)$；

(3) 立体的重心为$\left(\frac{2}{5}a,\frac{2}{5}a,\frac{7}{30}a^2\right)$.

8. 球体的质心为$\left(0,\ 0,\ \frac{5}{4}R\right)$.

9. (1) $V=\frac{8}{3}a^4$； (2) $\overline{z}=\frac{7}{15}a^2$； (3) $I_z=\frac{112}{45}\rho a^6$.

10. $I_z=\frac{1}{2}\pi ha^4$.

11. $F_x=2G\mu\left[\ln\frac{\sqrt{R_2^2+a^2}+R_2}{\sqrt{R_1^2+a^2}+R_1}-\frac{R_2}{\sqrt{R_2^2+a^2}}+\frac{R_1}{\sqrt{R_1^2+a^2}}\right]$,

$F_z=\pi Ga\mu\left[\frac{1}{\sqrt{R_2^2+a^2}}-\frac{1}{\sqrt{R_1^2+a^2}}\right]$.

12. $F_z=2\pi G\rho\left[h+\sqrt{R^2+(a-h)^2}-\sqrt{R^2+a^2}\right]$.

## 习题 11-1

1. (1) $\oint_L(x^2+y^2)^n\mathrm{d}s=2\pi a^{2n+1}$； (2) $\int_L(x+y)\mathrm{d}s=\sqrt{2}$；

(3) $\oint_L x\mathrm{d}x=\frac{1}{12}\left(5\sqrt{5}+6\sqrt{2}-1\right)$； (4) $\oint_L \mathrm{e}^{\sqrt{x^2+y^2}}\mathrm{d}s=\mathrm{e}^a\left(2+\frac{\pi}{4}a\right)-2$ ；

(5) $\int_\Gamma\frac{1}{x^2+y^2+z^2}\mathrm{d}s=\frac{\sqrt{3}}{2}(1-\mathrm{e}^{-2})$； (6) $\int_\Gamma x^2yz\mathrm{d}s=9$;

(7) $\int_L y^2\mathrm{d}s=\frac{256}{15}a^3$； (8) $\int_L(x^2+y^2)\mathrm{d}s=2\pi^2a^3(1+2\pi^2)$.

2. $\frac{\sqrt{3}}{2}(1-\mathrm{e}^{-2})$.

3. $\sqrt{2}\pi R^2$.

## 习题 11-2

1. 证明略.

2. 证明略.

3. (1) $\int_L (x^2-y^2)\mathrm{d}x=-\frac{56}{15}$;  (2) $\oint_L xy\mathrm{d}x=-\frac{\pi}{2}a^3$;

(3) $\int_L y\mathrm{d}x+x\mathrm{d}y=0$;  (4) $\oint_L \frac{(x+y)\mathrm{d}x-(x-y)\mathrm{d}y}{x^2+y^2}=-2\pi$;

(5) $\int_\Gamma x^2\mathrm{d}x+z\mathrm{d}y-y\mathrm{d}z=\frac{1}{3}\pi^3k^3-\pi a^2$;  (6) $\int_\Gamma x\mathrm{d}x+y\mathrm{d}y+(x+y-1)\mathrm{d}z=13$;

(7) $\oint_\Gamma \mathrm{d}x-\mathrm{d}y+y\mathrm{d}z=\frac{1}{2}$;  (8) $\int_L (x^2-2xy)\mathrm{d}x+(y^2-2xy)\mathrm{d}y=-\frac{14}{15}$.

4. (1) $\int_L (x+y)\mathrm{d}x+(y-x)\mathrm{d}y=\frac{34}{3}$;  (2) $\int_L (x+y)\mathrm{d}x+(y-x)\mathrm{d}y=11$;

(3) $\int_L (x+y)\mathrm{d}x+(y-x)\mathrm{d}y=14$;  (4) $\int_L (x+y)\mathrm{d}x+(y-x)\mathrm{d}y=\frac{3}{32}$.

5. (1) $\int_L P(x,y)\mathrm{d}x+Q(x,y)\mathrm{d}y=\int_L \frac{P(x,y)+Q(x,y)}{\sqrt{2}}\mathrm{d}s$;

(2) $\int_L P(x,y)\mathrm{d}x+Q(x,y)\mathrm{d}y=\int_L \frac{P(x,y)+2xQ(x,y)}{\sqrt{1+4x^2}}\mathrm{d}s$;

(3) $\int_L P(x,y)\mathrm{d}x+Q(x,y)\mathrm{d}y=\int_L \left[\sqrt{2x-x^2}P(x,y)+(1-x)Q(x,y)\right]\mathrm{d}s$.

6. $\int_L P\mathrm{d}x+Q\mathrm{d}y+R\mathrm{d}z=\int_L \frac{P+2xQ+3yR}{\sqrt{1+4x^2+9y^2}}\mathrm{d}s$.

7. $y=\sin x$ 为所求曲线.

## 习题 11-3

1. (1) $\oint_l (2xy-x^2)\mathrm{d}x+(x+y^2)\mathrm{d}y=\frac{1}{30}$;  (2) $\oint_l (x^2-xy^3)\mathrm{d}x+(y^2-2xy)\mathrm{d}y=8$.

2. (1) $A=\frac{3}{8}\pi a^2$;  (2) $A=12\pi$;  (3) $A=\pi a^2$.

3. $\oint_L \frac{y\mathrm{d}x-x\mathrm{d}y}{2(x^2+y^2)}=-\pi$.

4. (1) $\frac{5}{2}$;  (2) 236;  (3) 5.

5. (1) $\oint_L (2x-y+4)\mathrm{d}x+(15y+3x-6)\mathrm{d}y=12$;

(2) $\oint_L (x^2y\cos x + 2xy\sin x - y^2e^x)dx + (x^2\sin x - 2ye^x)dy = 0$;

(3) $\int_L (2xy^3 - y^2\cos x)dx + (1 - 2y\sin x + 3x^2y^2)dy = \frac{\pi^2}{4}$;

(4) $\int_L (x^2 - y)dx - (x + \sin^2 y)dy = -\frac{7}{6} + \frac{1}{4}\sin 2$.

6. (1) $\frac{x^2}{2} + 2xy + \frac{y^2}{2} + C$; (2) $x^2y + C$; (3) $-\cos 2x\sin 3y + C$;

(4) $x^3y + 4x^2y^2 + 12(ye^y - e^y) + C$; (5) $y^2\sin x + x^2\cos y + C$.

## 习题 11-4

1. $\iint\limits_{\Sigma} f(x,y,z)dS = \iint\limits_{D} f(x,y,z)dxdy$.

2. (1) $\frac{13}{3}\pi$; (2) $\frac{149}{30}\pi$; (3) $\frac{111}{10}\pi$.

3. (1) $\frac{1+\sqrt{2}}{2}\pi$; (2) $9\pi$.

4. (1) $4\sqrt{61}$; (2) $-\frac{27}{4}$; (3) $\pi a(a^2 - h^2)$; (4) $\frac{64}{15}\sqrt{2}a^4$.

## 习题 11-5

1. 证明略.

2. $\iint\limits_{\Sigma} R(x,y,z)dxdy = \pm\iint\limits_{D_{xy}} R(x,y,z)dxdy$.

3. (1) $\iint\limits_{\Sigma} x^2y^2z dxdy = \frac{2}{105}\pi R^7$;

(2) $\iint\limits_{\Sigma} zdxdy + xdydz + ydzdx = \frac{3}{2}\pi$;

(3) $\iint\limits_{\Sigma} [f(x,y,z) + x]dydz + [2f(x,y,z) + y]dzdx + [f(x,y,z) + z]dxdy = \frac{1}{2}$;

(4) $\oiint\limits_{\Sigma} xzdxdy + xydydz + yzdzdx = \frac{1}{8}$.

4. (1) $\iint\limits_{\Sigma} Pdydz + Qdzdx + Rdxdy = \iint\limits_{\Sigma} \frac{1}{5}(3P + 2Q + 2\sqrt{3}R)dS$;

(2) $\iint\limits_{\Sigma} P\mathrm{d}y\mathrm{d}z + Q\mathrm{d}z\mathrm{d}x + R\mathrm{d}x\mathrm{d}y = \iint\limits_{\Sigma} \frac{1}{\sqrt{1+4x^2+4y^2}}(2xP+2yQ+R)\mathrm{d}S$.

## 习题 11-6

1. (1) $\frac{2}{3}HR^3+\frac{\pi}{8}H^2R^2$; (2) 0; (3) $-\frac{12\pi a^5}{5}$; (4) $81\pi$;

(5) $\frac{8\pi R^3}{3}(a+b+c)$; (6) $\frac{2\pi a^5}{5}$; (7) $\frac{3}{2}$.

2. $-\frac{9}{2}$.

3. $9\pi$.

4. $-\sqrt{3}\pi a^2$.

5. $-20\pi$.

6. $2\pi a^3$.

## 习题 11-7

1. (1) $\pi a^2\sqrt{a^2+k^2}\left(2a^2+\frac{8}{3}k^2\pi^2\right)$;

(2) $\overline{x}=\frac{6\pi ak^2}{3a^2+4k^2\pi^2}$, $\overline{y}=\frac{-6\pi ak^2}{3a^2+4k^2\pi^2}$, $\overline{z}=\frac{3\pi k(a^2+2k^2\pi^2)}{3a^2+4k^2\pi^2}$.

2. (1) $I_x=\int_L y^2\mu(x,y)\mathrm{d}s$, $I_y=\int_L x^2\mu(x,y)\mathrm{d}s$;

(2) $\overline{x}=\frac{M_y}{M}=\frac{\int_L x\mu(x,y)\mathrm{d}s}{\int_L \mu(x,y)\mathrm{d}s}, \overline{y}=\frac{M_x}{M}=\frac{\int_L y\mu(x,y)\mathrm{d}s}{\int_L \mu(x,y)\mathrm{d}s}$.

3. $mg(z_2-z_1)$.

4. 证明略.

5. $\frac{2}{15}\pi(6\sqrt{3}+1)$.

6. 重心坐标为: $\left(0,0,\frac{4a}{3\pi}\right)$.

7. 0.

8. (1) 0; (2) $ye^{xy}-x\sin(xy)-2xz\sin(xz^2)$.

9. 证明略.

10. 证明略.

11. 散度 $2z$ 及旋度 $-2x\boldsymbol{j}-2y\boldsymbol{k}$.

12. $\mathbf{rot}\boldsymbol{v}=2\omega\boldsymbol{k}$, $\mathbf{rot}\boldsymbol{\omega}=\mathbf{0}$, $\mathrm{div}\boldsymbol{v}=0$, $\mathrm{div}\boldsymbol{v}=-2\omega^2$.

13. 0.

## 习题 12-1

1. (1) $\frac{1}{2}-\frac{1}{2^2}+\frac{1}{2^3}-\frac{1}{2^4}+\frac{1}{2^5}-\cdots$; (2) $1+\frac{2!}{2^3}+\frac{3!}{3^3}+\frac{4!}{4^3}+\frac{5!}{5^3}+\cdots$;

   (3) $\frac{1}{2}+\frac{3}{8}+\frac{15}{48}+\frac{105}{384}+\frac{1\cdot3\cdot5\cdot7\cdot9}{2\cdot4\cdot6\cdot8\cdot10}+\cdots$; (4) $\frac{1}{5}+\frac{2}{10}+\frac{3}{17}+\frac{4}{26}+\frac{5}{37}+\cdots$.

2. (1) $u_n=(-1)^n\frac{n-1}{n}$ $(n=1,2,3,\cdots)$; (2) $u_n=2n-1-\frac{1}{2n}$ $(n=1,2,3,\cdots)$;

   (3) $u_n=(-1)^n\frac{n+3}{n^2}$ $(n=1,2,3,\cdots)$;

   (4) $u_n=(-1)^{n-1}\frac{a^n}{2n+1}=(-1)^{n+1}\frac{a^n}{2n+1}$ $(n=1,2,3,\cdots)$;

   (5) $u_n=\frac{3^n}{n^2+1}x^n$ $(n=1,2,3,\cdots)$;

   (6) $u_n=\frac{x^{\frac{n}{2}}}{1\cdot3\cdot5\cdot\cdots\cdot(2n-1)}=\frac{x^{\frac{n}{2}}}{(2n-1)!!}$ $(n=1,2,3,\cdots)$.

3. (1) 收敛; (2) 收敛; (3) 发散; (4) 发散; (5) 收敛; (6) 发散; (7) 发散; (8) 收敛.

4. (1) $\frac{1}{4}$; (2) $\frac{5}{16}$; (3) $\frac{1}{6}$.

5. (1) $u_1=\frac{1}{15}$, $u_2=\frac{1}{35}$; (2) $s_1=\frac{1}{15}$, $s_2=\frac{2}{21}$; (3) $s_n=\frac{1}{2}\left(\frac{1}{3}-\frac{1}{2n+3}\right)$;

   (4) 收敛, 其和为 $s=\frac{1}{6}$ .

6. (1) 收敛; (2) 收敛; (3) 发散.

7. (1) 发散; (2) 发散.

## 习题 12-2

1. (1) 收敛; (2) 发散; (3) 收敛; (4) 发散; (5) 收敛; (6) 收敛;

   (7) 收敛; (8) 收敛; (9) 发散; (10) 发散.

2. (1) 收敛; (2) 收敛; (3) 收敛; (4) 收敛; (5) 收敛; (6) 收敛; (7) 发散;

   (8) 当 $a<1$ 时, 发散; 当 $a>1$ 时, 收敛; 当 $a=1$ 时, 级数为 $\sum_{n=1}^{\infty}\frac{1}{n^k}$; 当 $k\leqslant1$ 时发散,

当 $k>1$ 时收敛.

3. (1) 收敛; (2) 收敛; (3) 发散; (4) 发散; (5) 收敛; (6) 收敛.

4. (1) 当且仅当 $p>1$ 时 $\sum_{n=3}^{\infty}\frac{1}{n(\ln n)^p}$ 收敛; (2) 当且仅当 $p>1$ 时 $\sum_{n=3}^{\infty}\frac{\ln n}{n^p}$ 收敛.

5. 证明略.

6. 证明略.

7. 当 $\frac{b}{a}<1$ 时, 级数 $\sum_{n=1}^{\infty}\left(\frac{b}{u_n}\right)^n$ 收敛; 当 $\frac{b}{a}>1$ 时, 级数 $\sum_{n=1}^{\infty}\left(\frac{b}{u_n}\right)^n$ 发散; 当 $\frac{b}{a}=1$ 时, 不能判别级数 $\sum_{n=1}^{\infty}\left(\frac{b}{u_n}\right)^n$ 的敛散性.

## 习题 12-3

1. (1) 条件收敛; (2) 绝对收敛; (3) 绝对收敛; (4) 绝对收敛; (5) 绝对收敛;
   (6) 当 $k>1$ 时, 绝对收敛; 当 $k<1$ 时, 发散; 当 $k=1$ 时, 条件收敛.

2. 条件收敛.

3. 当 $|x|<\frac{1}{\sqrt{2}}$ 时原级数绝对收敛. 当 $|x|\geqslant\frac{1}{\sqrt{2}}$ 时原级数发散.

4. 证明略.

## 习题 13-1

1. (1) $[-1,1]$; (2) $[-2,2)$; (3) $(-\infty,\infty)$; (4) $\left[-\frac{1}{3},\frac{1}{3}\right]$; (5) $(-2,2]$; (6) $[-1,1)$;
   (7) $\left(-\frac{1}{5},\frac{1}{5}\right)$; (8) $[4,6]$; (9) $[-1,1]$; (10) $[-2,4)$.

2. (1) $\frac{1}{(1-x)^2}\ (-1<x<1)$;

   (2) $s(x)=\begin{cases}\frac{(1-x)\ln(1-x)+x}{x}, & -1\leqslant x<1,\\ 0, & x=0,\\ 1, & x=1;\end{cases}$

   (3) $\frac{1}{2}\ln\frac{1+x}{1-x}(|x|<1)$;

   (4) $s(x)=\begin{cases}-\frac{1}{x}\ln(1-x), & x\in[-1,0)\cup(0,1),\\ 1, & x=0.\end{cases}$

3. $3\mathrm{e}$.

4. $-2<x<4$.

5. $\dfrac{22}{27}$.

# 习题 13-2

1. (1) $\sum\limits_{n=0}^{\infty}\dfrac{(-1)^n}{n!}x^{2n}\ (-\infty<x<+\infty)$;

(2) $1+\sum\limits_{n=1}^{\infty}(-1)^n\dfrac{2^{2n-1}x^{2n}}{(2n)!}\ (x\in\mathbf{R})$;

(3) $\sum\limits_{n=0}^{\infty}\dfrac{\ln^n a}{n!}x^n\ (-\infty<x<+\infty)$;

(4) $\ln a+\sum\limits_{n=0}^{\infty}(-1)^n\dfrac{x^{n+1}}{(n+1)a^{n+1}}\ (-a<x\leqslant a)$;

(5) $\sum\limits_{n=1}^{\infty}(-1)^{n+1}nx^{n-1}\ (-1<x<1)$;

(6) $\dfrac{1}{3}\sum\limits_{n=0}^{\infty}\left(1+\dfrac{(-1)^n}{2^{n+1}}\right)x^{n+1}\ (-1<x<1)$;

(7) $\sum\limits_{n=0}^{\infty}\dfrac{1}{4}\left(-\dfrac{1}{3^n}+(-1)^n\right)x^n\ (-1<x<1)$;

(8) $x+\sum\limits_{n=1}^{\infty}(-1)^n\dfrac{2(2n)!}{(n!)^2}\left(\dfrac{x}{2}\right)^{2n+1}\ (-1<x<1)$.

2. $\sum\limits_{n=0}^{\infty}\dfrac{(-1)^n}{n+1}(x-1)^{n+1},\ x\in(0,2]$.

3. $\dfrac{1}{\sqrt{2}}\left[1+\left(x-\dfrac{\pi}{4}\right)-\dfrac{\left(x-\dfrac{\pi}{4}\right)^2}{2!}-\dfrac{\left(x-\dfrac{\pi}{4}\right)^3}{3!}+\cdots\right],\ x\in(-\infty,\infty)$.

4. $-1+\dfrac{x+1}{3}+\sum\limits_{n=2}^{\infty}\dfrac{2\cdot5\cdot8\cdot\cdots\cdot(3n-4)}{3^n n!}(x+1)^n,\ -2\leqslant x\leqslant 0$.

5. $\sum\limits_{n=0}^{\infty}\dfrac{(-1)^n}{4^{n+1}}(x-3)^n\ (-1<x<7)$.

6. $\ln 2+\sum\limits_{n=1}^{\infty}(-1)^{n-1}\left(1-\dfrac{1}{2^n}\right)\dfrac{(x-1)^n}{n},\ \ 0<x\leqslant 2$.

7. (1) $1-x+x^{16}-x^{17}+\cdots+x^{16n}-x^{16n+1}+\cdots,\ -1<x<1$;

(2) $\sum_{n=1}^{\infty} n^2 x^{n-1}$, $x \in (-1,1)$;

(3) $x + \sum_{n=1}^{\infty} \frac{(2n-1)!!}{(2n)!!} \frac{x^{2n+1}}{2n+1}$, $x \in [-1,1]$.

8. (1) $\mathrm{e} \approx 1+1+\frac{1}{2!}+\frac{1}{3!}+\cdots+\frac{1}{8!}=2.71828$;

(2) $\cos 2^\circ \approx 1-\frac{1}{2!}\left(\frac{\pi}{90}\right)^2 \approx 0.9994$;

(3) $\ln 2 \approx 2\left(\frac{1}{3}+\frac{1}{3}\cdot\frac{1}{3^3}+\frac{1}{5}\cdot\frac{1}{5^5}+\frac{1}{7}\cdot\frac{1}{7^5}\right) \approx 0.6931$.

9. (1) $\int_0^{0.5} \frac{1}{1+x^4} \mathrm{d}x \approx 0.4940$; (2) $\int_0^{0.1} \cos\sqrt{t}\,\mathrm{d}t \approx 0.0975$.

10. (1) $\sum_{n=1}^{\infty} \frac{n(n+1)}{2^n} = s\left(\frac{1}{2}\right) = 8$; (2) $\sum_{n=1}^{\infty} \frac{1}{n\cdot 2^n} = s\left(\frac{1}{2}\right) = \ln 2$.

## 习题 13-3

1. $f(x) = 1 + \sum_{n=1}^{\infty} \frac{4}{\pi(2n-1)} \sin nx$, $x \neq 0$, $x \in (-\pi,\pi)$,

$x=0$ 时，级数收敛到 $\frac{1}{2}[f(0+0)+f(0-0)]=1$,

$x=\pm\pi$ 时，级数收敛到 $\frac{1}{2}[f(\pi+0)+f(\pi-0)]=1$.

2. (1) $\pi^2 - x^2 = \frac{2}{3}\pi^2 + 4\sum_{n=1}^{\infty} \frac{(-1)^{n+1}}{n^2} \cos nx$, $-\infty \leqslant x \leqslant \infty$;

(2) $\mathrm{e}^{2x} = \frac{\mathrm{e}^{2\pi}-\mathrm{e}^{-2\pi}}{\pi}\left[\frac{1}{4}+\sum_{n=1}^{\infty} \frac{(-1)^n}{n^2+4}(2\cos nx - n\sin nx)\right]$, $x \neq (2n+1)\pi$, $n = 0,\pm1,\pm2\cdots$,

$x=(2n+1)\pi$ 时，级数收敛到 $\frac{\mathrm{e}^{2\pi}-\mathrm{e}^{-2\pi}}{2}$;

(3) $\sin^4 x = \frac{3}{8} - \frac{1}{2}\cos 2x + \frac{1}{8}\cos 4x$, $x \in (-\infty,\infty)$.

3. (1) $x^2 = \frac{1}{3}\pi^2 + 4\sum_{n=1}^{\infty} \frac{(-1)^n}{n^2} \cos nx$, $-\infty \leqslant x \leqslant \infty$. $\sum_{n=1}^{\infty} \frac{2}{n^2} = \frac{1}{3}\pi^2$.

(2) $\frac{4}{3}\pi^2 + \sum_{n=1}^{\infty}\left(\frac{4}{n^2}\cos nx - \frac{4\pi}{n}\sin nx\right) = \begin{cases} x^2, & x \neq 2k\pi, \\ 2\pi^2, & x = 2k\pi, \end{cases}$ $k = 0,\pm1,\pm2\cdots$,

$\sum_{n=1}^{\infty} \frac{2}{n^2} = \frac{1}{3}\pi^2$.

4. $f(x)=\dfrac{\pi}{4}+\sum_{n=1}^{\infty}\left[\dfrac{(-1)^n-1}{n^2\pi}\cos nx+\dfrac{3(-1)^{n+1}}{n}\sin nx\right]$, $x\neq 0$, $x\in(-\pi,\pi)$;

$x=0$ 时，级数收敛到 $\dfrac{1}{2}[f(0+0)+f(0-0)]=0$.

5. 正弦级数：$2x^2=\dfrac{4}{\pi}\sum_{n=1}^{\infty}\left[-\dfrac{2}{n^3}+(-1)^n\left(\dfrac{2}{n^3}-\dfrac{\pi^2}{n}\right)\right]\sin nx$，$0\leqslant x<\pi$；

在 $x=\pi$ 处，收敛于 $\dfrac{1}{2}[f(\pi+0)+f(\pi-0)]=0$，

余弦级数：$2x^2=\dfrac{2}{3}\pi^2+8\sum_{n=1}^{\infty}\dfrac{(-1)^n}{n^2}\cos nx$，$0\leqslant x\leqslant\pi$.

6. $s(x)=\dfrac{1}{2}+\sum_{n=1}^{\infty}\dfrac{2}{n^2\pi^2}[1-(-1)^n]\cos nx$, $x\in(-\infty,\infty)$,

$s(-2)=1+\dfrac{2}{\pi}$；$s(8)=3-\dfrac{8}{\pi}$.

7. 证明略.

8. $\dfrac{\pi}{4}=\sum_{k=0}^{\infty}\dfrac{\sin(2k+1)x}{2k+1}=\sum_{n=0}^{\infty}\dfrac{\sin(2n+1)x}{2n+1}$，$0<x<\pi$，

在 $x=0$ 处，收敛于 $\dfrac{1}{2}[f(0+0)+f(0-0)]=0$，

在 $x=\pi$ 处，收敛于 $\dfrac{1}{2}[-f(\pi-0)+f(\pi-0)]=0$，

令 $x=\dfrac{\pi}{2}$ 得，$\dfrac{\pi}{4}=\sum_{n=0}^{\infty}\dfrac{(-1)^n}{2n+1}$，即 $1-\dfrac{1}{3}+\dfrac{1}{5}-\dfrac{1}{7}+\cdots=\dfrac{\pi}{4}$.

9. $|x|=\dfrac{a_0}{2}+\sum_{n=1}^{\infty}a_n\cos\dfrac{n\pi x}{l}=\dfrac{l}{2}-\sum_{n=1}^{\infty}\dfrac{4l}{(2n-1)^2\pi^2}\cos\dfrac{(2n-1)\pi}{l}x$, $-l\leqslant x\leqslant l$.

10. $2+|x|=\dfrac{5}{2}-\dfrac{4}{\pi^2}\sum_{n=1}^{\infty}\dfrac{1}{(2n-1)^2}\cos(2n-1)\pi x$，$-1\leqslant x\leqslant 1$.

11. $-\dfrac{1}{2}+\sum_{n=1}^{\infty}\left\{\dfrac{6}{n^2\pi^2}[1-(-1)^n]\cos\dfrac{n\pi x}{3}+(-1)^{n+1}\dfrac{6}{n\pi}\sin\dfrac{n\pi x}{3}\right\}$, $x\neq 3(2k-1), k=1,2,3,\cdots$,

$x=3(2k-1)$ 时，收敛到 $\dfrac{1}{2}[f(-3+0)+f(3-0)]=-2$.

12. $f(x)=\dfrac{4l}{\pi^2}\sum_{n=1}^{\infty}\dfrac{1}{n^2}\sin\dfrac{n\pi}{2}\sin\dfrac{n\pi x}{l}$，$0\leqslant x\leqslant l$；

$f(x)=\dfrac{l}{4}+\sum_{n=1}^{\infty}\dfrac{2l}{n^2\pi^2}\left[2\cos\dfrac{n\pi}{2}-1-(-1)^n\right]\cos\dfrac{n\pi x}{l}$，$0\leqslant x\leqslant l$.

13. $x-1=-\dfrac{8}{\pi^2}\sum_{n=1}^{\infty}\dfrac{1}{(2n-1)^2}\cos\dfrac{(2n-1)\pi x}{2}$，$0\leqslant x\leqslant 2$.

# 参考文献

华东师范大学数学系. 2014. 数学分析. 4 版. 北京: 高等教育出版社.
姜启源. 2011. 数学模型. 4 版. 北京：高等教育出版社.
马莉. 2010. MATLAB 数学实验与建模. 北京: 清华大学出版社.
尚宇, 武小燕. 2016. 傅里叶级数在心电信号模拟中的应用. 西安工业大学学报, 36(1): 21-25.
同济大学数学系. 2014. 高等数学. 7 版. 北京: 高等教育出版社.
吴赣昌. 2011. 高等数学. 4 版. 北京: 中国人民大学出版社.
宣立新. 2008. 微积分. 北京: 高等教育出版社.
薛山. 2011. MATLAB 基础教程. 北京：清华大学出版社.
Stewart J. 2004. Calculus. 5th ed. 影印本. 北京: 高等教育出版社.